Strafprozeßordnung

Kommentiert
von

Dr. Wilfried Bottke
Akad. Rat
Universität München

R. Oldenbourg Verlag
München

Kommentierte Gesetze
herausgegeben von Martin Weigert

'Kommentierte Gesetze' sind gegen Nachahmung urheberrechtlich bzw. wettbewerbsrechtlich geschützt.

Gesamtherstellung: R. Oldenbourg Graphische Betriebe GmbH, München

Vorwort

Diese Gesetzestextausgabe versteht sich nicht als wissenschaftlicher Kommentar. Sie will vielmehr den Studierenden zur Lektüre des Gesetzes anregen und ihrem Benützer das Verständnis durch kurze, in den Text integrierte Informationen erleichtern.

Dr. W. Bottke, Akad. Rat, München

Strafprozeßordnung (StPO)

Gesetzesübersicht

Erstes Buch
Allgemeine Vorschriften
[§§ 1–150]

Erster Abschnitt
Sachliche Zuständigkeit der Gerichte
[§§ 1–6a]

[Die sachliche Zuständigkeit ist die Verteilung der Strafsachen nach Art und Schwere unter den erstinstanzlichen, unterschiedlich besetzten Gerichten verschiedener Ordnung. Beachte daneben die örtliche Zuständigkeit, §§ 7–21, sowie die funktionelle Zuständigkeit, z. B. §§ 125 II 2, 126 II 2 und 3, 142 I, 147 V, 213, 221, 231 I 2, 231a II, 231b II, 238 I, §§ 21f, 21g, 176, 177 GVG.]

§ 1 (Bestimmung der sachlichen Zuständigkeit)

Die sachliche Zuständigkeit der Gerichte wird durch das Gesetz über die Gerichtsverfassung bestimmt [*für das Amtsgericht: §§ 24–28 GVG; für das Landgericht: §§ 73–78 GVG; für das OLG: § 120 GVG; für das Bayerische Oberste Landesgericht: § 9 EGGVG*].

§ 2 (Verbindung bei Erhebung der Klage)

(I[1]) [*Nach § 4*] Zusammenhängende Strafsachen [*i. S. von §§ 155, 264*], die einzeln zur Zuständigkeit von Gerichten verschiedener Ordnung [*z. B. Schöffengericht und Strafkammer*] gehören würden, können verbunden bei dem Gericht anhängig gemacht werden, dem die höhere Zuständigkeit beiwohnt [*z. B. der Strafkammer*]. ([2]) Zusammenhängende Strafsachen, von denen einzelne zur Zuständigkeit besonderer Strafkammern nach § 74 Abs. 2, §§ 74a, 74c des Gerichtsverfassungsgesetzes gehören würden [*z. B. Strafkammer als Schwurgericht*], können verbunden bei der Strafkammer anhängig gemacht werden, der nach § 74e des Gerichtsverfassungsgesetzes der Vorrang zukommt [*und zwar in folgender Reihenfolge: In erster Linie bei dem Schwurgericht, in zweiter Linie bei der Wirtschaftsstrafkammer, in dritter Linie bei der Strafkammer nach § 74a GVG. Zur Verbindung von Strafsachen gegen Jugendliche und Erwachsene vgl. § 103 I JGG*].

(II) Aus Gründen der Zweckmäßigkeit kann durch [*gemäß § 304 beschwerdefähigen*] Beschluß dieses Gerichts die Trennung der verbundenen Strafsachen angeordnet werden [*vorausgesetzt, daß die abzutrennende Strafsache eine selbständige Tat i. S. von §§ 155, 264 zum Gegenstand hat*].

§ 3 (Der persönliche und sachliche Zusammenhang)

Ein Zusammenhang [*i. S. von § 3*] ist vorhanden, wenn eine Person mehrerer Straftaten [*i. S. der §§ 155, 264*] beschuldigt wird [*vgl. nunmehr Nr. 17, 114 RiStBV*] oder wenn bei einer Tat mehrere Personen als Täter [*§ 25 StGB*], Teilnehmer [*§§ 26, 27 StGB*] oder der Begünstigung [*§ 257 StGB*], Strafvereitelung [*§ 258 StGB*] oder Hehlerei [*§ 259 StGB*] beschuldigt werden [*vgl. auch §§ 42, 64 OWiG*].

§ 4 (Verbindung rechtshängiger Sachen)

(I) Eine Verbindung zusammenhängender oder eine Trennung verbundener Strafsachen [*vgl. § 2*] kann auch nach Eröffnung des Hauptverfahrens [*vgl. §§ 203, 207*] auf Antrag der Staatsanwaltschaft oder des Angeklagten oder von Amts wegen durch gerichtlichen [*prinzipiell gemäß § 305 unanfechtbaren*] Beschluß angeordnet werden.

(II[1]) Zuständig für den Beschluß ist das Gericht höherer Ordnung, wenn die übrigen Gerichte zu seinem Bezirk gehören [*; beachte die Gleichstellungsklausel des § 209a*]. ([2]) Fehlt ein solches Gericht, so entscheidet das gemeinschaftliche obere Gericht [*z. B. der BGH, wenn die beteiligten Gerichte verschiedenen OLG-Bezirken angehören*].

§ 5 (Maßgebendes Verfahren)

Für die Dauer der Verbindung ist der Straffall, der zur Zuständigkeit des Gerichts höherer Ordnung gehört, für das Verfahren [*z. B. für die notwendige Verteidigung, § 140*] maßgebend.

§ 6 (Prüfung von Amts wegen)

Das Gericht hat seine sachliche Zuständigkeit in jeder Lage des Verfahrens [*also auch noch in der Revisionsinstanz*] von Amts wegen [*also nicht nur bei erhobenem Einwand*] zu prüfen [*beachte auch §§ 209, 209a, 225a, 269, 270, 328 III, 338 Nr. 4, 355*]. [*Ist keine Möglichkeit gegeben, den Zuständigkeitsmangel zu heilen, ist das Verfahren nach §§ 206a, 260 III einzustellen.*]

§ 6a (Die besonderen Strafkammern)

(1) Die [*funktionelle*] Zuständigkeit besonderer Strafkammern [*Schwurgericht, Wirtschaftsstrafkammer, Staatsschutzstrafkammer, allgemeine Strafkammer*] nach den Vorschriften des Gerichtsverfassungsgesetzes (§ 74 Abs. 2, §§ 74a, 74c des Gerichtsverfassungsgesetzes) prüft das Gericht [*wie die örtliche Zuständigkeit, § 16*] bis zur Eröffnung des Hauptverfahrens [*§ 203; wie die Staatsanwaltschaft, § 170, sowohl auf Einwand, § 201 I, als auch*] von Amts wegen [*;im Eröffnungsverfahren verfährt das Gericht nach den §§ 209, 209a*]. (2) Danach darf es seine [*funktionelle*] Unzuständigkeit nur auf Einwand des Angeklagten beachten. (3) Der Angeklagte kann den Einwand nur bis zum Beginn seiner Vernehmung zur Sache in der Hauptverhandlung [*§ 243 IV 2*] geltend machen [*; zur Behebung des Zuständigkeitsmangels vgl. dann §§ 225a, 270*].

Zweiter Abschnitt
Gerichtsstand

[§§ 7–21]

[Unter Gerichtsstand versteht man die erstinstanzliche örtliche Zuständigkeit für die Untersuchung und Entscheidung einer Strafsache.]

§ 7 (Allgemeiner Gerichtsstand und Gerichtsstand der Presse und des Tatortes)

(I) Der [*allgemeine örtliche*] Gerichtsstand [*des Tatortes*] ist bei dem Gericht begründet, in dessen Bezirk die Straftat [*gem. § 9 StGB*] begangen ist [*vgl. dazu Nr. 2 RiStBV*].

(II1) Wird die Straftat durch den Inhalt einer im Geltungsbereich dieses Bundesgesetzes erschienenen Druckschrift verwirklicht, so ist als das nach Absatz 1 zuständige Gericht nur das Gericht anzusehen, in dessen Bezirk die Druckschrift [*– das ist jedes Schrift- und Bildwerk, das einen gedanklichen Inhalt hat und massenweise vervielfältigt worden und zur Verbreitung bestimmt ist – erstmals verbreitet wurde und daher*] erschienen ist. (2) Jedoch ist in den Fällen der Beleidigung [*§§ 185ff StGB*], sofern die Verfolgung im Wege der Privatklage stattfindet [*§§ 374–394*], auch das Gericht, in dessen Bezirk die Druckschrift verbreitet worden ist, zuständig, wenn in diesem Bezirk die beleidigte Person ihren Wohnsitz oder gewöhnlichen Aufenthalt hat. [*Übernimmt die Staatsanwaltschaft nach § 377 II die Privatklage, so bleibt das Amtsgericht, bei dem die Privatklage erhoben wurde, zuständig.*]

§ 8 (Gerichtsstand des Wohnsitzes)

(I) Der [*örtliche*] Gerichtsstand ist auch bei dem Gericht begründet, in dessen Bezirk der Angeschuldigte zur Zeit der Erhebung der Klage seinen Wohnsitz [*§§ 7–11 BGB*] hat [*Wahl der Gerichtsstände nach §§ 7, 8: vgl. § 12*].

(II) Hat der Angeschuldigte [*§ 157*] keinen Wohnsitz im Geltungsbereich dieses Bundesgesetzes, so wird der Gerichtsstand [*subsidiär*] auch durch den gewöhnlichen Aufenthaltsort und, wenn ein solcher nicht bekannt ist, [*ersatzweise*] durch den letzten Wohnsitz bestimmt.

§ 9 (Gerichtsstand des Ergreifungsortes)

Der Gerichtsstand ist [*in gleichwertiger Weise, § 12*] auch bei dem Gericht begründet, in dessen Bezirk der Beschuldigte [*in rechtmäßiger Weise zum Zwecke der Strafverfolgung, z. B. gem. §§ 127, 163b*] ergriffen worden ist [*; auch ein sich freiwillig Stellender wird in diesem Sinne »ergriffen«*].

§ 10 (Gerichtsstand für Taten auf deutschen Schiffen oder Luftfahrzeugen)

(I) Ist die Straftat auf einem Schiff, das berechtigt ist, die Bundesflagge zu führen, außerhalb des Geltungsbereichs dieses Gesetzes begangen [*zur Geltung des deutschen Strafrechts in einem solchen Falle vgl. § 4 StGB*], so ist [*in gleichberechtigter Weise, § 12*] das Gericht zuständig, in dessen Bezirk der Heimathafen oder [*!*] der Hafen im Geltungsbereich dieses Gesetzes liegt, den das Schiff nach der Tat zuerst erreicht.

(II) Absatz 1 gilt entsprechend für Luftfahrzeuge [*z. B. Flugzeuge, Hubschrauber, vgl. § 1 II LuftVG*], die berechtigt sind, das Staatszugehörigkeitszeichen der Bundesrepublik Deutschland [*Art. 17 des Abkommens über die internationale Zivilluftfahrt*] zu führen.

§ 10a (Gerichtsstand bei Umweltstraftaten auf dem Meer)

Ist für eine Straftat im Sinne des 28. Abschnitts des Strafgesetzbuches [*also bei Straftaten gegen die Umwelt gemäß §§ 324–330a StGB*], die außerhalb des Geltungsbereichs dieses Bundesgesetzes im Bereich des Meeres begangen wird [*insbesondere Delikte nach §§ 324 I, 326 I Nr. 3, 330 StGB*], ein Gerichtsstand nicht begründet, so ist Hamburg Gerichtsstand; zuständiges Amtsgericht ist das Amtsgericht Hamburg [*vgl. zu weiteren Fällen der subsidiären Zuständigkeit § 148 III PBergG, § 19 III TiefseebergbauG*].

§ 11 (Gerichtsstand bei exterritorialen Deutschen und Beamten im Ausland)

(I[1]) Deutsche, die das Recht der Exterritorialität genießen [*vgl. dazu §§ 18–20 GVG*], sowie die im Ausland angestellten Beamten des Bundes oder eines deutschen Landes behalten hinsichtlich des Gerichtsstandes den [*letzten*] Wohnsitz, den sie im Inland hatten. ([2]) Wenn sie einen solchen Wohnsitz nicht hatten, so gilt der Sitz der Bundesregierung als ihr Wohnsitz.

(II) Auf Wahlkonsuln [*§ 5 III BBG*] sind diese Vorschriften [*wegen ihrer losen Verbindung zur Bundesrepublik Deutschland und ihrer oftmals gegebenen ausländischen Staatsangehörigkeit*] nicht anzuwenden.

§ 12 (Wahl unter mehrfachen zuständigen Gerichten; Übertragung der Strafsache auf ein anderes Gericht als das ursprünglich zuständige)

(I) Unter mehreren nach den Vorschriften der §§ 7 bis 11 zuständigen Gerichten gebührt [*nach dem sog. Prioritätsgrundsatz in allen Zuständigkeitsbereichen*] dem der Vorzug, das die Untersuchung [*gem. § 207*] zuerst eröffnet hat.

(II) Jedoch kann [*auf Antrag oder von Amts wegen*] die Untersuchung und Entscheidung [*der Strafsache*] einem anderen der [*an sich schon für die Eröffnung des Hauptverfahrens*] zuständigen Gerichte durch das gemeinschaftliche obere Gericht [*nach pflichtgemäßem Ermessen*] übertragen werden [*beachte daneben §§ 225a IV 2, 270, 328 III, 355; § 42 III JGG*].

§ 13 (Der ergänzende Gerichtsstand des Zusammenhanges)

(I) Für [*nach § 3*] zusammenhängende Strafsachen, die einzeln nach den Vorschriften der §§ 7 bis 11 zur Zuständigkeit verschiedener Gerichte gehören würden, ist ein Gerichtsstand bei jedem Gericht begründet, das für eine der Strafsachen zuständig ist.

(II[1]) Sind mehrere zusammenhängende Strafsachen bei verschiedenen Gerichten [*prinzipiell durch Anklage*] anhängig gemacht worden, so können sie sämtlich oder zum Teil durch eine den Anträgen der Staatsanwaltschaft entsprechende Vereinbarung dieser Gerichte [*also durch Abgabebeschluß und darauf folgenden Übernahmebeschluß, denen übereinstimmende Anträge der beteiligten Staatsanwaltschaften zugrundeliegen,*] bei einem unter ihnen verbunden werden. ([2]) Kommt eine solche Vereinbarung [*nach pflichtgemäßem Ermessen*] nicht zustande, so entscheidet, wenn die Staatsanwaltschaft oder ein Angeschuldigter [*§ 157*] hierauf [*also zur Nachprüfung des Ermessens*] anträgt, das gemeinschaftliche Obere Gericht [*in nicht beschwerdefähiger Weise*] darüber, ob und bei welchem Gericht die Verbindung einzutreten hat.

(III) In gleicher Weise kann [*aus Zweckmäßigkeitsgründen*] die Verbindung [*solange*] wieder aufgehoben werden [*, wie kein Urteil ergangen ist*].

§ 13a (Der Gerichtsstand der gerichtlichen Bestimmung durch den Bundesgerichtshof)

Fehlt es im Geltungsbereich dieses Bundesgesetzes an einem zuständigen Gericht oder ist dieses [*bei normalintensiven Bemühungen*] nicht ermittelt, so bestimmt der Bundesgerichtshof das zuständige Gericht [*, das bereits zur Sachentscheidung befugt sein muß*].

§ 13b (aufgehoben)

§ 14 (Streit über die Zuständigkeit zwischen mehreren Gerichten)

Besteht zwischen mehreren Gerichten [*aus tatsächlichen oder rechtlichen Gründen*] Streit über die Zuständigkeit, so bestimmt [*auf Anrufung eines dieser Gerichte oder der Staatsanwaltschaft*] das gemeinschaftliche obere Gericht [*z. B. bei Streit zweier Amtsgerichte das Landgericht*] das [*im Beispiel: Amts-*]Gericht, das sich der Untersuchung und Entscheidung zu unterziehen hat. [*Diese Entscheidung kann nicht durch Beschwerde angefochten werden.*]

§ 15 (Der Gerichtsstand kraft Übertragung bei Verhinderung des zuständigen Gerichts)

Ist das an sich zuständige Gericht in einem einzelnen Falle an der Ausübung des

Richteramtes rechtlich [*§§ 22 ff*] oder tatsächlich [*z. B. bei Naturkatastrophen*] verhindert oder ist von der Verhandlung vor diesem Gericht eine Gefährdung der öffentlichen Sicherheit zu besorgen, so hat das zunächst obere Gericht [*das ist das dem verhinderten übergeordnete, also für das Amtsgericht das Landgericht, für das Landgericht das OLG, für das OLG der BGH*] die Untersuchung und Entscheidung dem gleichstehenden Gericht eines anderen Bezirks [*in beschwerdeunfähiger Weise, § 304 I, IV 1,2 1. Halbsatz*] zu übertragen.

§ 16 (Prüfung des Gerichtsstandes durch das Gericht während der verschiedenen Phasen des Strafverfahrens)

(1) Das Gericht prüft seine örtliche Zuständigkeit [*§§ 7 ff*] bis zur Eröffnung des Hauptverfahrens [*§ 207*] von Amts wegen. (2) Danach darf es seine Unzuständigkeit nur auf Einwand des Angeklagten aussprechen [*und so die Eröffnung des Hauptverfahrens vor sich ablehnen, § 210 II*]. (3) Der Angeklagte kann den Einwand nur bis zum Beginn seiner Vernehmung zur Sache in der Hauptverhandlung [*§ 243 IV 2*] geltend machen. [*Wird jedoch gegen die Versäumung der ersten Hauptverhandlung Wiedereinsetzung in den vorigen Stand gemäß § 235 gewährt, lebt die Rechtsbehelfsbefugnis des § 16 S 3 wieder auf.*]

§§ 17, 18 (weggefallen bzw. aufgehoben)

§ 19 (Bestimmung der Zuständigkeit bei negativem Kompetenzstreit)

Haben mehrere Gerichte, von denen eines das zuständige ist, durch Entscheidungen, die nicht mehr anfechtbar sind [*sonst gilt § 14*], ihre Unzuständigkeit ausgesprochen, so bezeichnet das gemeinschaftliche obere Gericht [*also für zwei Amtsgerichte in einem Landgerichtsbezirk das Landgericht, bei Streit zweier Gerichte, die verschiedenen Landgerichtsbezirken angehören, das Oberlandesgericht, sonst der BGH*] das zuständige Gericht.

§ 20 (Fortdauernde Wirksamkeit einzelner Untersuchungshandlungen)

Die einzelnen Untersuchungshandlungen eines [*örtlich, aber auch sachlich oder funktionell, argumentum: § 22d GVG*] unzuständigen Gerichts sind nicht schon dieser Unzuständigkeit wegen ungültig [*; etwas anderes gilt bei evidenter und völliger Unzuständigkeit*].

§ 21 (Untersuchungshandlungspflicht bei örtlicher Unzuständigkeit)

Ein [*örtlich*] unzuständiges Gericht hat sich den innerhalb seines Bezirks vorzunehmenden Untersuchungshandlungen zu unterziehen, bei denen Gefahr im Verzug ist [*; zur Zuständigkeit der Staatsanwaltschaft vgl. § 143 II GVG*].

Dritter Abschnitt
Ausschließung und Ablehnung der Gerichtspersonen

[§§ 22–32]

[Gerichtspersonen sind Berufsrichter, Schöffen sowie Urkundsbeamte und Protokollführer, § 31. Die Ablehnung von Staatsanwälten ist noch weithin ungeklärt, vgl. aber § 7 NdsAGGVG sowie § 11 BWAGGVG, die den Ausschluß und die Selbstablehnung von Staatsanwälten regeln.]

§ 22 (Ausschluß von Richtern)

Ein [*Berufs- oder ehrenamtlicher*] Richter ist von der Ausübung des Richteramtes kraft Gesetzes [*also unabhängig von der Erkenntnis des Ausschlußgrundes und mit der Folge des § 338 Nr. 2*] ausgeschlossen,

1. wenn er selbst durch die Straftat [*unmittelbar in einem Rechtsgut*] verletzt ist [*der Angeklagte kann aber nicht durch Beleidigungen während des Strafverfahrens den Richter von der Ausübung des Richteramtes ausschließen*];
2. wenn er Ehegatte [*§ 11 I Nr. 1 StGB*] oder Vormund [*auch Gegenvormund, § 1792 BGB, nicht aber Pfleger, §§ 1909 ff BGB*] des Beschuldigten oder des [*unmittelbar durch die Straftat*] Verletzten ist oder gewesen ist [*also z. B. auch nach Scheidung*];
3. wenn er mit dem Beschuldigten oder mit dem Verletzten [*nicht aber mit dem Staatsanwalt, Verteidiger, Zeugen oder mit dem Anzeigenden – evtl. Ablehnung wegen Befangenheit –*] in gerader Linie verwandt oder verschwägert, in der Seitenlinie bis zum dritten Grad verwandt oder bis zum zweiten Grad verschwägert ist oder war [*vgl. §§ 1589, 1590 BGB; Art. 33 EGBGB*];
4. wenn er in der Sache [*weit auszulegen, nicht erforderlich eine Tat i. S. der §§ 155, 264*] als Beamter [*nicht im staatsrechtlichen, sondern funktionellen Sinne*] der Staatsanwaltschaft, als Polizeibeamter, als Anwalt des Verletzten oder als Verteidiger tätig gewesen ist;
5. wenn er in der Sache [*vgl. oben Nr. 4*] als Zeuge oder Sachverständiger [*durch ein Strafverfolgungsorgan in irgendeinem Verfahrensabschnitt angehört und dadurch*] vernommen ist.

§ 23 (Ausnahmsweise gegebener Ausschluß wegen Mitwirkung an vorangegangenen Entscheidungen)

(I) Ein Richter, der bei einer durch ein Rechtsmittel angefochtenen Entscheidung mitgewirkt hat, ist von der Mitwirkung bei der [*Rechtsmittel-*]Entscheidung in einem höheren Rechtszuge kraft Gesetzes ausgeschlossen [*vgl. ferner § 148a II 1; der Rechtsmittelrichter kann dagegen an der erneuten Entscheidung in der Tatsacheninstanz mitwirken, ohne daß dies den Ausschluß begründet*].

(II[1]) Ein Richter, der bei einer durch einen Antrag auf Wiederaufnahme des Verfahrens angefochtenen Entscheidung mitgewirkt hat, ist von der Mitwirkung bei Entscheidungen im Wiederaufnahmeverfahren kraft Gesetzes ausgeschlossen [*vgl. § 140a GVG, § 364b*]. ([2]) Ist die angefochtene Entscheidung in einem höheren Rechtszug ergangen, so ist auch der Richter ausgeschlossen, der an der ihr zugrunde liegenden Entscheidung in einem unteren Rechtszug mitgewirkt hat. (3) Die Sätze 1 und 2 gelten entsprechend für die Mitwirkung bei Entscheidungen zur Vorbereitung eines Wiederaufnahmeverfahrens [*§§ 359 ff*].

§ 24 (Ablehnung eines Richters wegen Besorgnis der Befangenheit)

(I) Ein Richter kann sowohl in den Fällen, in denen er von der Ausübung des Richteramtes kraft Gesetzes ausgeschlossen ist [*§§ 22, 23*], als auch wegen Besorgnis der Befangenheit [*– diese muß nicht tatsächlich gegeben sein –*] abgelehnt werden.

(II) Wegen Besorgnis der Befangenheit findet die Ablehnung statt, wenn ein Grund vorliegt, der [*bei vernünftiger Würdigung aller Umstände*] geeignet ist, [*in einem am Verfahren Beteiligten, z. B. in einem verständigen Angeklagten,*] Mißtrauen gegen die Unparteilichkeit eines Richters zu rechtfertigen. [*Solche Gründe sind z. B.: entferntere Verwandtschaft, freundschaftliche Beziehungen zu dem durch die Tat Verletzten, abwertende Urteile des Richters über den Angeklagten u. a. m.*]

(III1) Das Ablehnungsrecht steht [*dem Nebenkläger, § 397, dem Verfalls- und Einziehungsbeteiligten, §§ 431, 433, 442 II, dem Antragsteller im Klageerzwingungsverfahren, § 172 II,*] der Staatsanwaltschaft, dem Privatkläger und dem Beschuldigten [*nicht dagegen unmittelbar dem Verteidiger*] zu. (2) Den zur Ablehnung Berechtigten sind auf Verlangen die zur Mitwirkung bei der Entscheidung berufenen Gerichtspersonen namhaft zu machen.

§ 25 (Letztmöglicher Zeitpunkt der Ablehnung)

(I1) Die Ablehnung eines Richters wegen Besorgnis der Befangenheit [*gem. § 24 II*] ist [*grundsätzlich – anders als die Ablehnung wegen eines Ausschließungsgrundes gem. den §§ 22, 23 i. V. m. § 24 I und anders als die unbefristete Selbstablehnung gem. § 30 – nur*] bis zum Beginn der Vernehmung des Angeklagten zur Sache [*gem. § 243 IV 2; vgl. auch § 16 S 3*], in der Hauptverhandlung über die Revision [*§§ 350, 351*] bis zum Beginn seiner Ausführungen zur Revision [*§ 351 II 1*], zulässig. (2) Alle [*zur Zeit der Ablehnung bekannten*] Ablehnungsgründe sind [*gem. der in § 25 I 2 enthaltenen Konzentrationsmaxime*] gleichzeitig vorzubringen [*; ansonsten sind sie verwirkt*].

(II1) Nach diesem Zeitpunkt darf ein Richter [*wegen Besorgnis der Befangenheit gem. § 24 II*] nur abgelehnt werden, wenn

1. die Umstände, auf welche die Ablehnung [*wegen Besorgnis der Befangenheit gem. § 24 II*] gestützt wird [*wie z. B. eine parteiische Meinungsäußerung des Richters nach Vernehmung des Angeklagten zur Sache*], erst später eingetreten oder [*sich zwar vor der Vernehmung des Angeklagten zur Sache ereignet haben,*] dem zur Ablehnung Berechtigten [*aber*] erst später bekanntgeworden sind und
2. die Ablehnung [*wegen Besorgnis der Befangenheit gem. § 24 II ohne schuldhaftes Zögern, d. h.*] unverzüglich [*gem. § 26 II*] geltend gemacht wird.

(2) Nach dem letzten Wort des Angeklagten [*gem. § 258 II, III*] ist die Ablehnung nicht mehr zulässig [*; die Ablehnung darf auch nicht verspätet sein, vgl. § 26a I Nr. 1*].

§ 26 (Formelle Bestimmungen über das Ablehnungsverfahren)

(I) Das [*vor der Hauptverhandlung oder außerhalb eines Verhandlungstermins schriftlich oder zu Protokoll der Geschäftsstelle erklärte oder in der Hauptverhandlung mündlich erklärte und gem. § 273 zu protokollierende oder schriftlich überreichte*] Ablehnungsgesuch ist bei dem Gericht, dem der Richter [*bei der Tätigkeit*] angehört, [*von der ihn der Ablehnende ausschließen will,*] anzubringen; es kann vor der Geschäftsstelle zu Protokoll erklärt werden. [*Dabei ist der Richter namentlich zu bezeichnen, und die Tatsachen, die die Ablehnung stützen, sind anzugeben.*]

(II[1]) Der Ablehnungsgrund [*also die Tatsachen, die das Gesuch stützen*] und in den Fällen des § 25 Abs. 2 die Voraussetzungen des rechtzeitigen Vorbringens sind glaubhaft [= *Wahrscheinlichkeitsüberzeugung vom Vorliegen des Ablehnungsgrundes und der Voraussetzungen*] zu machen [*; ansonsten wird das Ablehnungsgesuch gem. § 26 I Nr. 2 verworfen*]. ([2]) Der Eid ist [*anders als die eidesstattliche Versicherung von Zeugen*] als Mittel der Glaubhaftmachung ausgeschlossen. ([3]) Zur Glaubhaftmachung [*genügt grundsätzlich die schlichte Erklärung des Beschuldigten nicht, jedoch*] kann auf das [*gem. § 26 III abgegebene*] Zeugnis des abgelehnten Richters Bezug genommen werden.

(III) Der abgelehnte Richter hat sich über den Ablehnungsgrund dienstlich zu äußern.

§ 26a (Verwerfung der Ablehnung eines Richters als unzulässig)

(I) Das Gericht verwirft die Ablehnung eines Richters als unzulässig, wenn

1. die Ablehnung [*gem. § 25*] verspätet ist,
2. ein Grund zur Ablehnung [*also die Umstände, auf welche die Ablehnung gestützt wird, vgl. § 25 II Nr. 1*] oder ein Mittel zur Glaubhaftmachung nicht angegeben wird [*, ohne daß eine Frist zur Beibringung eingeräumt werden könnte,*] oder
3. durch die Ablehnung offensichtlich [*d. h. ohne weitere Nachforschung feststellbar*] das Verfahren nur verschleppt [*vgl. §§ 244 III 2 5. Alt., 245 II 3*] oder nur verfahrensfremde [*z. B. politische*] Zwecke verfolgt werden sollen.

(II[1]) Das Gericht entscheidet über die Verwerfung nach Absatz 1, ohne daß der abgelehnte Richter ausscheidet [*vgl. auch § 29 I zur Vornahme eiliger Prozeßhandlungen*]. ([2]) Im Falle des Absatzes 1 Nr. 3 bedarf es eines einstimmigen Beschlusses und der Angabe der Umstände, welche den Verwerfungsgrund ergeben. [*Wie jeder andere Verwerfungsbeschluß, so ist auch dieser Verwerfungsbeschluß gem. §§ 34, 28 II zu begründen und zwar auch hinsichtlich der offensichtlichen Verwerfungsgründe.*] ([3]) Wird ein beauftragter [*vgl. z. B. §§ 173 III, 289, 304 I, 306 III*] oder ein ersuchter [*§ 157 GVG; z. B. § 289*] Richter, ein Richter im vorbereitenden Verfahren [*z. B. im Ermittlungsverfahren*] oder ein Strafrichter [*§ 25 GVG; §§ 212, 212b I, 407 ff*] abgelehnt, so entscheidet er selbst darüber, ob die Ablehnung als unzulässig zu verwerfen ist [*beachte auch § 336 S 1*].

§ 27 (Inhaltliche Entscheidung über den Ablehnungsgrund)

(I) Wird die Ablehnung nicht als unzulässig [*gem. § 26*] verworfen, so entscheidet über [*die Frage, ob die Ablehnung inhaltlich berechtigt ist, also über*] das Ablehnungsgesuch das Gericht, dem der Abgelehnte angehört, ohne dessen Mitwirkung.

(II) Wird ein richterliches Mitglied der erkennenden Strafkammer [*z. B. der Vorsitzende*] abgelehnt, so entscheidet die Strafkammer [*§§ 73ff GVG*] in der für Entscheidungen außerhalb der Hauptverhandlung [*gem. § 76 I GVG*] vorgeschriebenen Besetzung [*im Beispielsfall mit den beiden Berufsrichtern, die in der Hauptverhandlung mitwirken und als drittem Mitglied einem weiteren Richter der Strafkammer*].

(III[1]) Wird ein Richter beim Amtsgericht abgelehnt, so entscheidet ein anderer Richter dieses Gerichts [*; wird ein Richter eines einstelligen Amtsgerichts abgelehnt, so entscheidet der nach § 22b I GVG bestellte Vertreter*]. ([2]) Einer Entscheidung [*gem. § 27 III 1*] bedarf es nicht, wenn der Abgelehnte [*Richter beim Amtsgericht*] das Ablehnungsgesuch für begründet hält.

(IV) Wird das zur Entscheidung berufene Gericht durch Ausscheiden des abgelehnten Mitglieds beschlußunfähig [*, ohne daß die Beschlußfähigkeit durch die Besetzung mit einem Vertreter erreichbar ist*], so entscheidet das zunächst obere Gericht [*§ 22b GVG bleibt unberührt*].

§ 28 (Unanfechtbarkeit eines stattgebenden Beschlusses; Rechtsmittel wegen eines verwerfenden oder zurückweisenden Beschlusses)

(I) Der Beschluß, durch den die Ablehnung für begründet erklärt wird, ist [*auch im Rahmen des § 336*] nicht anfechtbar [*und nicht widerrufbar*].

(II[1]) Gegen den Beschluß, durch den die Ablehnung [*gem. § 26*] als unzulässig verworfen oder [*gem. § 27*] als unbegründet zurückgewiesen wird, ist sofortige Beschwerde [*gem. § 311*] zulässig. ([2]) Betrifft die Entscheidung einen erkennenden Richter, so [*ist die isolierte Anfechtung des Beschlusses durch sofortige Beschwerde unzulässig; statt dessen*] kann sie nur zusammen mit dem Urteil [*also unter Beachtung der Formen und Fristen, die für das Rechtsmittel gegen das Urteil gelten,*] angefochten werden.

§ 29 (Grundsatz, daß erst dem ausgeschlossenen oder für befangen erklärten Richter Prozeßhandlungen untersagt sind; unaufschiebbare Amtshandlungen)

(I) Ein abgelehnter Richter hat vor [*nach h. M. rechtskräftiger*] Erledigung des Ablehnungsgesuchs nur solche Handlungen vorzunehmen, die [*wie z. B. die Verhängung von Ordnungsmitteln gem. § 177 GVG oder die Erhebung von Beweismitteln, denen Verlust droht,*] keinen Aufschub gestatten.

(II[1]) Wird ein Richter während der Hauptverhandlung abgelehnt und würde die Entscheidung über die Ablehnung (§§ 26a, 27) eine Unterbrechung der Hauptverhandlung [*gem. §§ 228 I, 229*] erfordern, so kann [*um eine Unterbrechung oder eine sonstige Störung der Hauptverhandlung zu vermeiden*] diese so lange fortgesetzt werden, bis eine Entscheidung über die Ablehnung ohne Verzögerung der Hauptverhandlung möglich ist; über die Ablehnung ist spätestens bis zum Beginn des übernächsten Verhandlungstages und stets vor Beginn der Schlußvorträge [*gem. §§ 258, 326*] zu entscheiden. ([2]) Wird die Ablehnung [*gem. § 27*] für begründet erklärt und muß [*wie grundsätzlich wegen § 226 anzunehmen*] die Hauptverhandlung nicht [*wie beim Vorhandensein eines Ergänzungsrichters gem. § 192 II, III GVG*] deshalb [*gem. § 228*] ausgesetzt werden, so ist ihr nach der Anbringung des Ablehnungsgesuchs liegender Teil zu wiederholen; dies gilt nicht für solche Handlungen, die keinen Aufschub gestatten. (3) Nach Anbringung des Ablehnungsgesuchs dürfen Entscheidungen, die auch außerhalb der Hauptverhandlung ergehen können [*das sind Beschlüsse mit selbständiger Bedeutung – z. B. gem. §§ 81 II, 81 a II, 81 c V, 98, 100, 105, 100 b, 111 a, 111 e, 114, 116, 125, 126, 126 a II, 132 a*], unter Mitwirkung des Abgelehnten nur getroffen werden, wenn sie keinen Aufschub gestatten [*; alle Beweisergebnisse, die in dem mit dem Mangel behafteten Teil der Hauptverhandlung gewonnen worden sind, dürfen nicht für die Urteilsfindung verwertet werden*].

§ 30 (Selbstablehnung und Ablehnung von Amts wegen)

Das für die Erledigung eines Ablehnungsgesuchs [*gem. §§ 96 a, 27*] zuständige Gericht hat [*im Interesse der Selbstreinigung der Justiz*] auch dann zu entscheiden, wenn ein solches Gesuch nicht angebracht ist, ein Richter [*auch i. S. des § 31*] aber von einem Verhältnis [*Tatsachen*] Anzeige macht, das [*gem. § 24*] seine Ablehnung rechtfertigen könnte, oder wenn aus anderer Veranlassung Zweifel darüber entstehen, ob ein Richter kraft Gesetzes [*gem. §§ 22, 23*] ausgeschlossen ist [*; ein Beschluß, durch den ein Richter wegen Besorgnis der Befangenheit oder wegen eines Ausschließungsgrundes von der Mitwirkung ausgeschlossen wird, ist gem. § 28 I analog unanfechtbar*].

§ 31 (Erweiterung des Richterbegriffes auf Schöffen und Protokollführer)

(I) Die Vorschriften dieses Abschnitts [*§§ 22 ff*] gelten für Schöffen [*§§ 30 ff GVG*] sowie für Urkundsbeamte der Geschäftsstelle [*§ 153 GVG*] und andere [*gem. § 168 S 3*] als Protokollführer zugezogene Personen entsprechend.

(II 1) Die Entscheidung trifft der Vorsitzende. (2) Bei der großen Strafkammer [*§§ 73 ff GVG*] und beim Schwurgericht [*§§ 74 II, 74 d, 74 e, 76 GVG, sowie beim OLG, BayObLG und BGH*] entscheiden die richterlichen Mitglieder. (3) Ist der Protokollführer einem Richter beigegeben, so entscheidet dieser über die Ablehnung oder Ausschließung [*; für die Rechtsbehelfe gilt § 28 entsprechend*].

§ 32 (weggefallen)

Vierter Abschnitt
Gerichtliche Entscheidungen und ihre Bekanntmachung

[§§ 33–41]

§ 33 (Anhörung der Beteiligten)

(I) Eine Entscheidung des Gerichts [*– das ist eine Prozeßhandlung, die die materielle oder verfahrensrechtliche Rechtsstellung eines Beteiligten berührt, nicht dagegen eine prozeßleitende Verfügung, die lediglich den Gang des Verfahrens betrifft –*], die im Laufe einer Hauptverhandlung ergeht, wird nach [*, soweit nichts anderes be-*

stimmt ist, nach pflichtgemäßem richterlichen Ermessen gestalteter] Anhörung der Beteiligten [, *die hierdurch die Gelegenheit haben sollen, sich zu der richterlich zu entscheidenden Frage zu äußern,*] erlassen. [*Als Entscheidung im Laufe der Hauptverhandlung ist z. B. zu nennen der Ausschluß der Öffentlichkeit gem. §§ 172–174 GVG. Beachte aber auch die §§ 232, 233, 398 II, 401 II 2.*]

(II) Eine Entscheidung des Gerichts, die außerhalb einer Hauptverhandlung ergeht, wird [*wegen der staatsanwaltlichen Mitwirkungspflicht grundsätzlich*] nach schriftlicher oder mündlicher Erklärung der Staatsanwaltschaft [*§§ 141 ff GVG*] erlassen. [*Vgl. aber §§ 125 I, 128 II 2, 163 II 2, 165, 309 I, die das in § 33 II geregelte Anhörungsrecht der Staatsanwaltschaft wieder einschränken.*]

(III) Bei einer in Absatz 2 bezeichneten Entscheidung ist ein anderer Beteiligter [*als die Staatsanwaltschaft, also jeder, der durch eigene Willenserklärungen im prozessualen Sinne nach dem Gesetz eine Prozeßrolle ausüben darf, z. B. der Beschuldigte, sein Verteidiger, sein Beistand, der Nebenkläger, der Privatkläger*] zu hören, bevor zu seinem Nachteil [*materiell-rechtlich oder prozessual relevante*] Tatsachen [*z. B. die Rechtzeitigkeit des Strafantrages*] oder Beweisergebnisse, zu denen er noch nicht gehört worden ist, verwertet werden.

(IV[1]) Bei [*den sog. notwendig überraschenden Maßnahmen, also bei*] Anordnung der Untersuchungshaft [*§§ 112 ff*], der Beschlagnahme [*§§ 94 ff*] oder anderer Maßnahmen [, *die den ausdrücklich genannten funktional nahestehen, z. B. nach §§ 81, 81 a, 81 c, 102 ff, 132, 134, 453 c II 2*] ist [*trotz Art. 103 I GG*] Absatz 3 nicht anzuwenden, wenn die vorherige Anhörung den Zweck der Anordnung gefährden würde. ([2]) Vorschriften, welche die Anhörung der Beteiligten besonders regeln [*z. B. § 407 III*], werden durch Absatz 3 nicht berührt.

§ 33a (Nachträgliche Anhörung bei unanfechtbaren Beschlüssen)

([1]) Hat das Gericht in einem Beschluß [*nicht: Urteil*] zum Nachteil eines Beteiligten Tatsachen oder Beweisergebnisse verwertet, zu denen er noch nicht [*gem. § 33*] gehört worden ist, und steht ihm gegen den Beschluß [*z. B. aufgrund der §§ 153 II 4, 153a II 4, 201 II, 202 2, 210 I, 270 III 2, 304 III, 348 II*] keine Beschwerde und kein anderer Rechtsbehelf [*mag es auch nur ein Antrag nach den §§ 44 ff sein*] zu, so hat es, sofern der Nachteil [*die Beschwer, vgl. §§ 311 II, 311 a I*] noch besteht, von Amts wegen oder [*insbesondere bei versehentlicher Unterlassung der Gewährung des rechtlichen Gehörs*] auf Antrag die Anhörung nachzuholen und auf einen Antrag zu entscheiden. ([2]) Das Gericht kann seine Entscheidung auch ohne Antrag [*in einer dem Beschwerten günstigen Weise*] ändern.

§ 34 (Begründungspflicht bei anfechtbaren sowie antragsablehnenden Entscheidungen)

Die durch ein Rechtsmittel [*d. h. Beschwerde, Berufung und Revision*] anfechtbaren Entscheidungen sowie die, durch welche ein [*notwendiger*] Antrag abgelehnt wird, sind [*im Interesse ihrer Richtigkeit und im Interesse der rechtsfriedenschaffenden Überzeugung des bzw. der Betroffenen*] mit [*zweckentsprechenden, also nicht inhaltslosen oder auf leere Redensarten beschränkten*] Gründen zu versehen.

§ 34a (Fingierter Eintritt der Rechtskraft durch Beschluß)

Führt nach rechtzeitiger Einlegung eines Rechtsmittels ein Beschluß [*z. B. nach den §§ 346 II, 349 II, §§ 79 V, 80 III OWiG*] unmittelbar die [*formelle*] Rechtskraft [= *Unanfechtbarkeit*] der angefochtenen Entscheidung herbei, so gilt die Rechtskraft als mit Ablauf des Tages der Beschlußfassung eingetreten. [*Ist gegen die Entscheidung ein befristetes Rechtsmittel – Berufung, Revision, sofortige Beschwerde – gegeben und wird sie nicht fristgerecht angefochten, so tritt bereits durch den Fristablauf die Rechtskraft ein, vgl. §§ 316 I, 343 I, 311 II.*]

§ 35 (Bekanntmachung aller gerichtlicher Entscheidungen)

(I[1]) [*Alle gerichtlichen, also auch rein prozeßleitenden*] Entscheidungen, die in Anwesenheit der davon [*günstig oder ungünstig*] betroffenen Person ergehen [*z. B. die Ablehnung eines Vertagungsantrages gem. § 228*], werden ihr [*im Interesse des rechtlichen Gehörs, Art. 103 I GG*] durch [*z. B. in den §§ 118, 118a, 128, 168c, 168d, 223f, 265, 233 II, 268 I, II; §§ 54 II, 109 II JGG gesondert geregelte*] Verkündung bekanntgemacht. [*Die Verkündung erfolgt durch den Richter, bei Kollegialgerichten durch den Vorsitzenden; sie ist u. U. im Hauptverhandlungsprotokoll zu protokollieren, §§ 273, 274, oder bei Terminen außerhalb der Hauptverhandlung in den Akten zu vermerken.*] ([2]) Auf Verlangen ist ihr [*d. h. der betroffenen Person*] eine Abschrift zu erteilen.

(II[1]) Andere Entscheidungen [*als die in § 35 I geregelten*] werden [*formstreng insbesondere bei etwaiger Ingangsetzung einer Frist, z. B. §§ 314 II, 341 II, 347 I 2, 311 II 1*] durch Zustellung bekanntgemacht. ([2]) Wird durch die Bekanntmachung der Entscheidung [*nach den Vorschriften der StPO*] keine Frist in Lauf gesetzt, so genügt formlose Mitteilung [*z. B. durch einfachen Brief*]; dies gilt nicht für die Mitteilung von Urteilen. [*Ein der deutschen Sprache nicht mächtiger Ausländer hat dabei Anspruch auf die stets unentgeltliche Übersetzung einer mündlichen Entscheidungsverkündung durch einen Dolmetscher gem. Art. 6 III e EuMRK.*]

(III) Dem nicht auf freiem Fuß Befindlichen [*d. h. dem durch Freiheitsentziehung i. S. des Art. 104 GG behördlich Verwahrten, vgl. auch §§ 148, 224 II, 299 S 1, 350 III*] ist das zugestellte Schriftstück auf Verlangen vorzulesen. [*Diese Vorlesung ersetzt die nach den allgemeinen Vorschriften notwendige förmliche Zustellung nicht, sondern setzt sie voraus.*]

§ 35a (Notwendige Rechtsmittelbelehrung)

Bei der Bekanntmachung einer Entscheidung [*durch Verkündung, gem. § 35 I 1, oder Zustellung, § 35 II 1*], die durch ein befristetes Rechtsmittel [*d. h. durch sofortige Beschwerde, § 311, Berufung, §§ 312, 314, Revision, §§ 333, 335, 341, oder Gerichtsbeschwerde, § 79 OWiG, bzw. Antrag auf deren Zulassung, § 80 OWiG*] angefochten werden kann [*also z. B. nicht bei der Bekanntmachung eines freisprechenden Urteiles, es sei denn, es ordnete belastende Nebenfolgen oder Maßregeln an oder enthielte eine Kosten- oder Auslagenentscheidung nach § 467 II u. III*], ist der [*günstig oder ungünstig*] Betroffene [*– enger auszulegen als der Begriff des Beteiligten i. S. von § 33 –*] über die Möglichkeiten der Anfechtung [*auch soweit sie nicht dem Betroffenen selber ge-*

währt sind] und die dafür vorgeschriebenen Fristen und Formen [*gerichtlich*] zu belehren. [*Unterläßt das Gericht pflichtwidrig die Belehrung, so gilt § 44 S 2. Ist der Betroffene Beschuldigter im Jugendstrafverfahren, ist § 67 II JGG zu beachten; die Staatsanwaltschaft und andere Staatsorgane sind nicht zu belehren. Zur Form der Belehrung vgl. §§ 273, 274; §§ 184, 185 GVG; Art. 6 III e EuMRK.*]

§ 36 (Zustellung und Vollstreckung von Entscheidungen)

(I[1]) Die [*gem. § 37 I 1 nach den §§ 166 bis 213 ZPO zu erfolgende*] Zustellung von Entscheidungen [*veranlaßt der Amtsgerichtsrichter beim Amtsgericht bzw.*] ordnet [*bei Kollegialgerichten*] der Vorsitzende an. ([2]) Die Geschäftsstelle [*regelmäßig diejenige des Gerichts, vgl. § 37 I 1 i. V. m. §§ 166 ff, 209 ZPO, ausnahmsweise diejenige der Staatsanwaltschaft, vgl. § 153 GVG*] sorgt dafür, daß die Zustellung [*in der gesetzlich vorgeschriebenen Form*] bewirkt [*und beurkundet*] wird [*, um dem Adressaten Gelegenheit zur Kenntnisnahme eines Schriftstücks zu verschaffen und um den Nachweis, daß der Adressat von dem Schriftstück Kenntnis nehmen konnte, zu sichern*].

(II[1]) [*Gerichtliche*] Entscheidungen, die [*irgendeine Veranlassung erfordern und – nach h. M. – in diesem sehr weiten Sinne*] der Vollstreckung bedürfen, sind der Staatsanwaltschaft [*in deren Eigenschaft als Vollstreckungsbehörde aus Gründen der Prozeßeffizienz*] zu übergeben, die das Erforderliche veranlaßt. [*§ 36 II 1 ist daher z. B. anzuwenden bei Haft-, Unterbringungs- und Vorführungsbefehlen oder Anordnungen gem. den §§ 81 a II, 81 c V, 98 I, 100 I, 100 d I 1, 105 I, 111 a I, 111 III, 111 n I, sowie Ordnungs- und Zwangsmitteln nach den §§ 51, 70, 77 I, 95 II.*] ([2]) Dies gilt nicht für [*gerichtliche*] Entscheidungen, welche [*gem. den §§ 169 ff GVG im Rahmen der Sitzungspolizei gefällt werden, nach den §§ 176, 179 GVG vollzogen werden und in diesem Sinne*] die Ordnung in den Sitzungen betreffen. [*Vgl. aber auch § 111 f II u. III 2.*]

§ 37 (Verweisung auf die Vorschriften der ZPO für die Durchführung von angeordneten Zustellungen)

(I[1]) Für das Verfahren bei [*gem. § 36 angeordneten*] Zustellungen gelten die Vorschriften der Zivilprozeßordnung [*§§ 163 bis 213 ZPO, insbesondere § 170 I: Vollzug, § 180: Ort der Zustellung, §§ 181 bis 184: Ersatzzustellung, § 188: Zeit der Zustellung*] entsprechend. ([2]) Als Notfristen im Sinne des § 187 Satz 2 der Zivilprozeßordnung [*, für deren Beginn nach § 187 S 2 i. V. m. S 1 ZPO stets der Nachweis einer förmlichen, ordnungsgemäßen Zustellung erforderlich ist,*] gelten die gesetzlichen Fristen.

(II) Wird die für einen Beteiligten bestimmte Zustellung an mehrere Empfangsberechtigte [*– Zustellungsadressat ist grundsätzlich die Person, welche die Zustellung angeht oder der Zustellungsbevollmächtigte; § 176 ZPO ist nicht entsprechend anzuwenden –*] bewirkt, so richtet sich die Berechnung einer Frist nach der zuletzt bewirkten Zustellung.

§ 38 (Zustellung bei unmittelbarer Ladung)

Die bei dem Strafverfahren beteiligten Personen, denen die Befugnis beigelegt ist, Zeugen und Sachverständige unmittelbar zu laden [*Angeklagter: §§ 220, 323 I; Privat- und Nebenkläger: §§ 386 II, 397 I; gesetzlicher Vertreter: § 298 II; beachte auch §§ 414 I, 433 I, 440 III, 444 II 2*], haben mit der Zustellung der Ladung den Gerichtsvollzieher zu beauftragen. [*Dieser stellt gem. § 37 zu und kann ggf. die Post gem. den §§ 194, 195 ZPO bitten, die Zustellung auszuführen. Die Staatsanwaltschaft lädt nicht gem. § 38, sondern selbst gem. § 161 a I.*]

§ 39 (weggefallen)

§ 40 (Fingierte Zustellung durch öffentliche Bekanntmachung als ultima ratio)

(I[1]) Kann eine Zustellung [*einer gerichtlichen Entscheidung*] an einen Beschuldigten [*§ 157*], dem eine Ladung zur Hauptverhandlung noch nicht [*wirksam*] zugestellt war, nicht in der [*gem. § 37 i. V. m. §§ 166 ff ZPO*] vorgeschriebenen Weise im Inland bewirkt werden, und erscheint die Befolgung der für Zustellungen im Ausland bestehenden Vorschriften [*§§ 199 ff ZPO*] unausführbar oder voraussichtlich erfolglos, so gilt die Zustellung [*einer gerichtlichen Entscheidung – nicht dagegen: von staatsanwaltschaftlichen Ladungen nach § 161 a, sonstiger staatsanwaltschaftlicher Mitteilungen wie z. B. in der Anklageschrift, § 201 I, wohl aber auch von Strafbefehlen –*] als erfolgt, wenn der Inhalt des zuzustellenden Schriftstücks [*aufgrund eines Gerichtsbeschlusses, § 37 I 1 i. V. m. § 204 I ZPO*] durch ein deutsches oder ausländisches Blatt bekanntgemacht worden ist [*, das Gericht vorher mit allen ihm zumutbaren Mitteln andere Zustellungsmöglichkeiten, z. B. die Zustellung an den Pflichtverteidiger, § 145 a I, erkundet hat,*] und seit dem Erscheinen dieses Blattes zwei Wochen verflossen sind oder wenn das zuzustellende Schriftstück zwei Wochen an der Gerichtstafel des Gerichts des ersten Rechtszuges angeheftet gewesen ist. ([2]) Die Auswahl des Blattes steht dem die Zustellung veranlassenden Beamten zu.

(II[1]) War die Ladung zur Hauptverhandlung dem Angeklagten schon vorher zugestellt [*, so daß dieser die Gelegenheit hatte, sich weiteres rechtliches Gehör durch Ermöglichung künftiger Zustellungen an ihn zu verschaffen*], so gilt eine weitere Zustellung an ihn, wenn sie nicht in der [*gem. § 37 I 1 i. V. m. §§ 166 ff ZPO*] vorgeschriebenen Weise im Inland bewirkt werden kann, als erfolgt, sobald das zuzustellende Schriftstück zwei Wochen an der Gerichtstafel des Gerichts des ersten Rechtszuges [*– anderenfalls ist die öffentliche Zustellung unwirksam –*] angeheftet gewesen ist. ([2]) Von Urteilen und Beschlüssen wird nur der entscheidende Teil [*also nicht die Entscheidungsgründe*] angeheftet. [*Der Gerichtsbeschluß, durch den die öffentliche Zustellung angeordnet wird, kann gem. §§ 304 I, 304 IV, 305 S 1 angefochten werden.*]

§ 41 (Vereinfachte Zustellung an die Staatsanwaltschaft)

([1]) Zustellungen [*gerichtlicher Entscheidungen*] an die Staatsanwaltschaft erfolgen [*in zulässiger Weise auch*] durch Vorlegung der Urschrift [*z. B. durch Aktenversendung zwecks Kenntnisnahme*] des [*an sich gem. § 37*] zuzustellenden [*und gem. § 37 zustellbaren*] Schriftstücks. ([2]) Wenn mit der Zustellung der Lauf einer Frist beginnt, so ist [*im Interesse der Schaffung eines Beweismittels*] der Tag der Vorlegung von der Staatsanwaltschaft auf der Urschrift zu vermerken. [*§ 41 schafft lediglich ein Wahlrecht für die Art der Zustellung; unberührt bleibt § 36 I.*]

Fünfter Abschnitt
Fristen und Wiedereinsetzung in den vorigen Stand
[§§ 42–47]

[Fristen sind Zeiträume, während deren Verfahrensbeteiligte Prozeßhandlungen vornehmen müssen, wenn sie zulässig bzw. wirksam sein sollen; dabei kann man Erklärungs- und Handlungsfristen – z. B. §§ 45, 172 I, 172 II 1, 311 II 1, 314 I, 319 II, 341 I, 345 I, 346 II, 349 III 2, 409 I 1 Nr. 7, 439 II 1, 463 c II – unterscheiden sowie von Fristen zu Terminsvorbereitungen sprechen – z. B. §§ 138 d II 2, 212 a III 3, 217 I –. Keine Fristen i. S. der §§ 42 ff sind Zeiträume zur Vornahme von Prozeßhandlungen durch ein Justizorgan – z. B. §§ 115 II, 118 V, 118 a IV 2, 128 I –. Die Terminologie des Gesetzes ist mitunter unzuverlässig bzw. ungenau, so z. B. in § 121 III 1, in dem fälschlicherweise von »Fristenlauf« gesprochen wird. Keine Fristen sind insbesondere ferner Zeitpunkte, in denen Justizorgan und Verfahrensbeteiligte gemeinsam prozessuale Handlungen vorzunehmen haben, so z. B. die Vernehmungstermine – z. B. §§ 133–136, 161 a, 168 c, 168 d, 224 I 1, 225, 233 –. Zu unterscheiden sind schließlich gesetzliche, richterliche und staatsanwaltschaftliche Fristen. Gesetzliche Fristen – z. B. §§ 45, 311 II, 314 I, 343 III 2, 439 II 1 – können nicht verlängert werden; auf sie sind aber die §§ 42 ff, insbesondere § 44, anwendbar, es sei denn, daß die gesetzlich angeordnete Frist eine absolute Ausschlußfrist ist, die die Rechtshandlung nach Fristablauf ausschließt – so z. B. die Strafantragsfrist gem. § 77 b StGB –. Richterliche Fristen sind Zeiträume, die der Richter festsetzt – so z. B. § 123 III, 201 I –; nach ihrem Ablauf ist, wenn die richterliche Entscheidung ergangen ist, § 44 anwendbar. Staatsanwaltschaftliche Fristen sind solche, die bei der Staatsanwaltschaft wahrzunehmen sind; hier gelten die §§ 42, 43 entsprechend, nicht dagegen § 44, es sei denn, daß es sich bei der staatsanwaltschaftlichen Frist mittelbar um eine gerichtliche handelt wie etwa im Falle des § 172 I 1.]

§ 42 (Berechnung von Tagesfristen)

Bei der Berechnung einer Frist, die [*wie z. B. gem. § 100 II*] nach Tagen bestimmt ist, wird der Tag [*beginnend mit 0.00 Uhr*] nicht mitgerechnet, auf den der Zeitpunkt oder das Ereignis fällt, nach dem der Anfang der Frist sich richten soll. [*Für das Ende der Frist gilt § 43 II; nicht dem § 42 unterfällt die 24stündige Ladungsfrist im beschleunigten Verfahren gem. § 212 a III 3.*]

§ 43 (Berechnung von Wochen- und Monatsfristen)

(I) Eine [*gesetzliche oder richterliche*] Frist, die nach Wochen oder Monaten bestimmt ist, endet [*grundsätzlich*] mit Ablauf des Tages der letzten Woche oder des letzten Monats, der durch seine Benennung oder Zahl dem Tag entspricht, an dem die Frist begonnen hat [*– dies hat zur Folge, daß im Ergebnis wie nach § 42 der Anfangstag nicht mitzählt –*]; fehlt dieser Tag in dem letzten Monat, so endet die Frist mit dem Ablauf des letzten Tages dieses Monats.

(II) Fällt das Ende einer [*Tages-, Wochen- und Monats-*]Frist auf einen Sonntag, einen allgemeinen [*d. h. staatlich anerkannten, vgl. Art. 140 GG, Art. 139 WRV*] Feiertag [*also nicht einen bloß geschützten*] oder einen Sonnabend, so endet die Frist mit Ablauf des nächsten Werktages. [*Beachte auch § 34 II EGGVG für die Fristwahrung durch Gefangene, die Maßnahmen nach dem Kontaktsperregesetz unterliegen; beachte ferner § 77 b I 2 StGB für die Strafantragsfrist.*]

§ 44 (Wiedereinsetzung in den vorigen Stand bei schuldloser Fristversäumung)

([1]) War jemand [*bei Anwendung der ihm nach seinen persönlichen Eigenschaften und Verhältnissen sowie den konkreten Umständen des Einzelfalles möglichen Sorgfalt*] ohne [*eigenes Vorsatz- oder Fahrlässigkeits-*]Verschulden [*vgl. auch § 26 II EGGVG, § 112 II StVollzG, § 60 I VwGO, § 67 I SGG, § 56 I FGO, § 22 II FGG*] verhindert, eine [*gesetzliche oder richterliche, bei Gericht zu beachtende prozessuale*] Frist [*, die keine absolute Ausschlußfrist ist, in formgerechter Weise*] einzuhalten, so ist ihm [*z. B. auch gegen Versäumung der Frist des § 45*] auf [*gem. § 300 analog auslegungsfähigen*] Antrag [*§ 45*] Wiedereinsetzung in den vorigen Stand zu gewähren [*, es sei denn, daß für eine Wiedereinsetzung infolge prozessualer Überholung oder mangels nachteiliger Säumnisfolgen das Rechtsschutzbedürfnis fehlt*]. ([2]) Die Versäumung einer Rechtsmittelfrist ist als unverschuldet anzusehen [*Schuldlosigkeitsvermutung!*], wenn die Belehrung nach den §§ 35 a, 319 Abs. 2 Satz 3 oder nach § 346 Abs. 2 Satz 3 unterblieben ist. [*Für Verschulden des Verteidigers haftet der Beschuldigte nur, wenn ihm eigenes Mitverschulden anzulasten ist. Privatkläger, Nebenkläger und der Antragsteller im Klageerzwingungsverfahren müssen sich dagegen das Verschulden ihres Vertreters zurechnen lassen; zurechenbar ist auch das Verschulden des Verteidigers im Kostenfestsetzungsverfahren nach § 464 b, im Beschwerdeverfahren nach § 464 III und § 8 III StrEG, da diese Verfahren vermögensrechtlichen Charakter tragen und insoweit § 278 BGB dem Rechtsgedanken nach anwendbar ist.*]

§ 45 (Frist und Form des Wiedereinsetzungsantrages als formelle Zulässigkeitsvoraussetzungen)

(I[1]) Der [*hinsichtlich seiner materiellen Voraussetzungen nach § 44 zu beurteilende*] Antrag auf Wiedereinsetzung in den vorigen Stand ist [*schriftlich oder bei Nachholung der versäumten Prozeßhandlung in der für diese vorgeschriebenen Form*] binnen einer Woche [*zur Berechnung vgl. § 43*] nach Wegfall des Hindernisses [*für den Antragsberechtigten*] bei dem Gericht [*gem. § 45 II*] zu stellen, bei dem die Frist wahrzunehmen gewesen wäre. ([2]) Zur Wahrung der Frist genügt es, wenn der Antrag rechtzeitig bei dem Gericht gestellt wird, das über den Antrag entscheidet. [*Gegen die Versäumung dieser Frist kann Wiedereinsetzung in den vorigen Stand gewährt werden.*]

(II[1]) Die Tatsachen zur Begründung des Antrags [*also der Sachverhalt, der ein der Wiedereinsetzung entgegenstehendes Verschulden ausschließt,*] sind bei der Antragstellung oder im Verfahren über den Antrag glaubhaft [*d. h. wahrscheinlich*] zu machen. [*Wird der ein Verschulden ausschließende Sachverhalt nicht »glaubhaft« gemacht, ist der Antrag nicht unzulässig – str. –, sondern unbegründet.*] ([2]) Innerhalb der Antragsfrist ist die versäumte Handlung nachzuholen. [*Die Glaubhaftmachung kann noch im Beschwerdeverfahren gem. § 46 III nachgeholt werden.*] (3) Ist dies geschehen [*d. h. die versäumte Handlung nachgeholt*], so kann [*, sofern alle anderen Voraussetzungen vorliegen,*] Wiedereinsetzung auch ohne [*formellen*] Antrag gewährt werden.

§ 46 (Entscheidung über den Antrag auf Wiedereinsetzung; Rechtsmittel gegen die Entscheidung)

(I) Über den Antrag [*gem. §§ 44, 45*] entscheidet [*nicht das Adressatgericht des Wiedereinsetzungsgesuchs, sondern*] das Gericht, das bei rechtzeitiger Handlung zur Entscheidung in der Sache selbst berufen gewesen wäre. [*Dies ist bei einem Einspruch das Amtsgericht, §§ 67 S 1, 68 OWiG; § 409 I 1 Nr. 7, bei einem bestimmten Rechtsmittel das Rechtsmittelgericht, bei einem unbestimmt eingelegten Rechtsmittel nach § 335 I das Berufungsgericht, bei Erinnerung gegen einen Kostenfestsetzungsbeschluß, § 464b, der Richter, § 11 II RPflG, sofern er die Wiedereinsetzung und die Erinnerung für begründet hält, sonst das Beschwerdegericht. Die in § 46 I angeordnete Zuständigkeit ist eine ausschließliche.*]

(II) Die dem Antrag [*nach Anhörung der Beteiligten gem. § 33*] stattgebende Entscheidung [*Beschluß*] unterliegt keiner Anfechtung [*und ist auch unwiderruflich*].

(III) Gegen die [*nach Gewährung des rechtlichen Gehörs, § 33*] den Antrag [*als unzulässig, § 45 I u. II 2, oder, auch bei mangelnder Glaubhaftmachung, § 45 II 1, als unbegründet*] verwerfende Entscheidung [*Beschluß*] ist [*auch für die Staatsanwaltschaft gem. § 296*] sofortige Beschwerde [*§ 311*] zulässig [*, solange der Verwerfungsbeschluß noch nicht rechtskräftig ist. Ein rechtskräftiger Verwerfungsbeschluß kann nur noch widerrufen werden, wenn seine Tatsachengrundlage entfällt*].

§ 47 (Kein Suspensiveffekt des Antrages auf Wiedereinsetzung in den vorigen Stand)

(I) Durch den Antrag auf Wiedereinsetzung in den vorigen Stand wird die Vollstreckung einer gerichtlichen Entscheidung nicht gehemmt [*, um jeden Mißbrauch des Instituts der Wiedereinsetzung zu verhindern; vgl. auch §§ 307, 458 III*].

(II) Das [*in § 45 I 1 sowie in §§ 45 I 2, 46 I bezeichnete*] Gericht kann jedoch [*nach einem entsprechenden Gesuch – wie auch die Vollstreckungsbehörde und die ihr übergeordneten Behörden, § 36 II 1, § 451 gem. § 456 –*] einen [*einstweiligen*] Aufschub der Vollstreckung anordnen.

Sechster Abschnitt
Zeugen
[§§ 48–71]

[Die Rechts- und Pflichtenstellung von Zeugen ist in den §§ 48–71 geregelt. Beachte auch Nr. 64–68 RiStBV. Der Zeuge ist als Beweismittel zugleich Beweisverfahrensobjekt, § 244, und Prozeßsubjekt mit eigenen Rechten. Zeuge ist, wer in einem Prozeß, der gegen einen anderen gerichtet ist, seine persönlichen Wahrnehmungen über Tatsachen durch Aussage bekunden soll, vgl. RGSt. 52, S. 289, ohne als solches Beweismittel durch eine andere Verfahrensrolle ausgeschlossen zu sein. Der Zeuge ist daher insbesondere von dem Sachverständigen zu unterscheiden. Sachverständiger ist, wer im Auftrag des Gerichts kraft seiner Sachkunde dem Gericht bei der Beurteilung einer Beweisfrage durch Ermittlung und Mitteilung von Tatsachen, Erfahrungsregeln oder Schlußfolgerungen im Rahmen des ihm aufgegebenen Beweisthemas hilft. Der Zeuge macht demgegenüber seine Beobachtungen unabhängig von einem Gerichtsauftrag; anders als der Sachverständige ist er prinzipiell nicht auswechselbar. Sachverständiger Zeuge, § 85, ist, wer über vergangene Tatsachen oder Zustände berichtet, zu deren Wahrnehmung eine besondere Sachkunde erforderlich war; der sachverständige Zeuge ist Zeuge und unterliegt den für den Zeugenbeweis geltenden Regeln, § 85. Zeugnisfähig ist prinzipiell jedermann, also auch Schuldunfähige. Nicht zeugnisfähig ist der Beschuldigte, einschließlich des Mitbeschuldigten, der – so die h. M. – gleichzeitig mit einem anderen in demselben Verfahrensabschnitt beschuldigt ist, str. Ein Richter kann Zeuge sein, ist jedoch nach seiner Vernehmung gem. § 22 Nr. 5 von der Ausübung des Richteramts ausgeschlossen und durch seinen Vertreter zu ersetzen, §§ 21 e–g, 70 GVG. Entsprechendes gilt nach der Rechtsprechung auch für den Staatsanwalt. Zeuge kann nicht ein Privatkläger sein; zeugnisfähig ist dagegen der Nebenkläger. Gem. § 161 a I 2 gelten die §§ 48–71 bei der Vernehmung durch den Staatsanwalt entsprechend.]

§ 48 (Ladung des Zeugen unter Hinweis auf mögliche Sanktionen)

Die Ladung[*-sanordnung, d. h. Aufforderung durch einen dazu Befugten, ins. durch den Vorsitzenden, §§ 214 I 1, 238 I, aber auch durch den Ermittlungsrichter, § 162, den beauftragten oder ersuchten Richter, §§ 223–225, 233 II, § 157 GVG, durch die Staatsanwaltschaft, §§ 161 a I 1, 214 III, oder durch den Angeklagten, §§ 220, 323 III, 38, an Beweispersonen, hier:*] der Zeugen [*– für Sachverständige vgl. § 72, für die Ladung des Angeklagten vgl. §§ 216, 323, des Verteidigers § 218, des Privat- und Nebenklägers §§ 385 I 1, 397 I, des Einziehungs- und Verfallbeteiligten §§ 435 I, 442 I, 442 II 1, des Erziehungsberechtigten und gesetzlichen Vertreters im Jugendstrafverfahren vgl. § 67 II JGG –, in einem nach Zeit und Ort genau bestimmten Termin zu erscheinen,*] geschieht [*grundsätzlich*] unter Hinweis auf die gesetzlichen Folgen des Ausbleibens [*§§ 51, 220 II, u. U. auch unter Bezeichnung der Strafsache in der Ladung. Eine besondere Ladungsform schreibt § 38 für die unmittelbare Ladung vor. Kinder und Jugendliche werden über ihre Eltern bzw. Erziehungsberechtigten geladen. Die Ausführung der Ladungsanordnung obliegt der Geschäftsstelle des Gerichts, § 153 GVG, vgl. für die Hauptverhandlung § 214 I 2. Der Vollzug der Ladungsanordnung ist, sofern nicht § 38 ein anderes vorschreibt, formlos zulässig*].

§ 49 (Sondervorschrift für die Vernehmung des Bundespräsidenten)

(1) Der Bundespräsident ist [*in Abweichung von den §§ 223, 224 und § 251 II u. III*] in seiner Wohnung [*jedenfalls dann*] zu vernehmen [*, wenn er noch im Amte ist*]. (2) Zur Hauptverhandlung wird er [*in Abweichung von den §§ 214 I, 214 III, 220 I*] nicht geladen. (3) Das Protokoll über seine gerichtliche Vernehmung ist [*in Abwei-*

chung von § 250 S 2] in der Hauptverhandlung [*auch ohne Beschluß nach § 251 IV 1 analog*] zu verlesen.

§ 50 (Vernehmung von Mitgliedern oberster Staatsorgane)

(I) Die Mitglieder des Bundestages [*Art. 38 ff GG*], des Bundesrates [*Art. 51 GG, nicht jedoch der Bundesversammlung, Art. 54 III GG*], eines Landtages [*in Hamburg und Bremen der »Bürgerschaft«, in Berlin des »Abgeordnetenhauses«*] oder einer zweiten Kammer [*, in Bayern der Senat, Art. 40, 41 BayVerf, sowie die in Art. 49 GG erfaßten Personen*] sind während ihres Aufenthaltes am Sitz der Versammlung dort zu vernehmen.

(II) Die Mitglieder der Bundesregierung [*d. h. Bundeskanzler und Bundesminister, Art. 62 GG, nicht Staatssekretäre des Bundes*] oder einer Landesregierung [*in Bayern einschließlich der Staatssekretäre, Art. 43 II BayVerf*] sind an ihrem Amtssitz oder, wenn sie sich außerhalb ihres Amtssitzes aufhalten, an ihrem Aufenthaltsort zu vernehmen [*und zwar wegen § 50 IV 2 in der Regel durch den Ermittlungsrichter, §§ 162, 169, bzw. durch den beauftragten oder ersuchten Richter, §§ 223, 224*].

(III) Zu einer Abweichung von den vorstehenden Vorschriften bedarf es

für die Mitglieder eines in Absatz 1 genannten Organs der Genehmigung dieses Organs,
für die Mitglieder der Bundesregierung der Genehmigung der Bundesregierung,
für die Mitglieder einer Landesregierung der Genehmigung der Landesregierung.

[*Auf die Sondergenehmigung kann das Mitglied nicht verzichten.*]

(IV[1]) Die Mitglieder der in Absatz 1 genannten Organe der Gesetzgebung und die Mitglieder der Bundesregierung oder einer Landesregierung werden, wenn sie außerhalb der Hauptverhandlung vernommen worden sind, zu dieser nicht geladen. ([2]) Das Protokoll über ihre richterliche Vernehmung [*durch den Ermittlungsrichter, §§ 162, 169, bzw. durch den beauftragten oder ersuchten Richter, §§ 223, 224*] ist [*in Abweichung von § 250 S 2*] in der Hauptverhandlung zu verlesen.

§ 51 (Folgen des pflichtwidrigen und unentschuldigten Ausbleibens eines Zeugen)

(I[1]) Einem ordnungsgemäß [*gem. §§ 48, 214; 220 II, 38 mit Angabe von Ort und Zeit des Termins sowie unter Hinweis auf die Folgen des § 51*] geladenen [*und auf freiem Fuß befindlichen*] Zeugen, der [*pflichtwidrig*] nicht [*zur bezeichneten Terminsstunde am Terminsort in vernehmungsfähiger Weise*] erscheint [*oder vorzeitig vor der endgültigen Entlassung, § 248, weggeht*], werden [*bei ungenügender Entschuldigung, § 51 II*] die durch das [*pflichtwidrige und schuldhafte*] Ausbleiben verursachten Kosten [*d. h. Gerichtskosten und Auslagen des Angeklagten durch im Kostenfestsetzungs- bzw. Kostenansatzverfahren zu konkretisierenden Beschluß*] auferlegt [*; hierauf hat der Angeklagte einen Rechtsanspruch*]. ([2]) Zugleich wird [*als eine Art obligatorische repressive Unrechtsfolge*] gegen ihn [*durch Beschluß*] ein Ordnungsgeld [*von mindestens 5 DM und höchstens 1000 DM, Art. 6 I 2 EGStGB; Zahlungserleichterungen: Art. 7 EGStGB*] und für den Fall, daß dieses nicht beigetrieben werden kann [*vgl. er-*

gänzend Art. 8 EGStGB], [*Ersatz-*]Ordnungshaft [*von mindestens einem Tag und höchstens 42 Tagen, Art. 6 II EGStGB*] festgesetzt. [*Allerdings kann analog § 47 II OWiG, § 153 von der Ordnungsgeldfestsetzung nach § 51 II 2 bei geringer Schuld und fehlendem öffentlichem Ahndungsinteresse abgesehen werden.*] ([3]) Auch ist [*neben der Kostenauferlegung und der Festsetzung eines Ordnungsgeldes, nicht anstatt!,*] die zwangsweise [*und nach § 135 zu bewirkende*] Vorführung des Zeugen [*fakultativ*] zulässig [*, wenn zu befürchten ist, der Zeuge werde zum nächsten Termin wiederum nicht erscheinen*]; § 135 gilt entsprechend. ([4]) Im Falle wiederholten [*pflichtwidrigen und ungenügend entschuldigten*] Ausbleibens [*trotz ordnungsgemäßer Ladung werden dem Zeugen noch einmal die durch das Ausbleiben verursachten Kosten gem. § 51 I 1 auferlegt. Zusätzlich*] kann das Ordnungsmittel [*also Ordnungsgeld und Ersatzordnungshaft*] noch einmal festgesetzt werden [*, wobei die Höchstgrenzen gelten, ohne daß die vorangegangenen Festsetzungen in diese eingerechnet werden*].

(II[1]) Die Auferlegung der Kosten [*gem. § 51 I 1*] und die Festsetzung eines Ordnungsmittels [*gem. § 51 I 2 sowie S 4*] unterbleiben, wenn das [*pflichtwidrige*] Ausbleiben des [*ordnungsgemäß geladenen*] Zeugen [*bis zu dem Zeitpunkt, für den der Zeuge zur Vernehmung geladen ist, also*] rechtzeitig [*materiell*] genügend entschuldigt wird. [*Strittig ist, ob § 45 II analog anwendbar ist.*] ([2]) Erfolgt die Entschuldigung nach Satz 1 nicht rechtzeitig, so unterbleibt die Auferlegung der Kosten [*gem. § 51 I 1*] und die Festsetzung eines Ordnungsmittels [*nach § 51 I 2*] nur dann, wenn glaubhaft [*vgl. § 26*] gemacht [*also dem Gericht durch tatsächliche Angaben eine Wahrscheinlichkeitsüberzeugung ermöglicht*] wird, daß den Zeugen an der Verspätung der Entschuldigung kein Verschulden trifft. ([3]) Wird der Zeuge [*auch ohne sein Zutun*] nachträglich [*durch das Vorbringen einer sachlich genügenden Entschuldigung*] genügend entschuldigt, so werden die getroffenen Anordnungen unter den Voraussetzungen des Satzes 2 aufgehoben [*, also dann, wenn glaubhaft gemacht wird, daß den Zeugen an der Verspätung der Entschuldigung kein Verschulden trifft*].

(III) Die Befugnis zu diesen [*durch beschwerdefähigen, § 304, Beschluß verhängten*] Maßregeln steht [*neben dem erkennenden Gericht, in der Hauptverhandlung unter Mitwirkung der Schöffen, §§ 30 I, 77 I GVG*] auch dem Richter im Vorverfahren [*Ermittlungsrichter, §§ 162, 165, 166, 169*] sowie dem beauftragten und ersuchten Richter [*, im Falle des § 161a I 1 für die Verhängung von Ordnungsgeld auch der Staatsanwaltschaft, § 161a II,*] zu.

§ 52 (Zeugnisverweigerungsrecht aus familiären Gründen; vgl. Nr. 65 RiStBV)

(I) Zur Verweigerung des Zeugnisses sind [*, um die familiären Beziehungen zu stützen, ganz allgemein und unbeschränkt*] berechtigt [*– zur Glaubhaftmachung des Zeugnisverweigerungsgrundes vgl. § 56 –*]

1. der [*oder die durch formloses, beiderseitiges, ernstgemeintes und im Augenblick der Vernehmung noch bestehendes Eheversprechen*] Verlobte des Beschuldigten [*§ 157*];

2. der [*aufgrund einer formell gültigen Ehe als*] Ehegatte des Beschuldigten [*Gelten-*

de], auch wenn die Ehe nicht mehr besteht [*z. B. für nichtig erklärt wurde, vgl. Art. 33 EGBGB*];

3. wer mit dem Beschuldigten [*nach BGB, §§ 1589, 1590 BGB, Art. 33 EGBGB*] in gerader Linie verwandt oder verschwägert [*Beispiel: Die Schwester der Ehefrau des Beschuldigten ist mit diesem verschwägert, nicht jedoch der Ehemann dieser Schwester mit dem Beschuldigten*], in der Seitenlinie bis zum dritten Grad verwandt oder bis zum zweiten Grad verschwägert ist oder war. [*Anders als das Adoptivelternverhältnis begründet das Pflegeelternverhältnis keine Verwandtschaft, vgl. § 11 I Nr. 1b StGB.*]

(II[1]) [*Grundsätzlich haben auch verstandesschwache oder unreife Zeugen ein Zeugnisverweigerungsrecht nach § 52 I.*] Haben [*jedoch*] Minderjährige [*§ 2 BGB*] oder wegen Geisteskrankheit oder Geistesschwäche entmündigte Personen [*§ 6 I BGB; §§ 645ff, 661 ZPO*] wegen [*im Einzelfall gegebener*] mangelnder Verstandesreife oder wegen Verstandesschwäche von der Bedeutung des [*nach § 52 I Nr. 1–3 begründeten*] Zeugnisverweigerungsrechts keine genügende Vorstellung, so dürfen sie nur vernommen werden, wenn sie [*erstens*] zur Aussage [*aufgrund ihres »natürlichen« Willens*] bereit sind und [*zweitens*] auch ihr gesetzlicher Vertreter [*– eheliche Minderjährige: Eltern, §§ 1626 II, 1627 BGB, aber auch § 1678 BGB; nichteheliche Minderjährige: Mutter, §§ 1705, 1626 II BGB; eheliche Minderjährige nach Ehescheidung: Inhaber des persönlichen Sorgerechtes, § 1671 I BGB; entmündigte Volljährige: bestellter Vormund, § 1789 BGB, u. U. auch Vormundschaftsgericht gem. § 1846 BGB –*] der Vernehmung zustimmt. ([2]) Ist der gesetzliche Vertreter selbst Beschuldigter [*§ 157*], so kann er über die Ausübung des Zeugnisverweigerungsrechts [*nach § 52 I*] nicht [*gem. § 52 II 1*] entscheiden; das gleiche gilt für den nicht beschuldigten Elternteil, wenn die gesetzliche Vertretung beiden Eltern zusteht. [*Ist der gesetzliche Vertreter nach § 52 II 2 verhindert, so kann der Vernehmende beim Vormundschaftsgericht die Bestellung eines Ergänzungspflegers für den Zeugen beantragen, § 1909 I 1 BGB.*]

(III[1]) Die zur Verweigerung des Zeugnisses [*gem. § 52 I Nr. 1–3*] berechtigten Personen, in den Fällen des Absatzes 2 auch deren zur Entscheidung über die Ausübung des Zeugnisverweigerungsrechts befugte Vertreter, sind [*vom vernehmenden Richter, Staatsanwalt, § 161a I 2, Polizeibeamten, § 163a V, oder Finanzbeamten, §§ 161a I 2, 163a V i. V. m. §§ 385 I, 386, 399 I, 402 I, 404 AO*] vor jeder [*eigenständigen*] Vernehmung [*zur Sache, vgl. §§ 69, 243 IV*] über ihr Recht [*in hinreichender Weise so*] zu belehren [*, daß sie eine genügende Vorstellung über die Bedeutung des Zeugnisverweigerungsrechts erlangen*]. ([2]) Sie können den [*in einer freiwilligen Aussage nach Belehrung stillschweigend liegenden oder ausdrücklich erklärten*] Verzicht auf dieses Recht [*sowohl vor als*] auch [*noch*] während der Vernehmung widerrufen [*, ohne daß, vom Fall des § 252 abgesehen, die bis dahin durchgeführte Vernehmung unverwertbar wird*].

§ 53 (Zeugnisverweigerungsrecht zum Schutze von Berufsgeheimnissen)

(I) Zur Verweigerung des Zeugnisses sind ferner [*strafprozessual*] berechtigt [*, nicht: strafprozeßrechtlich verpflichtet,*]

1. Geistliche [*der christlichen Kirchen und der sonstigen staatlich anerkannten öffentlich-rechtlichen Religionsgemeinschaften*] über das, was ihnen [*objektiv nicht nur nach Auffassung der Beteiligten oder eines der Beteiligten*] in ihrer Eigenschaft als Seelsorger [*, also nicht in anderen Tätigkeitsbereichen,*] anvertraut worden oder bekanntgeworden ist;

2. [*jeder gem. § 138 gewählte oder nach §§ 141, 142 I, 142 II, 138c III 3, 364b bestellte*] Verteidiger [*– nicht notwendig Rechtsanwalt, dann § 53 I Nr. 3 –*] des Beschuldigten [*§ 157*] über das, was ihnen in dieser Eigenschaft [*, sei es auch in einer anderen Strafsache als Verteidiger desselben oder eines anderen Beschuldigten,*] anvertraut worden oder bekanntgeworden ist [*, es sei denn, daß sie von ihrer Verpflichtung zur Verschwiegenheit entbunden wurden, § 53 II*];

3. Rechtsanwälte [*§§ 12, 53, 55 BRAGO, nicht jedoch der Rechtsbeistand*], Patentanwälte [*§ 19 PatAnwO*], Notare [*§§ 3, 7 BNotO*], Wirtschaftsprüfer [*§ 15 WirtschaftsprüferO*], vereidigte Buchprüfer [*§ 128 I WirtschaftsprüferO*], Steuerberater [*§ 40 StBerG*] und Steuerbevollmächtigte [*§ 42 StBerG*], [*als solche im Inland approbierte oder zur vorübergehenden Ausübung dieses Berufs ermächtigte*] Ärzte [*§§ 1, 2 II, III BÄO*], Zahnärzte [*§ 1 des Gesetzes über die Zahnheilkunde vom 31.1.1952, nicht: Tierärzte, Heilpraktiker, Krankenpfleger*], Apotheker [*§§ 1, 2 BApothO*] und Hebammen [*§ 6 HebG*] über das, was ihnen in dieser [*sei es auch dem Geheimnisgeschützten aufgenötigten*] Eigenschaft anvertraut worden oder [*z. B. in Befassung mit der Sache aufgrund gesetzlicher Vorschriften zwangsweise*] bekanntgeworden ist [*; wird der Arzt als Sachverständiger für das Gericht, die Staatsanwaltschaft oder die Polizei tätig, gilt § 53 nicht im Rahmen des betreffenden Verfahrens und des dem Sachverständigen erteilten Auftrages*];

3a. Mitglieder [*d. h. Leiter und alle sonstigen in einem Dienstverhältnis zu der Beratungsstelle stehenden Personen*] oder Beauftragte [*d. h. Personen, die dazu bestellt sind, im Auftrag einer Beratungsstelle deren Aufgaben wahrzunehmen, vgl. § 11 I Nr. 2c StGB, z. B. Ärzte, Psychologen, Sozialarbeiter*] einer anerkannten Beratungsstelle nach § 218b Abs. 2 Nr. 1 des Strafgesetzbuches [*= »Schwangerschaftsberatungsstelle«, nicht gleichgestellt: Suchtberatungsstelle, vgl. § 203 I Nr. 4 StGB; Nachweise über die landesrechtlichen Vorschriften hinsichtlich der anerkannten Schwangerschaftsberatungsstellen bei Dreher/Tröndle, StGB, § 218b StGB Rdn. 5*] über das, was ihnen in dieser Eigenschaft anvertraut worden oder bekanntgeworden ist [*; außerhalb von anerkannten Schwangerschaftsberatungsstellen haben Sozialarbeiter grundsätzlich kein eigenes Berufsgeheimnisrecht, BVerfGE 33, 367 ff*];

4. Mitglieder des Bundestages [*Art. 38 ff GG*], eines Landtages [*in Bremen und Hamburg: Bürgerschaft; in Berlin: Abgeordnetenhaus*] oder einer zweiten Kammer [*in Bayern: Senat, Art. 40, 41 BayVerf*] über Personen, die ihnen in ihrer Eigenschaft als Mitglieder dieser Organe oder denen sie in dieser Eigenschaft Tatsachen anvertraut haben sowie über diese Tatsachen selbst [*– das Zeugnisverweigerungsrecht dauert auch nach Beendigung des Mandats fort*];

5. Personen, die [*in der Absicht einer dauernden oder doch wiederkehrenden Beschäftigung*] bei der [*informationsbeschaffenden*] Vorbereitung, [*inhaltlich, sprachlich*

und äußerlich gestaltenden] Herstellung oder [*der Öffentlichkeit zugänglich machenden*] Verbreitung von periodischen Druckwerken [*d. h. Zeitungen, Zeitschriften und andere Druckwerke, auch Plakate, die in ständiger, sei es auch unregelmäßiger Folge, gleichartig, in sich abgeschlossen und im Abstand von nicht mehr als 6 Monaten erscheinen, vgl. z. B. die Legaldefinition in § 7 IV NW LPresseG*] oder Rundfunksendungen [*auch Fernsehen, vgl. Art. 52 des Internationalen Fernmeldevertrages vom 12.11.1965, nicht dagegen Filme, bedenklich wegen Art. 5 I 2 GG*] berufsmäßig [*auch nebenberuflich, nicht notwendig: gewerbsmäßig*] mitwirken oder mitgewirkt haben [*– das Zeugnisverweigerungsrecht und damit das Beschlagnahmeverbot nach § 97 verlöschen nicht mit der Beendigung der Mitarbeitertätigkeit –*] über die [*den Strafverfolgungsorganen unbekannte, anonyme*] Person des Verfassers [*d. h. geistigen Urhebers des inkriminierten Druckwerkes*], Einsenders oder Gewährsmanns von Beiträgen und [*z. B. Archiv-*]Unterlagen sowie über die ihnen [*d. h. den in § 53 I Nr. 5 a. A. bezeichneten mitwirkenden Personen*] im Hinblick auf ihre Tätigkeit gemachten Mitteilungen [*also nicht im Hinblick auf selbst erarbeitetes Redaktionsmaterial oder ohne Bezug auf die Berufstätigkeit erlangte Informationen*], soweit es sich um Beiträge, Unterlagen und Mitteilungen für den redaktionellen Teil [*nicht: den Inseratenteil der periodischen Druckschrift und des Werbefunks*] handelt. [*Lediglich in Ausnahmefällen können Mitarbeiter von Presse und Rundfunk gestützt auf Art. 5 I 2 GG ein über § 53 I Nr. 5 hinausgehendes Zeugnisverweigerungsrecht haben, so z. B. dann, wenn sie den Aufenthaltsort eines namentlich genannten Verfassers verschweigen, um dessen Leben vor den Racheanschlägen von Terroristen zu schützen, Fall »Klein«, BGHSt. 28, 240.*]

6. (aufgehoben)

(II) [*Die in § 53 I Nr. 1, 4 und 5 Genannten dürfen das Zeugnis auch dann verweigern, wenn sie von ihrer Schweigepflicht entbunden wurden.*] Die in Absatz 1 Nr. 2 bis 3 a Genannten dürfen das Zeugnis nicht verweigern, wenn sie [*von demjenigen, zu dessen Gunsten die Schweigepflicht gesetzlich begründet ist, also von dem materiell über das Geheimnis verfügungsberechtigten Geheimnisgeschützten*] von der Verpflichtung zur Verschwiegenheit [*in beschränkbarer und widerruflicher Weise*] entbunden sind. [*Nach Beendigung der beruflichen Tätigkeit gilt § 54 IV entsprechend.*]

§ 53 a (Abgeleitetes Zeugnisverweigerungsrecht der Berufshelfer)

(I[1]) Den in § 53 Abs. 1 Nr. 1 bis 4 Genannten stehen [*im Interesse eines effektiven Berufsgeheimnisschutzes*] ihre [*berufsmäßig tätigen oder ihre allgemein oder im Einzelfall ausdrücklich oder stillschweigend in sonstiger Weise herangezogenen*] Gehilfen [*z. B. Sprechstundenhilfen, Bürovorsteher, Berufsgehilfen der Steuerberatungsgesellschaft, §§ 32 III, 49 ff StBerG*] und die Personen gleich, die zur Vorbereitung auf den Beruf an der berufsmäßigen Tätigkeit teilnehmen [*z. B. Ausbildungsreferendar beim Anwalt*]. ([2]) Über die Ausübung des [*abgeleiteten*] Rechtes dieser Hilfspersonen, das Zeugnis zu verweigern, entscheiden [*allein*] die in § 53 Abs. 1 Nr. 1 bis 4 Genannten, es sei denn, daß diese Entscheidung [*überhaupt nicht, z. B. wegen Todes des Hauptgeheimnisträgers, oder*] in absehbarer Zeit [*z. B. wegen längerer Krankheit*] nicht herbeigeführt werden kann. [*Aussagen, die die nicht verfügungs-*

berechtigten Hilfspersonen ohne die erforderliche Genehmigung des Hauptgeheimnisträgers abgeben, sind unverwertbar.]

(II) Die Entbindung von der Verpflichtung zur Verschwiegenheit (§ 53 Abs. 2) gilt [*ohne Rücksicht auf einen etwaigen vom Hauptgeheimnisträger erklärten Widerspruch, zw.*] auch für die Hilfspersonen.

§ 54 (Aussagegenehmigung für Personen des öffentlichen Dienstes)

(I) Für die Vernehmung von [*Berufs-*]Richtern [*auch auf Zeit, Probe oder kraft Auftrags und aller Gerichtsbarkeitszweige*], Beamten [*im staatsrechtlichen Sinne, vgl. § 11 I 2a StGB und die Legaldefinition des Beamtenverhältnisses in § 2 I BRRG, § 2 I BBG, Art. 2 BayBG*] und anderen Personen des öffentliches Dienstes [*d. h. Angestellte, vgl. § 9 BAT zur Schweigepflicht, sowie alle Nichtbeamte und Nichtangestellte, die eine Funktion des öffentlichen Dienstes i. w. S. ausüben, wie z. B. Schiedsmänner, Geistliche bei sozialer Fürsorge oder verwaltender Amtstätigkeit oder Gemeinderatsmitglieder*] als Zeugen über Umstände, auf die sich ihre Pflicht zur Amtsverschwiegenheit [*für Richter: vgl. §§ 46, 71 DRiG; § 61 BBG, § 39 BRRG, Art. 2 I BayRiG i. V. m. Art. 69 BayBG; für ehrenamtliche Richter: vgl. § 45 I 2 DRiG; für Beamte: vgl. § 39 BRRG, §§ 61, 62 BBG, die jeweiligen beamtenrechtlichen Länderregelungen, z. B. Art. 69, 70 BayBG; für Soldaten: vgl. § 14 I u. II SoldG; für Angestellte: vgl. § 9 BAT*] bezieht [*vgl. § 39 I 2 BRRG, § 14 I 2 SoldG*], und für die [*als Verwaltungsakt prinzipiell den §§ 40, 42 ff VwGO unterliegende*] Genehmigung zur Aussage [*vgl. dazu § 39 II bis IV BRRG, §§ 61 II, 62 BBG, § 9 II BAT, § 14 II SoldG*] gelten die besonderen beamtenrechtlichen Vorschriften. [*Der Vernehmende ist durch die §§ 160 I u. II, 244 II verpflichtet, ggf. eine Aussagegenehmigung zu erwirken, vgl. auch Nr. 66 I RiStBV. Allerdings sind Staatsanwaltschaft und Gericht nicht durch die Versagung der Aussagegenehmigung in ihren Rechten verletzt, so daß für sie eine Anfechtungsklage nach § 42 II VwGO ausscheidet. Die Verwertung eines unter Verletzung des in § 54 bzw. den besonderen beamtenrechtlichen Vorschriften erlangten Beweisergebnisses begründet nach h. M. nicht die Revision.*]

(II) Für die Mitglieder der Bundes- oder einer Landesregierung gelten die für sie maßgebenden besonderen Vorschriften [*vgl. z. B. §§ 6 II, 7 I, 7 II BMinG*].

(III) Der Bundespräsident kann [*nach seinem eigenen pflichtgemäßen Ermessen*] das Zeugnis verweigern, wenn die Ablegung des Zeugnisses dem Wohl des Bundes oder eines deutschen Landes Nachteile bereiten würde.

(IV) Diese Vorschriften gelten auch, wenn die vorgenannten Personen nicht mehr im öffentlichen Dienst sind, soweit es sich um Tatsachen handelt, die sich während ihrer Dienstzeit ereignet haben oder ihnen während ihrer Dienstzeit zur Kenntnis gelangt sind. [*Bei einer Aussage ohne Genehmigung kann sich der betreffende Beamte nach § 353 b StGB strafbar machen.*]

§ 55 (Auskunftsverweigerungsrecht eines Zeugen bei Selbst- oder Angehörigengefährdung)

(I) [*Grundsätzlich darf niemand gezwungen werden, gegen sich selbst oder gegen Angehörige auszusagen, vgl. § 258 VI StGB.*] Jeder Zeuge kann [*daher*] die Auskunft auf solche Fragen [*ausdrücklich*] verweigern, deren [*scil.: wahrheitsgemäße*] Beantwortung ihm selbst oder einem der in § 52 Abs. 1 bezeichneten Angehörigen [*sei es auch nur mittelbar*] die [*auf einem Anfangsverdacht für die Verfolgung wegen einer Straftat oder einer Ordnungswidrigkeit gründende und nicht zweifelsfrei ausgeschlossene*] Gefahr zuziehen würde, wegen einer Straftat oder einer Ordnungswidrigkeit [*nicht ausreichend: disziplinarrechtlich oder ehrengerichtlich*] verfolgt zu werden. [*Macht der Zeuge von seinem Auskunftsverweigerungsrecht erst in der Hauptverhandlung Gebrauch, so darf die Verhörperson – nach h. M. – über die Äußerung des Zeugen vernommen werden; § 252 gilt insofern nicht, sehr str.*]

(II) Der Zeuge ist [*durch den vernehmenden Richter, den vernehmenden Staatsanwalt, § 161 a, den vernehmenden Polizeibeamten, § 163 a V, in Steuerstrafsachen durch den vernehmenden Finanzbeamten, §§ 386 II, 399 I, 402 I, 404 AO i. V. m. § 161 a bzw. § 163 a V, sowie in OWi-Sachen durch den vernehmenden Verwaltungsbeamten, §§ 46 I, 46 II, 53 I, 55 OWiG i. V. m. §§ 161 a, 163 a V*] über sein Recht zur Verweigerung der Auskunft [*spätestens dann in der erforderlichen und gebotenen Weise*] zu belehren [*, wenn konkrete Anhaltspunkte für eine Verfolgungsgefahr i. S. von § 55 I gegeben sind. Wird die Belehrung pflichtwidrig unterlassen, so ist nach h. M. die Aussage gleichwohl verwertbar und kann durch Vernehmung der Verhörsperson oder gem. § 251 in die Hauptverhandlung eingeführt werden. Ein Verstoß gegen § 55 begründet nach h. M. nicht die Revision, zw.*].

§ 56 (Glaubhaftmachung des Verweigerungsgrundes)

(1) Die Tatsache [*= der Sachverhalt*], auf die der Zeuge die Verweigerung des Zeugnisses in den Fällen der §§ 52, 53 und 55 stützt, ist [*auch bei Vernehmungen nach § 161 a I 2 mit dem Ziel, dem Vernehmenden die Überzeugung zu vermitteln, die geltendgemachte Tatsache liege wahrscheinlich vor,*] auf Verlangen glaubhaft [*vgl. zu § 26*] zu machen. (2) Es genügt [*anders bei staatsanwaltschaftlichen Vernehmungen, vgl. § 161 a I 3*] die eidliche Versicherung [*§§ 66 c, 66 d, 67*] des Zeugen. [*Vernehmende Polizisten sind nicht berechtigt, die Glaubhaftmachung zu verlangen, da der Zeuge bei ihnen nicht zur Aussage verpflichtet ist.*]

§ 57 (Vorbelehrung von Zeugen; vgl. auch Nr. 130 RiStBV)

(1) Vor der Vernehmung sind [*zum Schutze des Zeugen, so die h. M., richtiger Ansicht nach aber auch im Interesse der Wahrheitsfindung*] die Zeugen [*in der geeigneten Weise, vgl. Nr. 130 RiStBV*] zur Wahrheit [*= zur Abgabe wahrer Aussagen*] zu ermahnen [*für die staatsanwaltschaftliche Vernehmung: vgl. § 161 a I 2*] und darauf hinzuweisen, daß sie ihre Aussage [*bei richterlichen Vernehmungen*] zu beeiden haben, wenn keine im Gesetz bestimmte oder zugelassene Ausnahme vorliegt. (2) Hierbei sind sie über die Bedeutung des Eides, die Möglichkeit der Wahl zwischen dem Eid mit religiöser [*§ 66 c I*] oder ohne religiöse [*§ 66 c II*] Beteuerung [*nicht: §§ 66 c III, 66 d*] sowie über die strafrechtlichen Folgen einer unrichtigen oder unvollständigen Aussage [*§ 153 ff StGB*] zu belehren. [*Verstöße gegen § 57 sind nach h. M. nicht revisibel, zw.*]

§ 58 (Einzelvernehmung und Gegenüberstellung von Zeugen)

(I) Die Zeugen sind [*im Interesse ihrer Unbefangenheit grundsätzlich*] einzeln und in Abwesenheit der später zu hörenden Zeugen zu vernehmen [*vgl. aber § 80 II*].

(II) Eine Gegenüberstellung [*zur Identitätsfeststellung oder zur Klärung widersprüchlicher Aussagen*] mit anderen Zeugen oder mit dem Beschuldigten [*vgl. dazu Nr. 18 RiStBV*] im Vorverfahren ist zulässig [*und kann im Rahmen der Erscheinungspflicht eines Zeugen vor dem Richter oder vor dem Staatsanwalt von diesen, vgl. § 161a I 1 und 2 i. V. m. § 58 II, verlangt werden*], wenn es für das weitere Verfahren geboten erscheint.

§ 59 (Prinzip des Einzel- und Nacheides bei richterlichen Vernehmungen)

([1]) Die Zeugen sind [*bei richterlichen Vernehmungen, nicht dagegen bei staatsanwaltschaftlichen Vernehmungen, vgl. § 161a I 3*] einzeln und nach ihrer Vernehmung [*grundsätzlich, Ausnahmen: §§ 60–63, 65, § 49 I JGG, § 48 I OWiG*] zu vereidigen. ([2]) Die Vereidigung erfolgt, soweit nichts anderes bestimmt ist [*§§ 65, 223 III i. V. m. §§ 66b, 266 II*], [*durch den Vorsitzenden in protokollierungspflichtiger Weise, §§ 168a, 273*] in der Hauptverhandlung. [*Über die Vereidigung entscheidet das Gericht durch Beschluß, wenn eine diesbezügliche Anordnung des Vorsitzenden beanstandet wird, § 238 II.*]

§ 60 (Absolute Vereidigungsverbote)

Von der Vereidigung [*gem. § 59*] ist [*unbedingt*] abzusehen

1. [*wegen unwiderleglich vermuteter Einsichtsunfähigkeit*] bei Personen, die zur Zeit der Vernehmung das sechzehnte Lebensjahr noch nicht vollendet haben [*§ 187 II BGB; eidesmündig wird der Minderjährige also schon mit Beginn seines 16. Geburtstages*] oder [*wegen tatsächlicher Einsichtsunfähigkeit bei Personen,*] die [*nach tatrichterlicher Beurteilung*] wegen mangelnder Verstandesreife oder wegen Verstandesschwäche [*dauernd – bei nur zeitweiser Eidesunfähigkeit ist evtl. die Hauptverhandlung zu unterbrechen –*] vom Wesen und der Bedeutung des Eides keine genügende Vorstellung haben;
2. [*wegen Tatbeteiligungsverdacht*] bei Personen, die der Tat [*im prozessualen Sinne der §§ 155, 264*], welche den Gegenstand der Untersuchung bildet [*i. w. S. zu verstehen*], [*als Täter oder Teilnehmer im materiell-strafrechtlichen Sinne, §§ 25ff StGB*] oder der Beteiligung [*= jede strafbare und in derselben Richtung wie der Beschuldigtenbeitrag wirkende Handlung*] an ihr oder der Begünstigung [*§ 257 StGB*], Strafvereitelung [*§ 258 StGB*] oder Hehlerei [*§ 259 StGB, zur Zeit des präsumtiven Vereidigungszeitpunkts, sei es auch nur entfernt*] verdächtig oder deswegen bereits [*nicht notwendig: rechtskräftig*] verurteilt sind. [*Über das Vorliegen der von Amts wegen festzustellenden tatsächlichen Voraussetzungen des § 60 entscheidet der vernehmende Richter. Seine Entscheidung ist insoweit nicht revisibel. Mit Revision kann jedoch gerügt werden, daß die Entscheidung nach § 60 auf einer Verkennung der Rechtsbegriffe des § 60 beruht.*]

§ 61 (Fakultatives Absehen von Vereidigung)

Von der Vereidigung [*gem. § 59*] kann nach dem [*pflichtgemäßen*] Ermessen des Gerichts [*ausnahmsweise*] abgesehen werden

1. [*wegen bedingter Eidesunmündigkeit*] bei Personen, die zur Zeit der Vernehmung das sechzehnte, aber noch nicht das achtzehnte Lebensjahr vollendet haben [*§ 187 II BGB*];
2. [*wegen möglicher Voreingenommenheit*] bei [*unmittelbar oder nur mittelbar durch die Tat*] Verletzten [*oder Gefährdeten, weit auszulegen, weiter als in § 22*] sowie bei Personen, die im Sinne des § 52 Abs. 1 Angehörige des Verletzten oder des [*Mit-*]Beschuldigten [*§ 157*] sind;
3. [*wegen Entbehrlichkeit*] wenn das Gericht der Aussage keine wesentliche Bedeutung beimißt [*– u. U. muß die Vereidigung bei Änderung der Beurteilung nachgeholt werden –*] und [*kumulative Voraussetzung!*] nach seiner Überzeugung [*= antizipierte Beweiswürdigung*] auch unter Eid keine wesentliche Aussage zu erwarten ist;
4. [*wegen Unzuverlässigkeit*] bei Personen, die wegen Meineids (§§ 154, 155 des Strafgesetzbuches) [*sei es auch noch nicht rechtskräftig, str., oder nur wegen Versuchs und bloßer Teilnahme, §§ 22, 26, 27, 30 StGB*] verurteilt worden sind;
5. [*wegen allseitiger Zustimmung*] wenn die Staatsanwaltschaft [*bzw. ihr Sitzungsvertreter, ggf. der Nebenkläger, der in der Hauptverhandlung des Jugendgerichts mitwirkende Beistand, § 69 II JGG*], der Verteidiger und der Angeklagte [*außer im Falle des § 231 c übereinstimmend, ausdrücklich oder schlüssig, in unwiderruflicher Weise*] auf die Vereidigung verzichten. [*In diesem Falle braucht sich das Gericht zur Bedeutung oder Glaubwürdigkeit der Zeugenaussage nicht zu äußern.*]

§ 62 (Ausnahmsweise Vereidigung in Privatklageverfahren)

[*Grundsätzlich besteht nach der StPO ein Vereidigungsgebot, § 59. Demgegenüber gilt im Jugendstraf- und Ordnungswidrigkeitenrecht das Prinzip der Nichtvereidigung, vgl. § 49 I JGG, § 49 I OWiG. Entsprechendes gilt für Privatklagesachen.*] Im Privatklageverfahren [*§§ 374 ff*] werden [*in Abweichung von dem Grundsatz der Regelvereidigung, § 59*] Zeugen nur vereidigt, wenn es das Gericht wegen der ausschlaggebenden Bedeutung der Aussage oder zur Herbeiführung einer wahren Aussage [*nach seinem pflichtgemäßen Ermessen*] für notwendig hält. [*Die Vereidigung unterbleibt aber auch in einem solchen Falle, wenn ein absolutes Vereidigungsverbot nach § 60 besteht.*]

§ 63 (Eidesverweigerungsrecht aus familiären Gründen)

Die in § 52 Abs. 1 bezeichneten Angehörigen des Beschuldigten [*nicht des Verletzten!*] haben das Recht, die Beeidigung des Zeugnisses [*in widerruflicher Weise*] zu verweigern; darüber sind sie [*in protokollierungsbedürftiger Weise, vgl. §§ 168 a II, 273 I, 274*] zu belehren. [*Ist der Angehörige eidesbereit, steht seine Vereidigung im Ermessen des Gerichts, § 61 Nr. 2. Unterbleibt die Belehrung, so ist dies revisibel, §§ 337, 344 II.*]

§ 64 (Protokollvermerk bei Nichtvereidigung)

Unterbleibt die Vereidigung eines Zeugen [*in der Hauptverhandlung und bei kommissarischer Vernehmung als einem antizipierten Teil der Hauptverhandlung, § 233*], so ist [*in Ergänzung der §§ 168a, 273 – anders § 48 I 2 OWiG!*] der [*genaue*] Grund dafür [*in einer für die Beteiligten erkennbaren Weise, z. B. durch genaue Angabe der angewandten Gesetzesbestimmung und ihrer Alternative*] im Protokoll anzugeben. [*Für die Vereidigung eines Zeugen außerhalb der Hauptverhandlung begründet § 66a eine Protokollierungspflicht.*]

§ 65 (Ausnahmsweise Vereidigung im vorbereitenden Verfahren)

[*Im Ermittlungsverfahren werden Zeugen gemäß den §§ 162, 165 u. U. im Zusammenhang mit Entscheidungen nach den §§ 112ff vernommen.*] Im vorbereitenden Verfahren ist die Vereidigung [*in Ausnahme von der in § 59 S 2 ausgesprochenen Regel*] nur [*dann*] zulässig, wenn

1. Gefahr im Verzug ist [*weil ohne sofortige Vereidigung Beweismittelverlust oder das Scheitern weiterer Ermittlungen zu befürchten ist; Beispiel: Der Zeuge liegt im Sterben*],
2. der Eid als Mittel zur Herbeiführung einer wahren Aussage über einen für das weitere Verfahren erheblichen Punkt erforderlich erscheint [*z. B. zur Auffindung weiterer Beweise oder Indizien*] oder
3. der Zeuge voraussichtlich [*z. B. infolge seines hohen Alters*] am Erscheinen in der Hauptverhandlung verhindert sein wird. [*§ 65 Nr. 3 erspart eine kommissarische Vernehmung nach den §§ 223, 224. Zur Verlesung der Aussage in der Hauptverhandlung vgl. § 251 I Nr. 2.*]

§ 66 (weggefallen)

§ 66a (Protokollierungspflicht bei Vereidigung außerhalb der Hauptverhandlung)

Wird ein Zeuge [*ausnahmsweise, vgl. § 59 S 2*] außerhalb der Hauptverhandlung vereidigt, so ist [*in Umkehrung von § 64*] der Grund der Vereidigung [*als wesentliche Förmlichkeit i. S. von § 168a I*] im Protokoll anzugeben. [*Bei kommissarischer Vernehmung, § 66b, gilt für die Protokollierung § 64, nicht § 66a.*]

§ 66b (Vereidigung bei kommissarischer Vernehmung)

(I) Wird ein Zeuge [*ausnahmsweise, vgl. § 59 S 2, außerhalb der Hauptverhandlung*] durch einen beauftragten [*vgl. z. B. §§ 173 III, 289, 304 I, 306 III*] oder ersuchten [*§ 157 GVG, § 289*] Richter vernommen, so entscheidet [*nur*] zunächst dieser über die Vereidigung. [*Über einen Antrag nach § 238 II entscheidet das erkennende Gericht.*]

(II[1]) Die Vereidigung muß, soweit sie [*auch nur fakultativ gem. §§ 61, 62*] zulässig ist [*– unzulässig in den Fällen der Vereidigungsverbote nach §§ 60, 63 –*], erfolgen, wenn es in dem Auftrag oder in dem Ersuchen des Gerichts verlangt wird. ([2]) Der vernehmende Richter kann die Vereidigung aussetzen und einer neuen Entschließung des beauftragenden oder ersuchenden Gerichts vorbehalten, wenn bei der Vernehmung [*gem. § 66b II 3 zu protokollierende*] Tatsachen hervortreten, die [*gem. §§ 61, 62, 60 Nr. 1*] zu uneidlicher Vernehmung berechtigen würden. (³) Diese Tatsachen sind in das Protokoll aufzunehmen. [*Eine Entscheidung des beauftragenden oder ersuchenden Gerichts bindet den beauftragten oder ersuchten Richter, vgl. § 66b III.*]

(III) Die Vereidigung darf nicht erfolgen, wenn die uneidliche Vernehmung [*durch das beauftragende oder ersuchende Gericht*] verlangt wird.

§ 66c (Eid mit religiöser und ohne religiöse Beteuerung sowie mit zusätzlicher Beteuerungformel)

(I) Der Eid mit religiöser Beteuerung wird [*nach der Wahl des Zeugen, Art. 4 GG*] in der [*nicht im Wortlaut protokollierungspflichtigen*] Weise geleistet, daß der Richter an den [*oder die*] Zeugen [*einzeln oder gemeinsam*] die Worte richtet:

»Sie schwören bei Gott dem Allmächtigen und Allwissenden, daß Sie nach bestem Wissen die reine Wahrheit gesagt und nichts verschwiegen haben«

und [*je*]der [*einzelne*] Zeuge hierauf die Worte spricht:

»Ich schwöre es, so wahr mir Gott helfe«.

(II) Der Eid ohne religiöse Beteuerung wird [*nach der Wahl des Zeugen, Art. 4 GG als Garantie der negativen Glaubensfreiheit*] in der [*nicht im Wortlaut protokollierungspflichtigen*] Weise geleistet, daß der Richter an den [*oder die*] Zeugen die Worte richtet:

»Sie schwören, daß Sie nach bestem Wissen die reine Wahrheit gesagt und nichts verschwiegen haben«

und [*je*]der [*einzelne*] Zeuge hierauf die Worte spricht:

»Ich schwöre es«.

(III) Gibt ein Zeuge an, daß er als Mitglied einer Religions- oder Bekenntnisgemeinschaft eine Beteuerungsformel dieser Gemeinschaft verwenden wolle, so kann er [*ohne daß der Richter die Zugehörigkeit des Zeugen zur betreffenden Gemeinschaft sowie die Frage, ob die verwandte Beteuerungsformel eine solche der Gemeinschaft ist, nachprüfen muß*] diese dem Eid anfügen.

(IV) Der Schwörende soll bei der Eidesleistung die rechte Hand erheben. [*Gleichwohl ist ein ohne Erheben der rechten Hand geleisteter Eid wirksam. Unerläßlich für die Wirksamkeit des Eides sind nur die Worte »Ich schöre«. Protokollierungsbedürftig i.S. der § 168a I, 273 I ist nur, daß der Zeuge den Eid geleistet hat.*]

§ 66d (Eidesgleiche Bekräftigung der Wahrheit der Aussage)

(I¹) Gibt ein Zeuge an, daß er aus Glaubens- oder Gewissensgründen keinen Eid leisten wolle, so hat er [*ohne daß der Richter die angegebenen Gründe nachprüfen müßte*] die Wahrheit der Aussage [*lediglich*] zu bekräftigen. (²) Die Bekräftigung steht dem Eid gleich [*vgl. § 155 Nr. 1 StGB*]; hierauf ist der Zeuge [*in der geeigneten Weise*] hinzuweisen.

(II) Die Wahrheit der Aussage wird in der Weise bekräftigt, daß der Richter [*in nicht im Wortlaut protokollierungspflichtiger Weise*] an den Zeugen die Worte richtet:

»Sie bekräftigen im Bewußtsein ihrer Verantwortung vor Gericht, daß sie nach bestem Wissen die reine Wahrheit gesagt und nichts verschwiegen haben«

und der Zeuge hierauf spricht:

»Ja«.

[*Protokollierungsbedürftig ist lediglich, daß der Zeuge die Wahrheit seiner Aussage bekräftigt habe; der genaue Wortlaut der Belehrung und der Bekräftigung ist nicht protokollierungsbedürftig.*]

(III) § 66c Abs. 3 gilt entsprechend.

§ 66e (Eidesleistung durch Stumme)

(I[1]) [*Personen, die nach der Überzeugung des Richters*] Stumme [*sind,*] leisten den Eid in der Weise, daß sie die Worte:

»Ich schwöre bei Gott dem Allmächtigen und Allwissenden, daß ich nach bestem Wissen die reine Wahrheit bekundet und nichts verschwiegen habe«

niederschreiben und unterschreiben. ([2]) Stumme, die nicht schreiben können [*aber gleichwohl eidesfähig sind, vgl. aber § 60 Nr. 1*], leisten den Eid mit Hilfe eines [*zugezogenen, § 186 GVG*] Dolmetschers durch Zeichen.

(II) § 66c Abs. 2, 3 und § 66d gelten entsprechend.

§ 67 (Berufung auf einen früher geleisteten Eid)

Wird der Zeuge, nachdem er [*als – u. U. sachverständiger – Zeuge, § 85, nicht genügend als Sachverständiger nach § 79,*] eidlich [*= unter Eid, § 66c I, 66c II, oder unter eidesgleicher Bekräftigung, § 66d*] vernommen worden ist, in demselben Vorverfahren [*bis zur Erhebung der Anklage nach §§ 170 I, 212a II 2, der Nachtragsanklage, § 266 II, der Privatklage, § 381, sowie der Antragstellung nach §§ 408 I, 414 II, 440, 444 III*] oder in demselben Hauptverfahren [*, dauernd vom Eröffnungsbeschluß bis zu dessen rechtskräftigem Ende, also nicht mehr im Wiederaufnahmeverfahren,*] nochmals vernommen, so kann der Richter [*nach seinem pflichtgemäßen Ermessen*] statt der nochmaligen Vereidigung den [*gem. § 57 S 2 und § 63 2. HS zu belehrenden*] Zeugen die Richtigkeit seiner Aussage unter Berufung auf den früher geleisteten Eid [*formlos, aber in wie die Vereidigung eingeschränkt protokollierungsbedürftiger Weise, vgl. oben Anm. zu § 66b II*] versichern lassen [*vorausgesetzt, daß keine Vereidigungsverbote nach den §§ 60, 63 eingreifen und von der Vereidigung nicht gem. den § 49 I 1 JGG, § 48 OWiG, §§ 61, 62 abgesehen wird*].

§ 68 (Vernehmung des Zeugen über seine Person und hinsichtlich seiner Glaubwürdigkeit)

([1]) Die Vernehmung [*des Zeugen, vgl. aber auch die Trennung der Vernehmung des Beschuldigten in eine Vernehmung zur Person und eine Vernehmung zur Sache nach den §§ 136 I 2, 136 I 3, 136a III 2, 243 II, 243 IV*] beginnt damit, daß der [*gem. § 57 und u. U. gem. §§ 52 II 1, 55 II, 161a I 2, 163a V zur Wahrheit ermahnte und belehrte*]

Zeuge [*in Abwesenheit der später zu hörenden Zeugen, §§ 58, 243 II 1, im Wege der Einzelvernehmung, beachte aber § 58 II, zur Person, nämlich*] über Vornamen [*im allgemeinen ausreichend: Angabe des Rufnamens*] und Zunamen [= *Familienname, u. U. auch Geburtsname, vgl. § 111 I OWiG*], Alter [*wichtig für §§ 60 Nr. 1, 61 Nr. 1*], Stand oder Gewerbe [= *Beruf, vgl. § 111 I OWiG*] und Wohnort [*weiter als der Wohnsitz, § 8, unter Einschluß der Wohnung, vgl. § 111 I OWiG, zum Zwecke der Identitätsfeststellung*] befragt wird. [*Keine zulässige Personalfrage ist die Frage nach der Religion, vgl. Art. 140 GG i. V. m. Art. 136 III WV. Grundsätzlich zulässig ist es dagegen, nach dem Wohnort des Zeugen in richterlicher, staatsanwaltschaftlicher und polizeilicher Vernehmung auch dann zu fragen, wenn hierdurch der Zeuge oder eine andere Person gefährdet werden könnte.*] ([2]) Besteht [*aufgrund konkreter Tatsachen, kriminalistischer Erfahrungswerte oder der Lebenserfahrung hinreichender*] Anlaß zu der Besorgnis, daß durch die Angabe des Wohnortes in der Hauptverhandlung [*!*] der Zeuge oder eine andere Person gefährdet wird, so kann [*ausnahmsweise*] der Vorsitzende [*nach seinem pflichtgemäßen Ermessen*] dem Zeugen gestatten, seinen Wohnort nicht anzugeben. [*Andere Zeugen können dagegen u. U. nach dem Wohnort dieses Zeugen gefragt werden.*] ([3]) Erforderlichenfalls sind dem Zeugen [*General-*]Fragen über solche Umstände, die seine [*gem. § 261 bedeutsame*] Glaubwürdigkeit in der vorliegenden Sache betreffen, insbesondere über seine Beziehungen [*z. B. Verlöbnis, Ehe, Verwandtschaft, Schwägerschaft u. a. m., wichtig auch für die Entscheidungen nach den §§ 52, 55, 61 Nr. 2, 63*] zu dem Beschuldigten oder dem Verletzten, vorzulegen. [*Die Zeugenvernehmung zur Person ist protokollierungsbedürftig, §§ 168a I, 273 I.*]

§ 68a (Eingeschränkte Zulässigkeit von Fragen nach entehrenden Tatsachen und Vorstrafen)

(I) Fragen nach Tatsachen, die dem Zeugen oder einer Person, die im Sinne des § 52 Abs. 1 sein Angehöriger ist, zur Unehre gereichen können [*d. h. seinen Anspruch auf soziale Wertschätzung mindern können*], sollen [*im Interesse des Schutzes des allgemeinen Persönlichkeitsrechtes, Art. 1, 2 II GG, vom Vorsitzenden im Rahmen seiner Sachleitungsbefugnis, § 238 I*] nur gestellt werden, wenn es unerläßlich ist. [*Vgl. zum Schutze des allgemeinen Persönlichkeitsrechtes auch den Öffentlichkeitsausschluß nach § 172 Nr. 2 GVG sowie die Auferlegung einer Schweigepflicht gem. § 174 III GVG.*]

(II) Der Zeuge soll [*vom Vorsitzenden im Rahmen seiner Sachleitungsbefugnis, § 238 I, nach pflichtgemäßem Ermessen*] nach Vorstrafen nur gefragt werden [*beachte §§ 51, 59 BZRG*], wenn ihre Feststellung notwendig ist, um über das Vorliegen der Voraussetzungen des § 60 Nr. 2 oder des § 61 Nr. 4 zu entscheiden oder um seine Glaubwürdigkeit [*z. B. in Frage gestellt durch eine Verurteilung wegen falscher Verdächtigung*] zu beurteilen. [*Bei der Glaubwürdigkeitsprüfung beachte §§ 51 II, 59 II BZRG.*]

§ 69 (Dreiphasige Vernehmung des Zeugen zur Sache: 1. Mitteilung des Untersuchungsgegenstandes und u. U. der Person des Beschuldigten, 2. Sachbericht, 3. Verhör)

(I[1]) Der Zeuge [*hat nicht nur ein Recht, sondern*] ist [*auch soweit wie möglich*] zu veranlassen, das, was ihm von dem Gegenstand seiner Vernehmung bekannt ist, im Zusammenhang [*durch eine eigene zusammenhängende Sachdarstellung, den »Bericht«*] anzugeben. (²) Vor seiner Vernehmung ist [*keine bloße Ordnungsregel!*] dem Zeugen der Gegenstand der Untersuchung und die Person des Beschuldigten, sofern ein solcher vorhanden ist, zu bezeichnen.

(II) Zur Aufklärung und zur Vervollständigung der Aussage sowie zur Erforschung des Grundes, auf dem das Wissen des Zeugen beruht, sind [*nach dem Bericht des Zeugen*] nötigenfalls [*im Wege des »Verhörs«*] weitere [*ins Detail gehende*] Fragen zu stellen.

(III) Die Vorschrift des § 136a [= *Verbot bestimmter Vernehmungsmethoden, wie z. B. Drohen mit sofortiger Verhaftung*] gilt für die Vernehmung des Zeugen entsprechend. [*§ 69 gilt unmittelbar nur für die richterliche Vernehmung. Für die staatsanwaltschaftliche Vernehmung gilt § 69 über § 161 a I 2. Polizeiliche Vernehmung wird aus Sachgründen die in § 69 vorgeschriebenen drei Phasen ebenfalls beachten.*]

§ 70 (Grundlose Weigerung des Zeugen, das Zeugnis oder den Eid zu leisten)

(I¹) Wird das Zeugnis oder die Eidesleistung [*– zur Erzwingung des Erscheinens, vgl. § 51 –*] ohne gesetzlichen Grund [*§§ 52 bis 55, §§ 60, 63*] verweigert [*z. B. durch Schweigen oder Leugnen jeglichen Wissens*], so werden dem Zeugen die durch die Weigerung verursachten Kosten [*vgl. § 51*] auferlegt. (²) Zugleich [*also neben der Auferlegung der Kosten*] wird gegen ihn [*als repressive Unrechtsfolge*] ein Ordnungsgeld [*von mindestens 5 DM und höchstens 1000 DM, vgl. Art. 6 I EGStGB*] und für den Fall, daß dieses nicht beigetrieben werden kann, [*Ersatz-*]Ordnungshaft [*von mindestens einem Tag und höchstens 42 Tagen, vgl. Art. 6 II EGStGB*] festgesetzt. [*Ist eine Ersatzordnungshaft nicht festgesetzt worden, wandelt das Gericht gem. Art. 6 EGStGB das Ordnungsgeld nachträglich in Ordnungshaft um.*]

(II) Auch kann zur Erzwingung des Zeugnisses [*oder der Eidesleistung*] die [*Beuge-*]Haft [*nach pflichtgemäßem Ermessen des Richters als Zwangsmittel durch Beschluß in der Hauptverhandlung – sonst § 70 III – auf Antrag des Staatsanwalts oder nach dessen Anhörung, § 33 I*] angeordnet werden, jedoch nicht über die Zeit der Beendigung des Verfahrens in dem Rechtszug, auch nicht über die Zeit von sechs Monaten hinaus. [*Ersatzhaft nach § 70 I oder § 51 wird nicht auf die Beugehaft angerechnet. In OWi-Verfahren beträgt die Höchstdauer der Beugehaft 6 Wochen, § 48 II OWiG.*]

(III) Die Befugnis zu diesen Maßregeln steht auch dem Richter im Vorverfahren sowie dem beauftragten und ersuchten Richter zu [*, im Ermittlungsverfahren nach Anhörung der Staatsanwaltschaft als »Herrin« des Vorverfahrens*].

(IV) Sind die [*nach § 70 I bis III zulässigen*] Maßregeln [*Ordnungsgeld bzw. Ersatzordnungshaft sowie Beugehaft in ihrem Rahmen ausgeschöpft und daher*] erschöpft, so können sie in demselben oder in einem anderen Verfahren, das dieselbe Tat [*i. S. der §§ 155, 264*] zum Gegenstand hat, nicht wiederholt werden. [*Der Beschluß nach § 70 ist gem. § 34 zu begründen; er ist für den Angeklagten im Falle der Unterlassung der Auferlegung der Kosten sowie für die Staatsanwaltschaft und den Zeugen generell beschwerdefähig.*]

§ 71 (Entschädigung von Zeugen)

Der [*vom Gericht oder der Staatsanwaltschaft geladene, §§ 161 a I 1, 161 a I 2, 214 I, 214 III*] Zeuge wird nach dem Gesetz über die Entschädigung von Zeugen und Sachverständigen [*ZSEG*] entschädigt. [*Hat der Angeklagte die Zeugen selbst geladen, gilt § 220. Für polizeilich vernommene Zeugen vgl. § 11 IV MEPolG.*]

Siebenter Abschnitt
Sachverständige und Augenschein

[§§ 72 bis 93, vgl. auch Nr. 69 bis 72 RiStBV]

[Sachverständiger ist, wer im Auftrag des Gerichts kraft seiner Sachkunde dem Gericht bei der Beurteilung einer Beweisfrage hilft, indem er entweder dem Gericht wissenschaftliche Theorien mitteilt, Tatsachen feststellt, die nur aufgrund seiner besonderen Sachkunde feststellbar oder beurteilt werden können, oder wissenschaftlich abgesicherte Schlußfolgerungen zieht. Alle Strafverfolgungsorgane können Sachverständige nach ihrem pflichtgemäßen Ermessen je nach Verfahrenslage zuziehen. Im Ermittlungsverfahren sind dies Polizei oder Staatsanwaltschaft. Im gerichtlichen Verfahren ist jeder Sachverständige ausschließlich Gehilfe des Richters, mag er auch von der Staatsanwaltschaft ursprünglich beauftragt sein, vgl. §§ 200 I 2, 214 I, 222 I, 214 III. Auch Beschuldigte und Verteidiger können beantragen, einen Sachverständigen in die Verhandlung einzuführen, §§ 163a II, 201 I, 219, 220 I, 222 I, 244 IV, 245. Kein Sachverständiger ist der sachverständige Zeuge, § 85, sowie ein Dolmetscher, §§ 185ff GVG, Art. 6 III EuMRK. Augenscheinseinnahme bedeutet die sinnliche Wahrnehmung durch Sehen, Hören, Fühlen, Riechen und Schmecken zur Gewinnung eines Beweisergebnisses im Strafverfahren, die nicht als Beschuldigten-, Zeugen- oder Sachverständigenvernehmung sowie Urkundenverlesung besonders prozessual geregelt ist.]

§ 72 (Grundsätzliche Verweisung auf die Vorschriften für Zeugen)

Auf Sachverständige ist der sechste Abschnitt über Zeugen [*§§ 48 bis 71, sowie die Zeugenvorschriften außerhalb des 6. Abschnitts, z. B. § 247 I 2, str.*] entsprechend anzuwenden [*z. B. §§ 48 bis 50, 51 II, 51 III, 58 II, 59, 60, 61 Nr. 1 bis 4, 63, 65 bis 66e, 67, 68, 68a, 69, 70 III, 70 IV*], soweit nicht in den nachfolgenden Paragraphen abweichende Vorschriften getroffen sind [*oder die Funktionsverschiedenheit von Sachverständigen und Zeugen eine Anwendung ausschließt; unanwendbar daher: §§ 51 I, 58 I, 64, 70 I, 70 II*].

§ 73 (Auswahl der zuzuziehenden Sachverständigen durch den Richter)

(I) [*Je nach Beweislage können im gerichtlichen Verfahren mehrere Sachverständige notwendig werden. Zum Sachverständigenbeweis zwingen die §§ 80a, 81, 87ff, 91, 92, 296a, 414, § 73 JGG.*] ([1]) Die Auswahl der [*im Ermittlungsverfahren von der Staatsanwaltschaft und ihren Hilfsbeamten sowie vom Ermittlungsrichter, §§ 162, 169, im Auftrag der Staatsanwaltschaft, im Zwischenverfahren von dem Gericht, bei dem die*

Sache anhängig ist, § 202, während der Vorbereitung der Hauptverhandlung grundsätzlich vom Vorsitzenden, §§ 219, 221, und in der Hauptverhandlung vom Gericht, §§ 244 II, 244 IV] zuzuziehenden Sachverständigen und die Bestimmung ihrer Anzahl erfolgt [*u. a. unter Beachtung des § 244 II und Zweckmäßigkeitsaspekten*] durch den Richter [*vgl. etwa die in Nr. 19 III, 69 bis 72 RiStBV genannten Gesichtspunkte*]. (²) Er soll [*vgl. § 411 I 2 ZPO*] mit diesen eine Absprache treffen, innerhalb welcher Frist die Gutachten erstattet werden können. [*Zur Verlängerung der Frist vgl. § 224 ZPO analog.*]

(II) Sind für gewisse Arten von Gutachten Sachverständige [*durch Verwaltungsakt für ein bestimmtes Sachgebiet*] öffentlich bestellt [*nicht notwendig: allgemeine Vereidigung durch die hierzu befugte Behörde, z. B. Industrie- und Handelskammer, vgl. § 36 I GewO, § 91 I 8 HandwerksO*], so sollen andere Personen nur dann gewählt werden, wenn besondere Umstände es fordern. [*Die Auswahl des Sachverständigen ist nur durch formlose Rechtsbehelfe angreifbar, nicht aber durch Beschwerde nach § 304, str. Eine Revision kann i. d. R. lediglich auf die Verletzung des § 244 II bzw. § 244 IV, nicht aber auf die des § 73 gestützt werden.*]

§ 74 (Ablehnung eines Sachverständigen)

(I¹) Ein Sachverständiger [*nicht: sachverständiger Zeuge, § 85*] kann aus denselben Gründen, die zur Ablehnung eines Richters [*§ 24 I i. V. m. §§ 22 Nr. 1 bis 4, 24 II*] berechtigen, abgelehnt werden [*zur gesetzlichen Ausschließung vgl. § 87 II 4; zur Selbstablehnung § 76 I 2*]. (²) Ein Ablehnungsgrund kann jedoch nicht daraus entnommen werden, daß der Sachverständige als Zeuge vernommen worden ist. [*Ferner ist der Sachverständige nicht deshalb nach h. M. befangen, weil er in den Strafverfolgungsapparat als Beamter integriert ist oder als Gutachter im Auftrag der Polizei oder Staatsanwaltschaft im Ermittlungsverfahren tätig war, probl.*]

(II¹) Das Ablehnungsrecht steht der Staatsanwaltschaft [*dem Nebenkläger, dem Antragsteller nach § 172, str.*], dem Privatkläger und dem Beschuldigten zu. (²) Die ernannten Sachverständigen sind [*anders als nach § 24 III 2 unverzüglich nach ihrer Ernennung auch ohne Antrag*] den zur Ablehnung Berechtigten [*im Interesse der Vermeidung unnützer Arbeit*] namhaft zu machen [*vgl. § 222*], wenn nicht besondere Umstände [*Beschleunigung, Gefahr im Verzug*] entgegenstehen. [*Für das Ablehnungsverfahren gelten nicht die §§ 25 ff, insbesondere nicht die Anfechtungsbeschränkung nach § 28. Anstelle des § 30 gilt § 76. Zuständig für die Entscheidung über den Ablehnungsantrag ist die das Verfahren betreibende Stelle, also im Ermittlungsverfahren die Staatsanwaltschaft, im Hauptverfahren das erkennende Gericht. Dessen verwerfende Entscheidung kann in der Revision gem. § 337 I, nicht gem. § 338 Nr. 3, geprüft werden.*]

(III) Der Ablehnungsgrund ist glaubhaft zu machen; der Eid ist als Mittel der Glaubhaftmachung ausgeschlossen.

§ 75 (Pflicht zur Erstattung eines Gutachtens)

(I) Der zum Sachverständigen Ernannte hat der Ernennung [*nur dann*] Folge zu leisten, wenn er zur Erstattung von Gutachten der erforderten Art öffentlich bestellt ist [*vgl. § 73 II*] oder wenn er die Wissenschaft, die Kunst oder das Gewerbe, deren Kenntnis Voraussetzung der Begutachtung ist, öffentlich zum Erwerb ausübt oder wenn er zu ihrer Ausübung öffentlich bestellt [*z. B. als Universitätsprofessor*] oder ermächtigt [*z. B. Ärzte, Privatdozenten aufgrund ihrer venia legendi*] ist.

(II) Zur Erstattung des Gutachtens ist auch der verpflichtet, welcher sich hierzu [*also für diesen speziellen Fall, eine generelle Bereiterklärung genügt nicht*] vor Gericht [*oder vor der Staatsanwaltschaft, § 161a I 2*] bereit erklärt hat.

§ 76 (Verweigerungsrecht eines begutachtenspflichtigen Sachverständigen)

(I) [*Grundsätzlich kann der zum Sachverständigen Ernannte, wenn er nicht gemäß § 75 verpflichtet ist, das Gutachten zu erstatten, den Auftrag ohne Angabe von Gründen ablehnen.*] (1) Dieselben Gründe, die einen Zeugen berechtigen, das Zeugnis zu verweigern [*§§ 52 bis 54, nicht § 55*], berechtigen einen [*gem. § 75 begutachtenspflichtigen*] Sachverständigen zur Verweigerung des Gutachtens. (2) Auch aus anderen Gründen [*z. B. auf eigenen Wunsch, wegen Arbeitsüberlastung o. ä.*] kann ein Sachverständiger von der Verpflichtung zur Erstattung des Gutachtens entbunden werden. [*Eine Entbindung kann der Sachverständige mangels Beschwer nicht anfechten. Gegen die Verweigerung einer von ihm beantragten Entbindung kann der Sachverständige dagegen Beschwerde einlegen, § 305 S 2.*]

(II 1) Für die Vernehmung von Richtern, Beamten und anderen Personen des öffentlichen Dienstes als Sachverständige gelten die besonderen beamtenrechtlichen Vorschriften. (2) Für die Mitglieder der Bundes- oder einer Landesregierung gelten die für sie maßgebenden besonderen Vorschriften.

§ 77 (Folgen nicht genügend entschuldigten Ausbleibens oder nicht genügend entschuldigter Weigerung)

(I 1) Im Falle des [*nicht genügend entschuldigten, vgl. § 51 II 1 analog*] Nichterscheinens [*eines ordnungsgemäß geladenen und dadurch erscheinungspflichtig gewordenen, begutachtungspflichtigen Sachverständigen*] oder der [*nicht durch § 76 gerechtfertigten*] Weigerung eines zur Erstattung des Gutachtens [*gem. § 75*] verpflichteten Sachverständigen wird diesem [*bei nicht genügender Entschuldigung, § 51 II 1 analog*] auferlegt, die dadurch verursachten Kosten zu ersetzen. [*Hierdurch entfällt nicht etwa die Begutachtungspflicht.*] (2) Zugleich [*also daneben!*] wird gegen ihn [*als repressive Unrechtsfolge*] ein Ordnungsgeld [*von mindestens 5 DM und höchstens 1000 DM, Art. 6 I EGStGB*] festgesetzt. (3) Im Falle wiederholten Ungehorsams kann neben der Auferlegung der Kosten das Ordnungsgeld [*nur*] noch einmal festgesetzt werden [*und zwar auch dann, wenn die Hauptverhandlung nach den §§ 228, 229 wiederholt werden muß, str.*].

(II 1) Weigert sich ein zur Erstattung des Gutachtens [*gem. § 75*] verpflichteter Sachverständiger, nach § 73 Abs. 1 Satz 2 eine angemessene Frist abzusprechen, oder versäumt er [*in nicht genügend entschuldigter Weise, vgl. § 51 II 1*] die abgesprochene Frist, so kann [*– nicht muß! –*] gegen ihn ein Ordnungsgeld [*von mindestens 5 DM und höchstens 1000 DM, Art. 6 I EGStGB*] festgesetzt werden. (2) Der Festsetzung des Ordnungsgeldes [*durch Beschluß*] muß eine Androhung unter Setzung einer Nachfrist vorausgehen. ([3]) Im Falle wiederholter Fristversäumnis kann das Ordnungsgeld [*nur*] noch einmal festgesetzt werden [*; zur Vollstreckung und den Rechtsbehelfen vgl. die Hinweise zu § 51*].

§ 78 (Richterliche Leitung des Sachverständigen)

[*Grundsätzlich ist der Auftraggeber des Sachverständigen verpflichtet und befugt, den von ihm beauftragten rechtsunkundigen Sachverständigen in rechtlicher Hinsicht zu leiten. Von einem richterlichen Auftrag geht § 78 aus, wenn er bestimmt:*] Der Richter hat, soweit ihm dies erforderlich erscheint, die Tätigkeit der Sachverständigen zu leiten. [*Im Ermittlungsverfahren ist die Staatsanwaltschaft als Auftraggeberin leitungsverpflichtet und befugt. Ist das Verfahren bei Gericht anhängig, ist der Vorsitzende des Gerichts leitungsbefugt und verpflichtet.*]

§ 79 (Grundsatz der Nichtvereidigung eines Sachverständigen)

(I) [*Grundsätzlich bleibt der Sachverständige unvereidigt.*] ([1]) Der Sachverständige kann [*jedoch*] nach dem [*pflichtgemäßen*] Ermessen des Gerichts vereidigt werden [*, wenn besondere Umstände dies als zweckmäßig erscheinen lassen*]. ([2]) Auf Antrag der Staatsanwaltschaft [*, des Privatklägers, §§ 384 I 2, 385 I 1, des Nebenklägers, § 397 I, str.*], des Angeklagten oder des Verteidigers ist er [*nach Belehrung, § 57 S 2*] zu vereidigen [*es sei denn, daß ein absolutes Vereidigungsverbot gem. den §§ 72, 60, 63 besteht oder der Vorsitzende verfügt, daß der Sachverständige unvereidigt bleibt, §§ 61, 62*].

(II) Der Eid ist nach Erstattung des Gutachtens zu leisten [*und bezieht sich lediglich auf die Antwort auf die dem Sachverständigen unterbreitete Frage, auf den »Befund«, sowie auf die Tatsachen, die der Sachverständige nur aufgrund seiner Sachkunde zuverlässig wahrzunehmen oder festzustellen vermag, die sog. »Befundtatsachen«. Er umfaßt nicht die Personal- und Generalfragen, § 68, sowie Nebentatsachen, die das Gutachten vorbereiten, die die Strafverfolgungsbehörden aber auch aufgrund ihrer Erkenntnismöglichkeiten hätten erlangen können, die sog. »Zusatztatsachen«*]; er geht dahin, daß der Sachverständige das Gutachten unparteiisch und nach bestem Wissen und Gewissen erstattet habe.

(III) Ist der Sachverständige für die Erstattung von Gutachten der betreffenden Art im allgemeinen vereidigt [*vgl. z. B. § 36 I GewO, § 91 I 8 HandwO*], so genügt [*vgl. daneben § 67 i. V. m. § 72*] die Berufung auf den geleisteten Eid [*vgl. zur Protokollierung § 59*].

§ 80 (Beschaffung weiterer Aufklärung)

(I) [*Grundsätzlich sind zur prozessualen Tatsachenfeststellung Gerichte, Staatsanwaltschaft und ihre Hilfsbeamten befugt und verpflichtet.*] Dem Sachverständigen kann [*jedoch*] auf sein Verlangen [*oder auch ohne sein Verlangen von seinem Auftraggeber*] zur Vorbereitung des Gutachtens durch [*richterliche oder staatsanwaltschaftliche*] Vernehmung von Zeugen oder des Beschuldigten weitere Aufklärung verschafft werden. [*Der Sachverständige kann ferner den Auftraggeber ersuchen, pro-*

zessuale Zwangsmaßnahmen vorzunehmen, um weitere Aufklärung zu erhalten, z. B. §§ 81, 81 a, 81 c, 94 ff, 102 ff.]

(II) Zu demselben Zweck kann ihm [*auch schon bei der Auftragserteilung*] gestattet werden, die Akten einzusehen, der [*richterlichen oder staatsanwaltschaftlichen*] Vernehmung von Zeugen oder des Beschuldigten beizuwohnen [*kein eigenes Vernehmungsrecht!*] und an sie unmittelbar Fragen zu stellen. [*Der Hauptverhandlung darf der nicht anwesenheitspflichtige Sachverständige, vgl. § 226, beiwohnen, wenn ihm dies der Vorsitzende gem. § 238 I gestattet.*]

§ 80 a (Zuziehung eines Sachverständigen im Vorverfahren einer möglichen freiheitsentziehenden Maßregel der Besserung oder Sicherung)

Ist damit zu rechnen, daß die Unterbringung des Beschuldigten [*§ 157*] in einem psychiatrischen Krankenhaus, einer Entziehungsanstalt oder in der Sicherungsverwahrung angeordnet werden wird, so soll [*i. S. von muß, str.*] schon im Vorverfahren [*im Zwischenverfahren: § 202; im Hauptverfahren: § 246 a; im Sicherungsverfahren: § 414 III*] einem Sachverständigen Gelegenheit zur Vorbereitung des in der Hauptverhandlung zu erstattenden Gutachtens gegeben werden. [*Auftraggeber ist die Staatsanwaltschaft. Verletzung des § 80 a kann – anders als die des § 246 a – nicht durch Revision gerügt werden.*]

[*Ab 1. 1. 1985 wird § 80 a in folgender Fassung gelten:*
Ist damit zu rechnen, daß die Unterbringung des Beschuldigten in einem psychiatrischen Krankenhaus, einer Entziehungsanstalt, einer sozialtherapeutischen Anstalt oder in der Sicherungsverwahrung angeordnet werden wird, so soll schon im Vorverfahren einem Sachverständigen Gelegenheit zur Vorbereitung des in der Hauptverhandlung zu erstattenden Gutachtens gegeben werden.]

§ 81 (Unterbringung des Beschuldigten in einem psychiatrischen Krankenhaus zur Beobachtung)

(I) Zur Vorbereitung eines Gutachtens über den psychischen Zustand des Beschuldigten kann das Gericht nach Anhörung eines Sachverständigen und des Verteidigers anordnen, daß der Beschuldigte in ein öffentliches psychiatrisches Krankenhaus gebracht und dort beobachtet wird.

(II[1]) Das Gericht trifft die Anordnung nach Absatz 1 nur, wenn der Beschuldigte der Tat dringend verdächtig ist. ([2]) Das Gericht darf diese Anordnung nicht treffen, wenn sie zu der Bedeutung der Sache und der zu erwartenden Strafe oder Maßregel der Besserung und Sicherung außer Verhältnis steht.

(III) Im vorbereitenden Verfahren entscheidet das Gericht, das für die Eröffnung des Hauptverfahrens zuständig wäre.

(IV[1]) Gegen den Beschluß ist sofortige Beschwerde zulässig. ([2]) Sie hat aufschiebende Wirkung.

(V) Die Unterbringung in einem psychiatrischen Krankenhaus nach Absatz 1 darf die Dauer von insgesamt sechs Wochen nicht überschreiten.

[*Ab 1. 1. 1985 wird § 81 in folgender Fassung gelten:*
(I[1]) Zur Vorbereitung eines Gutachtens über den psychischen Zustand des Beschul-

digten kann das Gericht nach Anhörung eines Sachverständigen und des Verteidigers anordnen, daß der Beschuldigte in ein öffentliches psychiatrisches Krankenhaus gebracht und dort beobachtet wird. (²) Das Gericht kann auch anordnen, daß der Beschuldigte in eine sozialtherapeutische Anstalt gebracht und dort beobachtet wird, wenn die Unterbringung in einer solchen Anstalt in Betracht kommt.

(II) Vor der Anordnung der Beobachtung in einer sozialtherapeutischen Anstalt ist die Anstalt zu hören.

(III¹) Das Gericht trifft die Anordnung nach Absatz 1 nur, wenn der Beschuldigte der Tat dringend verdächtig ist. (²) Das Gericht darf diese Anordnung nicht treffen, wenn sie zu der Bedeutung der Sache und der zu erwartenden Strafe oder Maßregel der Besserung und Sicherung außer Verhältnis steht.

(IV) Im vorbereitenden Verfahren entscheidet das Gericht, das für die Eröffnung des Hauptverfahrens zuständig wäre.

(V¹) Gegen den Beschluß ist sofortige Beschwerde zulässig. (²) Sie hat aufschiebende Wirkung.

(VI) Die Unterbringung in einem psychiatrischen Krankenhaus oder in einer sozialtherapeutischen Anstalt nach Absatz 1 darf die Dauer von insgesamt sechs Wochen nicht überschreiten.]

§ 81 a (Körperliche Untersuchung des Beschuldigten; Blutprobe)

(I¹) Eine körperliche Untersuchung [*d. h. die sinnliche Wahrnehmung der äußeren oder inneren Beschaffenheit des Körpers, der körperlichen Funktionsfähigkeit und der körperlich bedingten Reaktionen auf bestimmte Einflüsse, z. B. eine Elektrokardiographie sowie die Veränderung der Haar- und Barttracht zur Identifizierung, str.*] des Beschuldigten [*§ 157*] darf [*von den in § 81 a II genannten Personen*] zur Feststellung von Tatsachen [*unter Beachtung des Verhältnismäßigkeitsprinzips*] angeordnet werden, die [*wie z. B. die Identität, die Verhandlungs- und Schuldfähigkeit*] für das Verfahren von Bedeutung sind. (²) Zu diesem Zweck sind [*auch*] Entnahmen von Blutproben [*als Hauptfall körperlicher Eingriffe z. B. zur Feststellung der Frage einer Vaterschaft, § 170 StGB, oder einer Tatzeit-BAK, §§ 315 c, 316 StGB, § 24 a StVG*] und andere körperliche Eingriffe [*d. h. Maßnahmen, die die körperliche Integrität substantiell beeinträchtigen, indem sie in das haut- und muskelumschlossene Innere eingreifen oder dem Körper Stoffe zuführen oder entnehmen, z. B. Urinentnahme*], die von einem [*approbierten, vgl. §§ 2 I, 2 a, 3 BÄO, § 1 ZahnhKG*] Arzt [*selbständig*] nach den Regeln der ärztlichen Kunst [*und unter strikter Beachtung des Verhältnismäßigkeitsgrundsatzes ohne aktive Mitwirkung des Beschuldigten*] zu Untersuchungszwecken vorgenommen werden, ohne Einwilligung des Beschuldigten zulässig, wenn kein Nachteil für seine Gesundheit zu befürchten ist. [*Körperliche Eingriffe, die den seelisch-psychischen Zustand des Beschuldigten verändern, sind, auch vorübergehend, ausgeschlossen, so z. B. Hypnose oder Narkoanalyse. Nicht unter § 81 a I fallen die körperlichen Durchsuchungen nach §§ 102, 103, die nicht die Körperbeschaffenheit zu ermitteln suchen, sondern die Existenz von Beweisgegenständen am oder im Körper oder in der getragenen Kleidung.*]

(II) Die [*gem. § 81a I notwendige*] Anordnung steht [*primär*] dem Richter [*im Vorverfahren: dem Ermittlungsrichter, §§ 162 I, 169; nach Anklageerhebung: dem Gericht, bei dem die Sache rechtshängig ist, §§ 25, 30 II, 76 I GVG; in der Hauptverhandlung: dem erkennenden Gericht, §§ 25, 30 I, 76 II GVG*], bei Gefährdung des Untersuchungserfolges durch Verzögerung [= *Gefahr im Verzug*] auch der Staatsanwaltschaft [*§ 142 GVG*] und ihren Hilfsbeamten (§ 152 des Gerichtsverfassungsgesetzes) zu. [*Zur Begründung und Form vgl. §§ 33, 34; zur Vollstreckung § 36 II 1. Anordnungen der Staatsanwaltschaft und ihrer Hilfsbeamten sind analog § 98 II 2 anfechtbar, str.; Anordnungen des Richters sind grundsätzlich im Rahmen des § 305 S 1 beschwerdefähig; beachte aber § 304 IV 2. Blutentnahmen durch Nichtärzte sind nach h. M. grundsätzlich verwertbar.*]

§ 81 b (Erkennungsdienstliche Maßnahmen gegenüber dem Beschuldigten)

Soweit es für die [*repressiven*] Zwecke der Durchführung des [*anhängigen*] Strafverfahrens oder für die [*präventiv-polizeilichen*] Zwecke des Erkennungsdienstes [*bei Gelegenheit des Strafverfahrens*] notwendig ist, dürfen Lichtbilder und Fingerabdrücke des Beschuldigten [*§ 157*] auch gegen seinen Willen [*also unter Anwendung unmittelbaren Zwanges unter Beachtung des Verhältnismäßigkeitsprinzips*] aufgenommen und Messungen und ähnliche [*, Nichtärzten gemäß § 81 b zustehende*] Maßnahmen an ihm vorgenommen werden. [*Anordnungsbefugt ist das verfahrensbetreibende Strafverfolgungsorgan, also auch die Polizei, soweit sie das Recht des ersten Zugriffs hat, § 163; §§ 81 a II, 81 c V gelten nicht. Beachte aber für erkennungsdienstliche Maßnahmen zu repressiven Zwecken § 161 S 2. Beachte ferner § 163 b, § 163 c.*]

§ 81 c (Untersuchung von Nichtbeschuldigten; Zeugengrundsatz; Spurengrundsatz)

(I) Andere Personen als Beschuldigte dürfen, wenn sie [*sei es auch nur bei unterstellter Vernehmungsfähigkeit*] als Zeugen in Betracht kommen [*auch schwer Geisteskranke oder Säuglinge; sog. »Zeugengrundsatz«*], ohne ihre Einwilligung [*also auch durch Anwendung von das Verhältnismäßigkeitsprinzip wahrendem unmittelbaren Zwang*] nur [*körperlich, vgl. § 81 a I 2*] untersucht werden, soweit zur Erforschung der Wahrheit festgestellt werden muß, ob sich an [*nicht: in!*] ihrem Körper eine bestimmte Spur oder Folge einer strafbaren Handlung [*z. B. Wunde*] befindet [*sog. »Spurengrundsatz«*].

(II[1]) Bei anderen Personen als Beschuldigten sind [*in Abweichung von dem in § 81 c I enthaltenen Zeugen- und Spurengrundsatz und in Anlehnung an den in § 372 a ZPO enthaltenen »Aufklärungsgrundsatz« körperliche*] Untersuchungen zur Feststellung der Abstammung [*Blutgruppenbegutachtung, serostatistische Zusatzberechnung sowie erbbiologisches-anthropologisches Gutachten*] und die Entnahme von Blutproben [*vgl. oben § 81 a*] ohne Einwilligung des zu Untersuchenden [*vgl. oben 81 c I*] zulässig, wenn kein Nachteil für seine Gesundheit zu befürchten und die Maßnahme zur Erforschung der Wahrheit unerläßlich [*und verhältnismäßig*] ist. ([2]) Die [*körperlichen*] Untersuchungen und die Entnahme von Blutproben dürfen stets nur von einem [*approbierten, vgl. § 81 a*] Arzt vorgenommen werden.

(III[1]) [*Körperliche*] Untersuchungen oder Entnahmen von Blutproben können aus den gleichen Gründen wie das Zeugnis [*nur gem. § 52, nicht: § 53, 53a, 54, arg.: § 81 c III 2 und 3, zw.*] verweigert werden. ([2]) Haben Minderjährige oder wegen Geisteskrankheit oder Geistesschwäche entmündigte Personen wegen mangelnder Verstandesreife oder wegen Verstandesschwäche [*im Einzelfall*] keine genügende Vorstellung [*von der Bedeutung des Untersuchungsverweigerungsrechtes nach § 81 c III 1 i. V. m. § 52*], so entscheidet der gesetzliche Vertreter; § 52 Abs. 2 Satz 2 und Abs. 3 [*Belehrung!*] gilt entsprechend. ([3]) Ist der gesetzliche Vertreter [*als Beschuldigter*] von der Entscheidung ausgeschlossen (§ 52 Abs. 2 Satz 2) oder aus sonstigen Gründen an einer rechtzeitigen Entscheidung gehindert [*z. B. durch längere Krankheit oder Abwesenheit*] und erscheint die sofortige Untersuchung oder Entnahme von Blutproben zur Beweissicherung erforderlich [*z. B. in Fällen der Kindesmißhandlung*], so sind diese [*»eiligen«*] Maßnahmen nur auf besondere [*unanfechtbare, § 81 c III 4*] Anordnung des Richters zulässig. ([4]) Der die Maßnahmen anordnende Beschluß ist unanfechtbar. ([5]) Die nach Satz 3 [*aufgrund der unanfechtbaren richterlichen Anordnung*] erhobenen Beweise dürfen im weiteren Verfahren nur mit Einwilligung des hierzu befugten gesetzlichen Vertreters [*ggf. eines Pflegers gem. § 1909 BGB*] verwertet werden.

(IV) Maßnahmen nach den Absätzen 1 und 2 sind [*ferner*] unzulässig, wenn sie dem Betroffenen bei Würdigung aller Umstände nicht zugemutet werden können. [*Dies ist etwa der Fall, wenn ihre Nachteile außer Verhältnis zu den mit ihnen verfolgten Aufklärungszwecken stehen.*]

(V) Die Anordnung [*der Untersuchungen, der Blutprobenentnahme*] steht [*grundsätzlich*] dem Richter, bei Gefährdung des Untersuchungserfolges durch Verzögerung [*= bei Gefahr im Verzug*], von den Fällen des Absatzes 3 Satz 3 abgesehen, auch der Staatsanwaltschaft und ihren Hilfsbeamten (§ 152 des Gerichtsverfassungsgesetzes) [*vgl. § 81 a II*] zu.

(VI[1]) Bei [*grundloser, unberechtigter, nicht genügend entschuldigter*] Weigerung des Betroffenen gilt die Vorschrift des § 70 entsprechend. ([2]) Unmittelbarer Zwang darf [*anders als in den Fällen des § 81 a stets*] nur auf besondere Anordnung des Richters angewandt werden. ([3]) Die [*richterliche*] Anordnung setzt voraus, daß der Betroffene trotz [*vorheriger*] Festsetzung eines [*nicht notwendigerweise beigetriebenen*] Ordnungsgeldes bei der [*unberechtigten*] Weigerung beharrt oder daß Gefahr im Verzuge ist. [*In diesem Falle kann die richterliche Zwangsanordnung nach § 81 c VI 3 mit der Beweissicherungsanordnung nach § 81 c III i. V. m. V gleichzeitig getroffen werden.*]

§ 81 d (Körperliche Untersuchung einer Frau)

(I[1]) Kann die körperliche Untersuchung einer Frau [*gem. §§ 81 a, 81 c*] das Schamgefühl verletzen, so wird sie einer Frau oder einem Arzt [*als Augenscheinsgehilfen*] übertragen [*und zwar auch dann, wenn die zu untersuchende Frau in die körperliche Untersuchung einwilligt*]. ([2]) Auf Verlangen der zu untersuchenden Frau soll [*zum Schutze auch anderer Interessen als des Schamgefühls*] eine andere Frau oder ein Angehöriger [*weiter auszulegen als nach § 52 I*] zugelassen werden.

(II) Diese Vorschrift gilt auch dann, wenn die zu untersuchende Frau in die Untersuchung einwilligt.

§ 82 (Schriftliches oder mündliches Gutachten im Vorverfahren)

Im Vorverfahren [*werden die Beweisergebnisse in der Regel zu den Akten gebracht. Folgerichtig leiten die auftraggebenden Strafverfolgungsorgane die beauftragten Sachverständigen meist an, ihr Gutachten schriftlich zu erstatten. Wegen seiner Leitungsbefugnis*] hängt es von der Anordnung des [*Ermittlungs-*]Richters ab, ob die Sachverständigen ihr Gutachten schriftlich oder mündlich [*– dann Protokollierung gem. den §§ 168, 168a, 168b, wichtig für die Verlesbarkeit in der Hauptverhandlung, § 251 I u. III –*] zu erstatten haben.

§ 83 (Zweitbegutachtung)

(I) Der Richter kann [*wie jede andere auftraggebende Stelle*] eine neue Begutachtung [*in dem seiner Leitung unterliegenden Verfahrensabschnitt*] durch dieselben oder durch andere Sachverständige anordnen, wenn er das Gutachten [*zur Wahrheitserforschung infolge inhaltlicher Mängel oder Widerspruchs zu anderen Gutachten*] für ungenügend erachtet.

(II) Der Richter kann die Begutachtung durch einen anderen Sachverständigen [*auch dann*] anordnen, wenn ein Sachverständiger nach Erstattung des Gutachtens mit Erfolg abgelehnt [*§ 74*] ist.

(III) In wichtigeren Fällen kann das Gutachten einer Fachbehörde [*z. B. Fakultäten der Universitäten, Industrie- und Handelskammern, Bundesbahndirektionen*] eingeholt werden. [*Ob diese begutachtungspflichtig sind, richtet sich nach § 75 i. V. m. den Vorschriften der Amtshilfe, vgl. Art. 35 GG.*]

§ 84 (Entschädigung des Sachverständigen)

Der Sachverständige wird nach dem Gesetz über die Entschädigung von Zeugen und Sachverständigen [*= ZSEG, insbesondere für Verdienstausfall*] entschädigt. [*Behördenangehörige erhalten in der Regel nur Reisekosten erstattet, vgl. aber § 1 III ZSEG.*]

§ 85 (Sachverständige Zeugen)

Soweit zum Beweis vergangener Tatsachen oder Zustände, zu deren [*auftragloser*] Wahrnehmung eine besondere Sachkunde erforderlich war [*z. B.: der zufällig an den Tatort kommende Chemiker erkennt aufgrund seiner Sachkunde, daß das Opfer vergiftet wurde*], sachkundige Personen zu vernehmen sind, gelten die Vorschriften über den Zeugenbeweis [*§§ 48–71*].

§ 86 (Protokollierung richterlichen Augenscheins)

Findet die Einnahme eines richterlichen Augenscheins [*außerhalb der Hauptverhandlung in den Fällen der §§ 162, 165, 202 S 1, 225*] statt, so ist im Protokoll [*über*

§ 273 hinausgehend] der vorgefundene Sachbestand festzustellen und darüber Auskunft zu geben, welche Spuren oder Merkmale, deren Vorhandensein nach der besonderen Beschaffenheit des Falles vermutet werden konnte, gefehlt haben. [*Für die Augenscheinseinnahme in der Hauptverhandlung gilt § 273; danach ist nur das Ergebnis zu protokollieren.*]

§ 87 (Leichenschau; Leichenöffnung; vgl. auch Nr. 33 bis 38 RiStBV)

(I[1]) Die Leichenschau wird [*unter den Voraussetzungen der §§ 159 I, 160 angeordnet und durchgeführt. Sie wird unter größter Beschleunigung, Nr. 36 RiStBV*] von der Staatsanwaltschaft, auf Antrag der Staatsanwaltschaft auch vom Richter [*als gemischter staatsanwaltschaftlicher oder richterlicher Augenschein*], unter Zuziehung eines Arztes [*als Sachverständigen, str., a. A.: als Augenscheinsgehilfen*] vorgenommen. ([2]) Ein Arzt wird nicht zugezogen, wenn dies zur Aufklärung des Sachverhalts offensichtlich entbehrlich ist [*, weil die Staatsanwaltschaft oder der Ermittlungsrichter aufgrund ihrer Erkenntnisse und Erfahrungen ohne weiteres ärztlicher Sachkunde entbehren können*].

(II[1]) Die Leichenöffnung findet [*nur dann und*] im Beisein der Staatsanwaltschaft, auf deren Antrag im Beisein auch des Richters statt [*, wenn sie nicht außer Verhältnis zu dem Ermittlungszweck steht*]. ([2]) Sie wird von zwei Ärzten [*als Sachverständigen*] vorgenommen. [*Dritte haben nur dann gem. § 168d I, II ein Anwesenheitsrecht, wenn die Leichenöffnung auf einer richterlichen Anordnung beruht.*] ([3]) Einer der Ärzte muß Gerichtsarzt oder Leiter eines öffentlichen gerichtsmedizinischen oder pathologischen Instituts oder ein von diesem beauftragter Arzt des Instituts mit gerichtsmedizinischen Fachkenntnissen sein. ([4]) Dem Arzt, welcher den Verstorbenen in der dem Tode unmittelbar vorausgegangenen Krankheit behandelt hat, ist die Leichenöffnung nicht zu übertragen. ([5]) Er kann jedoch aufgefordert werden, der Leichenöffnung beizuwohnen, um aus der Krankheitsgeschichte Aufschlüsse zu geben. [*Blutentnahmen unterfallen nicht den §§ 81 a, 81 c, die einen lebenden Menschen voraussetzen. Blutproben von einem Verstorbenen sind nach §§ 94 ff als Beschlagnahme zu beurteilen, str.*]

(III) Zur Besichtigung oder Öffnung einer schon beerdigten Leiche ist ihre Ausgrabung [*= Exhumierung*] statthaft.

(IV[1]) Die Leichenöffnung und die Ausgrabung einer beerdigten Leiche werden [*grundsätzlich*] vom [*Ermittlungs-*]Richter [*§ 162, nach Anklageerhebung vom sachbefaßten Gericht*] angeordnet; die Staatsanwaltschaft ist zu der Anordnung befugt, wenn der Untersuchungserfolg durch Verzögerung gefährdet würde [*= Gefahr im Verzug*]. ([2]) Wird die Ausgrabung angeordnet, so ist zugleich die Benachrichtigung eines Angehörigen des Toten anzuordnen, wenn der Angehörige ohne besondere Schwierigkeiten ermittelt werden kann und der Untersuchungszweck durch die Benachrichtigung nicht gefährdet wird. [*Das über den eingenommenen richterlichen Augenschein erstellte Protokoll, §§ 168, 168a, kann zum Zwecke der Beweisaufnahme verlesen werden, § 249 I 2. Die Niederschrift über einen staatsanwaltschaftlich eingenommenen Augenschein kann vorgehalten werden, h. M.*]

§ 88 (Leichenidentifizierung)

([1]) Vor der Leichenöffnung [*nach § 87 II*] ist, wenn nicht besondere Hindernisse entgegenstehen, die Persönlichkeit des Verstorbenen, insbesondere durch Befragung von Personen, die den Verstorbenen gekannt haben [*oder durch erkennungsdienstliche Maßnahmen*] festzustellen. ([2]) Ist ein Beschuldigter [*§ 157*] vorhanden, so ist ihm die Leiche zur Anerkennung vorzuzeigen. [*Der Beschuldigte ist insoweit schweigebefugt, § 136 I 2.*]

§ 89 (Umfang der Leichenöffnung)

Die Leichenöffnung [*gem. § 87 II*] muß sich, soweit der Zustand der Leiche dies gestattet, stets auf die Öffnung der Kopf-, Brust- und Bauchhöhle erstrecken [*vgl. ergänzend Nr. 35 RiStBV*].

§ 90 (Öffnung der Leiche eines neugeborenen Kindes)

Bei der Öffnung der Leiche eines neugeborenen Kindes [*§ 217 StGB!*] ist die Untersuchung insbesondere auch darauf zu richten, ob es nach oder während der Geburt gelebt hat und ob es reif oder wenigstens fähig gewesen ist, das Leben außerhalb des Mutterleibes fortzusetzen.

§ 91 (Leichenuntersuchung bei Vergiftungsverdacht)

(I) Liegt der Verdacht [*irgend-*]einer [*vorsätzlichen oder fahrlässigen*] Vergiftung [*§§ 211, 212, 222, 229, 319, 320 StGB*] vor, so ist die Untersuchung der in der Leiche oder sonst gefundenen verdächtigen Stoffe durch einen Chemiker oder durch eine für solche Untersuchungen bestehende Fachbehörde [*vgl. § 83 III*] vorzunehmen [*; zur Auswahl vgl. § 73; zur Leitung dieser Untersuchung vgl. § 78*].

(II) Es kann angeordnet werden, daß diese [*zusätzliche*] Untersuchung unter Mitwirkung oder Leitung eines Arztes stattzufinden hat.

§ 92 (Gutachten bei mutmaßlicher Geld- oder Wertzeichenfälschung)

(I[1]) Liegt der [*schlichte Anfangs-*]Verdacht einer Geld- [*§§ 146, 147, 149, 151 StGB*] oder Wertzeichenfälschung [*§§ 148, 149 StGB*] vor, so sind [*um das Vorhandensein und die Art der Fälschung aufzudecken*] das Geld oder die Wertzeichen erforderlichenfalls der Behörde vorzulegen, von der echtes Geld oder echte Wertzeichen dieser Art in Umlauf gesetzt werden [*also der Deutschen Bundesbank bzw. der Bundesschuldenverwaltung, vgl. Nr. 216 Ib und c RiStBV*]. ([2]) Das [*gem. § 256 I verlesbare*] Gutachten dieser Behörde ist über die Unechtheit oder Verfälschung sowie darüber einzuholen, in welcher Art die Fälschung mutmaßlich begangen worden ist.

(II) Handelt es sich um Geld oder Wertzeichen eines fremden Währungsgebietes, so kann an Stelle des Gutachtens der Behörde des fremden Währungsgebietes [*aus prozeßökonomischen Gründen auch*] das einer deutschen erfordert werden [*vgl. Nr. 216 Id RiStBV; zur Verfolgung von Delikten nach den §§ 146 ff StGB vgl. Nr. 215–220 RiStBV*].

§ 93 (Schriftgutachten)

Zur Ermittlung der Echtheit oder Unechtheit eines Schriftstücks [*§§ 267 ff StGB!*] sowie zur Ermittlung seines Urhebers kann [*sofern dies nicht bereits durch staatsanwaltschaftlichen oder richterlichen Augenschein geklärt werden konnte, erforderlichenfalls*] eine Schriftvergleichung unter Zuziehung von Sachverständigen [*Sachverständigenbeweis, §§ 72 ff*] vorgenommen werden. [*Der Beschuldigte kann sich gem. § 136 I 2 weigern, Schriftproben anzufertigen.*]

Achter Abschnitt
Beschlagnahme, Überwachung des Fernmeldeverkehrs und Durchsuchung

[§§ 94–111 n]

[Beschlagnahme ist die verfahrensichernde Sicherstellung von Beweisgegenständen, §§ 94 ff, sowie die vollstreckungsichernde Sicherstellung von Verfalls- oder Einziehungsgegenständen, §§ 111 b ff, in der Regel durch Wegnahme und amtliche Verwahrung; beachte § 136 I StGB. Die Überwachung des Brief-, Post- und Fernmeldegeheimnisses, Art. 10 GG, bemißt sich nach den §§ 99–101, §§ 12, 13 FAG und dem VerbringungsverbotsG. Die Durchsuchung ist ein strafprozessualer Grundrechtseingriff, der darauf abzielt, den Verdächtigen zu ergreifen oder versteckte Gegenstände zu finden, die der Beschlagnahme unterliegen. Sonderregelungen für die Beschlagnahme und Durchsuchung finden sich in § 2 II VerbringungsverbotsG, §§ 7, 8 UZwGBw. Beachte ferner §§ 290–294, 443.]

§ 94 (Verfahrenssichernde Sicherstellung von Beweisgegenständen und von Führerscheinen, die der Einziehung unterliegen)

(I) [*Körperliche bewegliche oder unbewegliche*] Gegenstände [*Sachen*], die [*aufgrund eines einfachen Anfangsverdachts*] als Beweismittel für die Untersuchung [*im anhängigen Verfahren*] von [*irgendeiner*] Bedeutung sein können [*z. B. instrumenta und producta sceleris*], sind [*von den in § 98 genannten Personen*] in [*amtliche*] Verwahrung zu nehmen oder [*auch von anderen Strafverfolgungsbeamten als den in § 98 bezeichneten*] in anderer [*formloser*] Weise [*z. B. Räume durch Verschluß mit Dienstsiegel*] sicherzustellen [*, wenn die Beweisgegenstände gewahrsamslos sind oder freiwillig herausgegeben werden, sog. »schlichte« Sicherstellung*].

(II) Befinden sich die [*in § 94 I umschriebenen Beweis-*]Gegenstände in dem Gewahrsam einer Person [*, sind sie aber für die Strafverfolgungsorgane, notfalls mittels Durchsuchung, auffindbar,*] und werden sie nicht freiwillig herausgegeben, so bedarf es der Beschlagnahme [*i. e. S., also der amtlichen Verwahrung oder Sicherstellung in sonstiger Weise aufgrund ausdrücklicher Anordnung eines befugten Organs, §§ 98, 33 IV, und deren Vollstreckung, § 36 II*].

(III) Die Absätze 1 und 2 gelten auch für Führerscheine, die [*in der Bundesrepublik Deutschland ausgestellt sind, arg.: § 111 a VI i. V. m. §§ 69 III 2, 68 b II StGB, und*] der [*endgültigen, §§ 69 ff StGB, oder vorläufigen, § 111 a*] Einziehung unterliegen.

§ 95 (Herausgabepflicht des Gewahrsamsinhabers)

(I) Wer einen [*Beweis-*]Gegenstand der [*in § 94*] vorbezeichneten Art [*mag er auch im weiteren Verfahren für verfallen erklärt oder eingezogen werden*] in seinem [*rechtmäßigen oder rechtswidrigen*] Gewahrsam hat, ist [*sofern er als Zeuge vernommen werden könnte, arg.: § 95 II 1 und 2, oder Privatkläger ist*] verpflichtet, ihn auf Erfordern [*der Strafverfolgungsorgane*] vorzulegen und auszuliefern. [*Dies ist insbesondere wichtig für Beweisgegenstände, deren Ort die Strafverfolgungsorgane nicht ermitteln und durch Durchsuchung und Beschlagnahme sicherstellen können.*]

(II[1]) Im Falle der [*unberechtigten und vorsätzlichen*] Weigerung können [*sofern der Gewahrsam des Herausgabepflichtigen feststeht*] gegen ihn die in § 70 bestimmten Ordnungs- und Zwangsmittel [*durch das Gericht, im Ermittlungsverfahren durch den Ermittlungsrichter, §§ 162, 169, 70 III, nicht jedoch durch die Staatsanwaltschaft, arg.: § 161 a I 2 verweist nicht auf § 95 II, str.*] festgesetzt werden. ([2]) Das gilt nicht bei Personen, die zur Verweigerung des Zeugnisses berechtigt sind. [*Gegenüber Privatklägern kann jedoch gem. § 95 II 1 verfahren werden.*]

§ 96 (Behördliches Herausgabeverweigerungsrecht)

Die Vorlegung oder Auslieferung von Akten [*= Zusammenfassungen von Schriftstücken, die sich auf eine bestimmte Tätigkeit der Behörde beziehen*] oder anderen in amtlicher Verwahrung befindlichen Schriftstücken [*= einzelnen Teilen dieser Akten sowie noch nicht aktenmäßig erfaßten oder hinterlegten Schreiben, die wegen ihres Zusammenhanges mit der Behörde übertragenen Tätigkeit bei der Behörde hinterlegt wurden*] durch Behörden [*– bei gesetzgebenden Körperschaften gilt § 96 entsprechend, ebenso bei Gemeinderäten, str. –*] und öffentliche Beamte darf nicht gefordert werden, wenn deren oberste Dienstbehörde [*, bei parlamentarischen Akten der Präsident der Körperschaft, auf Entscheidungsersuchen der aktenverwahrenden Behörde, durch Prozeßhandlung binnen angemessener Zeit nach ihrem pflichtgemäßen Ermessen*] erklärt, daß das Bekanntwerden des Inhalts dieser Akten oder Schriftstücke dem Wohl des Bundes oder eines deutschen Landes Nachteile bereiten würde. [*Die Erklärung ist nach h. M. nicht im Verwaltungsrechtswege nachprüfbar, auch nicht nach den §§ 23ff EGGVG, str.*]

§ 97 (Akzessorisches Beschlagnahmeverbot hinsichtlich beschlagnahmefreier Gegenstände)

(I) Der Beschlagnahme [*gem. § 94*] unterliegen [*in Anknüpfung an das Zeugnisverweigerungsrecht nach §§ 52, 53*] nicht [*– ebenfalls ausgeschlossen: Herausgabepflicht nach § 95 –*]

1. schriftliche [*z. B. in Briefen sowie auf Tonträgern festgehaltene, arg.: § 11 III StGB, § 97 analog*] Mitteilungen [*Originale, aber auch Abschriften und Fotokopien*] zwischen dem Beschuldigten und den Personen, die nach § 52 oder § 53 Abs. 1 Nr. 1 bis 3 a das Zeugnis verweigern dürfen [*, sofern der Zeugnisverweigerungsberechtigte als Partner der Mitteilung diese in seinem, § 97 II 1, oder einem gleichgestellten, § 97 II 2, Gewahrsam hat*];
2. Aufzeichnungen [*aller Art, auch auf Tonträgern*], welche die in § 53 Abs. 1 Nr. 1

bis 3a Genannten [*z. B. Geistliche, Rechtsanwälte, Ärzte sowie deren Gehilfen*] über die ihnen vom Beschuldigten [*§ 157*] anvertrauten Mitteilungen oder über andere Umstände gemacht haben, auf die sich das Zeugnisverweigerungsrecht erstreckt;

3. andere Gegenstände [*, die dem geschützten Vertrauensverhältnis zuzurechnen sind und nicht unter die Nr. 1 und 2 fallen,*] einschließlich der ärztlichen Untersuchungsbefunde [*z. B. Röntgenaufnahmen*], auf die sich das Zeugnisverweigerungsrecht der in § 53 Abs. 1 Nr. 1 bis 3a Genannten erstreckt.

(II[1]) Diese Beschränkungen [*der Beschlagnahmefähigkeit sowie der Herausgabepflicht nach § 95*] gelten nur, wenn die [*Beweis-*]Gegenstände im Gewahrsam [*d. h. in der tatsächlichen, von einem natürlichen Herrschaftswillen getragenen und nach den Regeln des sozialen Lebens gegebenen Verfügungsmacht*] der zur Verweigerung des Zeugnisses Berechtigten [*nicht notwendig in deren Alleingewahrsam*] sind. ([2]) Der Beschlagnahme unterliegen auch nicht [*an einen anderen Arzt übergebene Patientenkarteien, Verteidigerpost beim Beschuldigten wegen § 148, sowie Beweis-*]Gegenstände, auf die sich das Zeugnisverweigerungsrecht der Ärzte, Zahnärzte, Apotheker und Hebammen erstreckt, wenn sie im Gewahrsam einer Krankenanstalt [*weit auszulegen*] sind, sowie [*Beweis-*]Gegenstände, auf die sich das Zeugnisverweigerungsrecht der in § 53 Abs. 1 Nr. 3a genannten Personen erstreckt, wenn [*und solange*] sie im Gewahrsam der anerkannten Beratungsstelle nach § 218b Abs. 2 Nr. 1 des Strafgesetzbuches sind. [*Freiwilliger und/oder unfreiwilliger Gewahrsamsverlust hebt die Beschränkung nach h. M. auf.*] ([3]) Die Beschränkungen der Beschlagnahme [*gem. § 94 sowie der Herausgabepflicht nach § 95*] gelten nicht, wenn die zur Verweigerung des Zeugnisses Berechtigten [*von der Schweigepflicht, die das Zeugnisverweigerungsrecht begründet, entbunden sind, str., oder*] einer Teilnahme [*gemeint: Beteiligung, einschl. der Täterschaft*] oder einer Begünstigung [*§ 257 StGB*], Strafvereitelung [*§ 258 StGB*] oder Hehlerei [*§ 259 StGB*] verdächtig sind oder wenn es sich um [*Beweis-*]Gegenstände handelt, die durch eine Straftat hervorgebracht [*= producta sceleris, z. B. die gefälschte Urkunde*] oder zur Begehung einer Straftat gebraucht oder bestimmt sind [*= instrumenta sceleris, z. B. der Dietrich als Einbruchswerkzeug*] oder die [*wie z. B. die Diebesbeute oder hiergegen eingetauschte Gegenstände*] aus einer Straftat [*sei es mittelbar durch die Tat, sei es mit Hilfe eines productum sceleris*] herrühren.

(III) Soweit das Zeugnisverweigerungsrecht der Mitglieder des Bundestages, eines Landtages oder einer zweiten Kammer reicht (§ 53 Abs. 1 Nr. 4), ist die Beschlagnahme von Schriftstücken [*z. B. des Briefwechsels zwischen dem Abgeordneten und der beteiligten Person, auch dann*] unzulässig [*, wenn die Beweisgegenstände nicht im Gewahrsam des zur Verweigerung des Zeugnisses Berechtigten sind oder die Zeugnisverweigerungsberechtigten der Beteiligung an der Tat verdächtig sind. Arg.: § 97 II gilt dem Wortlaut des § 97 III nach nicht; für eine analoge Anwendung des § 97 II aber die h. M.*].

(IV) Die Absätze 1 bis 3 sind entsprechend anzuwenden, soweit die in § 53a Genannten das Zeugnis verweigern dürfen.

(V[1]) Soweit das Zeugnisverweigerungsrecht der in § 53 Abs. 1 Nr. 5 genannten Personen reicht, ist die Beschlagnahme [*gem. § 94 sowie die Herausgabepflicht gem.*

§ 95] von Schriftstücken, Ton-, Bild- und Datenträgern, Abbildungen und anderen Darstellungen, die sich im Gewahrsam dieser Personen oder der Redaktion, des Verlages, der Druckerei oder der Rundfunktanstalt befinden, unzulässig. [*Das Beschlagnahmeverbot erstreckt sich jedoch – wie das Zeugnisverweigerungsrecht – nicht auf Selbstrecherchiertes.*] (2) Absatz 2 Satz 3 gilt entsprechend [*, so daß die Beweisgegenstände beschlagnahmt und verwertet werden können, wenn der Zeugnisverweigerungsberechtigte an der Tat in der angegebenen Weise beteiligt ist*].

§ 98 (Anordnung der Beschlagnahme)

(I1) Beschlagnahmen [*gem. § 94 I*] dürfen nur durch den [*nach dem jeweiligen Stand der Sache mit der Angelegenheit befaßten*] Richter [*im vorbereitenden Verfahren durch den Ermittlungsrichter, § 162*], bei Gefahr im Verzug [*– gegeben: wenn die richterliche Anordnung nicht eingeholt werden kann, ohne daß der Zweck der Maßnahme gefährdet werden würde –*] auch durch die Staatsanwaltschaft und ihre Hilfsbeamten (§ 152 des Gerichtsverfassungsgesetzes) angeordnet werden. [*Bei Beschlagnahme des Führerscheines gem. § 94 III reicht die Gefahr aus, der Kraftfahrer werde ohne Sicherstellung des Führerscheines sich weiterhin grob verkehrsrechtswidrig verhalten, str.*] (2) Die Beschlagnahme nach § 97 Abs. 5 Satz 2 in den Räumen einer Redaktion, eines Verlages, einer Druckerei oder einer Rundfunkanstalt darf nur durch den Richter [*in der Form eines Beschlusses*] angeordnet werden [*sog. »absoluter Richtervorbehalt«*].

(II1) Der Beamte, der einen Gegenstand ohne richterliche Anordnung [*gem. § 98 I 1*] beschlagnahmt hat, soll binnen drei Tagen [*beginnend mit der Beschlagnahme*] die [*nachträgliche und die nichtrichterliche Anordnung durch eine ersetzende*] richterliche Bestätigung [*der materiell-rechtlichen Voraussetzungen der Beschlagnahme*] beantragen, wenn bei der Beschlagnahme weder der davon Betroffene [*= der Gewahrsamsinhaber*] noch ein erwachsener Angehöriger anwesend war oder wenn der Betroffene und im Falle seiner Abwesenheit ein erwachsener Angehöriger des Betroffenen gegen die Beschlagnahme ausdrücklichen Widerspruch erhoben hat. (2) Der Betroffene kann jederzeit die richterliche Entscheidung beantragen [*, nicht jedoch den Rechtsweg nach §§ 23 ff EGGVG beschreiten*]. (3) Solange die öffentliche Klage noch nicht erhoben ist, entscheidet das Amtsgericht, in dessen Bezirk die Beschlagnahme stattgefunden hat. (4) Hat bereits eine Beschlagnahme, Postbeschlagnahme oder Durchsuchung in einem anderen Bezirk stattgefunden, so entscheidet [*um eine Zuständigkeitskonzentration zu erreichen*] das Amtsgericht, in dessen Bezirk die Staatsanwaltschaft ihren Sitz hat, die das Ermittlungsverfahren führt. (5) Der Betroffene kann den Antrag auch in diesem Fall bei dem Amtsgericht einreichen, in dessen Bezirk die Beschlagnahme stattgefunden hat. (6) Ist dieses Amtsgericht nach Satz 4 unzuständig, so leitet der Richter den Antrag dem zuständigen Amtsgericht zu. (7) Der Betroffene ist über seine Rechte [*hinsichtlich des Aufhebungsantrages und dessen Adressierung in der geeigneten Weise*] zu belehren.

(III) Ist nach erhobener öffentlicher Klage [*ausnahmsweise*] die Beschlagnahme [*§ 94*] durch die Staatsanwaltschaft oder einen ihrer Hilfsbeamten [*§ 152*] erfolgt, so ist binnen drei Tagen dem Richter von der Beschlagnahme Anzeige zu machen [*und, wenn die Beschlagnahme wegen Gefahr im Verzug ohne richterliche Anordnung veranlaßt wurde, § 98 II 1 und 2 zu beachten*]; die beschlagnahmten Gegenstände sind ihm [*dem Richter*] zur Verfügung zu stellen.

(IV[1]) Wird eine Beschlagnahme [*gem. § 94*] in einem Dienstgebäude oder einer nicht allgemein zugänglichen Einrichtung oder Anlage der Bundeswehr erforderlich, so wird [*von dem »normalen« Durchführungsorgan, also der Staatsanwaltschaft oder der Polizei*] die vorgesetzte Dienststelle der Bundeswehr um ihre Durchführung [*nicht: Anordnung*] ersucht. ([2]) Die ersuchende Stelle ist zur Mitwirkung [*bei der Durchführung*] berechtigt. ([3]) Des Ersuchens bedarf es nicht, wenn die Beschlagnahme in Räumen vorzunehmen ist, die ausschließlich von anderen Personen als Soldaten bewohnt werden.

§ 99 (Beschlagnahme von Postsendungen; vgl. Nr. 77 ff RiStBV)

Zulässig ist [*als Eingriff in das Post- und Briefgeheimnis, Art. 10 GG*] die [*verhältnismäßige, auf den konkretisierten Verdacht einer nicht geringfügigen Straftat gegründete*] Beschlagnahme der an den [*sei es auch nur nach Deckname oder Deckanschrift bekannten*] Beschuldigten [*§ 157*] gerichteten Briefe und [*bereits vorliegenden oder erst zu erwartenden*] Sendungen [*, die*] auf der Post [*, d. h. in deren Gewahrsam, sind,*] sowie der an ihn gerichteten Telegramme auf den Telegraphenanstalten [*beachte aber § 101 II*]; ebenso ist zulässig an den bezeichneten Orten die Beschlagnahme solcher Briefe, Sendungen und Telegramme, bei denen [*bestimmte, möglichkeitsindizierende*] Tatsachen vorliegen, aus welchen zu schließen ist, daß sie von dem [*u. U. namentlich unbekannten*] Beschuldigten [*§ 157*] herrühren oder [*ohne an ihn adressiert zu sein*] für ihn bestimmt sind und daß ihr Inhalt für die Untersuchung Bedeutung hat. [*Wird die Postsendung außerhalb des Postbetriebes angetroffen, gelten die §§ 94 ff.*]

§ 100 (Zuständigkeit für die Postbeschlagnahme)

(I) Zu der [*Post-*]Beschlagnahme [*gem.*] (§ 99) ist [*grundsätzlich*] nur der Richter, bei Gefahr im Verzug [*nur*] auch die Staatsanwaltschaft [*nicht jedoch deren Hilfsbeamte, § 152 GVG*] befugt.

(II) Die von der Staatsanwaltschaft [*gem. § 100 I bei Gefahr im Verzug*] verfügte Beschlagnahme tritt, auch wenn sie eine Auslieferung [*d. h. den Vollzug der Anordnung durch die Post*] noch nicht zur Folge gehabt hat, außer Kraft, wenn sie nicht [*wegen Nichtvorliegens der materiellen Voraussetzungen der Postbeschlagnahme gem. § 99*] binnen [*= in*] drei Tagen [*nach dem Tag, § 42, des Eingangs der Beschlagnahmeverfügung der Staatsanwaltschaft bei der Post, vgl. § 98 II 1*] von dem Richter [*ohne Rücksicht darauf, ob eine Gefahr im Verzug von der Staatsanwaltschaft zu Recht angenommen wurde, nach Anhörung, § 33 III und IV, bzw. Benachrichtigung der Betroffenen bzw. Beteiligten, § 101 I, durch Beschluß*] bestätigt wird.

(III[1]) Die Öffnung der [*in Vollzug der Postbeschlagnahmeanordnung von der Post an den Strafverfolgungsapparat*] ausgelieferten Gegenstände steht dem Richter zu. ([2]) Er kann diese Befugnis der Staatsanwaltschaft übertragen, soweit dies [*wegen Gefahr im Verzug*] erforderlich ist, um den Untersuchungserfolg nicht durch Verzögerung zu gefährden. ([3]) Die Übertragung [*der Öffnungsbefugnis auf die Staatsanwaltschaft*] ist nicht anfechtbar; sie kann [*vom Richter*] jederzeit widerrufen werden. ([4]) Solange eine Anordnung nach Satz 2 nicht ergangen ist, legt die Staatsanwaltschaft die ihr [*von der Post in Vollzug einer Beschlagnahmeanordnung*] ausgelieferten Gegenstände sofort, und zwar verschlossene Postsendungen ungeöffnet, dem Richter vor.

(IV[1]) Über eine von der Staatsanwaltschaft [*bei Gefahr im Verzug*] verfügte Beschlagnahme entscheidet der nach § 98 zuständige Richter. ([2]) Über die Öffnung eines ausgelieferten Gegenstandes entscheidet der Richter, der die Beschlagnahme angeordnet oder bestätigt hat.

§ 100 a (Überwachung und Aufnahme des Fernmeldeverkehrs auf Tonträger)

([1]) Die Überwachung und Aufnahme des Fernmeldeverkehrs [*= des Fernsprech-, Fernschreib- und Funkverkehrs über Fernmeldeanlagen, vgl. § 1 FAG, soweit diese von der Deutschen Bundespost betrieben werden, arg. § 100 b III*] auf Tonträger darf [*von dem in § 100 b genannten Strafverfolgungsorgan*] angeordnet werden, wenn bestimmte Tatsachen den [*nicht notwendigerweise dringenden*] Verdacht [*unmittelbar oder indiziell*] begründen, daß jemand als Täter [*§ 25 StGB*] oder Teilnehmer [*§§ 26, 27 StGB, eine der im folgenden enumerativ genannten Katalogtaten, nämlich:*]

1. a) Straftaten des Friedensverrats, des Hochverrats und der Gefährdung des demokratischen Rechtsstaates oder des Landesverrats und der Gefährdung der äußeren Sicherheit (§§ 80 bis 82, 84 bis 86, 87 bis 89, 94 bis 100 a des Strafgesetzbuches, § 20 Abs. 1 Nr. 1 bis 4 des Vereinsgesetzes),
   b) Straftaten gegen die Landesverteidigung (§§ 109 d bis 109 h des Strafgesetzbuches),
   c) Straftaten gegen die öffentliche Ordnung (§§ 129 bis 130 des Strafgesetzbuches, § 47 Abs. 1 Nr. 7 des Ausländergesetzes),
   d) ohne Soldat zu sein, Anstiftung oder Beihilfe zur Fahnenflucht oder Anstiftung zum Ungehorsam (§§ 16, 19 in Verbindung mit § 1 Abs. 3 des Wehrstrafgesetzes),
   e) Straftaten gegen die Sicherheit der in der Bundesrepublik Deutschland stationierten Truppen der nichtdeutschen Vertragsstaaten des Nordatlantikvertrages oder der im Land Berlin anwesenden Truppen einer der Drei Mächte (§§ 89, 94 bis 97, 98 bis 100, 109 d bis 109 g des Strafgesetzbuches, §§ 16, 19 des Wehrstrafgesetzes in Verbindung mit Artikel 7 des Vierten Strafrechtsänderungsgesetzes),
2. eine Geld- oder Wertpapierfälschung (§§ 146, 151, 152 des Strafgesetzbuches), einen Menschenhandel nach § 181 Nr. 2 des Strafgesetzbuches,
   einen Mord, einen Totschlag oder einen Völkermord (§§ 211, 212, 220 a des Strafgesetzbuches),
   eine Straftat gegen die persönliche Freiheit (§§ 234, 234 a, 239 a, 239 b des Strafgesetzbuches),
   einen Raub oder eine räuberische Erpressung (§§ 249 bis 251, 255 des Strafgesetzbuches),
   eine Erpressung (§ 253 des Strafgesetzbuches),

eine gemeingefährliche Straftat in den Fällen der §§ 306 bis 308, 310 b Abs. 1 bis 3, des § 311 Abs. 1 bis 3, des § 311 a Abs. 1 bis 3, der §§ 311 b, 312, 313, 315 Abs. 3, des § 315 b Abs. 3, der §§ 316 a, 316 c oder 324 des Strafgesetzbuches,

3. eine Straftat nach § 52 a Abs. 1 bis 3, § 53 Abs. 1 Satz 1 Nr. 1, 2, Satz 2 des Waffengesetzes oder nach § 16 Abs. 1 bis 3 des Gesetzes über die Kontrolle von Kriegswaffen oder
4. eine Straftat nach § 29 Abs. 3 Nr. 1, 4 oder § 30 Abs. 1 Nr. 1, 2 oder gewerbsmäßig oder als Mitglied einer Bande eine Straftat nach § 30 Abs. 1 Nr. 4 des Betäubungsmittelgesetzes

begangen [= *tatbestandsmäßig erfüllt*] oder in Fällen, in denen der Versuch strafbar ist, zu begehen versucht [*vgl. §§ 22, 23 StGB*] oder [*eine der genannten Katalogtaten*] durch eine Straftat vorbereitet hat [*vgl. insbesondere § 129 StGB i. V. m. § 100a Nr. 1c*], und wenn die Erforschung des Sachverhalts oder die Ermittlung des Aufenthaltsortes des Beschuldigten [*, gegen den ein Haftbefehl besteht oder die Voraussetzungen für eine vorläufige Festnahme, § 127 II, gegeben sind,*] auf andere Weise [*z. B. durch Auskünfte nach § 12 FAG*] aussichtslos oder wesentlich erschwert wäre [*Grundsatz der Subsidiarität der Fernmeldeüberwachung*]. (2) Die Anordnung [*einer Fernmeldeüberwachung aus strafprozessual-repressiven Gründen gem. § 100a – präventiv-polizeiliche Fernmeldeüberwachungen sind nach Art. 1 des Gesetzes zur Beschränkung des Brief-, Post- und Fernmeldegeheimnisses vom 13. 8. 1978, Sartorius I Nr. 7, zu beurteilen –*] darf sich nur gegen den Beschuldigten [*§ 157*] oder gegen Personen richten, von denen auf Grund bestimmter Tatsachen [*schlüssig*] anzunehmen ist, daß sie für den Beschuldigten bestimmte oder von ihm herrührende Mitteilungen entgegennehmen oder weitergeben [*»Nachrichtenmittler«*] oder daß der Beschuldigte ihren Anschluß benutzt [*»Anschlußüberlasser«, u. U. auch der Verteidiger, vgl. aber § 148. Aufgenommene Tonbänder können entweder im Wege des Augenscheinsbeweises abgespielt oder die Niederschrift über den Inhalt der Tonbandaufzeichnung im Wege des Urkundenbeweises verwertet werden, wenn die Überwachung des Fernmeldeverkehrs die ihr gesetzlich gesetzten Grenzen beachtet hat. Zur Verwertung in anderen Verfahren als in denen wegen einer der in § 100a genannten Katalogtaten vgl. § 108*].

§ 100 b (Zuständigkeit für Anordnung und Ausführung der Fernmeldeüberwachung)

(I1) Die Überwachung und Aufnahme des Fernmeldeverkehrs auf Tonträger (§ 100 a) darf [*grundsätzlich ohne vorherige Anhörung des Betroffenen, § 33 IV, in der Regel*] nur durch den Richter [*, Ermittlungsverfahren: Ermittlungsrichter, § 162, danach: das mit der Sache befaßte Gericht,*] angeordnet werden [*; zur Form: § 100b II*]. (2) Bei Gefahr im Verzug kann die Anordnung auch von der Staatsanwaltschaft getroffen werden. (3) Die Anordnung der Staatsanwaltschaft tritt außer Kraft, wenn sie nicht binnen drei Tagen von dem Richter bestätigt wird [*vgl. § 100 II*].

(II1) Die Anordnung [*des Richters und der Staatsanwaltschaft*] ergeht schriftlich. (2) Sie muß Namen und Anschrift des Betroffenen enthalten, gegen den sie sich richtet [*, also nicht die Personalien desjenigen, der als unmittelbarer Dritter durch die*

Überwachung des Fernmeldeverkehrs in seinen Rechten beeinträchtigt wird, z. B. etwaige Fernsprechteilnehmer]. (3) In ihr sind [*unter Beachtung des Verhältnismäßigkeitsprinzips und der Rechte unbeteiligter Dritter*] Art, Umfang und Dauer der Maßnahmen zu bestimmen. (4) Die Anordnung ist auf höchstens drei Monate zu befristen [*und unter Angabe der Katalogtat und der konkreten, verdachtsbegründenden Anhaltspunkte zu begründen, arg.: § 34*]. (5) Eine Verlängerung um jeweils nicht mehr als drei weitere Monate ist zulässig, soweit die in § 100a bezeichneten Voraussetzungen fortbestehen [*Prüfung!*].

(III) Auf Grund der [*schriftlich der Deutschen Bundespost bzw. ihrer Oberpostdirektion zugeleiteten*] Anordnung [*nach § 100b und des Ersuchens um Vornahme der erforderlichen Schaltungen*] hat die Deutsche Bundespost dem Richter, der Staatsanwaltschaft und ihren im Polizeidienst tätigen Hilfsbeamten (§ 152 des Gerichtsverfassungsgesetzes) das Abhören des Fernsprechverkehrs und das Mitlesen des Fernschreibverkehrs [*im Wege der Vollstreckung, beachte § 36 II*] zu ermöglichen.

(IV1) Liegen [*z. B. wegen Verdachtsentfall*] die Voraussetzungen des § 100a nicht mehr vor, so sind die sich aus der Anordnung ergebenden [*Vollstreckungs-*] Maßnahmen unverzüglich [*also ohne schuldhaftes Verzögern der Staatsanwaltschaft als Vollstreckungsorgan, § 36 II*] zu beenden. (2) Die Beendigung ist [*von der Staatsanwaltschaft*] dem Richter und der Deutschen Bundespost mitzuteilen.

(V1) Sind die durch die Maßnahmen erlangten Unterlagen zur Strafverfolgung nicht mehr erforderlich [*– hierüber entscheidet im Ermittlungsverfahren die Staatsanwaltschaft, nach Anklageerhebung das mit der Sache befaßte Gericht –*], so sind sie [*als Aufgabe der Staatsanwaltschaft, § 36 II 1,*] unter Aufsicht der Staatsanwaltschaft zu vernichten. (2) Über die Vernichtung ist eine Niederschrift anzufertigen.

§ 101 (Benachrichtigung der Beteiligten; Aushändigung der Postsendungen)

(I) Von den getroffenen Maßregeln (§§ 99, 100, 100a, 100b) sind die Beteiligten [*von der Staatsanwaltschaft, § 36 II 1*] zu benachrichtigen [*, jedoch grundsätzlich nur diejenigen, gegen die sich die Maßnahme richtet, § 99: der Beschuldigte; § 100a: der Beschuldigte, Nachrichtenmittler und Anschlußüberlasser, nicht der jeweilige Brief- bzw. Gesprächspartner, zw.*], sobald dies ohne Gefährdung des Untersuchungszwecks [*beachte aber § 101 II*] geschehen kann.

(II1) Sendungen, deren Öffnung nicht angeordnet worden ist [*§ 100 III*], sind dem Beteiligten [*dagegen u. U. schon vorher, nämlich*] sofort auszuhändigen. (2) Dasselbe gilt, soweit nach der [*angeordneten*] Öffnung die Zurückbehaltung nicht erforderlich ist.

(III) Der Teil eines zurückbehaltenen Briefes, dessen Vorenthaltung nicht durch die Rücksicht auf die Untersuchung geboten erscheint, ist dem Empfangsberechtigten abschriftlich mitzuteilen. [*Zweifelhaft ist, ob dies auch dann gilt, wenn hierdurch der Untersuchungszweck gefährdet wird.*]

§ 101a (weggefallen)

§ 102 (Durchsuchung beim Verdächtigen)

Bei dem, welcher als Täter [*§ 25 StGB*] oder Teilnehmer [*§§ 26, 27 StGB*] einer Straftat [*, mag der Verfolgung auch ein vorläufiges Hindernis – z. B. fehlender Strafantrag – entgegenstehen,*] oder der Begünstigung [*§ 257 StGB*], Strafvereitelung [*§ 258 StGB*] oder Hehlerei [*§ 259 StGB, auf Grund tatsächlicher Anhaltspunkte schlicht anfangs-*]verdächtig ist, kann eine Durchsuchung [*zum Begriff vgl. oben vor §§ 94 ff*] der Wohnung [*= tatsächlich bewohnte Raumeinheit*] und anderer [*sei es auch nur vorübergehend benützter*] Räume [*z. B. Gasthof-Zimmer*] sowie seiner Person [*einschl. der Kleidung und der natürlichen, ohne mechanische Hilfsmittel einsehbaren Körperöffnungen*] und der ihm gehörenden [*, auch nur in seinem Gewahrsam stehenden*] Sachen sowohl zum Zweck seiner Ergreifung [*aufgrund Haftbefehls, zur vorläufigen Festnahme nach § 127, aufgrund eines Sicherungshaftbefehls nach § 453 c, aufgrund eines Vollstreckungshaftbefehls nach § 457, zur Entnahme einer Blutprobe nach 1 81 a, oder zur Durchführung von Identifizierungsmaßnahmen gem. §§ 163 b, 163 c*] als auch dann vorgenommen werden, wenn [*aufgrund der Umstände des Falles kriminalistisch*] zu vermuten ist, daß die Durchsuchung [*der Wohnung, anderer Räume, der Person des Verdächtigen und der ihm gehörenden Sachen*] zur Auffindung von [*gegenständlichen oder persönlichen*] Beweismitteln führen werde.

§ 103 (Durchsuchung bei tatunverdächtigen Personen)

(I[1]) Bei anderen Personen [*, die weder der Beteiligung an der verfolgten Tat noch der Begünstigung, Strafvereitelung oder Hehlerei verdächtig sind,*] sind Durchsuchungen [*ihrer Wohnung, ihrer Geschäftsräume, ihres befriedeten Besitztums und der ihnen gehörenden Sachen, auch der am Körper getragenen Kleidung*] nur zur Ergreifung [*eines aufgrund eines konkreten Tatverdachts Verdächtigen, nämlich*] des Beschuldigten [*vgl. § 157*] oder zur Verfolgung von [*näher bestimmbaren*] Spuren einer [*aufgrund tatsächlicher Anhaltspunkte zu vermutenden*] Straftat oder zur Beschlagnahme [*§§ 94 ff*] bestimmter [*Beweis-*]Gegenstände [*– zu Zufallsfunden vgl. § 108 –*] und nur dann zulässig, wenn Tatsachen vorliegen, aus denen zu schließen ist, daß die gesuchte Person, Spur oder Sache [*in der Regel also das Beweismittel oder, vgl. § 111 b II 3, der Verfalls- oder Einziehungsgegenstand*] sich in den zu durchsuchenden Räumen [*oder den Sachen, die dem Betroffenen gehören, oder am Körper des Tatunverdächtigen; arg.: § 81 c, der sogar die körperliche Untersuchung Unbeteiligter gestattet,*] befindet. ([2]) Zum Zwecke der Ergreifung eines Beschuldigten, der [*aufgrund konkreter Tatsachen*] dringend verdächtig ist, eine Straftat nach § 129 a des Strafgesetzbuches oder eine der in dieser Vorschrift bezeichneten Straftaten begangen zu haben, ist eine Durchsuchung von Wohnungen und anderen Räumen auch zulässig, wenn diese sich in einem Gebäude [*-Komplex*] befinden, von dem auf Grund von Tatsachen anzunehmen ist, daß sich der Beschuldigte in ihm aufhält. [*Zur Anordnungsbefugnis beachte § 105 I 2.*]

(II) Die Beschränkungen des Absatzes 1 Satz 1 gelten nicht für Räume, in denen der Beschuldigte [*oder ein aus der Strafhaft entflohener Verurteilter durch Strafverfolgungsorgane zwangsgestellt oder durch Privatpersonen nach § 127 festgenommen und in diesem Sinne*] ergriffen worden ist oder die er während der Verfolgung betreten hat.

§ 104 (Durchführung einer angeordneten Raumdurchsuchung bei Nacht)

(I) Zur Nachtzeit [*§ 104 III*] dürfen die Wohnung, die Geschäftsräume und das befriedete Besitztum nur [*im Rahmen einer unmittelbar nach Entdeckung der vollendeten oder versuchten Tat aufgenommenen Verfolgung des Täters, also*] bei Verfolgung auf frischer Tat oder bei [*einer durch Tatsachen begründeten*] Gefahr im Verzug [*= Gefährdung der beabsichtigten Ergreifung des Verdächtigen oder des Beschuldigten durch etwaiges Unterlassen der nächtlichen Raumdurchsuchung*] oder dann durchsucht werden, wenn es sich um die Wiederergreifung eines entwichenen [*und aufgrund staatlicher Anordnung*] Gefangenen [*nicht dagegen des von einer Privatperson nach § 127 I vorläufig Festgenommenen, str., oder des gemäß § 81 Untergebrachten*] handelt.

(II) Diese Beschränkung gilt nicht für Räume, die zur Nachtzeit jedermann zugänglich sind [*z. B. Gaststätten oder Kinos*] oder die der Polizei als Herbergen oder Versammlungsorte bestrafter Personen, als Niederlagen von Sachen, die mittels Straftaten erlangt sind [*sog. »Hehlerzentralen«*], oder als Schlupfwinkel des Glücksspiels, des unerlaubten Betäubungsmittel- und Waffenhandels oder der Prostitution bekannt sind.

(III) Die Nachtzeit umfaßt in dem Zeitraum vom ersten April bis dreißigsten September die Stunden von neun Uhr abends bis vier Uhr morgens und in dem Zeitraum vom ersten Oktober bis einunddreißigsten März die Stunden von neun Uhr abends bis sechs Uhr morgens.

§ 105 (Anordnungskompetenz für Durchsuchungen; Durchführung angeordneter Durchsuchungen)

(I[1]) Durchsuchungen [*, denen sich der von der Durchsuchung Betroffene nicht freiwillig unterzieht, bedürfen ohne vorherige Anhörung des Betroffenen, § 33 IV 1, einer grundsätzlich zu begründenden Anordnung. Sie*] dürfen nur durch den Richter, bei Gefahr im Verzug [*= Gefährdung des Durchsuchungserfolges*] auch durch die Staatsanwaltschaft und ihre Hilfsbeamten (§ 152 des Gerichtsverfassungsgesetzes) angeordnet werden [*, wobei die Straftat und der Zweck, das Ziel und das Ausmaß der Durchsuchung zu bezeichnen ist*]. ([2]) Durchsuchungen nach § 103 Abs. 1 Satz 2 ordnet [*grundsätzlich nur*] der Richter an; [*nur*] die Staatsanwaltschaft [*nicht dagegen ihre Hilfsbeamten*] ist hierzu befugt, wenn Gefahr im Verzug ist. [*Zur Zuständigkeit der Staatsanwaltschaft vgl. §§ 142, 143 GVG.*]

(II[1]) Wenn eine Durchsuchung der Wohnung, der Geschäftsräume oder des befriedeten Besitztums ohne Beisein des Richters oder des Staatsanwalts stattfindet, so sind [*bei ihrer Durchführung*], wenn möglich, ein Gemeindebeamter oder zwei Mitglieder der Gemeinde, in deren Bezirk die Durchsuchung erfolgt, [*als »Raumdurchsuchungszeugen«*] zuzuziehen [*keine bloße Ordnungsvorschrift, str.*]. ([2]) Die als Gemeindemitglieder [*gem. § 105 II 1*] zugezogenen Personen dürfen nicht Polizeibeamte oder Hilfsbeamte der Staatsanwaltschaft sein.

(III[1]) Wird eine Durchsuchung in einem Dienstgebäude oder einer nicht allgemein zugänglichen Einrichtung oder Anlage der Bundeswehr erforderlich [*vgl. zur ganzen Regelung § 98 IV*], so wird die vorgesetzte Dienststelle der Bundeswehr um ihre Durchführung ersucht. (²) Die ersuchende Stelle ist zur Mitwirkung berechtigt. (³) Des Ersuchens bedarf es nicht, wenn die Durchsuchung von Räumen vorzunehmen ist, die ausschließlich von anderen Personen als Soldaten bewohnt werden. [*Gegen richterliche Anordnung ist Beschwerde zulässig, vgl. § 304 I und II, beachte auch IV 2 Nr. 1, sofern die Durchsuchung noch nicht abgeschlossen ist. Für die Anfechtung von staatsanwaltschaftlichen Durchsuchungsanordnungen gilt § 98 II 2 entsprechend.*]

§ 106 (Beiwohnungsrecht des betroffenen Gewahrsamsinhabers)

(I¹) Der [*Gewahrsams-*]Inhaber der zu durchsuchenden Räume oder Gegenstände darf der Durchsuchung[*-sdurchführung*] beiwohnen. (²) Ist er abwesend, so ist, wenn möglich, sein Vertreter oder ein erwachsener Angehöriger, Hausgenosse oder Nachbar zuzuziehen.

(II¹) Dem [*Gewahrsams-*]Inhaber oder der in dessen Abwesenheit zugezogenen Person ist in den Fällen des § 103 Abs. 1 der Zweck der Durchsuchung vor deren Beginn bekanntzumachen. (²) Diese Vorschrift gilt nicht für die Inhaber der in § 104 Abs. 2 bezeichneten Räume.

§ 107 (Mitteilung des Durchsuchungsgrundes; Bescheinigung des Durchsuchungsergebnisses)

(¹) Dem von der Durchsuchung Betroffenen [*also dem verdächtigen oder unverdächtigen Rauminhaber oder dem Sachgewahrsamsinhaber*] ist nach deren Beendigung auf Verlangen eine schriftliche Mitteilung zu machen, die [*ohne Angabe tatsächlicher Einzelheiten*] den Grund der Durchsuchung (§§ 102, 103) sowie im Falle des § 102 die Straftat [*durch Angabe ihrer rechtlichen Einordnung und der Beteiligtenform*] bezeichnen muß. (²) Auch ist ihm auf Verlangen ein Verzeichnis der [*freiwillig überlassenen und*] in Verwahrung oder in Beschlag genommenen Gegenstände, falls aber nichts Verdächtiges gefunden wird, eine [*Negativ-*]Bescheinigung hierüber zu geben.

§ 108 (Einstweilige Beschlagnahme von Zufallsfunden)

(¹) Werden [*ohne systematisch gesucht zu sein*] bei Gelegenheit einer [*rechtmäßig angeordneten und durchgeführten*] Durchsuchung [*bei Verdächtigen oder Unverdächtigen Beweis-*]Gegenstände gefunden, die zwar in keiner Beziehung zu der Untersuchung stehen, [*in deren Rahmen diiie Durchsuchung angeordnet wurde, die*] aber auf die Verübung einer anderen [*bisher unbekannten oder in einem anderen Verfahren ermittelten*] Straftat hindeuten, so sind sie [*von jedem die Durchsuchung durchführenden Organ, auch Polizeibeamten*] einstweilen in Beschlag zu nehmen [*und so durch vorläufige Verwahrung sicherzustellen*]. (²) Der Staatsanwaltschaft ist hiervon [*z. B. durch einen vom sicherstellenden Polizeibeamten zu fertigenden Aktenvermerk*] Kenntnis zu geben. (³) Satz 1 findet keine Anwendung, soweit eine [*Gebäudekomplex-*]Durchsuchung nach § 103 Abs. 1 Satz 2 stattfindet.

§ 109 (Verzeichnung und Kenntlichmachung beschlagnahmter Gegenstände)

Die in Verwahrung oder in Beschlag genommenen Gegenstände sind [*einschließlich der freiwillig vom Gewahrsamsinhaber übergebenen, nach vollzogener Beschlagnahme aus verwaltungstechnischen Gründen, str.*] genau zu verzeichnen und zur Verhütung von Verwechslungen durch amtliche Siegel oder in sonst geeigneter Weise kenntlich zu machen. [*Pflichtwidrige Nichtverzeichnung macht die rechtmäßig vollzogene Beschlagnahme jedoch nicht unwirksam.*]

§ 110 (Durchsicht von Papieren)

(I) Die [*Überprüfung des Inhalts und Auswertung, d.h. die*] Durchsicht der Papiere [*– weit auszulegen, alle Mitteilungen und Aufzeichnungen –*] des von der Durchsuchung Betroffenen steht [*, um die Geheimnissphäre des Inhabers von Schriftstücken zu schützen, grundsätzlich nur*] der Staatsanwaltschaft [*als primäres Durchführungsorgan, vgl. § 36 II, sowie dem mit der Strafsache befaßten Richter*] zu.

(II[1]) Andere Beamte sind zur Durchsicht der aufgefundenen Papiere nur dann befugt, wenn der Inhaber [*nicht dessen Vertreter oder die anderen in § 106 genannten Personen*] die Durchsicht [*als allein Schutzberechtigter*] genehmigt. ([2]) Andernfalls [*also ohne solche Genehmigung, sind sie lediglich befugt, die Papiere äußerlich zu besichtigen, ohne jedoch inhaltlich von ihnen Kenntnis nehmen zu dürfen; nach einer solchen Besichtigung*] haben sie die Papiere, deren Durchsicht [*durch den Staatsanwalt oder den mit der Sache befaßten Richter*] sie für [*sei es auch nur möglicherweise*] geboten erachten, in einem Umschlag, der in Gegenwart des Inhabers mit dem Amtssiegel zu verschließen ist, an die Staatsanwaltschaft abzuliefern.

(III) Dem Inhaber der Papiere oder dessen Vertreter [*gem. § 106 I 2*] ist die Beidrückung seines Siegels gestattet; auch ist er, falls demnächst die Entsiegelung und Durchsicht der Papiere angeordnet wird, wenn möglich, zur Teilnahme aufzufordern [*und zwar auch dann, wenn er nicht sein Siegel beigedrückt hat*].

§ 111 (Anordnung der Errichtung von Kontrollstellen auf Straßen und Plätzen; Pflichten von Angetroffenen, Durchsuchung und Identitätsfeststellung)

(I[1]) Begründen bestimmte [*vgl. § 152*] Tatsachen [*in irgendeinem Stadium des Verfahrens*] den [*nach kriminalistischer Erfahrung gerechtfertigten*] Verdacht, daß eine Straftat nach § 129a des Strafgesetzbuches, eine der in dieser Vorschrift bezeichneten Straftaten oder eine Straftat nach § 250 Abs. 1 Nr. 1 des Strafgesetzbuches begangen worden ist, so können [*von den in § 111 II genannten Organen*] auf öffentlichen Straßen und Plätzen und an anderen öffentlich [*d.h. jedermann faktisch*] zugänglichen [*unbeweglichen oder beweglichen*] Orten [*z.B. Gaststätten, Zügen*] Kontrollstellen eingerichtet werden, wenn [*weitere*] Tatsachen [*nach kriminalistischer Erfahrung*] die [*weitere*] Annahme rechtfertigen, daß diese Maßnahme zur Ergreifung des Täters oder zur Sicherstellung von Beweismitteln führen kann, die der Aufklärung der Straftat dienen können. ([2]) An einer [*rechtmäßig eingerichteten*] Kontrollstelle ist jedermann verpflichtet, seine Identität [*vgl. § 111 OWiG*] feststellen und sich sowie mitgeführte Sachen [*im Interesse der Bekämpfung schwerer Kriminalität auch ohne konkrete Eingriffsgrundlage*] durchsuchen zu lassen.

(II) Die Anordnung, eine Kontrollstelle einzurichten, trifft [*grundsätzlich nur*] der Richter [*vgl. §§ 98 I 1, 105 I 1*]; die Staatsanwaltschaft und ihre Hilfsbeamten (§ 152 des Gerichtsverfassungsgesetzes) sind hierzu befugt, wenn Gefahr im Verzug ist [*vgl. § 98 I. Vollstreckt wird die richterliche Anordnung gemäß § 36 II von der Staatsanwaltschaft, die die Polizei beauftragt*].

(III) Für die [*Anordnung und Durchführung strafprozessualer Eingriffe gelten grundsätzlich die jeweiligen Bestimmungen, z. B. für eine Beschlagnahme die §§ 94 ff. Für die*] Durchsuchung und die Feststellung der Identität nach Absatz 1 gelten § 106 Abs. 2 Satz 1, § 107 Satz 2 erster Halbsatz, die §§ 108, 109, 110 Abs. 1 und 2 sowie die §§ 163b, 163c entsprechend.

§ 111 a (Rechtsfolgenvorwegnehmende vorläufige Entziehung der Fahrerlaubnis)

(I[1]) Sind dringende [*d. h. nahezu Gewißheit ergebende*] Gründe [*vgl. § 112*] für die Annahme vorhanden, daß die Fahrerlaubnis [*im gewöhnlichen Strafverfahren durch Sicherungsmaßregel einem schuldunfähigen oder durch Nebenstrafe einem schuldfähigen oder vermindert schuldfähigen Täter*] entzogen werden wird (§ 69 des Strafgesetzbuches), so kann [*unter Beachtung des § 33*] der Richter dem Beschuldigten [*§ 157*] durch [*beschwerdefähigen, §§ 304, 305*] Beschluß die Fahrerlaubnis vorläufig entziehen [*, was in der Regel gem. § 111 a III zugleich die Beschlagnahme als Begleitmaßnahme bedeutet*]. ([2]) Von der vorläufigen Entziehung können bestimmte Arten von Kraftfahrzeugen [*vgl. § 5 I 2 StVZO*] ausgenommen werden, wenn besondere Umstände die Annahme rechtfertigen, daß der Zweck der Maßnahme dadurch nicht gefährdet wird. [*Eine andere Beschränkung, z. B. des Betriebes auf bestimmte Zeiten oder Orte, ist dagegen nicht zulässig.*]

(II) Die vorläufige Entziehung der Fahrerlaubnis [*erlischt, wenn das endgültig entziehende Urteil rechtskräftig wird. Sie*] ist [*durch Beschluß*] aufzuheben, wenn ihr Grund weggefallen ist [*– entsprechend Prüfungspflicht des Gerichts! –*] oder wenn das Gericht im Urteil die Fahrerlaubnis nicht entzieht.

(III) Die vorläufige Entziehung der Fahrerlaubnis [*gem. § 111 a I 1 durch den Richter*] wirkt [*, um die zukünftige Einziehung des Führerscheins zu sichern, automatisch*] zugleich als Anordnung oder Bestätigung der Beschlagnahme des von einer deutschen Behörde erteilten Führerscheins [*und verstärkt so den Zwang, das Fahren zu unterlassen*].

(IV) Ist ein Führerschein [*gemäß § 94 III*] beschlagnahmt, weil er nach § 69 Abs. 3 Satz 2 des Strafgesetzbuches eingezogen werden kann, und bedarf es [*an sich gemäß § 98 II*] einer richterlichen Entscheidung über die Beschlagnahme, so tritt an deren Stelle die Entscheidung über die vorläufige Entziehung der Fahrerlaubnis [*gemäß § 111 a I 1*].

(V[1]) Ein Führerschein, der [*z. B. nach freiwilliger Herausgabe durch den Beschuldigten*] in Verwahrung genommen, sichergestellt oder beschlagnahmt ist, weil er nach § 69 Abs. 3 Satz 2 des Strafgesetzbuches eingezogen werden kann, ist dem Beschuldigten zurückzugeben, wenn der Richter die vorläufige Entziehung der Fahrerlaubnis wegen Fehlens der in Absatz 1 bezeichneten Voraussetzungen ablehnt, wenn er sie [*gem. § 111a II*] aufhebt oder wenn das Gericht im Urteil die Fahrerlaubnis nicht entzieht. (²) Wird jedoch im Urteil ein Fahrverbot nach § 44 des Strafgesetzbuches verhängt, so kann die Rückgabe des Führerscheins aufgeschoben werden, wenn der Beschuldigte nicht widerspricht.

(VI) [*Auch gegen Ausländer ist gemäß § 69b I StGB eine Fahrerlaubnisentziehung zulässig. Den Betroffenen müssen aber ihre ausländischen Fahrausweise zurückgegeben werden, wenn sie die Bundesrepublik Deutschland verlassen.*] (¹) In ausländischen Fahrausweisen ist die vorläufige Entziehung der Fahrerlaubnis zu vermerken. (²) Bis zur Eintragung dieses Vermerkes kann der Fahrausweis beschlagnahmt werden (§ 94 Abs. 3, § 98).

§ 111b (Sicherstellung von Verfalls- und Einziehungsobjekten; Zurückgewinnungshilfe)

(I) [*Gem. §§ 73ff StGB können der kriminelle Gewinn sowie die producta oder instrumenta sceleris abgeschöpft, d.h. für verfallen erklärt bzw. eingezogen werden.*] Gegenstände [*Sachen und Rechte, §§ 73d I, 74c I StGB*] und andere [*wirtschaftliche, rechnerisch faßbare*] Vermögensvorteile [*§ 73a StGB*] können [*schon im Ermittlungsverfahren und im Hauptverfahren vor rechtskräftigem Urteil durch Beschlagnahme, §§ 111b II, 111c, oder durch dinglichen Arrest, § 111d, nach pflichtgemäßem Ermessen, str., des in § 111e genannten Organs*] sichergestellt werden, wenn [*in Gestalt bestimmter Tatsachen*] dringende Gründe für die [*hoch wahrscheinliche*] Annahme vorhanden sind, daß die [*materiellrechtlichen und prozessualen*] Voraussetzungen für ihren [*späteren*] Verfall [*§§ 73ff StGB*] oder ihre Einziehung [*z. B. nach §§ 74, 74d I 1, 92b, 101a, 109k, 132a IV, 150, 282, 285b, 295 StGB, oder ihre Unbrauchbarmachung nach § 74d I 2 StGB oder ihre Vernichtung nach § 43 KUG, § 30 WZG*] vorliegen.

(II¹) Besteht der Vermögensvorteil in einem bestimmten Gegenstand oder unterliegt ein Gegenstand der Einziehung, so wird die Sicherstellung [*stets nur*] durch Beschlagnahme [*nach deren Anordnung, § 111e, durch deren Durchführung, § 111f, auf die in § 111c beschriebene Weise*] bewirkt (§ 111c). (²) § 94 Abs. 3 bleibt unberührt. (³) Die §§ 102 bis 110 gelten [*für die Durchsuchung zur Auffindung von beschlagnahmefähigen Gegenständen, § 111b I und III*] entsprechend.

(III) Die Absätze 1 und 2 gelten [*zum Zwecke der Zurückgewinnungshilfe*] entsprechend für Vermögensvorteile, die nur deshalb nicht dem Verfall unterliegen, weil sie durch die Erfüllung eines Anspruchs beseitigt oder gemindert würden, der dem Verletzten aus der Tat erwachsen ist (§ 73 Abs. 1 Satz 2 des Strafgesetzbuches).

§ 111c (Vollstreckungssichernde Beschlagnahme)

(I) Die [*durch § 111b II vorgeschriebene*] Beschlagnahme einer [*u. U. bei einer nach §§ 102, 103, 111b II 3 angeordneten und durchgeführten Durchsuchung aufgefundenen*] beweglichen [*körperlichen*] Sache wird [*das Verbot der Veräußerung auslösend, § 111c V, von der in § 111f genannten Behörde*] in den Fällen des § 111b dadurch bewirkt, daß die Sache [*grundsätzlich von der beschlagnehmenden Behörde, § 111f*] in [*tatsächlichen amtlichen*] Gewahrsam [*u. U. im Wege der Amtsbeihilfe bei ei-*

ner anderen Behörde oder bei einem für die Behörde verwahrenden Privaten] genommen oder die Beschlagnahme durch Siegel oder in anderer Weise kenntlich gemacht wird. [*Kombinationen der Beschlagnahmeformen sind möglich und u. U. angezeigt.*]

(II[1]) Die Beschlagnahme eines Grundstückes oder eines Rechtes, das den Vorschriften über die Zwangsvollstreckung in das unbewegliche Vermögen unterliegt, wird dadurch bewirkt, daß ein Vermerk über die [*Anordnung, § 111 c, der*] Beschlagnahme in das Grundbuch eingetragen wird. ([2]) Die Vorschriften des Gesetzes über die Zwangsversteigerung und die Zwangsverwaltung über den Umfang der Beschlagnahme bei der Zwangsversteigerung [*§§ 20 II, 21 ZVG*] gelten entsprechend. [*Beachte ferner §§ 111 c V, 111 g III.*]

(III[1]) Die Beschlagnahme einer Forderung oder eines anderen Vermögensrechtes, das nicht den Vorschriften über die Zwangsvollstreckung in das unbewegliche Vermögen unterliegt, wird durch Pfändung [*nach § 111 c III 2, §§ 829–834 ZPO*] bewirkt. ([2]) Die Vorschriften der Zivilprozeßordnung über die Zwangsvollstrekkung in Forderungen und andere Vermögensrechte sind insoweit sinngemäß anzuwenden. ([3]) Mit der Beschlagnahme ist die Aufforderung zur Abgabe der in § 840 Abs. 1 der Zivilprozeßordnung bezeichneten Erklärungen zu verbinden.

(IV[1]) Die Beschlagnahme von [*Wasserfahrzeugen gewisser Größe =*] Schiffen, Schiffsbauwerken und Luftfahrzeugen wird nach Absatz 1 bewirkt. ([2]) Bei solchen Schiffen, Schiffsbauwerken und Luftfahrzeugen, die im [*vom Amtsgericht des Heimathafens geführten See- oder Binnen-*]Schiffsregister, [*im*] Schiffsbauregister [*beachte § 66 SchiffRegO*] oder [*im vom Amtsgericht Braunschweig geführten*] Register für Pfandrechte an Luftfahrzeugen eingetragen sind, ist die [*vollzogene!*] Beschlagnahme [*zur Bekanntmachung*] im Register einzutragen. ([3]) Nicht eingetragene, aber eintragungsfähige Schiffsbauwerke oder Luftfahrzeuge können zu diesem Zweck zur Eintragung angemeldet werden; die Vorschriften, die bei der Anmeldung durch eine Person, die auf Grund eines vollstreckbaren Titels eine Eintragung in das Register verlangen kann, anzuwenden sind, gelten hierbei entsprechend.

(V) Die Beschlagnahme eines Gegenstandes nach den Absätzen 1 bis 4 hat [*zugunsten des Staates oder des Verletzten, § 111 g III*] die Wirkung eines [*relativen*] Veräußerungsverbotes im Sinne des § 136 des Bürgerlichen Gesetzbuches; das Verbot umfaßt auch andere [*z. B. unentgeltiche*] Verfügungen als Veräußerungen. [*Beachte ferner § 136 StGB, § 111 g.*]

(VI[1]) Eine beschlagnahmte bewegliche Sache kann [*von der Vollstreckungsbehörde nach pflichtgemäßem Ermessen*] dem Betroffenen

1. gegen sofortige [*gleichzeitige*] Erlegung des Wertes zurückgegeben [*– beachte § 111 c VI 2 –*] oder
2. unter dem Vorbehalt jederzeitigen Widerrufs zur vorläufigen weiteren Benutzung bis zum Abschluß des Verfahrens überlassen

werden. ([2]) Der nach Satz 1 Nr. 1 erlegte Betrag tritt an die Stelle der [*so beschlagnahmefrei werdenden*] Sache. ([3]) Die Maßnahme nach Satz 1 Nr. 2 kann davon abhängig gemacht werden, daß der Betroffene Sicherheit leistet oder bestimmte Auflagen [*vgl. § 74 b II StGB*] erfüllt.

§ 111d (Dinglicher Arrest zur Sicherung mutmaßlicher staatlicher Zahlungsansprüche gegen den Beschuldigten)

(I[1]) Wegen des [*voraussichtlichen, vgl. § 111b I »wenn-Satz«*] Verfalls oder der [*voraussichtlichen, vgl. § 111b I »wenn-Satz«*] Einziehung von Wertersatz [*§§ 73a, 74c StGB*], wegen einer [*gerichtlich angeordneten, § 111d II 2*] Geldstrafe oder der voraussichtlich entstehenden Kosten des Strafverfahrens [*§ 464a I*] kann [*durch gerichtlichen Beschluß oder staatsanwaltschaftliche Verfügung von dem in § 111e genannten Organ nach dessen pflichtgemäßem Ermessen schon im Ermittlungsverfahren zur Sicherung der genannten Zahlungsansprüche, beachte aber § 111d I 2 und 3*] der dingliche Arrest [*unter Angabe des Geldbetrages und Arrestgrundes, § 111d II, § 920 I ZPO*] angeordnet werden [*, wenn zu besorgen ist, daß ohne die Anordnung des dinglichen Arrestes die zukünftige Eintreibung vereitelt oder wesentlich erschwert werden würde, § 111d II, § 917 I ZPO*]. ([2]) Wegen einer [*ohnehin durch die Ersatzfreiheitsstrafe, § 43 StGB, gesicherten*] Geldstrafe und der voraussichtlich entstehenden Kosten darf der Arrest erst angeordnet werden, wenn gegen den Beschuldigten ein auf [*Geld-*]Strafe lautendes Urteil [*nicht: Strafbefehl, str.*] ergangen ist. ([3]) Zur Sicherung der Vollstreckungskosten sowie [*im Verhältnis zu den Arrestkosten*] geringfügiger Beträge ergeht kein Arrest.

(II) Die §§ 917, 920 Abs. 1, §§ 923, 928, 930 bis 932, 934 Abs. 1 der Zivilprozeßordnung gelten [*für Anordnung und Vollziehung des Arrestes*] sinngemäß. [*Beachte § 111h.*]

(III) Ist der Arrest wegen einer Geldstrafe oder der voraussichtlich entstehenden Kosten angeordnet worden, so ist eine Vollziehungsmaßnahme auf Antrag des Beschuldigten aufzuheben [*beachte §§ 20 I Nr. 13, 22 Nr. 2 RpflG*], soweit der Beschuldigte den Pfandgegenstand [*glaubhaft, § 111g II 3 und 4 analog*] zur Aufbringung der Kosten seiner Verteidigung, seines Unterhalts oder des Unterhalts seiner Familie benötigt.

§ 111e (Zuständigkeit für die Beschlagnahme- bzw. Arrestanordnung)

(I[1]) Zu der Anordnung der Beschlagnahme (§ 111c) und des Arrestes (§ 111d) ist [*grundsätzlich*] nur der Richter [*beachte §§ 162, 169*], bei Gefahr im Verzuge auch die Staatsanwaltschaft [*§§ 141 ff GVG, u. U. auch der Amtsanwalt, § 142 I Nr. 3 GVG*] befugt. ([2]) Zur Anordnung der Beschlagnahme einer beweglichen Sache (§ 111c Abs. 1) sind bei Gefahr im Verzuge auch die Hilfsbeamten der Staatsanwaltschaft (§ 152 des Gerichtsverfassungsgesetzes) befugt.

(II[1]) Hat die Staatsanwaltschaft die Beschlagnahme oder den Arrest angeordnet, so beantragt sie innerhalb [*§ 43*] einer Woche [*– Soll-Vorschrift –*] die richterliche [*vgl. § 98 II*] Bestätigung der Anordnung [*; das Überschreiten der Frist macht die staatsanwaltschaftliche Verfügung nicht unwirksam*]. ([2]) Dies gilt nicht, wenn die Beschlagnahme einer beweglichen Sache angeordnet ist. ([3]) Der [*gem. § 98 II 7 über sein Antragsrecht zu belehrende*] Betroffene kann in allen Fällen jederzeit die richterliche Entscheidung beantragen. [*Die richterliche Bestätigung tritt an die Stelle der nichtrichterlichen Anordnung. Die richterliche Entscheidung und Bestätigung sind beschwerdefähig, § 304.*]

(III) Die [*gerichtliche, beschlußförmige, § 34, und staatsanwaltschaftliche oder polizeiliche, § 111c I 2*] Anordnung der Beschlagnahme und des Arrestes ist dem durch die Tat Verletzten, soweit er bekannt ist oder im Laufe des Verfahrens bekannt wird, [*wegen seiner etwaigen Schadensersatzansprüche ohne ungerechtfertigtes Zögern* =] unverzüglich mitzuteilen.

(IV) Ist zu vermuten, daß weiteren Verletzten aus der Tat Ansprüche erwachsen sind, so soll die Beschlagnahme oder der Arrest durch einmaliges Einrücken in den Bundesanzeiger oder in anderer geeigneter Weise bekanntgemacht werden.

§ 111f (Zuständigkeit für die Vollstreckung der Beschlagnahme- bzw. Arrestanordnung)

(I[1]) Die Durchführung der [*richterlich oder staatsanwaltschaftlich angeordneten*] Beschlagnahme (§ 111c) obliegt der Staatsanwaltschaft [*vgl. § 36 II, beachte § 31 I Nr. 2 RpflG*], bei beweglichen Sachen (§ 111c Abs. 1) auch deren Hilfsbeamten [*§ 152 GVG*]. ([2]) § 98 Abs. 4 gilt entsprechend.

(II[1]) Die erforderlichen Eintragungen in das Grundbuch sowie in die in § 111c Abs. 4 genannten Register werden auf Ersuchen der Staatsanwaltschaft oder [*in Abweichung von § 36 II*] des Gerichts [*beachte §§ 31 I Nr. 1, 22 RpflG*] bewirkt, welches die Beschlagnahme angeordnet hat. ([2]) Entsprechendes gilt für die in § 111c Abs. 4 erwähnten Anmeldungen.

(III[1]) Soweit die Vollziehung des [*dinglichen*] Arrestes nach den Vorschriften über die Pfändung in bewegliche Sachen zu bewirken ist, ist die in § 2 der Justizbeitreibungsordnung bezeichnete Behörde zuständig. ([2]) Absatz 2 gilt entsprechend. ([3]) Für die Anordnung der Pfändung eines eingetragenen Schiffes oder Schiffsbauwerkes sowie für die Pfändung einer Forderung ist der Richter, bei Gefahr im Verzuge auch die Staatsanwaltschaft zuständig. [*Gegen Maßnahmen des Rechtspflegers bei der Staatsanwaltschaft sind Einwendungen zulässig, über die der Staatsanwalt entscheidet, den der Rechtspfleger vertrat. Gegen die Entscheidung des Staatsanwalts ist der Rechtsweg nach den §§ 23ff EGGVG zulässig. Gegen Maßnahmen des Rechtspflegers bei Gericht ist Erinnerung möglich, § 11 I RpflG, über die das Gericht, § 111e, entscheidet. Der Beschluß des Gerichts ist beschwerdefähig, § 304.*]

§ 111g (Schutz der Ansprüche des Verletzten vor vollstreckungssichernden Maßnahmen: Zulassungsverfahren)

(I) Die Beschlagnahme eines Gegenstandes [*einer Sache oder eines Rechtes*] nach § 111c wirkt [*trotz § 111c V, vgl. aber § 73 I 2 StGB*] nicht gegen eine Verfügung des Verletzten, die auf Grund eines aus der Straftat erwachsenen [*und mindestens durch ein vorläufig vollstreckbares Urteil, einsteilige Verfügung oder dingliche Arrestanordnung anerkannten*] Anspruches [*z. B. nach §§ 985, 812 BGB auf Herausgabe*] im [*zugelassenen, § 111g II*] Wege der Zwangsvollstreckung oder der Arrestvollziehung erfolgt.

(II[1]) Die Zwangsvollstreckung oder Arrestvollziehung nach Absatz 1 bedarf der Zulassung durch den Richter, der für die Beschlagnahme (§ 111c) zuständig ist. ([2]) Die Entscheidung ergeht [*auf Antrag des Verletzten*] durch Beschluß, der [*bei*

Beschwer] von der Staatsanwaltschaft, dem Beschuldigten und dem Verletzten mit sofortiger Beschwerde [*§ 311*] angefochten werden kann [*und dem beschwerten Beschwerdeberechtigten förmlich zuzustellen ist*]. (3) Die Zulassung ist zu versagen, wenn der Verletzte nicht glaubhaft macht, daß der Anspruch aus der Straftat erwachsen ist. (4) § 294 der Zivilprozeßordnung ist [*für die Art der Glaubhaftmachung*] anzuwenden.

(III 1) Das Veräußerungsverbot nach § 111c Abs. 5 [*zugunsten des Staates*] gilt vom Zeitpunkt der Beschlagnahme an auch zugunsten von Verletzten, die während der Dauer der Beschlagnahme in den beschlagnahmten Gegenstand die Zwangsvollstreckung betreiben oder den Arrest vollziehen. (2) Die Eintragung des Veräußerungsverbotes im Grundbuch zugunsten des Staates gilt für die Anwendung des § 892 Abs. 1 Satz 2 des Bürgerlichen Gesetzbuches auch als Eintragung zugunsten solcher Verletzter, die während der Dauer der Beschlagnahme als Begünstigte aus dem Veräußerungsverbot in das Grundbuch eingetragen werden. (3) Der Nachweis, daß der Anspruch aus der Straftat erwachsen ist, kann gegenüber dem Grundbuchamt durch Vorlage des Zulassungsbeschlusses geführt werden. (4) Die Sätze 2 und 3 gelten sinngemäß für das Veräußerungsverbot bei den in § 111c Abs. 4 genannten Schiffen, Schiffsbauwerken und Luftfahrzeugen. (5) Die Wirksamkeit des Veräußerungsverbotes zugunsten des Verletzten wird durch die [*aus irgendeinem Grunde erfolgte*] Aufhebung der Beschlagnahme [*vor Verwertung des Gegenstandes in der Zwangsvollstreckung*] nicht berührt. [*Beachte dann aber u. U. § 111g IV.*]

(IV) Unterliegt der beschlagnahmte Gegenstand aus anderen als den in § 73 Abs. 1 Satz 2 des Strafgesetzbuches bezeichneten Gründen nicht dem Verfall oder ist die Zulassung zu Unrecht erfolgt, so ist der Verletzte Dritten zum Ersatz des Schadens [*vgl. §§ 249 ff BGB*] verpflichtet, der ihnen dadurch entsteht, daß das Veräußerungsverbot nach Absatz 3 zu seinen Gunsten gilt [*vgl. § 945 ZPO*].

(V 1) Die Absätze 1 bis 4 gelten entsprechend, wenn der Verfall eines Gegenstandes angeordnet, die Anordnung aber noch nicht rechtskräftig ist. (2) Sie gelten nicht, wenn der Gegenstand der Einziehung unterliegt.

§ 111h (Rang des Verletzten bei Sicherungshypothek)

(I 1) Betreibt der Verletzte wegen eines aus der Straftat erwachsenen [*und gerichtlich anerkannten, vgl. zu § 111g I*] Anspruches die Zwangsvollstreckung oder vollzieht er einen Arrest in ein Grundstück, in welches ein [*angeordneter, § 111d*] Arrest nach § 111d [*II i. V. m. § 932 I ZPO durch Eintragung einer Sicherungshypothek in das Grundbuch für die zu sichernde staatliche Geldforderung*] vollzogen ist, so kann er verlangen, daß die durch den Vollzug dieses Arrestes [*gem. § 111d II, 932 I ZPO*] begründete Sicherungshypothek hinter seinem Recht im Rang zurücktritt. [*Beachte § 111 h II.*] (2) Der dem vortretenden Recht eingeräumte Rang geht nicht dadurch verloren, daß der Arrest aufgehoben wird. (3) Die Zustimmung des Eigentümers zur Rangänderung ist [*entgegen § 880 II 2 BGB*] nicht erforderlich. (4) Im übrigen ist § 880 des Bürgerlichen Gesetzbuches sinngemäß anzuwenden.

(II 1) Die Rangänderung bedarf der Zulassung durch den Richter, der für den

Arrest (§ 111 d) zuständig ist [*§ 111 e*]. ([2]) § 111 g Abs. 2 Satz 2 bis 4, Abs. 3 Satz 3 ist entsprechend anzuwenden.

(III) Ist die Zulassung zu Unrecht erfolgt, so ist der Verletzte Dritten zum Ersatz des Schadens verpflichtet, der ihnen durch die Rangänderung entsteht [*vgl. § 111 g IV*].

§ 111 i (Aufrechterhaltung der Beschlagnahme im Interesse des Verletzten)

Soweit im Urteil lediglich deshalb nicht auf Verfall [*§ 73 I 1 StGB*] oder Verfall des Wertersatzes [*insoweit bedeutungslos, h. M.*] erkannt wird, weil [*nicht notwendigerweise bereits geltend gemachte*] Ansprüche eines Verletzten im Sinne des § 73 Abs. 1 Satz 2 des Strafgesetzbuches entgegenstehen oder weil das Verfahren nach den §§ 430, 442 auf die anderen Rechtsfolgen beschränkt wird, kann [*vom Richter, § 111 e I, i. d. R. auf Antrag des Verletzten*] die [*richterlich oder nichtrichterlich angeordnete*] Beschlagnahme nach § 111 c für die Dauer von höchstens drei Monaten [*durch besonderen Beschluß*] aufrechterhalten werden, sofern die sofortige Aufhebung gegenüber dem Verletzten [*, der trotz zumutbarer Anstrengungen noch keine vollstreckbaren Titel hat,*] unbillig wäre.

§ 111 k (Herausgabe beschlagnahmter oder sichergestellter Sachen an den Verletzten)

Bewegliche Sachen, die nach § 94 beschlagnahmt oder sonst sichergestellt oder nach § 111 c Abs. 1 beschlagnahmt worden sind, [*sind grundsätzlich an den letzten nichtamtlichen rechtmäßigen Gewahrsamsinhaber herauszugeben, wenn ihre amtliche Verwahrung für das Strafverfahren nicht mehr notwendig ist. Sie*] sollen [*jedoch von Amts wegen oder auf Antrag*] dem Verletzten, dem sie [*als rechtmäßigem Gewahrsamsinhaber unmittelbar*] durch die Straftat [*i. S. d. § 11 I Nr. 5 StGB*] entzogen worden sind, [*auf Grund richterlichen Beschlusses, h. M.*] herausgegeben werden, wenn er [*ohne weitere Ermittlungen*] bekannt ist, [*sei es auch nur behauptete*] Ansprüche Dritter nicht entgegenstehen und die Sachen für Zwecke des Strafverfahrens nicht mehr [*vor oder nach Rechtskraft des Urteils*] benötigt werden.

§ 111 l (Notveräußerung)

(I[1]) [*Beweisgegenstände, die nach Beschlagnahme gem. § 94 zu verderben drohen, müssen nach Sicherung ihrer Beweisaussage zurückgegeben werden, es sei denn, daß sie auch nach §§ 111 b, 111 d beschlagnahmt und so notveräußerungsfähig werden können.*] Gegenstände, die nach § 111 c beschlagnahmt worden sind, sowie Gegenstände, die auf Grund eines Arrestes (§ 111 d) gepfändet worden sind, dürfen vor der Rechtskraft des Urteils veräußert werden, wenn ihr [*substanzverändernder und wertaufhebender*] Verderb oder eine wesentliche Minderung ihres Wertes droht oder ihre Aufbewahrung, Pflege oder Erhaltung mit [*unter Berücksichtigung des Sachwertes*] unverhältnismäßig großen Kosten oder Schwierigkeiten verbunden ist. ([2]) Der Erlös tritt an die Stelle der Gegenstände.

(II[1]) Im vorbereitenden Verfahren [*war früher nach § 111 a II a. F. die Notveräußerung grundsätzlich dem Richter vorbehalten. Nunmehr*] wird die Notveräußerung [*bis zur Erhebung der öffentlichen Klage nicht vom Richter, sondern allein*] durch die Staatsanwaltschaft angeordnet [*, wobei die Anordnung nach § 31 I Nr. 2 RpflG dem Rechtspfleger übertragen ist*]. (²) Ihren Hilfsbeamten (§ 152 des Gerichtsverfassungsgesetzes) steht diese Befugnis zu, wenn der Gegenstand zu verderben [*oder sich im Wert wesentlich zu vermindern*] droht, bevor die Entscheidung der Staatsanwaltschaft herbeigeführt werden kann. [*Beachte daneben die weiteren Zuständigkeiten nach § 42 IV des Außenwirtschaftsgesetzes sowie nach § 46 II OWiG im vorbereitenden Verfahren.*]

(III¹) Nach Erhebung der öffentlichen Klage [*und den ihr gleichgestellten Anträgen der Staatsanwaltschaft*] trifft die Anordnung das mit der Hauptsache befaßte Gericht [*, wobei die Anordnung nach § 22 Nr. 2 RpflG dem Rechtspfleger übertragen ist; beachte aber ferner §§ 5 I Nr. 1 und Nr. 2, 8 I RpflG*]. (²) Der Staatsanwaltschaft steht diese Befugnis [*ausnahmsweise*] zu, wenn der Gegenstand zu verderben [*oder sich im Wert wesentlich zu vermindern*] droht, bevor die Entscheidung des Gerichts herbeigeführt werden kann; Absatz 2 Satz 2 gilt entsprechend.

(IV¹) Der Beschuldigte [*§ 157*], der Eigentümer [*§ 903 BGB, die Staatsanwaltschaft, sofern diese nicht selbst die Notveräußerung beantragt hat; arg.: § 33 II*] und andere, denen [*wie z. B. dem Pfandgläubiger, Mieter oder Pächter, dingliche oder schuldrechtliche*] Rechte an der Sache zustehen, sollen [*in Erweiterung des § 33 III*] vor der Anordnung gehört werden [*, um ihnen Gelegenheit zu geben, Bedenken gegen die Notveräußerung vorzubringen und Vorschläge zu deren Abwendung zu unterbreiten*]. (²) Die Anordnung sowie [*in Erweiterung des § 35 II*] Zeit und Ort der Veräußerung sind ihnen, soweit dies ausführbar erscheint, mitzuteilen [*, um den Betroffenen die Möglichkeit zu geben, die Sache zu erwerben oder Dritte auf die Notveräußerung aufmerksam zu machen.*].

(V¹) Die Notveräußerung wird nach den Vorschriften der Zivilprozeßordnung über die Verwertung einer gepfändeten Sache [*also nach den §§ 814–825 ZPO*] durchgeführt. (²) An die Stelle des Vollstreckungsgerichts (§ 764 der Zivilprozeßordnung) tritt in den Fällen der Absätze 2 und 3 Satz 1 das mit der Hauptsache befaßte Gericht. (³) Die nach § 825 der Zivilprozeßordnung zulässige Verwertung [*in anderer Weise, insbesondere durch freihändigen Verkauf*] kann [*vom Gericht*] von Amts wegen oder auf Antrag der in Absatz 4 genannten Personen [*also des Beschuldigten, des Eigentümers, dinglich oder schuldrechtlich Berechtigten*], im Falle des Absatzes 3 Satz 1 auch auf Antrag der Staatsanwaltschaft gleichzeitig mit der Notveräußerung oder nachträglich angeordnet werden. [*Im vorbereitenden Verfahren oder in den Eilfällen nach § 111 l III 2 ist auch der Staatsanwaltschaft diese Befugnis gewährt.*]

(VI¹) [*Hat der Rechtspfleger im vorbereitenden Verfahren die Notveräußerung angeordnet oder zu ihrer Ausführung Maßnahmen getroffen, entscheidet über etwaige Einwendungen gegen dessen Akte die Staatsanwaltschaft, § 31 VI 1 RpflG.*] Gegen Anordnungen der Staatsanwaltschaft oder ihrer Hilfsbeamten im vorbereitenden Verfahren (Absätze 2 und 5) kann der Betroffene gerichtliche Entscheidung nach Maßgabe des § 161 a Abs. 3 beantragen [*, sofern er durch sie beschwert ist, also einen Rechtsverlust erleiden würde*]. (²) Gegen Anordnungen der Staatsanwaltschaft oder ihrer Hilfsbeamten nach Erhebung der öffentlichen Klage (Absatz 3 Satz 2,

Absatz 5) kann der Betroffene [*also insbesondere der Eigentümer, der letzte Gewahrsamsinhaber oder sonst ein Sachberechtigter*] die Entscheidung des mit der Hauptsache befaßten Gerichts (Absatz 3 Satz 1) beantragen. [*Allerdings ist der Antrag dann als unzulässig zu verwerfen, wenn er erst nach Erledigung der Sache angebracht wurde, zw.*] ([3]) Das Gericht, in dringenden Fällen der Vorsitzende, kann die Aussetzung der Veräußerung anordnen.

§ 111 m (Grenzen für die Beschlagnahme von Schriften und Herstellungsmittel)

(I) Die Beschlagnahme eines Druckwerks [*zur Definition vgl. Art./§ 6 Bay/Berl LPG, § 4 Hess. LPG, § 7 LPG der übrigen Bundesländer, also z. B. einer in einem Vervielfältigungsverfahren massenweise hergestellten und zur Verbreitung bestimmten Schrift*], einer sonstigen Schrift [*, die zwar eine Gedankenäußerung durch sinnlich wahrnehmbare Zeichen verkörpert, ohne die Begriffsmerkmale eines Druckwerks zu erfüllen,*] oder eines Gegenstandes im Sinne von § 74 d des Strafgesetzbuches [*, also der Gegenstände, die zur Herstellung der Schriften gebraucht wurden,*] darf [*zur Sicherungsvollstreckung einer zu erwartenden Einziehungsanordnung oder einer zu erwartenden Unbrauchbarmachungsanordnung bezüglich der Herstellungsgegenstände*] nach § 111 b Abs. 1 nicht angeordnet werden, wenn ihre nachteiligen Folgen, insbesondere die Gefährdung des öffentlichen Interesses an unverzögerter Verbreitung [*oder wirtschaftliche Nachteile, die den Herausgeber oder Verleger, aber auch mittelbar Betroffene berühren können, str.*] offenbar außer Verhältnis zu der Bedeutung der Sache stehen [*spezifisch strafprozessualer Verhältnismäßigkeitsgrundsatz*].

(II[1]) Ausscheidbare Teile der Schrift, die nichts Strafbares enthalten, sind von der Beschlagnahme auszuschließen [*, weil insoweit der strafprozessuale Grundrechtseingriff nicht notwendig ist*]. ([2]) Die Beschlagnahme kann in der Anordnung [*nach dem allgemeinen Verhältnismäßigkeitsprinzip*] weiter [*z. B. auf bestimmte Personen*] beschränkt werden [*; auch kann von der Beschlagnahme bei bestimmten Personen abgesehen werden*].

(III) In der Anordnung der Beschlagnahme sind [*in Ergänzung des § 111 e*] die Stellen der Schrift, die zu der Beschlagnahme Anlaß geben, [*wörtlich wiederzugeben und zum Beispiel nach Band, Heft, Seite etc. genau*] zu bezeichnen.

(IV) Die Beschlagnahme[*-anordnung oder deren Vollstreckung*] kann dadurch abgewendet werden, daß der Betroffene [*Eigentümer oder Besitzer*] den Teil der Schrift, der zur Beschlagnahme Anlaß gibt, von der Vervielfältigung oder der Verbreitung [*z. B. durch Schwärzen auf seine Kosten nach entsprechendem Antrag bei dem zuständigen Gericht oder der zuständigen Staatsanwaltschaft*] ausschließt.

§ 111 n (Weitere Einschränkungen für die Beschlagnahme von Schriften und Herstellungsmitteln i. S. des § 74 d StGB; Richterprivileg; zeitliche Begrenzung)

(I[1]) Die Beschlagnahme eines periodischen [*also in ständiger, wenn auch unregelmäßiger Folge und im Abstand von nicht mehr als 6 Monaten erscheinenden, vgl. § 4 III Hess. LPG, § 7 III RhPfLPG, § 7 IV LPG aller übrigen Bundesländer bis auf Bay-*

ern] Druckwerks oder eines ihm gleichstehenden [*d.h. zur Erstellung des periodischen Druckwerks gebrauchten oder bestimmten*] Gegenstandes im Sinne des § 74d des Strafgesetzbuches [*z. B. Druckstöcke, Negative, Platten*] darf nur durch den Richter angeordnet werden. (²) Die Beschlagnahme eines anderen [*nicht periodischen*] Druckwerks oder eines sonstigen [*nicht zur Herstellung eines periodischen Druckwerks gebrauchten oder bestimmten*] Gegenstandes im Sinne des § 74 d des Strafgesetzbuches kann bei Gefahr im Verzug [*vgl. § 98*] auch durch die Staatsanwaltschaft angeordnet werden. (³) Die Anordnung der Staatsanwaltschaft tritt außer Kraft, wenn sie nicht binnen drei Tagen [*beginnend mit dem Erlaß der Beschlagnahmeanordnung, §§ 46, 43 II*] von dem Richter bestätigt wird [*, weil er ihre Voraussetzungen – bis auf die Gefahr im Verzug – für gegeben erachtet*].

(II¹) Die Beschlagnahme [*von Druckwerken, anderen Schriften und Gegenständen i. S. des § 74d StGB*] is [*wie jede andere Beschlagnahme*] aufzuheben, wenn [*die Gründe für ihre Anordnung entfallen sind. Sie ist ferner aufzuheben, wenn*] nicht binnen zwei Monaten die öffentliche Klage [*wegen des tatsächlichen Vorganges, der zu der Beschlagnahme Anlaß gegeben hatte,*] erhoben oder die selbständige [*auf denselben tatsächlichen Vorgang gegründete*] Einziehung beantragt [*§ 440*] ist [*; zur Berechnung vgl. § 43*]. (²) Reicht die in Satz 1 bezeichnete Frist wegen des besonderen [*durch die Kompliziertheit des Sachverhaltes, eine Vielzahl von Delikten oder von Tätern bedingten*] Umfanges der Ermittlungen nicht aus, so kann das Gericht [*nur*] auf Antrag der Staatsanwaltschaft die Frist um weitere 2 Monate verlängern. (³) Der [*notwendige*] Antrag kann einmal wiederholt werden.

(III) Solange weder die öffentliche Klage erhoben noch die selbständige Einziehung beantragt worden ist, ist die Beschlagnahme aufzuheben, wenn die Staatsanwaltschaft es beantragt [*vgl. § 120 III 1. § 120 III 2 ist analog anwendbar, so daß die Staatsanwaltschaft zugleich mit dem Aufhebungsantrag die beschlagnahmten Sachen freigeben darf*].

Neunter Abschnitt
Verhaftung und vorläufige Festnahme

[§§ 112–131]

[Die Untersuchungshaft dient – sieht man von den §§ 112 III, 112a ab, die die Untersuchungshaft auch wegen »Schwere der Tat« und »Wiederholungsgefahr« für zulässig erklären – primär drei Zielen: 1. der fortdauernden Anwesenheit des Beschuldigten im Strafverfahren, 2. dem Schutz der Tatsachenermittlung durch die Strafverfolgungsorgane sowie 3. der Sicherstellung der Strafvollstreckung, vgl. § 112 II, § 457; die Untersuchungshaft ist daher die Entziehung der Freiheit des Beschuldigten zum Zwecke der Sicherung des Erkenntnisverfahrens oder der Vollstreckung. Als einschneidenster Eingriff in die persönliche Freiheit scheidet sie u. U. aus, wenn lediglich Geldstrafe zu erwarten ist, § 112 I 2; ergriffen werden kann dann eine sonstige Maßnahme zur Sicherstellung der Strafverfolgung und -vollstreckung gem. § 132. Die Verhängung und Durchführung der Untersuchungshaft ist in besonderer Weise durch die §§ 112ff ausgestaltet.]

§ 112 (Voraussetzungen für die Anordnung der Untersuchungshaft)

(I[1]) Die [*in das Grundrecht der körperlichen Bewegungsfreiheit, Art. 2 II 2, 104 GG, eingreifende*] Untersuchungshaft darf gegen den Beschuldigten [*§ 157, durch Haftbefehl nur*] angeordnet werden, wenn er der [*verfolgbaren, beachte § 130, Straf-*]Tat [*bei freier Beweiswürdigung des vorhandenen und verwertbaren Beweismaterials mit hoher Wahrscheinlichkeit, d. h.*] dringend [*nicht notwendig: hinreichend*] verdächtig ist und ein Haftgrund [*nach den §§ 112 II, 112 III, 112a, 457*] besteht. ([2]) Sie darf [*in Anwendung des Verhältnismäßigkeitsgrundsatzes und unter Berücksichtigung der in Art. 6 II EuMRK niedergelegten Unschuldsvermutung*] nicht angeordnet werden, wenn [*und soweit; arg.: § 120 I 1*] sie [*u. U. wegen des Gesundheitszustandes des Beschuldigten*] zu der [*z. B. angesichts minimaler sozialschädlicher Folgen geringen*] Bedeutung der [*z. B. Gelegenheitstat-*]Sache und der zu erwartenden Strafe [*§§ 38 ff StGB*] oder Maßregel der Besserung und Sicherung [*§§ 61 ff StGB*] außer Verhältnis steht [*; sie scheidet nicht schon notwendigerweise dann aus, wenn lediglich Geldstrafe zu erwarten ist, arg.: § 113 I, II, vgl. aber auch §§ 116, 132*].

(II) Ein Haftgrund besteht [*zunächst*], wenn auf Grund bestimmter [*in kriminalistischer Erfahrung begründeter*] Tatsachen

1. festgestellt wird, daß der Beschuldigte [*willentlich*] flüchtig ist oder sich verborgen hält [*, um dauernd oder für längere Zeit der Behörde nicht zur Verfügung zu stehen*],
2. bei Würdigung der Umstände des Einzelfalles die [*konkrete und naheliegende*] Gefahr besteht, daß der Beschuldigte [*§ 157*] sich dem Strafverfahren [*durch Flucht oder Sich-Verborgen-Halten*] entziehen werde (Fluchtgefahr) oder
3. das Verhalten des Beschuldigten [*vom Standpunkt eines objektiven Beobachters aus*] den dringenden Verdacht begründet, er werde
   a) [*sachliche oder persönliche*] Beweismittel [*z. B. eine von ihm gefertigte Urkunde*] vernichten, verändern [*auch unbrauchbar machen*], [*in einer Weise*] beiseite schaffen [*, daß das Beweismittel nicht mehr jederzeit dem Strafverfolgungsapparat zur Verfügung steht*], unterdrücken oder fälschen oder
   b) auf Mitbeschuldigte, Zeugen oder Sachverständige in unlauterer [*namentlich rechtswidriger*] Weise [*unmittelbar oder mittelbar*] einwirken [*z. B. den Zeugen bewegen, eine unwahre Aussage zu erstatten*] oder
   c) andere zu solchem Verhalten veranlassen [*z. B. den Zeugen zwingen – nicht: bitten –, von einem Zeugnisverweigerungsrecht Gebrauch zu machen*],

   und wenn deshalb [*die weitere*] Gefahr droht, daß die Ermittlung der Wahrheit [*= die zutreffende Ermittlung des Sachverhaltes*] erschwert werde (Verdunkelungsgefahr). [*Beachte § 113 I.*]

(III) Gegen den Beschuldigten, der einer Straftat nach § 129a Abs. 1 oder nach den §§ 211, 212, 220a Abs. 1 Nr. 1 des Strafgesetzbuches oder, soweit durch die Tat Leib oder Leben eines anderen gefährdet worden ist, nach § 311 Abs. 1 bis 3 des Strafgesetzbuches dringend [*nicht notwendig: hinreichend*] verdächtig ist, darf die Untersuchungshaft auch angeordnet werden, wenn ein Haftgrund nach Absatz 2 [*also Fluchtgefahr oder Verdunkelungsgefahr*] nicht besteht [*; dies gilt nach h. M.*

auch dann, wenn die in § 112 III genannten Fälle der erschwerenden Kriminalität lediglich im Versuch, als Anstiftung, Beihilfe oder versuchte Beteiligung gegeben sind].

§ 112a (Haftgrund bei Straftaten gegen die sexuelle Selbstbestimmung oder in anderen Fällen der Wiederholungsgefahr)

(I[1]) Ein Haftgrund besteht [, *obwohl die Inhaftierung des Beschuldigten nicht für die Sicherung des Ermittlungsverfahrens notwendig ist,*] auch, wenn der Beschuldigte dringend [*nicht notwendig: hinreichend*] verdächtig ist,

1. eine [*verfolgbare*] Straftat nach den §§ 174, 174a, 176 bis 179 des Strafgesetzbuches [*also eine Straftat gegen die sexuelle Selbstbestimmung unter Mißbrauch bestimmter Gegebenheiten oder unter Einsatz von Gewalt*] oder
2. [*wenn der Beschuldigte dringend verdächtig ist, wenigstens zweimal durch verschiedene Taten oder durch eine fortgesetzte Handlung i. S. des materiellen Strafrechts, also*] wiederholt oder fortgesetzt eine die Rechtsordnung schwerwiegend [*vgl. § 2 Nr. 3 WStG, also mehr als nur durchschnittlich mittelschwer*] beeinträchtigende [*tatbestandsmäßige, rechtswidrige und schuldhafte Anlaßtat aus dem Kreis der Körperverletzungsdelikte, der bedeutsamen Vermögensdelikte, der vorsätzlichen Brandstiftung und des räuberischen Angriffs auf Kraftfahrer sowie gewisse Vergehen gegen das Betäubungsmittelgesetz, nämlich eine*] Straftat nach den §§ 223a bis 226 [*nicht: §§ 223, 227*], nach den §§ 243, 244, 249 bis 255, 260 [*nicht: z. B. § 242*], nach den §§ 306 bis 308, 316a des Strafgesetzbuches oder nach § 29 I Nr. 1,4,10, III, § 30 I des Betäubungsmittelgesetzes

begangen zu haben [*–eine Erweiterung des Haftgrundes der Wiederholungsgefahr auf nicht im Katalog genannte Taten ist unzulässig!–*], und bestimmte Tatsachen [*genauer: die aus Indiztatsachen zu schließenden inneren Neigungen des Beschuldigten*] die Gefahr begründen, daß er vor rechtskräftiger Aburteilung [*sei es auch nur eine*] weitere erhebliche Straftaten gleicher Art [*wie sie in dem Katalog des § 112a beschrieben sind*] begehen oder die Straftat fortsetzen werde, die [*Untersuchungs- oder, wie es richtiger heißen müßte, Sicherungs-*]Haft zur Abwendung der drohenden Gefahr [*unter Anwendung des Verhältnismäßigkeitsprinzips unbedingt*] erforderlich und in den Fällen der Nummer 2 eine Freiheitsstrafe von mehr als einem Jahr zu erwarten ist [, *so daß grundsätzlich die Aussetzung der Strafe zur Bewährung gemäß § 56 StGB ausscheidet*]. ([2]) In den Fällen der Nummer 2 setzt die Annahme einer solchen Gefahr in der Regel [*also nicht stets*] voraus, daß der Beschuldigte innerhalb der letzten fünf Jahre wegen einer Straftat gleicher Art [*nicht: gleicher Identität*] rechtskräftig zu Freiheitsstrafe verurteilt worden ist [*und die Freiheitsstrafe noch nicht getilgt oder tilgungsreif wurde, vgl. §§ 44 I Nr. 1b bis f, 47 I, 49 I BZRG*].

(II) Absatz 1 findet [*nach dem Grundsatz der Subsidiarität und des Verhältnismäßigkeitsprinzips*] keine Anwendung, wenn die Voraussetzungen für den Erlaß eines Haftbefehls nach § 112 vorliegen und die Voraussetzungen für die Aussetzung des Vollzugs des Haftbefehls nach § 116 Abs. 1, 2 nicht gegeben sind [; *anderenfalls ist der Beschuldigte auf freiem Fuß, so daß die Wiederholungsgefahr nicht ausgeschlossen werden kann*].

§ 113 (Einschränkungen der Untersuchungshaft wegen Verdunkelungsgefahr und wegen Fluchtgefahr)

(I) Ist die [*tatbestandsmäßige, rechtswidrige, schuldhafte und verfolgbare*] Tat nur mit Freiheitsstrafe bis zu sechs Monaten oder mit Geldstrafe bis zu einhundertachtzig Tagessätzen [*oder mit Strafarrest, § 12 WStG*] bedroht, so darf die Untersuchungshaft wegen Verdunkelungsgefahr [*aufgrund des Verhältnismäßigkeitsprinzips*] nicht angeordnet werden.

(II) In diesen Fällen [*leichter Kriminalität*] darf die Untersuchungshaft wegen Fluchtgefahr [*§ 112 II Nr. 1*] nur [*ausnahmsweise unter Beachtung des § 112 I 2, II Nr. 2*] angeordnet werden, wenn der Beschuldigte

1. sich dem Verfahren bereits einmal entzogen hatte oder Anstalten zur Flucht getroffen hat [*z. B. sich die Flugkarte besorgte und einen Reisepaß erteilen ließ*],
2. im Geltungsbereich dieses Gesetzes keinen festen Wohnsitz oder Aufenthalt [*§ 8*] hat oder
3. sich über seine Person nicht ausweisen kann [*oder pflichtwidrig nicht will*].

§ 114 (Haftbefehl)

(I) Die Untersuchungshaft wird [*wegen Art. 104 II GG allein, u. U. auf Antrag der Staatsanwaltschaft, §§ 125, 128*] durch schriftlichen [*oder in einem Protokoll aufgenommenen*] Haftbefehl des [*in § 125 näher bestimmten*] Richters angeordnet. [*Auf Haftbefehle nach §§ 230 II, 236, 453c ist der § 114 unmittelbar oder analog, § 453c II 2, anzuwenden.*]

(II) In dem [*schriftlichen oder in einem Protokoll aufgenommenen*] Haftbefehl sind anzuführen

1. der Beschuldigte [*mit dem Ziel genauer Identitätsfeststellung*],
2. [*wie in § 200 I 1*] die Tat [*historischer Vorwurf*], deren er dringend verdächtig ist, Zeit und Ort ihrer Begehung, die gesetzlichen Merkmale der Straftat und die anzuwendenden Strafvorschriften,
3. der Haftgrund [*der Flucht, der Fluchtgefahr, der Verdunkelungsgefahr und der Wiederholungsgefahr bei bestimmten Sittlichkeitsverbrechen, schweren Vermögens- und Betäubungsmittelstraftaten*] sowie [*über § 34 hinausgehend*]
4. die [*wesentlichen*] Tatsachen, aus denen sich der dringende Tatverdacht und der Haftgrund ergibt, soweit nicht dadurch [*nämlich gerade durch die schriftliche Niederlegung in dem offenen Haftbefehl*] die Staatssicherheit [*unmittelbar*] gefährdet wird.

(III) Wenn die Anwendung des § 112 Abs. 1 Satz 2 naheliegt [*weil die Untersuchungshaft zu der Bedeutung der Sache und zu der erwartenden Strafe oder Maßregel der Besserung und Sicherung außer Verhältnis stehen könnte*] oder der Beschuldigte sich auf diese Vorschrift beruft, sind die Gründe dafür anzugeben, daß sie nicht angewandt wurde.

§ 114a (Bekanntgabe des Haftbefehls an den Beschuldigten)

(I[1]) Der [*schriftliche oder in der Hauptverhandlung zu Protokoll genommene, beachte aber Abs. II*] Haftbefehl ist dem Beschuldigten [*in Ergänzung des § 35*] bei der Verhaftung bekanntzugeben. ([2]) Ist dies [*z. B. wegen Gegenwehr des Beschuldigten*] nicht möglich, so ist ihm vorläufig mitzuteilen, welcher Tat er verdächtig ist. ([3]) Die Bekanntgabe des Haftbefehls ist in diesem Fall [*ohne jedes rechtswidriges Verzögern, also*] unverzüglich nachzuholen.

(II) Der Beschuldigte erhält [*in jedem Fall*] eine Abschrift des Haftbefehls.

§ 114b (Benachrichtigung von Angehörigen in Ausführung des Art. 104 IV GG)

(I[1]) Von der Verhaftung und jeder weiteren Entscheidung über die Fortdauer der Haft [*sei es auch in der Form der Verwerfung einer weiteren Haftbeschwerde*] wird ein Angehöriger des Verhafteten [*weiter auszulegen als § 11 I Nr. 1 StGB*] oder eine Person seines Vertrauens [*z. B. Wahlverteidiger, auch bei Verzicht des Beschuldigten, h. M.*] unverzüglich [*insbesondere ohne Rücksicht auf eine Gefährdung des Untersuchungszweckes, jedoch unter Berücksichtigung der Gefährdung von Verfassungswerten, die Art. 104 IV GG einschränken können,*] benachrichtigt. ([2]) Für die Anordnung ist [*nie die Staatsanwaltschaft, ein Hilfsbeamter der Staatsanwaltschaft oder ein Polizeibeamter, sondern*] der [*in § 126 näher bestimmte*] Richter zuständig. [*Für weitere Mitteilungen beachte Nr. 35 II b MiStra.*]

(II) Außerdem ist dem Verhafteten selbst Gelegenheit zu geben, einen Angehörigen oder eine Person seines Vertrauens von der Verhaftung zu benachrichtigen [*z. B. durch sog. Zugangsbrief*], sofern der Zweck der Untersuchung dadurch nicht gefährdet wird.

§ 115 (Vorführung vor den zuständigen Richter und richterliche Vernehmung bei der Festnahme aufgrund eines Haftbefehls)

(I) Wird der Beschuldigte [*vorläufig festgenommen und erst dann ein Haftbefehl erlassen, gelten die §§ 128, 129. Wird er*] auf Grund des Haftbefehls [*tatsächlich festgenommen, d. h.*] ergriffen, so ist er [*vgl. Art. 104 II, III GG*] unverzüglich [*d. h. ohne jede nicht gerechtfertigte Verzögerung, jedoch spätestens unter Beachtung der in § 115a genannten Frist*] dem [*gem. § 126*] zuständigen Richter vorzuführen. [*Ist dies innerhalb der in § 115a genannten Frist nicht möglich, ist er dem Richter des nächsten Amtsgerichtes vorzuführen.*]

(II) Der Richter hat den Beschuldigten unverzüglich [*d. h. ohne jede ungerechtfertigte Säumnis*] nach der Vorführung, spätestens am nächsten Tage [*also dem Tag nach der Vorführung, auch an Sonn- und Feiertagen*], über den Gegenstand der Beschuldigung zu vernehmen [*vgl. im einzelnen § 115 Abs. III*].

(III[1]) Bei der [*ersten richterlichen Vernehmung gilt § 136 I ergänzend. Bei wiederholter richterlicher*] Vernehmung ist der Beschuldigte auf die ihn belastenden [*den Tatverdacht und den Haftgrund ergebenden*] Umstände und sein Recht hinzuweisen, sich zur Beschuldigung zu äußern oder nicht zur Sache auszusagen. ([2]) Ihm ist Gelegenheit zu geben, die Verdachts- und Haftgründe zu entkräften und die Tatsachen geltend zu machen, die zu seinen Gunsten sprechen. [*Beweiserhebungen, die der Beschuldigte bei seiner Vernehmung zu seiner Entlastung beantragt, hat der Richter, soweit er sie für erheblich erachtet, vorzunehmen, § 166 I.*]

(IV) [*Ziel der Vernehmung ist die Prüfung sämtlicher Voraussetzungen eines Haftbefehls. Infolgedessen hat der zuständige Richter nach der Vernehmung zu entscheiden, ob er den Haftbefehl aufrechterhält, aufhebt, § 120, oder außer Vollzug setzt, § 116; § 72 I JGG.*] Wird die Haft aufrechterhalten, so ist der Beschuldigte über das Recht der Beschwerde [*§ 304 I, IV 2. Satzteil Nr. 1*] und die anderen Rechtsbehelfe (§ 117 Abs. 1, 2, § 118 Abs. 1, 2) zu belehren.

§ 115a (Hilfsweise Vorführung vor den Richter des nächsten Amtsgerichts)

(I) Kann der Beschuldigte nicht spätestens am Tage nach der Ergreifung vor den [*gem. § 126*] zuständigen Richter [*gem. § 115 I*] gestellt werden, so ist er unverzüglich [*d. h. ohne ungerechtfertigte Säumnis*], spätestens [*jedoch*] am Tage nach der Ergreifung, dem Richter des nächsten [*am leichtesten erreichbaren*] Amtsgerichts vorzuführen.

(II[1]) Der Richter hat den Beschuldigten unverzüglich [*d. h. ohne ungerechtfertigte Säumnis*] nach der Vorführung, spätestens am nächsten Tage [*vgl. § 115 II*], zu vernehmen. ([2]) Bei der Vernehmung wird, soweit [*wegen der mangelnden Kenntnis des Richters von der Strafsache*] möglich, § 115 Abs. 3 angewandt. ([3]) Ergibt sich bei der Vernehmung, daß der Haftbefehl aufgehoben oder der Ergriffene nicht die in dem Haftbefehl bezeichnete Person ist, so ist der Ergriffene freizulassen. ([4]) Erhebt dieser sonst gegen den Haftbefehl oder dessen Vollzug Einwendungen, die nicht offensichtlich unbegründet [*= unglaubhaft oder irrelevant*] sind, oder hat der Richter Bedenken gegen die Aufrechterhaltung der Haft, so teilt er sie dem zuständigen Richter unverzüglich und auf dem nach den Umständen angezeigten schnellsten Wege mit. [*Zur Anwesenheit des Verteidigers und der Staatsanwaltschaft bei der richterlichen Vernehmung vgl. § 168c.*]

(III[1]) Wird der Beschuldigte nicht freigelassen, so ist er auf sein Verlangen dem zuständigen Richter zur Vernehmung nach § 115 vorzuführen. [*Zur Anwesenheit des Verteidigers bei dieser Vernehmung vgl. § 168c I, V.*] ([2]) Der Beschuldigte ist auf dieses Recht hinzuweisen und gem. § 115 Abs. 4 zu belehren.

§ 116 (Richterliche Aussetzung des Vollzugs des Haftbefehls)

(I[1]) Der [*gem. § 126 zuständige*] Richter setzt [*in Anwendung des Verhältnismäßigkeitsprinzips, vgl. §§ 112 I 2, 120 I 1 2. Hs., 121 I*] den Vollzug eines [*bestehenden*] Haftbefehls, der lediglich wegen Fluchtgefahr [*§ 112 II Nr. 2; nicht: § 112 II Nr. 1!*] gerechtfertigt ist, aus, wenn weniger einschneidende Maßnahmen [*insbesondere Auflagen und Weisungen mit Eingriffscharakter in Grundrechte mit Gesetzesvorbehalt*] die Erwartung [*zwar nicht sicher, so jedoch trotz eines gewissen Restrisikos*] hinreichend begründen, daß der Zweck der Untersuchungshaft [*, den Beschuldigten daran zu hindern, sich durch Flucht dem Strafverfahren zu entziehen,*] auch durch sie erreicht werden kann. ([2]) In Betracht kommen namentlich [*also i. S. von Beispielsfällen*]

1. die Anweisung, sich zu bestimmten Zeiten bei dem Richter, der [*zur Mitarbeit be-*

reiten] Strafverfolgungsbehörde oder einer von ihnen bestimmten Dienststelle [*Polizeirevier*] zu melden,

2. die Anweisung [*wegen deren Nichtkontrollierbarkeit besser: die Entgegennahme des ehrenwörtlichen Versprechens*], den Wohn- oder Aufenthaltsort [*§ 8*] oder einen bestimmten Bereich nicht ohne Erlaubnis des Richters oder der Strafverfolgungsbehörde zu verlassen,
3. die Anweisung [*insbesondere an Jugendliche*], die Wohnung nur unter Aufsicht einer bestimmten [*und zur Kontrolle fähigen*] Person zu verlassen,
4. die Leistung einer angemessenen Sicherheit [*§ 116a*] durch den Beschuldigten oder einen anderen.

(II[1]) Der [*gem. § 126 zuständige*] Richter kann auch den Vollzug eines [*gegebenen*] Haftbefehls, der wegen Verdunkelungsgefahr [*§ 112 II Nr. 3*] gerechtfertigt ist, aussetzen, wenn weniger einschneidende Maßnahmen [*vgl. § 116 I 1*] die Erwartung hinreichend begründen [*vgl. § 116 I 1*], daß sie die Verdunkelungsgefahr [*zwar nicht beseitigen, so doch*] erheblich vermindern werden. ([2]) In Betracht kommt namentlich [*also i. S. eines Beispiels*] die [*schwerlich kontrollierbare und daher Vertrauen des Richters fordernde*] Anweisung [*vgl. § 116 I 2 Nr. 2*], mit Mitbeschuldigten, Zeugen oder Sachverständigen keine Verbindung aufzunehmen. [*Das Verbot, mit einem Verteidiger Kontakt zu halten, kommt nicht in Betracht; beachte aber § 138a I.*]

(III) Der [*gem. § 126 zuständige*] Richter kann den Vollzug eines [*gegebenen*] Haftbefehls, der nach § 112a [*wegen Wiederholungsgefahr bestimmter Taten*] erlassen worden ist, aussetzen, wenn die Erwartung hinreichend begründet ist [*vgl. § 116 I 1*], daß der Beschuldigte bestimmte Anweisungen [*z. B. sich in ärztliche Behandlung zu begeben*] befolgen und daß dadurch der Zweck der Haft [*Sicherung vor einer etwaigen Wiederholung!*] erreicht wird.

(IV) Der Richter ordnet in den Fällen der Absätze 1 bis 3 den [*erneuten*] Vollzug des [*gegebenen und nicht nach § 116 I bis III aufgehobenen, sonst: § 123 I Nr. 1*] Haftbefehls an [*und hebt die der Aussetzung des Haftvollzugs dienende Maßnahme gem. § 123 I Nr. 2 auf*], wenn

1. der Beschuldigte den ihm auferlegten Pflichten oder Beschränkungen gröblich [*mehr als versehentlich und weniger als absichtlich*] zuwiderhandelt [*und dadurch der Haftgrund wieder auflebt*],
2. der Beschuldigte Anstalten zur Flucht trifft [*, die es den Strafverfolgungsbehörden unmöglich machen oder erschweren sollen, seiner habhaft zu werden*], auf ordnungsmäßige Ladung [*zu Terminen, zu denen der Beschuldigte erscheinen muß, §§ 133, 163a III*] ohne genügende Entschuldigung ausbleibt oder sich auf andere Weise zeigt, daß das in ihn gesetzte Vertrauen [*vgl. § 116 I 2 Nr. 2 und § 116 II 2*] nicht gerechtfertigt war, oder
3. [*andere*] neu hervorgetretene Umstände die Verhaftung erforderlich machen [*; dies ist nicht der Fall, wenn eine Verschärfung der Auflagen hinreicht, um den Haftzweck zu erreichen*].

§ 116a (Art einer gem. § 116 I 2 Nr. 4 zu leistenden Sicherheit)

(I) Die [*z. B. gem. § 116 I 2 Nr. 4 zur Abwendung einer Untersuchungshaft wegen Fluchtgefahr anordbare und erbringbare*] Sicherheit ist [*zum Beispiel*] durch Hinterlegung in barem Geld, in Wertpapieren, durch Pfandbestellung oder durch Bürgschaft geeigneter Personen zu leisten. [*Sie verfällt der Staatskasse, wenn der Beschuldigte sich der Untersuchung oder dem Antritt der erkannten Freiheitsstrafe oder freiheitsentziehenden Maßregel der Besserung und Sicherung entzieht, § 124 I.*]

(II) Der [*gem. 126 zuständige*] Richter setzt Höhe und Art der Sicherheit nach freiem [*besser: pflichtgemäßem*] Ermessen fest.

(III) Der Beschuldigte, der die Aussetzung des Vollzugs des Haftbefehls gegen Sicherheitsleistung beantragt und nicht im Geltungsbereich dieses Gesetzes wohnt, ist [*i. S. einer prozessualen Last*] verpflichtet, eine im Bezirk des zuständigen Gerichts wohnende [*verhandlungsfähige und mitwirkungsbereite*] Person [*meist: Rechtsanwalt*] zum Empfang von Zustellungen zu bevollmächtigen. [*Die fehlende Bestellung eines Zustellungsbevollmächtigten hindert das Gericht jedoch nicht, nach dem Antrag zu verfahren, str.*]

§ 117 (Förmliches Haftprüfungsverfahren)

[*Staatsanwaltschaft und Gericht sind in jeder Lage des Verfahrens verpflichtet, von Amts wegen zu prüfen, ob der Haftbefehl zu Recht erlassen wurde, aufzuheben ist, § 120, oder sein Vollzug ausgesetzt werden kann, § 116, § 72 I JGG. Neben dieses »formlose« Haftprüfungsverfahren tritt gem. § 117 die formelle Haftprüfung, die mit einer förmlichen Entscheidung endet.*]

(I) Solange der Beschuldigte in Untersuchungshaft ist, kann er [*– gem. § 115 IV über dieses Recht belehrt –*] jederzeit die gerichtliche Prüfung beantragen, ob der [*gem. §§ 114, 125, 230 II 2. Alt., 236 2. Alt., nicht: § 453c I, wegen § 453c II 2, erlassene*] Haftbefehl [*gem. § 120*] aufzuheben oder dessen Vollzug nach § 116 auszusetzen ist (Haftprüfung). [*Ausnahmen vom Antragserfordernis bringen §§ 117 III, 117 IV, 121.*]

(II 1) Neben dem [*gem. § 117 I gestellten*] Antrag auf Haftprüfung ist [*sowohl*] die [*einfache, § 304 I, als auch die weitere, § 310 I*] Beschwerde [*gegen den Haftbefehl, gegen die Aufrechterhaltung des Haftbefehls, §§ 115, IV, 118 III oder gegen die Anordnung, die Untersuchungshaft dauere fort, §§ 207 IV, 268b I*] unzulässig. (2) Das Recht der Beschwerde gegen die Entscheidung, die auf den Antrag ergeht, wird dadurch nicht berührt. [*Legt der Beschuldigte Beschwerde ein und stellt einen formlosen Antrag auf Haftprüfung, ist er im Wege des rechtlichen Gehörs zu befragen, ob er die Beschwerde zurückzieht. Weigert er sich, ist die Beschwerde als unzulässig zu verwerfen.*]

(III) Der Richter kann [*, obwohl er grundsätzlich nach Aktenlage entscheidet, arg.: § 308 II analog, zunächst*] einzelne [*konkret bestimmte*] Ermittlungen [*auch durch die Staatsanwaltschaft, zw. wegen § 150 GVG,*] anordnen, die für die künftige Entscheidung über die Aufrechterhaltung der Untersuchungshaft von Bedeutung sind, und nach Durchführung dieser Ermittlungen eine neue Prüfung vornehmen.

(IV 1) Hat der Beschuldigte [*trotz §§ 140, 141*] noch keinen [*notwendigen oder Wahl-*]Verteidiger, so wird [*, um einer gravierenden Beeinträchtigung seiner Verteidi-*

gungsbelange entgegenzutreten,] ihm ein Verteidiger für die Dauer der Untersuchungshaft [*vom Haftrichter oder vom Vorsitzenden des Kollegialgerichts, §§ 126, 142 I*] bestellt, wenn deren Vollzug mindestens drei Monate gedauert hat und die Staatsanwaltschaft oder der Beschuldigte oder sein gesetzlicher Vertreter es [*u. U. schon vor Ablauf der Dreimonatsfrist*] beantragt. (2) Über das Antragsrecht ist der Beschuldigte zu belehren. (3) Die §§ 142, 143 und 145 gelten entsprechend.

(V) Hat die Untersuchungshaft [*wegen derselben Sache mit Unterbrechungen insgesamt*] drei Monate gedauert, ohne daß der Beschuldigte die Haftprüfung [*gem. § 117 I*] beantragt oder Haftbeschwerde [*§§ 304, 305 S 2, 310 I*] eingelegt hat, so findet die Haftprüfung von Amts wegen [*einmalig, beachte aber §§ 121, 122 IV 2*] statt, es sei denn, daß der Beschuldigte einen Verteidiger hat.

§ 118 (Mündliche Verhandlung als Form der Haftprüfung und des Haftbeschwerdeverfahrens)

(I) Bei der Haftprüfung [*auf Antrag des Beschuldigten, § 117, auf Antrag eines der in § 118b genannten Personen oder von Amts wegen*] wird auf Antrag des Beschuldigten oder nach dem Ermessen des Gerichts von Amts wegen nach mündlicher Verhandlung entschieden.

(II) Ist gegen den Haftbefehl Beschwerde eingelegt, so kann [*in Abweichung von dem in § 309 I ausgesprochenen Verbot mündlicher Verhandlung im Beschwerdeverfahren*] auch im Beschwerdeverfahren auf Antrag des Beschuldigten oder von Amts wegen nach mündlicher Verhandlung entschieden werden.

(III) Ist die Untersuchungshaft [*bereits einmal*] nach mündlicher Verhandlung aufrechterhalten worden, so hat der Beschuldigte einen Anspruch auf eine weitere mündliche Verhandlung [*jedoch*] nur, wenn die Untersuchungshaft mindestens drei Monate und seit der letzten mündlichen Verhandlung mindestens zwei Monate gedauert hat.

(IV) Ein Anspruch auf mündliche Verhandlung besteht [*ferner*] nicht, solange die [*mit dem Aufruf der Sache begonnene, § 243 I 1, und mit der Verkündung des Urteils, § 260 I 1, mit einer Verweisung an das zuständige Gericht, § 270 I, oder mit Aussetzung der Hauptverhandlung, §§ 228 I 1, 145 I bis III, 246 II, 265 III, IV, schließende*] Hauptverhandlung andauert oder wenn ein Urteil ergangen ist, das auf eine Freiheitsstrafe [*§§ 38 ff StGB*] oder eine freiheitsentziehende Maßregel der Besserung und Sicherung [*§§ 61 ff StGB*] erkennt.

(V) Die mündliche Verhandlung ist unverzüglich [*also ohne ungerechtfertigtes Verzögern*] durchzuführen; sie darf ohne Zustimmung des Beschuldigten nicht über zwei Wochen [*§ 43*] nach dem Eingang des Antrags [*beachte §§ 118b, 299*] anberaumt werden.

§ 118a (Art der Durchführung der mündlichen Verhandlung)

(I) Von Ort und Zeit der mündlichen Verhandlung sind [*ohne förmliche Zustellung*] die Staatsanwaltschaft [*nicht: Nebenkläger*] sowie der Beschuldigte und der Verteidiger zu benachrichtigen. [*Bei Jugendlichen beachte § 67 II JGG.*]

(II[1]) Der Beschuldigte ist [*regelmäßig*] zu der Verhandlung vorzuführen, es sei denn, daß er auf die Anwesenheit in der Verhandlung verzichtet hat oder daß der Vorführung weite Entfernung oder Krankheit des Beschuldigten oder andere nicht zu beseitigende Hindernisse entgegenstehen. ([2]) Wird der Beschuldigte zur mündlichen Verhandlung nicht vorgeführt, so muß ein Verteidiger seine Rechte in der Hauptverhandlung wahrnehmen. ([3]) In diesem Fall ist ihm für die mündliche Verhandlung ein Verteidiger zu bestellen, wenn er noch keinen [*Pflicht- oder Wahl-*] Verteidiger hat. ([4]) Die §§ 142, 143 und 145 gelten entsprechend.

(III[1]) In der mündlichen [*nicht: öffentlichen*] Verhandlung [*, bei der nach der Rspr. der Richter, der den Haftbefehl erlassen hat, nicht gem. § 23 ausgeschlossen ist,*] sind die anwesenden Beteiligten [*also insbesondere regelmäßig als erster der Beschuldigte*] zu hören. ([2]) Art und Umfang der Beweisaufnahme bestimmt das Gericht [*nach seinem pflichtgemäßen Ermessen, ohne an die §§ 244, 245 gebunden zu sein*]. ([3]) Über die Verhandlung ist eine Niederschrift aufzunehmen; die §§ 271 bis 273 [*nicht: § 274!*] gelten [*jedoch nur*] entsprechend.

(IV[1]) Die Entscheidung ist am Schluß der mündlichen Verhandlung [*als gem. § 34 zu begründender Beschluß*] zu verkünden. ([2]) Ist dies nicht möglich, so ist die Entscheidung spätestens binnen einer Woche zu erlassen [*d. h. formlos mitzuteilen; beachte § 35 II 2 1. Halbs.*].

§ 118b (Entsprechende Anwendung der Rechtsmittelvorschriften auf den Kreis der Antragsberechtigten)

Für den Antrag auf Haftprüfung (§ 117 Abs. 1) und den Antrag auf mündliche Verhandlung [*§ 118 I*] gelten die §§ 297 bis 300 und 302 Abs. 2 entsprechend [*; daher kann der gesetzliche Vertreter des Beschuldigten auch ein dem Beschuldigten nicht nützliches Rechtsmittel einlegen, vgl. § 298*].

§ 119 (Vollzug der Untersuchungshaft: Trennungsgrundsatz, Erforderlichkeitsprinzip, Bequemlichkeitsgarantie, Richtervorbehalt)

[*Der Vollzug der Untersuchungshaft ist in rechtsstaatlich bedenklicher Weise weithin gesetzlich nicht geregelt. Die von den Landesjustizverwaltungen bundeseinheitlich beschlossene Untersuchungshaftvollzugsordnung hat keinen Gesetzescharakter.*]

(I[1]) Der Verhaftete darf nicht mit anderen Gefangenen in demselben Raum untergebracht werden [*»Grundsatz der Einzelhaft« als Teil des »Trennungsprinzips«*]. ([2]) Er ist [*wegen der in Art. 6 II EuMRK enthaltenen Unschuldsvermutung*] auch sonst von Strafgefangenen, soweit möglich, getrennt zu halten [*»Trennungsprinzip«*].

(II[1]) Mit anderen Untersuchungsgefangenen darf er in demselben Raum untergebracht werden, wenn er es ausdrücklich schriftlich beantragt. ([2]) Der Antrag kann jederzeit in gleicher Weise [*also ausdrücklich und schriftlich*] zurückgenommen werden. ([3]) Der Verhaftete darf auch dann mit anderen Gefangenen in demselben Raum untergebracht werden, wenn sein körperlicher oder geistiger Zustand es [*z. B. bei suizidalen Neigungen*] erfordert.

(III) Dem Verhafteten dürfen [*, ohne daß dies gegen verfassungsrechtliche*

Grundsätze verstoßen würde, BVerfGE 35, S. 311 ff,] nur [*aber auch*] solche Beschränkungen auferlegt werden, die der Zweck der Untersuchungshaft [*, nämlich zu verhindern, daß der Beschuldigte sich durch Flucht oder Sich-Verborgen-Halten dem Zugriff der Strafverfolgungsbehörden entziehen werde, die Ermittlung der Wahrheit in der in § 112 II Nr. 3 geschilderten Weise erschweren könne oder gewisse Straftaten wiederholen werde,*] oder die Ordnung in der Vollzugsanstalt [*als Inbegriff jener Regeln, deren Beachtung für die Funktionsfähigkeit der Haftanstalt unter Berücksichtigung der Grundrechte des Gefangenen, der Bequemlichkeitsgarantie und der Unschuldsmaxime unerläßlich sind, um die Funktionsfähigkeit der Haftanstalt zu wahren, im Einzelfall*] erfordert.

(IV) Bequemlichkeiten [*z. B. eigene Verköstigung*] und Beschäftigungen [*geistiger oder körperlicher Art*] darf er sich auf seine Kosten verschaffen, soweit sie mit dem Zweck der Haft [*vgl. § 119 III*] vereinbar sind und nicht die Ordnung in der Vollzugsanstalt [*vgl. § 119 III*] stören [*; statthaft ist daher z. B. der Bezug pornographischer Schriften von erwachsenen Verhafteten, die sich in Einzelhaft befinden*].

(V[1]) Der Verhaftete darf [*gem. § 178 StVollzG nach Maßgabe der §§ 94 bis 101 StVollzG unmittelbarem Zwang unterworfen werden. Da gem. § 178 II StVollzG beim Vollzug der Untersuchungshaft § 119 V, VI unberührt bleibt, darf der Verhaftete aber nur dann unter strikter Beachtung des Verhältnismäßigkeitsprinzips und der Unschuldsmaxime*] gefesselt werden, wenn

1. die [*konkrete*] Gefahr besteht, daß er Gewalt gegen Personen oder Sachen anwendet oder wenn er Widerstand leistet,
2. er zu fliehen versucht oder wenn bei Würdigung der Umstände des Einzelfalles, namentlich der Verhältnisse des Beschuldigten und der Umstände, die einer Flucht entgegenstehen, die [*konkrete*] Gefahr besteht, daß er sich aus dem Gewahrsam befreien wird,
3. die [*konkrete*] Gefahr des Selbstmordes oder der Selbstbeschädigung besteht

und wenn die [*konkrete*] Gefahr durch keine andere, weniger einschneidende Maßnahme angewendet werden kann. [*Die Fesselung ist als intensivster Eingriff in die körperliche Bewegungsfreiheit ultima ratio möglicher Grundrechtseingriffe.*] ([2]) Bei der Hauptverhandlung soll er ungefesselt sein.

(VI[1]) Die nach diesen Vorschriften erforderlichen Maßnahmen ordnet [*nicht die in den §§ 94 bis 101 StVollzG genannte Behörde, sondern wegen § 178 II StVollzG weiterhin grundsätzlich nur*] der Richter an. [*Gegen richterliche Entscheidungen können der Beschuldigte, die Staatsanwaltschaft sowie derjenige Beschwerde einlegen, dessen Antrag auf Kommunikation mit den Untersuchungsgefangenen abgelehnt wurde; beachte aber auch § 304 IV 2 Nr. 1. Die weitere Beschwerde gem. § 310 ist unzulässig.*] ([2]) In dringenden Fällen kann der Staatsanwalt, der Anstaltsleiter oder ein anderer Beamter, unter dessen Aufsicht der Verhaftete steht, vorläufige Maßnahmen treffen. ([3]) Sie bedürfen der Genehmigung des Richters [*, auf die der Beschuldigte beantragen kann. Gegen Anordnung, Verfügung und sonstige Maßnahmen der Vollzugsbehörden im Vollzug der Untersuchungshaft kann subsidiär Antrag auf gerichtliche Entscheidung nach § 23 ff EGGVG gestellt werden*].

§ 120 (Aufhebung des Haftbefehls)

(I[1]) Der [*nach den §§ 112, 112a, 113, 230 II, 236 erlassene*] Haftbefehl ist aufzuheben, sobald die Voraussetzungen [*Tatverdacht, Flucht, Fluchtgefahr, Verdunkelungsgefahr, Wiederholungsgefahr oder die in § 112 III genannten Voraussetzungen*] der Untersuchungshaft nicht mehr vorliegen oder sich ergibt, daß die weitere Untersuchungshaft zu der Bedeutung der Sache [*vgl. § 112 I 2*] und der zu erwartenden Strafe [*§§ 38 ff StGB*] oder Maßregel der Besserung und Sicherung [*§§ 61 ff StGB*] außer Verhältnis stehen würde [*vgl. § 112 I 2*]. ([2]) Er ist namentlich [*scil.: u. U. durch gesonderten Beschluß*] aufzuheben, wenn der Beschuldigte freigesprochen oder die Eröffnung des Hauptverfahrens abgelehnt [*§ 204 I*] oder das Verfahren nicht bloß vorläufig eingestellt [*§§ 206a, 153 II, 170 II*] wird. [*Denkbar ist, den Haftbefehl aufzuheben, wenn der in ihm angegebene Straftatverdacht und Haftgrund wegfällt, jedoch einen neuen Haftbefehl zu erlassen, wenn andere Gründe diesen stützen.*]

(II) Durch die Einlegung eines Rechtsmittels darf die Freilassung des Beschuldigten nicht aufgehalten werden [*anders § 454 II 2!*].

(III[1]) Der Haftbefehl ist auch aufzuheben, wenn die Staatsanwaltschaft [*als Herrin des Ermittlungsverfahrens*] es vor Erhebung der öffentlichen Klage beantragt. ([2]) Gleichzeitig mit dem Antrag kann die Staatsanwaltschaft die Freilassung des Beschuldigten anordnen.

§ 121 (Verlängerung der Untersuchungshaft nach sechs Monaten)

(I) Solange kein Urteil ergangen ist, das auf Freiheitsstrafe [*§§ 38 ff StGB*] oder eine freiheitsentziehende Maßregel der Besserung und Sicherung [*§§ 61 ff StGB*] erkennt, darf der Vollzug der Untersuchungshaft wegen derselben [*prozessualen, vgl. §§ 155, 264*] Tat über sechs Monate hinaus nur aufrechterhalten werden, wenn die [*z. B. wegen mehrerer Täter oder komplizierter Sachverhalte*] besondere Schwierigkeit oder der besondere Umfang der Ermittlungen oder ein anderer wichtiger Grund [*nicht: Personalmangel*] das Urteil noch nicht zulassen und die Fortdauer der Haft rechtfertigen.

(II) In den Fällen des Absatzes 1 ist der Haftbefehl nach Ablauf der [*in § 121 I genannten*] sechs Monate [*vollzogener Untersuchungshaft, beachte aber § 121 III*] aufzuheben, wenn nicht der Vollzug des Haftbefehls nach § 116 ausgesetzt wird oder [*wenn nicht*] das Oberlandesgericht [*bzw. der BGH in den Sachen der erstinstanzlichen Zuständigkeit des OLG, § 121 IV*] die Fortdauer der Untersuchungshaft [*wegen derselben Tat*] anordnet.

(III[1]) Werden die Akten dem Oberlandesgericht [*gem. § 122 I*] vor Ablauf der in Absatz 2 bezeichneten Frist vorgelegt [*und sind sie daher bei ihm eingegangen*], so ruht der Fristenlauf bis zu dessen Entscheidung. ([2]) Hat die Hauptverhandlung begonnen, bevor die Frist abgelaufen ist, so ruht [*, weil eine Unterbrechung und Aktenversendung an das Oberlandesgericht prozeßunökonomisch wäre,*] der Fristenlauf auch bis zur Verkündung des Urteils. [*Beachte dann §§ 260 I, 121 I 1. Halbsatz.*] ([3]) Wird die Hauptverhandlung [*gem. §§ 145 III, 217 II, 228 I 1, 265 III, 265 IV mit der Folge*] ausgesetzt [*, daß die Hauptverhandlung neu durchgeführt werden muß,*] und werden Akten unverzüglich nach der Aussetzung dem Oberlandesgericht vorgelegt, so ruht der Fristenlauf ebenfalls bis zu dessen Entscheidung.

(IV[1]) In den [*Staatsschutz-*]Sachen, in denen eine Strafkammer nach § 74a des Gerichtsverfassungsgesetzes zuständig ist, entscheidet das nach § 120 des Gerichtsverfassungsgesetzes zuständige Oberlandesgericht. ([2]) In den Sachen, in denen ein Oberlandesgericht [*als erkennendes Gericht*] nach § 120 des Gerichtsverfassungsgesetzes zuständig ist, tritt an dessen Stelle der Bundesgerichtshof.

§ 122 (Verfahren der besonderen Haftprüfung durch das OLG)

(I) In den Fällen des § 121 [*also unter der Voraussetzung vollzogener Untersuchungshaft*] legt das zuständige Gericht [*= der zuständige Richter, z. B. Ermittlungsrichter*] die Akten durch Vermittlung der Staatsanwaltschaft [*u. U. auch direkt*] dem Oberlandesgericht [*rechtzeitig vor Ablauf von 6 Monaten Vollzugsuntersuchungshaft*] zur Entscheidung vor, wenn es die Fortdauer der Untersuchungshaft [*wegen Nichtvorliegens der Voraussetzungen des § 120 I oder des § 116*] für erforderlich hält oder die Staatsanwaltschaft es beantragt [*; in diesem Fall muß das Gericht die Akten dem Oberlandesgericht vorlegen*].

(II[1]) Vor der Entscheidung [*, ob der Ausnahmefall des § 121 I vorliegt,*] sind der Beschuldigte und der Verteidiger [*auch dann*] zu hören [*, wenn dies nach § 33 nicht geboten wäre*]. ([2]) Das Oberlandesgericht kann über die Fortdauer der Untersuchungshaft nach [*fakultativer*] mündlicher Verhandlung entscheiden; geschieht dies, so gilt § 118a [*für die mündliche Verhandlung*] entsprechend.

(III[1]) Ordnet das Oberlandesgericht [*durch Beschluß – nach Aktenlage, einzelnen Beweiserhebungen nach Anhörung gem. § 122 II 1 oder fakultativer mündlicher Verhandlung gem. § 122 II 2 –*] die Fortdauer der Untersuchungshaft an, so gilt § 114 Abs. 2 Nr. 4 [*für die Begründung*] entsprechend. [*Lehnt das OLG den Verlängerungsantrag der Staasanwaltschaft ab, ist er gem. § 34 zu begründen.*] ([2]) Für die weitere Haftprüfung (§ 117 Abs. 1) ist das Oberlandesgericht [*weiterhin*] zuständig, bis ein Urteil ergeht, das auf Freiheitsstrafe [*§§ 38 ff StGB*] oder eine freiheitsentziehende Maßregel der Besserung und Sicherung [*§§ 61 ff StGB*] erkennt [*beachte § 126 IV*]. ([3]) Es kann die Haftprüfung dem Gericht, das nach den allgemeinen Vorschriften dafür zuständig ist [*dem sonst zuständigen Haftrichter*], für die Zeit von jeweils höchstens drei Monaten übertragen. [*Für die Haftprüfung durch das OLG gelten die Vorschriften der §§ 117 I bis IV, 118, 118a, 118b.*] ([4]) In den Fällen des § 118 Abs. 1 entscheidet das Oberlandesgericht [*jedoch*] über einen Antrag auf mündliche Verhandlung nach seinem Ermessen.

(IV[1]) Die Prüfung der Voraussetzungen nach § 121 Abs. 1 ist auch [*also auch sonst, vgl. Kommentierung bei § 122 I*] im weiteren Verfahren dem Oberlandesgericht vorbehalten. ([2]) Die Prüfung [*kann das OLG zu jedem ihm als geeignet erscheinenden Zeitpunkt vornehmen. Sie*] muß [*jedoch*] jeweils spätestens nach drei Monaten wiederholt werden.

(V) Das Oberlandesgericht kann [*wie das zuständige Gericht*] den Vollzug des Haftbefehls nach § 116 [*sowohl vor seiner Entscheidung als auch mit der Anordnung, daß die Untersuchungshaft fortdauern muß,*] aussetzen. [*Dies gilt jedoch dann nicht, wenn das Oberlandesgericht den Haftbefehl wegen Verstreichens der Sechsmonatsfrist selbst aufheben muß.*]

(VI) Sind in derselben Sache mehrere Beschuldigte in Untersuchungshaft [, *weil die gegen sie gerichteten Strafverfahren miteinander verbunden sind, §§ 2, 3, 237*], so kann das Oberlandesgericht über die Fortdauer der Untersuchungshaft auch solcher Beschuldigter entscheiden, für die es nach § 121 und den vorstehenden Vorschriften noch nicht [*also wegen Nichterreichung der Sechsmonatsfrist bei jedem Beschuldigten*] zuständig wäre.

(VII) Ist der Bundesgerichtshof [*gem. § 121 IV 2*] zur Entscheidung zuständig, so tritt dieser [*auch in den Fällen des § 122*] an die Stelle des Oberlandesgerichts.

§ 122a (Starre Einjahresgrenze der Untersuchungshaft wegen Wiederholungsgefahr)

In den Fällen des § 121 Abs. 1 darf der Vollzug der [*Untersuchungs-*]Haft [*von Wiederholungstätern insgesamt*] nicht länger als ein Jahr [*unter Einrechnung des Anfangstages, § 43 ist nicht anzuwenden, str.*] aufrechterhalten werden, wenn sie [*wegen derselben Tat, str.*] auf den Haftgrund des § 112a gestützt ist.

§ 123 (Aufhebung von schonenden Ersatzmaßnahmen)

(I) Eine Maßnahme, die der Aussetzung des Haftvollzugs dient (§ 116) [*also z. B. Anweisungen und Sicherheitsleistung*], ist [*durch Beschluß, § 126*] aufzuheben, wenn

1. [*wegen Fortfalls des Anlasses zur Haft*] der Haftbefehl [*nach § 120*] aufgehoben wird oder
2. [*wegen Fortfalls des Anlasses zu den Maßnahmen, die der Aussetzung des Haftvollzugs dienten,*] die Untersuchungshaft [*beginnend mit Vollzug – die Verhaftung, § 114a I genügt nicht –*] oder die erkannte Freiheitsstrafe [*§§ 38, 39 StGB, § 17 JGG, § 9 WStG, beginnend mit der Aufnahme in die Anstalt – die Verhaftung, § 457 I, genügt nicht –*] oder freiheitsentziehende Maßregel der Besserung und Sicherung [*§§ 61 Nr. 1 bis 3, 64 I, 67 I StGB*] vollzogen wird.

(II) Unter denselben Voraussetzungen [*also nur bei formeller Aufhebung des Haftbefehls oder des tatsächlichen Vollzugsbeginns der in § 123 I Nr. 2 genannten freiheitsentziehenden Maßnahmen*] wird eine noch nicht verfallene Sicherheit [*z. B. hinterlegte Vermögenswerte*] frei [*und muß herausgegeben werden. Der Herausgabeanspruch kann jedoch nach § 111d gepfändet werden*].

(III) Wer [*als »Bürge« im eigenen Namen, vgl. § 116a I 5. Alt.*] für den Beschuldigten Sicherheit [*aus dem eigenen oder dem Vermögen eines anderen*] geleistet hat, kann [*den Beschuldigten nicht zwingen, sich freiwillig zur Haft zu stellen. Er kann auch nicht die Sicherheitsleistung widerrufen. Aber er*] kann deren Freigabe dadurch erlangen, daß er entweder binnen einer vom Gericht zu bestimmenden Frist [*meist überflüssig*] die [*freiwillige*] Gestellung des Beschuldigten [*nicht durch eigene oder durch staatliche Gewalt, sondern durch psychische Einwirkung*] bewirkt oder die Tatsachen, die den Verdacht einer vom Beschuldigten beabsichtigten Flucht begründen, so rechtzeitig mitteilt [*»Fluchtanzeige«*], daß der Beschuldigte verhaftet werden kann [*, sofern die beteiligten Behörden den Aussetzungsbeschluß unverzüglich aufheben und die Verhaftung sachgerecht vollziehen*].

§ 124 (Verfall einer noch nicht freigewordenen Sicherheit)

(I) Eine noch nicht [*gem. § 123*] freigewordene Sicherheit verfällt der Staatskasse [*= dem Justizfiskus, nur dann*], wenn der Beschuldigte sich der [*mit der Anzeige oder dem Strafantrag oder von Amts wegen, §§ 158 I, 160 I, beginnenden und noch nicht durch Einstellung, Ablehnung der Eröffnung des Hauptverfahrens oder rechtskräftiges Urteil beendeten*] Untersuchung [*= Strafverfahren i. S. des § 112 II Nr. 2, einschl. der ihr dienenden Maßnahmen, z. B. § 116 IV*] oder dem Antritt der [*in der Sache*] erkannten Freiheitsstrafe [*§§ 38, 39 StGB, § 17 JGG, § 9 WStG, in der der Vollzug der Untersuchungshaft gegen den Beschuldigten ausgesetzt worden ist, §§ 116 I bis III*] oder freiheitsentziehenden Maßregel der Besserung und Sicherung [*§§ 61 ff StGB, erfolgreich in einer Weise*] entzieht [*, daß er für Verfahrensakte den Strafverfolgungsorganen, sei es auch nur vorübergehend, nicht zur Verfügung stand. Selbstmord ist kein Entziehen*].

(II[1]) Vor der [*notwendigen*] Entscheidung [*des in § 126 bestimmten Richters, ob die in § 124 I abschließend genannten Verfallsvoraussetzungen erfüllt sind,*] sind der Beschuldigte sowie derjenige, welcher [*als Bürge im eigenen Namen aus seinem eigenen oder dem Vermögen eines anderen*] für den Beschuldigten Sicherheit geleistet hat, zu einer [*schriftlichen oder zu Protokoll der Geschäftsstelle des zuständigen oder jedes Gerichts abzugebenden*] Erklärung [*unter Beachtung des § 35 II 1, u. U. des § 40*] aufzufordern. [*Die Staatsanwaltschaft ist gem. § 33 II zu hören.*] ([2]) Gegen die [*als zu begründender, § 34, Beschluß zu fällende*] Entscheidung steht ihnen [*d. h. dem Beschuldigten und dem Bürgen, sowie der Staatsanwaltschaft*] nur die sofortige Beschwerde [*also kein anderes Rechtsmittel*] zu [*beachte aber § 304 IV*]. ([3]) Vor der Entscheidung über die [*sofortige, § 311*] Beschwerde ist ihnen und der Staatsanwaltschaft [*u. U. auch einem etwaigen Nebenkläger, §§ 97 I, 390 I 1*] Gelegenheit zur mündlichen Begründung ihrer Anträge sowie zur Erörterung über durchgeführte Ermittlungen zu geben. [*Eine weitere Beschwerde ist durch § 310, arg. e contrario, ausgeschlossen.*]

(III) Die den Verfall aussprechende [*Beschluß-*]Entscheidung hat [*im Verhältnis Staat/Bürgen*] gegen denjenigen, welcher [*als Bürge*] für den Beschuldigten Sicherheit geleistet hat, die Wirkungen eines von dem Zivilrichter erlassenen, für vorläufig erklärten Endurteils und nach Ablauf der Beschwerdefrist die Wirkungen eines rechtskräftigen Zivilendurteils.

§ 125 (Richterliche bzw. gerichtliche Zuständigkeit für Erlaß des Haftbefehls vor und nach Erhebung der öffentlichen Klage)

(I) Vor Erhebung der öffentlichen Klage [*durch Anklageschrift, §§ 199 II, 200, beachte auch § 212a II, durch Nachtragsanklage, § 266 II, oder durch Antrag auf Erlaß eines Strafbefehls, § 408 I 1, § 400 AO sowie vor Stellung des Antrags, Maßregeln der Besserung und Sicherung selbständig anzuordnen, §§ 413, 414 I, 414 II*] erläßt der [*je-*

weils nach der Geschäftsverteilung zuständige Ermittlungs-, bei Jugendlichen und Heranwachsenden der Jugend-, §§ 33 II, 72, 107 JGG] Richter bei dem Amtsgericht, in dessen Bezirk ein [*örtlicher*] Gerichtsstand [*des Tatorts, § 7, des Wohnsitzes, § 8, oder des Ergreifungsortes, § 9*] begründet ist oder [*in dessen Bezirk*] der Beschuldigte sich [*z. Zt. des Erlasses des Haftbefehls*] aufhält, auf Antrag [*beachte § 120 III 1 analog*] der Staatsanwaltschaft [*§§ 142 ff GVG*] oder, wenn [*trotz zumutbarer Bemühungen*] ein Staatsanwalt nicht erreichbar und [*deshalb die Gefahr besteht, daß die weitere Verzögerung des Haftbefehls die rechtzeitige Verhaftung des Beschuldigten in Frage stellen würde* =] Gefahr im Verzug ist, von Amts wegen [*also ohne Antrag der Staatsanwaltschaft*] den Haftbefehl.

(II[1]) Nach Erhebung der öffentlichen Klage [*vgl. i.e. § 125 I, also insbesondere nach Eingang der Anklageschrift, §§ 199 II, 200*] erläßt [*, ohne daß es eines Antrags der Staatsanwaltschaft bedürfte, jedoch regelmäßig nach Anhörung der Staatsanwaltschaft, § 33 I u. II*] den Haftbefehl [*von Amts wegen*] das [*erstinstanzliche, Berufungs- oder Wiederaufnahme-*] Gericht, das mit der Sache [*am nächsten*] befaßt ist, und, wenn Revision eingelegt ist, [*wegen der lediglich auf Rechtsfragen beschränkten Prüfungskompetenz des Revisionsgerichts*] das Gericht, dessen Urteil angefochten ist. ([2]) In dringenden Fällen [*, in denen das Gericht nicht mit allen seinen Mitgliedern rechtzeitig zusammentreten kann, ohne daß der Erlaß des Haftbefehls verzögert werden würde,*] kann [*nach seinem pflichtgemäßen Ermessen, vgl. § 112*] auch der Vorsitzende den Haftbefehl erlassen [*d.h. die Untersuchungshaft anordnen. Die Kompetenz, einen beantragten Haftbefehl abzulehnen, hat er nicht*].

§ 126 (Richterliche und gerichtliche Zuständigkeit für weitere Entscheidungen, die nach Erlaß eines Haftbefehls notwendig werden und sich auf die Untersuchungshaft oder die Aussetzung des Haftvollzugs beziehen)

(I) [*§ 125 II 1 drückt den Gedanken aus, daß jeweils das sachnächste Gericht die Untersuchungshaftentscheidungen fällen soll. § 126 konkretisiert diesen Grundsatz wie folgt:*] ([1]) Vor Erhebung der öffentlichen Klage [*vgl. Kommentierung in § 125 I*] ist für die weiteren [*nach Erlaß des Haftbefehls notwendig werdenden*] richterlichen Entscheidungen und Maßnahmen, die sich auf die Untersuchungshaft oder auf die Aussetzung des Haftvollzugs (§ 116) beziehen [*das sind: Entscheidungen nach den §§ 114b I, 115 I, 116, 116a II, 117, 118a III und IV, 119 VI, 120 I und III, 122 I, 123 I, 124 II und III, 131*], [*als sachnächste Instanz*] der Richter zuständig, der den Haftbefehl erlassen hat. [*Zur Anwendbarkeit des § 126 auf die Ungehorsamshaft vgl. §§ 230 II, 236.*] ([2]) Hat das Beschwerdegericht den Haftbefehl erlassen [*, nachdem der Richter beim Amtsgericht es ablehnte, den Haftbefehl zu erlassen*], so ist der [*Ermittlungs-*]Richter [*beim Amtsgericht, vgl. auch § 169*] zuständig, der die vorangegangene [*ablehnende*] Entscheidung erlassen hat. ([3]) Wird das vorbereitende Verfahren an einem anderen Ort geführt oder die Untersuchungshaft an einem anderen Ort vollzogen, so kann [*jedoch*] der Richter, sofern die Staatsanwaltschaft es [*noch im Zeitpunkt der Übertragungsentscheidung*] beantragt, die Zuständigkeit dem Richter bei dem Amtsgericht dieses Ortes [*mit bindender Wirkung*] übertragen. ([4]) Ist der Ort [*Berlin, Bremen, Hamburg, Großstädte in Baden-Württemberg und Nordrhein-Westfalen*] in mehrere Gerichtsbezirke geteilt, so bestimmt die Landesregierung durch Rechtsverordnung das zuständige Amtsgericht. ([5]) Die Landesregierung kann diese Ermächtigung auf die Landesjustizverwaltung übertragen.

(II[1]) Nach Erhebung der öffentlichen Klage [*vgl. § 125 I*] ist [*in Konkretisierung des dem § 125 II 1 entnehmbaren Grundgedankens*] das Gericht zuständig, das mit der Sache [*am nächsten*] befaßt ist [*; dabei entscheidet es bis zum Beginn der Hauptverhandlung mit seinen richterlichen Mitgliedern, in der Hauptverhandlung des Amts- und Landgerichts einschl. der Schöffen, §§ 28, 29 I 1, 76 II GVG, str.*]. ([2]) Nach Einlegung der Revision ist [*jedoch*] das Gericht [*weiterhin*] zuständig, dessen Urteil angefochten ist [*, weil das Revisionsgericht lediglich über Rechtsfragen entscheidet; beachte aber § 126 III*]. ([3]) Einzelne Maßnahmen, insbesondere nach § 119 [*zum Zwecke des Vollzugs der Untersuchungshaft sowie z. B. die Benachrichtigung nach § 114 I, die Änderung einer Sicherheit, § 116a, der Erlaß eines Steckbriefs, § 131, nicht jedoch die Aussetzung des Vollzugs der Untersuchungshaft, § 116 I bis III*], ordnet der Vorsitzende [*alleine*] an [*, ohne diese Kompetenz dem Gericht übertragen zu können, str.*]. ([4]) In dringenden Fällen kann er [*ausnahmsweise*] auch den Haftbefehl aufheben [*§ 120 I, III 1*] oder den Vollzug aussetzen (§ 116), wenn die Staatsanwaltschaft [*durch ihren entsprechenden Antrag*] zustimmt; andernfalls [*, also wenn die Staatsanwaltschaft keinen Antrag in Fällen stellt, in denen der Zusammentritt des Kollegiums die Entscheidung über die Aufhebung des Haftbefehls oder die Aussetzung des Vollzuges ungebührlich verzögern würde,*] ist unverzüglich [*also nicht notwendigerweise binnen 24 Stunden, wie es bis zum Erlaß des 1. StVRG vorgeschrieben war,*] die Entscheidung des Gerichts herbeizuführen.

(III) Das Revisionsgericht [*hat gem. § 126 II 2 nicht die Zuständigkeit für die weiteren Entscheidungen, die sich auf die Untersuchungshaft oder auf die Aussetzung des Haftvollzugs beziehen. Es*] kann [*jedoch*] den Haftbefehl aufheben, wenn es das angefochtene Urteil aufhebt und sich bei dieser Entscheidung ohne weiteres [*d. h. ohne weitere Ermittlungen*] ergibt, daß die Voraussetzungen des § 120 Abs. 1 vorliegen.

(IV) Die §§ 121 und 122 bleiben [*als Sonderregelungen nach 6 Monaten Vollzug*] unberührt [*beachte auch § 72 V JGG*].

§ 126a (Voraussetzungen im Verfahren der einstweiligen Unterbringung)

(I) Sind [*in Gestalt bestimmter Tatsachen*] dringende Gründe [*vgl. §§ 111a, 111b, 112*] für die Annahme vorhanden, daß jemand [*mit hoher Wahrscheinlichkeit*] eine rechtswidrige Tat [*§ 11 I Nr. 5 StGB*] im Zustand der Schuldunfähigkeit oder verminderten Schuldfähigkeit (§§ 20, 21 des Strafgesetzbuches) begangen hat [*vgl. den dringenden Tatverdacht i. S. von § 112*] und daß seine Unterbringung in einem psychiatrischen Krankenhaus [*§§ 61 Nr. 1, 63 StGB*] oder einer Entziehungsanstalt [*§§ 61 Nr. 2, 64 StBG*] angeordnet werden wird [*»Prognoseentscheidung«*], so kann das Gericht [*statt des bei einem Schuldunfähigen ausscheidenden Untersuchungshaftbefehls oder bei einem vermindert Schuldfähigen neben dem möglichen Untersuchungshaftbefehl*] durch Unterbringungsbefehl die [*präventive*] einstweilige Unterbringung in einer dieser [*vom Gericht dem Charakter nach bestimmten*] Anstalten anordnen, wenn die öffentliche Sicherheit [*namentlich die Unversehrtheit gewichti-*

ger, strafrechtlich geschützter Rechtsgüter] es erfordert [*und die öffentliche Sicherheit nicht in anderer Weise, z. B. durch familiäre Sorge, gewahrt werden kann*].

[*Ab 1. 1. 1985 wird § 126a Abs. I in folgender Fassung gelten:*

(I¹) Sind dringende Gründe für die Annahme vorhanden, daß jemand eine rechtswidrige Tat im Zustand der Schuldunfähigkeit oder verminderten Schuldfähigkeit (§§ 20, 21 des Strafgesetzbuches) begangen hat und daß seine Unterbringung in einem psychiatrischen Krankenhaus, einer Entziehungsanstalt oder einer sozialtherapeutischen Anstalt angeordnet werden wird, so kann das Gericht durch Unterbringungsbefehl die einstweilige Unterbringung in einer dieser Anstalten anordnen, wenn die öffentliche Sicherheit es erfordert. (²) Die einstweilige Unterbringung in einer sozialtherapeutischen Anstalt soll jedoch nur angeordnet werden, wenn dies aus besonderen Gründen angezeigt ist; vor der Anordnung soll die sozialtherapeutische Anstalt gehört werden.]

(II¹) Für die einstweilige Unterbringung gelten [*im Hinblick auf das weitere Verfahren*] die §§ 114 bis 115a, 117 bis 119, 125 und 126 entsprechend. (²) Hat der Unterzubringende [*Angehörige, so sind sie nach §§ 126a, 114b zu benachrichtigen. Hat der Unterzubringende*] einen gesetzlichen Vertreter, so ist der Beschluß auch diesem bekanntzugeben. [*Der gesetzliche Vertreter hat die Rechte aus §§ 118b, 298.*]

(III¹) Der Unterbringungsbefehl ist aufzuheben [*vgl. § 120*], wenn die Voraussetzungen der einstweiligen Unterbringung nicht mehr vorliegen oder wenn das Gericht im Urteil die Unterbringung in einem psychiatrischen Krankenhaus [*§§ 61 Nr. 1, 63 StGB*] oder einer Entziehungsanstalt [*§§ 61 Nr. 2, 64 StGB*] nicht anordnet. (²) Durch die Einlegung eines Rechtsmittels darf die Freilassung nicht aufgehalten werden. [*Allerdings kann, wenn die Zurechnungsfrage anders zu beurteilen ist, der Unterbringungsbefehl in einen Haftbefehl, der Haftbefehl in einen Unterbringungsbefehl umgewandelt werden, und zwar auch dann, wenn Beschwerde eingelegt wurde, h. M.*] (³) § 120 Abs. 3 gilt [*mit der Folge*] entsprechend [*, daß die Staatsanwaltschaft solange durch ihren Antrag die Aufhebung des Unterbringungsbefehls erzwingen und den Untergebrachten gleichzeitig mit dem Antrag freilassen kann, bis sie öffentliche Klage erhoben oder Antrag in anderem Sicherungsverfahren gem. § 413 gestellt hat*].

[*Ab 1. 1. 1985 wird § 126a Abs. III Satz 1 in folgender Fassung gelten:*

Der Unterbringungsbefehl ist aufzuheben, wenn die Voraussetzungen der einstweiligen Unterbringung nicht mehr vorliegen oder wenn das Gericht im Urteil die Unterbringung in einem psychiatrischen Krankenhaus, einer Entziehungsanstalt oder einer sozialtherapeutischen Anstalt nicht anordnet.]

§ 127 (Vorläufige strafprozessuale Festnahme ohne richterlichen Haftbefehl)

(I) [*Andere Fälle der vorläufigen Festnahme bei Verdacht von Straftaten regeln § 183 S 2 GVG, § 404 AO, § 56 Eisenbahn-Bau- und Betriebsordnung vom 8. 5. 1967.*] (¹) Wird jemand [*beobachtet, wie er im schuldfähigen, schuldunfähigen oder vermindert schuldfähigen Zustand eine rechtswidrige Tat i. S. des § 11 I Nr. 5 StGB versucht, begeht oder gerade begangen hat, d. h.*] auf frischer Tat betroffen oder [*in unmittelbarem Anschluß an die vollendete oder strafbar versuchte Tat von einem anderen, der nicht notwendigerweise der Entdecker oder der erste Verfolger sein muß,*] verfolgt, so ist, wenn er [*nach der allgemeinen Lebenserfahrung und den konkreten Umständen des Einzelfalles*] der Flucht [*in einer Weise*] verdächtig ist [*, die eine Fluchtgefahr i. S. des § 112 indiziert – sehr strittig und abweichend die h. M., die sich mit einem schlichten Fluchtverdacht begnügt –*] oder seine Identität [*vgl. die Angaben in § 111 OWiG*] nicht [*an Ort und Stelle*] sofort [*z. B. wegen Nichtbeisichführens eines Ausweises*] festgestellt werden kann, jeder[*Privat-*]mann befugt, ihn [*unter Berücksichtigung des Verhältnismäßigkeitsprinzips*] auch ohne richterliche [*Art. 104 II 2 GG, oder staatsanwaltschaftliche Not-*]Anordnung vorläufig [*ohne Leib und Leben des Betroffenen gefährdenden Schußwaffengebrauch, str.*] festzunehmen. (2) Die Feststellung der Identität einer [*verdächtigen*] Person durch die Staatsanwaltschaft oder die Beamten des Polizeidienstes bestimmt sich [*aber unabhängig vom Vorliegen der Voraussetzungen des § 127 I 1 und II, also unabhängig vom Betreffen auf frischer Tat und dem Vorliegen der Voraussetzungen eines Haftbefehls oder eines Unterbringungsbefehls, allein*] nach § 163b Abs. 1 [*, § 163c. Die Identifizierung von Nichtverdächtigen bemißt sich nach §§ 163b II, 163c*].

(II) Die Staatsanwaltschaft und die Beamten des Polizeidienstes sind [*bei einer Gefährdung der Festnahme, falls zuvor ein richterlicher Haft- oder Unterbringungsbefehl beantragt werden müßte, also*] bei Gefahr im Verzug auch dann zur vorläufigen Festnahme [*ohne richterlichen Haft- oder Unterbringungsbefehl*] befugt, wenn die Voraussetzungen eines Haftbefehls [*wie sie §§ 112, 112a, 113 abschließend nennen*] oder eines Unterbringungsbefehls [*wie sie § 126a I abschließend nennt*] vorliegen. [*Die Durchführung unmittelbaren Zwanges bei einer polizeilichen Festnahme bemißt sich bei Bundesbeamten nach dem UZwG sowie bei Polizeibeamten nach den entsprechenden Landespolizeigesetzen.*]

(III[1]) Ist eine Straftat nur auf Antrag [*§§ 77, 77e StGB*] verfolgbar, so [*stellt das Fehlen eines Antrages, der Ermächtigung oder des Strafverlanges, § 77e StGB, lediglich ein vorläufiges Verfahrenshindernis dar. Gemäß § 130 kann daher für kurze Zeit ein Haftbefehl erlassen werden. Folgerichtig*] ist [*gem. § 127 III*] die vorläufige Festnahme auch dann zulässig, wenn ein Antrag [*gemäß den §§ 123 II, 182 II 1, 183 II, 194, 201 I und II, 202 bis 205, 232 I, 238 I, 247, 248a, 248b III, 248c III 2, 257 IV, 259 II, 263 IV, 266 III, 288 II, 294, 303 III, 323a III, 355 III StGB*] noch nicht gestellt ist. (2) Dies gilt entsprechend, wenn eine Straftat nur mit Ermächtigung [*gem. §§ 90 IV, 90b II, 97 III, 104a, 194 IV, 353a II, 353b III, 353c IV StGB*] oder auf Strafverlangen [*gem. § 104a StGB*] verfolgbar ist.

§ 127a (Absehen von der Anordnung oder Aufrechterhaltung einer Festnahme bei Sicherheitsleistung)

(I) Hat der Beschuldigte im Geltungsbereich dieses Gesetzes [*Bundesrepublik Deutschland einschl. West-Berlin*] keinen festen [*d. h. seine Erreichbarkeit zuverlässig sichernden*] Wohnsitz oder Aufenthalt [*7 ff BGB*] und liegen die Voraussetzungen eines Haftbefehls nur wegen Fluchtgefahr [*§ 112 II Nr. 2*] vor, so kann [*durch die in § 127 II genannten Polizeibeamten und Staatsanwälte, diejenigen Behörden und Beamten, denen in den o. a. Einzelgesetzen die Befugnis zur vorläufigen Festnahme gegeben ist, sowie durch den Richter, dem der Festgenommene vorgeführt wurde, § 128, str.*] davon abgesehen werden, seine Festnahme anzuordnen oder aufrechtzuerhalten, wenn

1. nicht damit zu rechnen ist, daß wegen der Tat eine Freiheitsstrafe [*§§ 38, 39 StGB, § 17 JGG, § 9 WStG*] verhängt oder eine freiheitsentziehende Maßregel der Besserung und Sicherung [*§§ 61 ff StGB*] angeordnet wird und
2. der Beschuldigte eine angemessene Sicherheit [*vgl. § 127a II i. V. m. § 116a I und III*] für die zu erwartende Geldstrafe und die Kosten des Verfahrens leistet.

(II) § 116a Abs. 1, 3 gilt entsprechend.

§ 128 (Vorführung eines vorläufig Festgenommenen vor den Richter)

(I[1]) Der [*vorläufig*] Festgenommene ist [*freizulassen, wenn die Festnahmegründe überhaupt nicht bestehen oder vor seiner Verbringung zum Richter entfallen. Der ohne richterlichen Haftbefehl – sonst gelten die §§ 115, 115a – vorläufig Festgenommene ist*], sofern er [*wegen Fortbestehens der Festnahmegründe*] nicht wieder in Freiheit gesetzt wird, [*bevor die öffentliche Klage erhoben ist,*] unverzüglich [*also ohne ungerechtfertigte Verzögerung*], spätestens [*jedoch*] am Tage nach der Festnahme, [*entweder dem nach den §§ 125 I, 128 II 1 und 2, 129, 169 zuständigen Richter oder*] dem Richter bei dem Amtsgericht, in dessen Bezirk er festgenommen worden ist [*, dem »Richter des Festnahmebezirks«*], vorzuführen. [*Dies kann auch durch Private geschehen; jedoch wird in der Regel ein Privater den Festgenommenen bei der nächsten Kriminaldienststelle abliefern; diese hat dann die Vorführung gem. § 128 zu veranlassen.*] ([2]) Der Richter vernimmt den Vorgeführten [*innerhalb einer gem. Art. 104 II 3 GG analog bestimmten Frist*] gem. § 115 Abs. 3. [*Staatsanwalt und Verteidiger können der Vernehmung beiwohnen, § 168c I. Zur Belehrung des Beschuldigten über sein Aussageverweigerungsrecht vgl. § 136 I 2.*]

(II[1]) Hält der Richter die Festnahme nicht für gerechtfertigt oder ihre Gründe für beseitigt, so ordnet er die Freilassung an [*, ohne festzustellen, ob die Festnahme ursprünglich berechtigt war*]. ([2]) Andernfalls [*also dann, wenn er die Voraussetzungen eines Haft- oder Unterbringungsbefehls als gegeben ansieht,*] erläßt er auf Antrag der Staatsanwaltschaft oder, wenn ein Staatsanwalt nicht erreichbar ist, von Amts wegen einen Haftbefehl oder einen Unterbringungsbefehls. ([3]) 115 Abs. 4 gilt [*für die Rechtsmittelbelehrung*] entsprechend.

§ 129 (Vorführung des vorläufig Festgenommenen nach Klageerhebung)

Ist gegen den [*vorläufig ohne Haftbefehl*] Festgenommenen bereits die öffentliche Klage erhoben [*vgl. § 125*], so ist er [*nach Wahl des Vorführenden*] entweder sofort [*= unmittelbar dem zuständigen Gericht*] oder auf Verfügung des Richters, dem er [*gem. §§ 128, 125*] zunächst vorgeführt worden ist, dem zuständigen Gericht vorzuführen; dieses hat spätestens am Tage nach der Festnahme über Freilassung, Verhaftung oder einstweilige Unterbringung des [*weiterhin*] Festgenommenen zu entscheiden.

§ 130 (Haftbefehl bei Antragsdelikten)

[*Da ein fehlender Strafantrag lediglich ein vorläufiges Strafverfolgungshindernis ist, ist ein Haftbefehl auch dann zulässig, wenn der Strafantrag noch nicht gestellt ist.*] ([1]) Wird wegen Verdachts einer Straftat, die nur auf Antrag verfolgbar ist [*z. B. §§ 123 II, 182 II 1, 183 II, 194, 201 I und II, 202 bis 205, 232 I, 238 I, 247, 248a, 248b III,*

248c III 2, 257 IV, 259 II, 263 IV, 266 III, 288 II, 294, 303 III, 323a III, 355 III StGB], ein Haftbefehl erlassen, bevor der Antrag gestellt ist, so ist der Antragsberechtigte, von mehreren wenigstens einer, sofort von dem Erlaß des Haftbefehls in Kenntnis zu setzen und davon zu unterrichten, daß der Haftbefehl aufgehoben werden wird, wenn der Antrag nicht innerhalb einer vom Richter zu bestimmenden Frist, die eine Woche nicht überschreiten soll, gestellt wird. (²) Wird innerhalb der [*Erklärungs-*]Frist Strafantrag nicht gestellt, so ist der Haftbefehl aufzuheben. [*Auch nach Ablauf der Erklärungsfrist kann jedoch wirksam Strafantrag gestellt werden.*] (³) Dies gilt entsprechend, wenn eine Straftat nur mit Ermächtigung oder auf Strafverlangen verfolgbar ist. (⁴) § 120 Abs. 3 [*, der die Aufhebung auf Antrag der Staatsanwaltschaft vor Erhebung der öffentlichen Klage zur Pflicht macht,*] ist [*selbstverständlich*] anzuwenden.

§ 131 (Erlaß eines Steckbriefes)

(I) Aufgrund eines Haftbefehls [*gem. §§ 114, 230 II, 236*] oder eines Unterbringungsbefehls [*gem. § 126a*] können [*unter Beachtung des Verhältnismäßigkeitsprinzips*] die Staatsanwaltschaft oder der Richter [*vgl. §§ 125, 126*] einen [*unmittelbar an eine unbestimmte Anzahl von Strafverfolgungsbehörden, mittelbar auch an die Öffentlichkeit gerichteten*] Steckbrief [*mit der Aufforderung zur Fahndung oder zur Fahndungshilfe*] erlassen, wenn der Beschuldigte flüchtig ist oder sich [*an einem Ort*] verborgen hält [*, der der Strafverfolgungsbehörde unbekannt ist*].

(II¹) Ohne [*erlassenen, in der Regel richterlichen*] Haft- oder Unterbringungsbefehl ist eine steckbriefliche Verfolgung nur zulässig, wenn ein [*vorläufig*] Festgenommener [*sich unerlaubt dem behördlichen Gewahrsam entzieht, also*] entweicht oder sich sonst [*rechtswidrig, z. B. bei einer Vorführung*] der Bewachung entzieht. (²) In diesen Fällen kann auch die Polizeibehörde [*aufgrund eigener Zuständigkeit*] einen Steckbrief erlassen. [*Entweicht ein Verurteilter vor Antritt seiner Strafhaft, gilt § 457. Bei Entweichen aus der Strafhaft gilt § 87 StVollzG.*]

(III¹) In dem Steckbrief ist der Verfolgte [*durch die Angabe seiner Identitätsmerkmale: Namen, Vornamen, Geburtsort*] zu bezeichnen und soweit möglich [*z. B. durch Angabe eines Dialektes oder besondere persönliche Merkmale*] zu beschreiben. (²) Die Tat, deren er verdächtig ist, sowie Ort und Zeit ihrer Begehung sind [*möglichst prägnant*] anzugeben. [*Zur Niederlegung des Steckbriefes im Bundeszentralregister vgl. § 25ff BZRG.*]

(IV) Die §§ 115 und 115a gelten [*nach der Ergreifung aufgrund des Steckbriefs*] entsprechend.

9a. Abschnitt
Sonstige Maßnahmen zur Sicherstellung der Strafverfolgung und Strafvollstreckung

[§ 132]

[Der Abschnitt 9a zielt wie § 127a darauf ab, die Lücken zu schließen, die das strikt angewandte Verhältnismäßigkeitsprinzip der Sicherung des Strafverfahrens bei der U-Haft zufügt.]

§ 132 (Sicherheitsleistung bei Straftaten, derentwegen nur eine Geldstrafe zu erwarten ist)

(I[1]) Hat der Beschuldigte, der einer Straftat dringend verdächtig ist [*vgl. § 112*], im Geltungsbereich dieses Gesetzes [*also der Bundesrepublik Deutschland einschl. West-Berlin*] keinen festen Wohnsitz oder Aufenthalt [*vgl. § 127a I*], liegen aber [*abgesehen vom dringenden Tatverdacht*] die [*sonstigen*] Voraussetzungen eines Haftbefehls [*insbesondere Verhältnismäßigkeit der Freiheitsentziehung, § 112 I 2*] nicht vor, so kann, um die Durchführung des Strafverfahrens sicherzustellen, [*von den in § 132 II genannten Organen*] angeordnet werden, daß der Beschuldigte

1. eine angemessene Sicherheit für die zu erwartende Geldstrafe und die Kosten des Verfahrens leistet [*vgl. § 127a I Nr. 2*] und
2. eine im Bezirk des zuständigen Gerichts wohnende Person [*vgl. § 116a III*] zum Empfang von Zustellungen bevollmächtigt.

([2]) § 116a Abs. 1 gilt [*für die Hinterlegung der Sicherheit*] entsprechend.

(II) Die Anordnung dürfen nur der Richter [*durch Beschluß*], bei Gefahr im Verzuge [*also dann, wenn bei Zuwarten die Erbringung der Sicherheitsleistung oder die Beschlagnahme der in § 132 III genannten Sachen gefährdet wäre,*] auch die Staatsanwaltschaft und ihre Hilfsbeamten (§ 152 des Gerichtsverfassungsgesetzes) treffen. [*Gegen die Entscheidung des Richters kann der Beschuldigte Beschwerde einlegen, § 304 I, es sei denn, daß die Entscheidung eine solche des erkennenden Gerichts, § 305 S 1, ist. Für die Anfechtung nichtrichterlicher Anordnung gilt § 98 II 2 analog, str.*]

(III[1]) Befolgt der Beschuldigte die Anordnung nicht, so können [*unter Beachtung des Verhältnismäßigkeitsprinzips*] Beförderungsmittel und andere Sachen, die der Beschuldigte mit sich führt und die ihm gehören, [*gesucht, § 102 analog, und*] beschlagnahmt werden. ([2]) Die §§ 94 und 98 gelten entsprechend.

9b. Abschnitt
Vorläufiges Berufsverbot

[§ 132a]

§ 132a (Voraussetzungen und Dauer eines vorläufigen Berufsverbots als Vorläufer einer Maßregel nach § 70 StGB)

(I[1]) Sind [*in Gestalt bestimmter Tatsachen*] dringende [*eine hohe Wahrscheinlichkeit indizierende*] Gründe für die Annahme vorhanden, daß ein Berufsverbot [*wegen einer rechtswidrigen Tat, die der Beschuldigte unter Mißbrauch seines Berufs oder Gewerbes oder unter grober Verletzung der mit ihnen verbundenen Pflichten begangen hat,*] angeordnet werden wird (§ 70 des Strafgesetzbuches), so kann [*unter strikter Beachtung des Verhältnismäßigkeitsprinzips, vgl. Art. 12 GG sowie § 456c*] der Richter dem Beschuldigten [*nach Anhörung der Staatsanwaltschaft und des Beschuldigten, § 33 I und II*] durch [*an sich formlos bekanntzugebenden, zweckmäßigerweise jedoch förmlich dem Beschuldigten zuzustellenden*] Beschluß die Ausübung des [*näher zu bestimmenden*] Berufs, Berufszweiges, Gewerbes oder Gewerbezweiges vorläufig verbieten. ([2]) § 70 Abs. 3 des Strafgesetzbuches gilt [*hinsichtlich der Wirkung*] entsprechend. [*Handelt der Beschuldigte dem Verbot zuwider, macht er sich gem. § 145c StGB strafbar.*]

(II) Das vorläufige Berufsverbot [*erlischt, wenn das rechtskräftige Urteil das Berufsverbot endgültig anordnet. Es*] ist [*von Amts wegen*] aufzuheben, wenn sein Grund weggefallen ist [*– entsprechende Prüfungspflicht während des gesamten Verfahrens! –*] oder wenn das Gericht im [*noch nicht rechtskräftigen*] Urteil das Berufsverbot nicht anordnet. [*Entsprechendes gilt, wenn ein noch nicht rechtskräftiger Beschluß das Verfahren einstellt.*]

Zehnter Abschnitt
Vernehmung des Beschuldigten

[§§ 133–136 a]

[Die §§ 133 bis 136 a gelten primär für die erste richterliche Vernehmung im Vorverfahren. Die §§ 136, 136 a haben darüber hinaus grundsätzliche Bedeutung. Die staatsanwaltschaftliche oder polizeiliche Vernehmung des Beschuldigten regelt § 163 a III und IV. Auf die »Vernehmung« des Beschuldigten durch Hilfsorgane der Staatsanwaltschaft, Ermittlungshelfer und Sachverständige, sind die §§ 163 a IV, 136 I 2, 136 a analog anzuwenden, str.; a. A. die h. M.]

§ 133 (Ladung des Beschuldigten)

(I) Der Beschuldigte [*also derjenige Verdächtige, gegen den die Strafverfolgungsbehörden eine Maßnahme treffen, die erkennbar darauf abzielt, strafverfolgend gegen ihn vorzugehen, § 397 I AO analog, str.*] ist zur [*richterlichen oder staatsanwaltschaftlichen, § 163a III 2*] Vernehmung [*in angemessenem Zeitraum vor dem Termin*] schriftlich [*oder telegrafisch als Beschuldigter*] zu laden [*, ohne daß es einer förmlichen Zustellung bedarf. Der Beschuldigte ist durch die vom Richter oder Staatsanwalt, § 163a III 2, angeordnete Ladung zum Erscheinen verpflichtet*].

(II) Die [*schriftliche*] Ladung kann unter der Androhung geschehen, daß im Falle des [*rechtswidrigen unentschuldigten*] Ausbleibens seine Vorführung [*unter Beachtung des Verhältnismäßigkeitsprinzips*] erfolgen werde.

§ 134 (Vorführung des Beschuldigten)

(I) [*Ist der Beschuldigte trotz ordnungsgemäßer Ladung unter Androhung der Vorführung, § 133 II, nicht zu dem Vernehmungstermin erschienen, kann er vorgeführt werden.*] Die sofortige [*= ohne vorangegangene Ladung stattfindende*] Vorführung des Beschuldigten kann [*ausnahmsweise vom Richter und in den Fällen einer Vernehmung durch die Staatsanwaltschaft vom Staatsanwalt auch ohne vorherige Ladung gem. § 133 durch Vorführungsbefehl, § 134 II*] verfügt werden, wenn Gründe [*= Tatverdacht und Haftgründe*] vorliegen [*§§ 112 I 1, 112 II, 112 III, 112a*], die den Erlaß eines Haftbefehls [*oder Unterbringungsbefehls, h. M.*] rechtfertigen würden [*§§ 112 ff*].

(II) In dem [*richterlichen, §§ 162, 165, oder staatsanwaltschaftlichen, § 163a III, schriftlichen*] Vorführungsbefehl ist der Beschuldigte [*so*] genau zu bezeichnen [*, daß eine Personenverwechslung ausgeschlossen ist,*] und die ihm zur Last gelegte Straftat [*durch Bezeichnung als Mord, Totschlag etc.*] sowie der Grund der [*sofortigen*] Vorführung [*also der dringende Tatverdacht sowie der Haftgrund unter analoger Anwendung des § 114 II Nr. 3*] anzugeben.

§ 135 (Unverzügliche Vorführung und sofortige Vernehmung des Beschuldigten)

([1]) Der Beschuldigte ist unverzüglich [*also ohne ungerechtfertigte Säumnis, vgl. §§ 115 I, 115a, 128 I 1*] dem Richter [*bzw. dem Staatsanwalt, § 163a III 2*] vorzuführen und [*sowohl bei einer Vorführung wegen unentschuldigten Ausbleibens als auch bei einer Vorführung nach § 134*] von diesem zu vernehmen. [*Während der Hauptverhandlung gelten die §§ 230, 236, 329 IV als lex specialis; die §§ 115, 115a werden durch § 135 verdrängt.*] ([2]) Er darf auf Grund des Vorführungsbefehls [*In Anlehnung an Art. 104 II 3 GG*] nicht länger festgehalten werden als bis zum Ende des Tages, der dem Beginn der Vorführung folgt [*maximal also 48 Stunden*].

§ 136 (Verfahren bei der ersten richterlichen Vernehmung des Beschuldigten)

(I[1]) Bei Beginn der ersten [*richterlichen oder staatsanwaltschaftlichen, § 163a III 2*] Vernehmung [*zur Sache vor und außerhalb der Hauptverhandlung, beachte aber als lex specialis §§ 115 III, 115a II 2*] ist dem [*zu seiner Person auskunftspflichtigen, vgl. § 111 OWiG, und daher zunächst dazu zu vernehmenden*] Beschuldigten [*vgl. § 133 I*] zu eröffnen, welche Tat [*als historischer Vorgang, vgl. §§ 155, 264*] ihm zur Last gelegt wird und welche Strafvorschriften [*nach der bisherigen Einschätzung wahrscheinlich*] in Betracht kommen. ([2]) Er ist [*, nicht: soll, hinreichend*] darauf hinzuweisen, daß es ihm nach [*dem Grundsatz: »nemo tenetur se ipsum accusare« und nach*] dem Gesetz freistehe, sich [*z. B. zum Zwecke seiner Verteidigung*] zu der Beschuldigung zu äußern oder [*ohne jeden Nachteil überhaupt*] nicht zur Sache [*als den Inbegriff aller strafbegründungs- und rechtsfolgenrelevanten Tatsachen unter Ausschluß der persönlichkeitsidentifizierenden Daten, vgl. § 111 OWiG, str.*] auszusagen und jederzeit [*vgl. § 137*], auch schon vor seiner Vernehmung [*zur Sache und einer etwaigen Entscheidung, ob er von seinem Aussageverweigerungsrecht Gebrauch macht*], einen von ihm zu wählenden Verteidiger zu befragen. [*Wird diese doppelte Belehrungspflicht nicht erfüllt, so ist nach der – abzulehnenden – h. M. die Aussage dennoch verwertbar, weil § 136 I 2 lediglich eine »Ordnungsvorschrift« sei, so irrig BGHSt. 22, 129, 170; vgl. aber auch BGHSt. 25, 325.*] ([3]) Er ist ferner [*bei Beginn der Vernehmung zur Sache und unabhängig von einer etwaigen Aussageverweigerung*] darüber zu belehren, daß er zu seiner Entlastung [*gem. § 163a II bereits im vorbereitenden Verfahren*] einzelne Beweiserhebungen beantragen kann. [*Richter am Amtsgericht haben solche Beweisanträge nach § 166 zu behandeln.*] ([4]) In geeigneten Fällen [*z. B. dann, wenn der Beschuldigte zu seiner Entlastung umfangreiches schriftliches Material herbeibringt,*] soll der Beschuldigte [*bei Beginn der Vernehmung zur Sache*] auch darauf hingewiesen werden, daß er sich schriftlich [*sei es vollständig, sei es nur ergänzend*] äußern kann.

(II) Die Vernehmung [*zur Sache*] soll dem Beschuldigten Gelegenheit geben, die gegen ihn vorliegenden Verdachtsgründe zu beseitigen und die zu seinen Gunsten sprechenden [*verfolgungs-, strafbegründungs- oder rechtsfolgenrelevanten*] Tatsachen geltend zu machen.

(III) Bei der ersten [*vgl. § 136 I*] Vernehmung des Beschuldigten ist [*nach seiner Vernehmung zur Sache*] zugleich auf die Ermittlung seiner [*rechtsfolgenrelevanten*] persönlichen Verhältnisse [*als Abschlußteil der Vernehmung zur Sache*] Bedacht zu nehmen.

§ 136a (Menschenwürdewidrige Vernehmungsmethoden)

(I 1) Die Freiheit der Willensentschließung und der Willensbetätigung des Beschuldigten [*an einer Vernehmung teilzunehmen oder nicht teilzunehmen*] darf [*durch Staatsorgane*] nicht [*in einer Weise*] beeinträchtigt werden [*, daß der Beschuldigte unfähig wird, frei zu entscheiden, ob er aussagt oder nicht aussagt, oder die Bedeutung seiner Aussage abschätzen zu können. Verboten ist daher die Beeinträchtigung der Willensentschließung und der Willensbetätigung*] durch [*körperlich einwirkende*] Mißhandlung, durch [*Hervorrufen oder Ausnützen einer*] Ermüdung [*, die aufgrund des natürlichen Ruhebedürfnisses eines Beschuldigten diesen unfähig werden läßt, eine freie Willensentschließung zu treffen*], durch [*einen den*] körperlichen [*Zustand verändernden*] Eingriff, durch Verabreichung von [*festen, flüssigen oder gasförmigen*] Mitteln [*, die negative Auswirkungen auf den körperlichen oder geistigen Zustand des Beschuldigten haben*], durch [*auch nur seelisch wirkende*] Quälerei, durch Täuschung [*, die die Aussagefreiheit des Beschuldigten einengt, nach h. M. eng auszulegen,*] oder durch Hypnose [*oder durch andere, nicht in § 136a I 1 genannte menschenwürdewidrige Methoden, wie z. B. durch die Benutzung eines Lügendetektors*]. (2) Zwang darf nur angewandt werden, soweit das Strafverfahrensrecht [*einschl. des GVG, z. B. § 176 GVG,*] dies [*unter Beachtung der verfassungsrechtlichen Gebote, insbesondere des Verhältnismäßigkeitsprinzips*] zuläßt. (3) Die Drohung mit einer nach seinen Vorschriften unzulässigen Maßnahme [*z. B. der Drohung, das völlige Schweigen werde zum Nachteil ausgelegt werden,*] und das Versprechen eines gesetzlich nicht vorgesehenen Vorteils sind verboten. [*Erlaubt ist dagegen nach h. M. z. B. der Hinweis, daß ein Geständnis strafmildernd sich auswirken könne.*]

(II) Maßnahmen, die das Erinnerungsvermögen oder die Einsichtsfähigkeit des Beschuldigten [*z. B. durch Anbieten von Tabak oder Alkohol*] beeinträchtigen [*nicht: erhöhen!*], sind nicht gestattet.

(III 1) Das Verbot der Absätze 1 und 2 gilt [*, weil der Beschuldigte auf das Gebot, seine Menschenwürde zu achten, nicht wirksam verzichten kann, arg.: Art. 1 I GG*] ohne Rücksicht auf die Einwilligung des Beschuldigten [*, seines gesetzlichen Vertreters oder Verteidigers*]. (2) Aussagen, die [*möglicherweise ursächlich in irgendeinem Stadium des Verfahrens*] unter Verletzung dieses Verbots zustande gekommen sind, dürfen [*soweit nicht verwertet werden, als sie durch die verbotene Vernehmungsmethode erlangt wurden. Sie dürfen*] auch dann nicht verwertet werden, wenn der Beschuldigte der Verwertung zustimmt. [*Allerdings ist eine inhaltsgleich, ohne Zwang, Täuschung u. a. wiederholte Aussage verwertbar. Ist aufgrund der rechtswidrig erlang-*

ten Aussage ein weiteres Beweismittel erzielt worden – das Versteck der Leiche wurde aufgrund der erpreßten Aussage gefunden –, so ist auch dieses Beweismittel unverwertbar, sehr str.]

Elfter Abschnitt
Verteidigung
[§§ 137–150]

[Die §§ 137 ff regeln die Rechtsstellung eines Verteidigers nur unvollkommen. Die h. M. bedient sich zur Auslegung und Lückenvervollständigung der in § 1 BRAO niedergelegten These, der Verteidiger sei ein selbständiges Organ der Rechtspflege, das als Beistand des Beschuldigten tätig zu werden hat. Als solches ist er einerseits auf Wahrheit und Gerechtigkeit verpflichtet, andererseits hat er nur die entlastenden Momente vorzutragen.]

§ 137 (Umfassendes Recht auf Wahl eines Verteidigers)

(I [1]) Der Beschuldigte [*siehe Definition § 133*] kann sich in jeder Lage des Verfahrens [*also auch im vorbereitenden Verfahren, vgl. §§ 136, 163a III, 163a IV, und selbst noch in Gnadensachen*] des Beistandes [*vgl. z. B. §§ 118 I, 118a III, 118a IV, 124 II 3*] eines Verteidigers [*u. U. auch mehrerer Verteidiger, vgl. § 137 I 2*] bedienen. ([2]) Die Zahl der gewählten Verteidiger darf drei nicht übersteigen. [*Die Beschränkung der Zahl der Verteidiger hat das Bundesverfassungsgericht als verfassungskonform gebilligt.*]

(II [1]) Hat der Beschuldigte [*nach Bürgerlichem Recht z. B. gem. den §§ 1631, 1671, 1678, 1681, 1705, 1793 BGB*] einen gesetzlichen Vertreter, so kann auch dieser selbständig [*, ohne vom Willen des Beschuldigten abhängig zu sein, in den Grenzen des § 137 I 2*] einen Verteidiger wählen. ([2]) Absatz 1 Satz 2 gilt [*hinsichtlich der Anzahl von Wahlverteidigern*] entsprechend. [*Auf die Zahl der vom gesetzlichen Vertreter wählbaren Verteidiger kann die Anzahl der vom Beschuldigten bereits gewählten Verteidiger nicht angerechnet werden, zw.*]

§ 138 (Kreis der Personen, die vom Beschuldigten oder seinem gesetzlichen Vertreter als Verteidiger gewählt werden können)

(I) Zu [*Wahl-*]Verteidigern können die bei einem deutschen Gericht [*= der Bundesrepublik Deutschland einschl. West-Berlins, vgl. aber auch § 212 BRAO, schon, vgl. §§ 4, 6 I, 12, 31 I, 32 BRAO, und noch wirksam, §§ 13, 16 I BRAO*] zugelassenen [*und nicht mit einem Berufsverbot belasteten, §§ 150 I, 153, 155 II, 132a I, 161a I, 161a II BRAO*] Rechtsanwälte [*in Steuersachen auch Steuerberater, Steuerbevollmächtigte, Wirtschaftsprüfer und vereidigte Buchprüfer nach Maßgabe des § 392 I AO*] sowie die [*als befugte*] Rechtslehrer an deutschen Hochschulen [*, Universitäten und gleichgestellten Hochschulen, tätigen Professoren, Privatdozenten und Honorarprofessoren, nicht dagegen Wiss. Assistenten oder Lehrbeauftragte, str.*] gewählt werden.

(II) Andere [*natürliche prozeßfähige*] Personen können [*soweit kein Sonderfall des § 392 AO vorliegt*] nur [*nach ausdrücklich oder stillschweigend gestelltem Antrag*] mit [*ausdrücklich oder stillschweigend erteilter*] Genehmigung des Gerichts [*nicht des Vorsitzenden allein*] und, wenn der Fall einer notwendigen Verteidigung vorliegt [*§ 140*] und der Gewählte nicht zu den Personen gehört, die [*gem. § 142 I und II*] zu Verteidigern bestellt werden dürfen, nur in Gemeinschaft mit einer solchen als Wahlverteidiger [*durch Beschluß*] zugelassen werden. [*Gegen den Ablehnungsbeschluß ist Beschwerde des Beschuldigten und der abgelehnten Personen zulässig. Ist der Beschluß in der Hauptverhandlung ergangen, kann Revision u. U. auf § 338 Nr. 8 gestützt werden.*]

§ 138a (Ausschließung eines Verteidigers)

(I) Ein [*Wahl- oder Pflicht-, ablehnend zum Zweiten die Rechtsprechung*] Verteidiger ist von der Mitwirkung in einem [= *dem gesamten*] Verfahren [*in fünf Fällen: §§ 138a I Nr. 1 und 3, 138a I Nr. 2 1. Alt., 138a I Nr. 2 2. Alt., 138b sowie § 138a II aufgrund qualifizierter Verdachtsgründe auszuschließen, ohne daß diese Ausschlußgründe erweiterungsfähig wären. Gem. § 138a I ist ein Verteidiger in jeder Lage des Verfahrens*] auszuschließen, wenn er dringend [= *mit großer Wahrscheinlichkeit*] oder in einem die Eröffnung des Hauptverfahrens rechtfertigenden Grade [*vgl. § 203, also aufgrund von Tatsachen hinreichend und erst recht für eine Anklageerhebung ausreichend*] verdächtig ist, daß er

1. an der Tat [*im prozessualen Sinne, vgl. §§ 155, 264*], die [*als historischer Lebensvorgang in ihrer Gesamtheit*] den Gegenstand der Untersuchung bildet, [*z. B. als Mittäter, Anstifter oder Gehilfe im Sinne der §§ 25 ff StGB*] beteiligt ist [*, ohne daß die Art der Beteiligung materiell-strafrechtlich schon beurteilt werden müßte*],
2. den [*prinzipiell freien schriftlichen oder mündlichen*] Verkehr [*§ 148*] mit dem nicht auf freiem Fuß befindlichen Beschuldigten dazu mißbraucht, [*– wegen des Verhältnismäßigkeitsprinzips: erhebliche, str. –*] Straftaten zu begehen oder die Sicherheit einer Vollzugsanstalt [*vgl. § 119 III*] erheblich [*konkret*] zu gefährden [*und diese Gefährdung nicht auf andere, mildere Weise abgewandt werden kann als durch Ausschluß des Verteidigers*], oder
3. eine Handlung begangen hat, die für den Fall der Verurteilung des Beschuldigten Begünstigung [*§ 257 StGB*], Strafvereitelung [*§ 258 StGB*] oder Hehlerei [*§§ 259, 260 StGB*] wäre.

(II) Von der Mitwirkung in einem Verfahren, das eine Straftat nach § 129a des Strafgesetzbuches [= *Bildung terroristischer Vereinigungen*] zum Gegenstand hat, ist ein Verteidiger auch [*schon dann*] auszuschließen, wenn bestimmte Tatsachen den [*– wegen des Verhältnismäßigkeitsprinzips: über den schlichten Anfangsverdacht hinausgehenden und die Durchführung eines Ermittlungsverfahrens wahrscheinlich machenden –*] Verdacht begründen, daß er eine der in Absatz 1 Nr. 1 und 2 bezeichneten Handlungen begangen hat oder begeht.

(III[1]) Die Ausschließung [*des Verteidigers nach § 138a I und II*] ist [*nachträglich*] aufzuheben,

1. sobald [*also in dem Moment, in dem*] ihre [*einmal vorgelegenen*] Voraussetzungen [*aufgrund einer Änderung der Tatsachengrundlage*] nicht mehr vorliegen [*z. B. der Tatverdachtsgrad unter die qualifizierte Schwelle gesunken ist*], jedoch nicht allein

deshalb, weil der Beschuldigte [*, der sich nicht auf freiem Fuß befand, vgl. § 138a I Nr. 2*] auf freien Fuß gesetzt worden ist [*oder eigenmächtig entwich*],

2. wenn der Verteidiger in einem wegen des Sachverhalts, der zur Ausschließung geführt hat, eröffneten Hauptverfahren freigesprochen oder wenn in einem Urteil des Ehren- oder Berufsgerichts eine schuldhafte Verletzung der Berufspflichten im Hinblick auf diesen Sachverhalt nicht festgestellt wird [*, da dann auch der gegen den Verteidiger sprechende Verdacht kaum mehr dringend sein kann*],
3. wenn [*vorbehaltlich des § 138a III 2*] nicht spätestens ein Jahr nach der Ausschließung wegen des Sachverhalts, der zur Ausschließung geführt hat, das Hauptverfahren im Strafverfahren oder im ehren- oder berufsgerichtlichen Verfahren eröffnet oder ein Strafbefehl erlassen worden ist [*, weil in diesem Fall, vorbehaltlich einer Fristverlängerung nach § 138a III 2, sich der Verdacht nicht binnen der vom Gesetz als angemessen angesehenen Frist bestätigt hat*].

(2) Eine Ausschließung, die nach Nummer 3 [*wegen Nichtbestätigung des Verdachts binnen einer angemessenen Frist*] aufzuheben ist, kann befristet, längstens jedoch insgesamt für die Dauer eines weiteren Jahres, aufrechterhalten werden, wenn die besondere Schwierigkeit oder der besondere Umfang der Sache oder ein anderer wichtiger Grund die Entscheidung über die Eröffnung des Hauptverfahrens noch nicht zuläßt. [*Vgl. zur Auslegung § 121 I.*]

(IV1) Solange ein Verteidiger [*in einem gegen seinen Mandanten gerichteten Verfahren*] ausgeschlossen ist, kann er den Beschuldigten [= *seinen Mandanten*] auch in anderen gesetzlich angeordneten [*Straf-, Bußgeld-, ehrengerichtlichen, berufsgerichtlichen, Disziplinar-*]Verfahren nicht verteidigen [*»automatische Annexwirkung des Ausschlusses«, die eintritt, ohne daß es einer besonderen Entscheidung bedarf, vgl. auch §§ 138a IV 2, 138a V*]. (2) In sonstigen [*z. B. zivilgerichtlichen*] Angelegenheiten darf er den Beschuldigten, der sich nicht auf freiem Fuß befindet, nicht aufsuchen.

(V1) Andere Beschuldigte [*als sein Mandant*] kann ein Verteidiger, solange er ausgeschlossen ist, in demselben Verfahren nicht verteidigen [*»Verbot des Mandantenwechsels«*], in anderen Verfahren dann nicht, wenn diese eine Straftat nach § 129a des Strafgesetzbuches [= *Bildung einer terroristischen Vereinigung*] zum Gegenstand haben und die Ausschließung in einem Verfahren erfolgt ist, das ebenfalls eine solche [*nicht notwendig die identische*] Straftat zum Gegenstand hat. (2) Absatz 4 gilt entsprechend.

§ 138b (Ausschluß eines Verteidigers wegen Gefährdung der Staatssicherheit in Staatsschutzsachen)

(1) Von der Mitwirkung in einem Verfahren, das eine der in § 74a Abs. 1 Nr. 3, § 120 Abs. 1 Nr. 3 des Gerichtsverfassungsgesetzes genannten Straftaten oder die Nichterfüllung der Pflichten nach § 138 des Strafgesetzbuches hinsichtlich der Straftaten des Landesverrates oder einer Gefährdung der äußeren Sicherheit nach den §§ 94 bis 96, 97a, 100 des Strafgesetzbuches [*nach der Anklageschrift oder, wenn eine solche noch nicht erstellt wurde, nach dem Stande der Ermittlungen*] zum Gegenstand hat, ist ein Verteidiger auch dann auszuschließen, wenn auf Grund be-

stimmter [*vgl. § 112*] Tatsachen [*zwar nicht ein an Gewißheit grenzender Verdacht, aber auch mehr als die bloße Vermutung, nämlich*] die Annahme begründet ist, daß seine Mitwirkung [*nach den konkreten Umständen des Einzelfalles*] eine [*ernstlich zu besorgende*] Gefahr für die [*äußere oder innere*] Sicherheit der Bundesrepublik Deutschland [*vgl. § 92 III Nr. 2 StGB*] herbeiführen würde. (²) § 138 a Abs. 3 Satz 1 Nr. 1 gilt [*im Hinblick auf eine nachträgliche Aufhebung wegen Wegfalls der tatsächlichen Voraussetzungen des Ausschlusses wegen einer Gefahr für die Sicherheit der Bundesrepublik Deutschland*] entsprechend.

§ 138c (Zuständigkeit und Verfahren für den Ausschluß des Verteidigers nach den §§ 138a, 138b)

(I¹) Die Entscheidungen nach §§ 138a, 138b trifft [*weil der Ausschluß strafprozessuale und nicht berufsständische Ziele verfolgt*] das Oberlandesgericht [*sowie in den Fällen des § 138c I 2 der Bundesgerichtshof, und grundsätzlich, vgl. aber § 138c I 3, nicht das Gericht, bei dem das Verfahren anhängig ist, in dem der Verteidiger ausgeschlossen werden soll*]. (²) Werden im vorbereitenden Verfahren die Ermittlungen vom Generalbundesanwalt geführt [*§§ 74a II, 142a I GVG*] oder ist das Verfahren vor dem Bundesgerichtshof [*in der Revisionsinstanz*] anhängig [*§ 347 II*], so entscheidet der Bundesgerichtshof. (³) Ist das Verfahren vor einem Senat eines Oberlandesgerichtes oder des Bundesgerichtshofes anhängig, so entscheidet ein anderer [*nach dem Geschäftsverteilungsplan zuständiger*] Senat.

(II¹) Das nach Absatz 1 zuständige Gericht entscheidet [*im vorbereitenden Verfahren auf Antrag des Generalbundesanwalts oder des Generalstaatsanwalts oder in Finanzsachen des Finanzamtes, § 399 I AO. Das nach § 138c I zuständige Gericht entscheidet*] nach Erhebung der öffentlichen Klage [*gem. §§ 170 I, 199 II, 200*] bis zum rechtskräftigen Abschluß des Verfahrens [*jedoch*] auf Vorlage des [*mit der Sache befaßten, § 126 II 1*] Gerichts, bei dem das Verfahren anhängig ist, sonst [*also vor Erhebung der Klage und nach rechtskräftigem Abschluß des Verfahrens allein*] auf Antrag der Staatsanwaltschaft. (²) Die Vorlage [*durch das mit der Sache befaßte Gericht*] erfolgt auf [*im Falle der Ablehnung durch zu begründenden Beschluß, § 34, förmlich zu bescheidenden*] Antrag der [*im Falle der Ablehnung beschwerdebefugten, §§ 138d VI, 304 IV 3*] Staatsanwaltschaft oder [*, wenn das Gericht im Vorlagebeschluß konkret begründet, was es zu einer Ausschließung für erforderlich hält,*] von Amts wegen durch Vermittlung der Staatsanwaltschaft. (³) Soll ein Verteidiger ausgeschlossen werden, der Rechtsanwalt [*vgl. § 138*] ist, so ist eine Abschrift des [*stets schlüssig zu begründenden*] Antrages der Staatsanwaltschaft nach [*§ 138c II*] Satz 1 oder die [*ebenfalls stets schlüssig zu begründende*] Vorlage des Gerichts [*nach § 138c II 1*] dem Vorstand der Rechtsanwaltskammer mitzuteilen, der der Rechtsanwalt angehört. (⁴) Er kann sich [*, ohne daß er hierauf hinzuweisen ist,*] im Verfahren äußern [*; ein Beschwerderecht steht ihm jedoch gemäß § 138d VI 2 nicht zu*].

(III) [*Die §§ 147, 148 garantieren dem Verteidiger das Recht auf Akteneinsicht sowie das Recht auf prinzipiell freien Verkehr mit einem inhaftierten Beschuldigten.*] (¹) Das [*mit der Sache befaßte*] Gericht, bei dem das Verfahren [*nach Erhebung der öffentlichen Klage und vor rechtskräftigem Abschluß des Verfahrens*] anhängig ist, kann [*nach seinem pflichtgemäßen Ermessen*] anordnen, daß die Rechte des Verteidigers aus den §§ 147, 148 [*schon vor und*] bis zur [*die Mitwirkung des Verteidigers im Verfahren an sich erst beendenden*] Entscheidung des nach Absatz 1 zuständigen Gerichts über die Ausschließung [*nach § 138a I Nr. 1 und 3, § 138a I Nr. 2 1. Alt., § 138a I Nr. 2 2. Alt., § 138b und § 138a II*] ruhen; es kann das Ruhen dieser Rechte auch für die in § 138a Abs. 4 und 5 bezeichneten [*Annex-*]Fälle anordnen. (2) Vor Erhebung der öffentlichen Klage [*gemäß §§ 170 I, 199 II, 200*] und nach rechtskräftigem Abschluß des Verfahrens trifft die Anordnung nach Satz 1 [*jedoch*] das Gericht, das über die Ausschließung des Verteidigers [*gem. § 138c I*] zu entscheiden hat. (3) Die Anordnung ergeht [*nach Anhörung der Staatsanwaltschaft, § 33 II, des Beschuldigten, § 33 III, des betroffenen Verteidigers und seines von ihm berechtigt hinzugezogenen Verteidigers im Ausschließungsverfahren, beachte aber §§ 33 IV, 33a*] durch [*zu begründenden, str. wegen § 34*] unanfechtbaren [*und bekannt zu gebenden, § 35*] Beschluß [*des Gerichts, das je nach Verfahrenslage in voller oder in Beschlußbesetzung entscheidet*]. (4) Für die Dauer der Anordnung hat [*, weil der Beschuldigte das Recht auf einen Verteidiger hat, § 137, und die Rechte erfordernde Mitwirkung des Verteidigers an sich erst mit dem Ausschließungsbeschluß beendet ist*] das Gericht zur Wahrnehmung der Rechte aus den §§ 147, 148 einen anderen Verteidiger zu bestellen [*und zwar auch dann, wenn der Verteidiger vom Beschuldigten gewählt war, obwohl seine Verteidigung nicht gem. § 140 notwendig war*]. (5) § 142 gilt [*für die Auswahl des zu bestellenden Verteidigers*] entsprechend.

(IV) [*Grundsätzlich hat der Ausschluß des Verteidigers auf den Fortgang des Verfahrens keinen verzögernden Einfluß.*] (1) Legt das [*mit der Sache befaßte*] Gericht, bei dem das Verfahren [*nach Anklageerhebung gem. §§ 170 I, 199 II, 200*] anhängig ist, gemäß Absatz 2 [*während des Zwischenverfahrens die Akten vor, so ruht dieses, §§ 199 I, 201, 202. Legt das mit der Sache befaßte Gericht gem. § 138c II*] während der Hauptverhandlung [*§§ 226–275*] vor, so hat es [*zwingend und damit die Rechte nach §§ 228, 229 zur Pflicht erhebend*] zugleich mit der Vorlage die Hauptverhandlung bis zur Entscheidung durch das nach Absatz 1 zuständige Gericht [*auch dann*] zu unterbrechen oder [*mit der Notwendigkeit, die Hauptverhandlung neu zu beginnen,*] auszusetzen [*, wenn der Beschuldigte mehrere Verteidiger hat und nur ein Verteidiger von der Vorlage und dem Ausschließungsverfahren betroffen ist*]. (2) Die Hauptverhandlung kann [*in Erweiterung der in § 229 I, II 1 bestimmten Frist*] bis zu dreißig Tagen unterbrochen werden [*, ohne daß die Hauptverhandlung neu beginnen muß*].

(V1) Scheidet der Verteidiger [*sei es*] aus eigenem Entschluß oder [*sei es*] auf Veranlassung des Beschuldigten von der Mitwirkung in einem Verfahren aus, nachdem gemäß Absatz 2 der Antrag auf Ausschließung gegen ihn gestellt oder die Sache dem zur Entscheidung zuständigen Gericht vorgelegt worden ist, so kann [*, um dem Verteidiger nicht die Möglichkeit zu geben, sich durch sein Ausscheiden den zusätzlichen Verteidigungsverboten, die er mit einer förmlichen Ausschließung zu erwarten hat, zu entziehen,*] dieses Gericht das Ausschließungsverfahren [*trotz des Ausscheidens des Verteidigers*] weiterführen mit dem Ziel der Feststellung, ob die Mitwirkung des ausgeschiedenen Verteidigers in dem Verfahren zulässig ist [*»selbständiges Ausschließungsverfahren«*]. (2) Die Feststellung der Unzulässigkeit steht im Sinne der §§ 138a [*insbesondere des § 138a IV und V*], 138b, 138d der Ausschließung gleich.

(VI[1]) Ist der Verteidiger von der Mitwirkung in dem Verfahren ausgeschlossen worden, so können [*vgl. § 145 IV*] ihm die durch die Aussetzung [*gem. § 138c IV 1*] verursachten Kosten [*, z. B. für die Abbestellung und Neuladung von Zeugen und Sachverständigen, durch Beschluß*] auferlegt werden. ([2]) Die [*grundsätzlich, vgl. aber § 304 IV, anfechtbare, § 304 I*] Entscheidung hierüber trifft das Gericht, bei dem das Verfahren anhängig ist. [*Über die Kosten des Ausschließungsverfahrens wird als Kosten des Strafverfahrens nicht gesondert entschieden.*]

§ 138d (Mündliche Verhandlung und Rechtsmittel der sofortigen Beschwerde)

(I) Über die Ausschließung des Verteidigers wird [*von dem in § 138c I bestimmten Gericht*] nach mündlicher [*nach h. M. jedoch nicht öffentlicher, zw.*] Verhandlung [*, zu der der Verteidiger zu laden und von der der Beschuldigte sowie der Vorstand der Rechtsanwaltskammer zu benachrichtigen sind, § 138d II bis IV, aufgrund Freibeweises, h. M.*] entschieden.

(II[1]) Der Verteidiger ist [*mit der Ladungsfrist des § 138d II 2*] zu dem Termin der mündlichen Verhandlung [*ordnungsgemäß, vgl. § 133 I, unter Hinweis darauf*] zu laden [*, daß in seiner Abwesenheit verhandelt werden kann, vgl. § 138d III*]. ([2]) Die Ladungsfrist beträgt eine Woche; sie kann [*z. B. in den Fällen des § 138b*] auf drei Tage verkürzt werden. ([3]) Die Staatsanwaltschaft, der Beschuldigte und in den Fällen des § 138c Abs. 2 Satz 3 der Vorstand der Rechtsanwaltskammer sind von dem Termin zur mündlichen Verhandlung [*nur*] zu benachrichtigen.

(III) Die mündliche Verhandlung kann ohne den Verteidiger durchgeführt werden, wenn er [*nachgewiesenermaßen*] ordnungsgemäß geladen und in der Ladung darauf hingewiesen worden ist, daß in seiner Abwesenheit verhandelt werden kann.

(IV[1]) In der mündlichen Verhandlung sind die anwesenden Beteiligten [*vgl. § 138d II 1 und 3*] zu hören. [*Die Art der Beweisaufnahme kann das Gericht im Gegensatz zu § 118a III nicht abändern; an die §§ 57ff, 61, 64, 66ff, 70, 72, 79, 136, 136a, 239, 241a, 246, 250–252, 254, 256 ist es gebunden.*] ([2]) Den [*in den §§ 244 III–VI, 245 geregelten*] Umfang der Beweisaufnahme bestimmt das Gericht [*jedoch*] nach pflichtgemäßem Ermessen [*, ohne durch die §§ 244 III–VI, 245 gebunden zu sein. Beweisverbote hat es zu beachten*]. ([3]) Über die Verhandlung ist eine Niederschrift aufzunehmen [*, die es dem Beschwerdegericht bei einer etwaigen Beschwerde erlaubt, die Entscheidungsgrundlage nachzuprüfen*]; die §§ 271–273 gelten entsprechend [*und strenger als nach § 118a III 3*].

(V[1]) Die Entscheidung ist [*als zu begründender, vgl. § 36, Beschluß in der Regel*] am Schluß der mündlichen Verhandlung [*vom Vorsitzenden*] zu verkünden. ([2]) Ist dies [*z. B. wegen einer lang dauernden Beratung*] nicht möglich, so ist die Entscheidung spätestens binnen einer Woche zu erlassen [*; tauchen während dieses Zeitraums neue Tatsachen auf, so kann die Verhandlung wieder aufgenommen werden*].

(VI[1]) Gegen die Entscheidung, durch die ein Verteidiger aus den in § 138a genannten Gründen ausgeschlossen wird oder die [*– Verteidiger ausschließend oder einen Antrag auf Ausschließung ablehnend –*] einen Fall des § 138b betrifft, ist [*, die allgemeinen Rechtsmittelvoraussetzungen vorausgesetzt, insbesondere die Be-*

schwer,] sofortige Beschwerde [*§ 311*] zulässig [*; andere Rechtsmittel sind ausgeschlossen*]. (2) Dem Vorstand der Rechtsanwaltskammer steht ein Beschwerderecht nicht zu [*; hingegen können die Staatsanwaltschaft ohne Beschwer, der Verteidiger und der Beschuldigte mit Beschwer das Rechtsmittel der sofortigen Beschwerde einlegen*]. (3) Eine die Ausschließung des Verteidigers nach § 138a ablehnende Entscheidung [*sowie der positive oder negative Beschluß des BGH, §§ 138c I 2, 304 IV 1*] ist nicht anfechtbar.

§ 139 (Verteidigung durch unterbevollmächtigte Referendare)

Der als Verteidiger [*vom Beschuldigten*] gewählte Rechtsanwalt [*vgl. § 138*] kann mit [*u. U. allgemein erteilter, jederzeit zurücknehmbarer*] Zustimmung des Angeklagten [*, der ihn gewählt hat, oder des gesetzlichen Vertreters, der ihn gewählt hat,*] die Verteidigung einem Rechtskundigen, der die erste Prüfung für den Justizdienst bestanden hat und darin seit mindestens einem Jahr und drei Monaten [*schon und noch*] beschäftigt ist [*= Referendar, nicht Assessor*], [*durch Untervollmacht*] übertragen.

§ 140 (Weitere Fälle der notwendigen Verteidigung)

(I) Die Mitwirkung eines Verteidigers ist [*gem. den §§ 68, 73, 109 I JGG, §§ 117 IV 1, 118a II 2, 118a II 3, 138c III 5, 231a IV, 350 III, 364a, 364b notwendig. Sie ist ferner mindestens*] notwendig, wenn

1. die Hauptverhandlung im ersten Rechtszug vor dem Oberlandesgericht [*gem. § 120 I u. II GVG*] oder dem Landgericht [*gem. den §§ 74 I, 74 II, 74a, 74b, 74c GVG*] stattfindet;
2. dem Beschuldigten ein Verbrechen [*i. S. des § 12 StGB z. B. durch Anklageschrift, § 200, oder Nachtragsanklage, § 266*] zur Last gelegt wird;
3. das Verfahren [*z. B. wegen Ankündigung eines Antrags in der Anklageschrift, § 200*] zu einem Berufsverbot [*§ 70 StGB*] führen kann;
4. der Beschuldigte [*, sei es auch nur vorübergehend, in einer die Verhandlungsfähigkeit beeinträchtigenden Weise*] taub oder stumm ist;
5. der Beschuldigte sich [*insgesamt, sei es auch aus unterschiedlichen Anlässen,*] mindestens drei Monate auf Grund richterlicher Anordnung [*z. B. §§ 38, 61 Nr. 1 bis 4 StGB, §§ 16, 17 JGG, §§ 114, 126a*] oder mit richterlicher Genehmigung [*z. B. §§ 1800 II, 1897 BGB, Art. 1 ff BayVerwG*] in einer [*freiheitsentziehenden*] Anstalt befunden hat und nicht mindestens zwei Wochen vor Beginn der Hauptverhandlung entlassen wird [*bea. § 140 III 1 und 2*];
6. zur Vorbereitung eines Gutachtens über den psychischen Zustand des Beschuldigten seine Unterbringung nach § 81 [*wegen gerichtlicher Erwägung oder Antrag*] in Frage kommt [*– die Verteidigung ist während des ganzen Verfahrens notwendig*];
7. [*zum Zwecke der selbständigen Anordnung einer Unterbringung in einer Entziehungsanstalt, § 64 I StGB, oder der Entziehung der Fahrerlaubnis, § 69 StGB*] ein Sicherungsverfahren [*nach den §§ 413 ff*] durchgeführt wird [*und nicht schon nach § 140 I Nr. 1 oder Nr. 3 die Verteidigung ohnehin notwendig ist*];

8. der bisherige [*gewählte, nicht notwendige*] Verteidiger durch eine Entscheidung [*nach §§ 138a ff*] von der Mitwirkung in dem Verfahren ausgeschlossen ist [*oder wenn die §§ 68, 73, 109 I JGG, §§ 117 IV 1, 118a II 2 und 3, 350 III, 138c III 4, 231a IV, 364a, 364b erfüllt sind*].

(II) In anderen Fällen [= *Vergehenssachen, die vor dem Amtsgericht verhandelt werden,*] bestellt der Vorsitzende auf Antrag oder von Amts wegen einen Verteidiger, wenn [*nach von Amts wegen vorzunehmender Prüfung*] wegen der Schwere der [*für die*] Tat [*im Einzelfall zu erwartenden Rechtsfolge*] oder wegen der [*für den Beschuldigten gegebenen*] Schwierigkeit der Sach- oder Rechtslage die Mitwirkung eines Verteidigers [*insbesondere vor dem erweiterten Schöffengericht*] geboten erscheint oder wenn ersichtlich ist, daß sich der Beschuldigte [*z. B. wegen Schwerhörigkeit*] nicht selbst [*sachgerecht*] verteidigen kann.

(III[1]) Die Bestellung eines Verteidigers nach Absatz 1 Nr. 5 kann [*vom Vorsitzenden, vgl. § 143, nach pflichtgemäßem Ermessen*] aufgehoben werden, wenn der Beschuldigte mindestens zwei Wochen vor Beginn der Hauptverhandlung aus der Anstalt entlassen wird. ([2]) Die Bestellung des Verteidigers nach § 117 Abs. 4 bleibt unter den in Absatz 1 Nr. 5 bezeichneten Voraussetzungen für das weitere Verfahren wirksam, wenn nicht ein anderer Verteidiger bestellt wird.

§ 141 (Zeitpunkt der Verteidigerbestellung)

(I) In den Fällen des § 140 Abs. 1 und 2 wird dem Angeschuldigten [*§ 157*], der noch keinen [*von ihm oder seinem gesetzlichen Vertreter gewählten*] Verteidiger hat [*bea. aber § 145*], ein [*oder mehrere, § 146, »Pflicht-«, vgl. § 49 BRAO*] Verteidiger [*grundsätzlich, bea. aber § 140 II 1–3*] bestellt, sobald er gemäß § 201 zur Erklärung über die Anklageschrift aufgefordert worden ist. [*Hat der Beschuldigte schon einen Verteidiger, kann nach h. M. gem. § 140 II noch vorsorglich ein weiterer Ergänzungs-Pflicht-Verteidiger bestellt werden, zw.*]

(II) Ergibt sich [*insbesondere in den Fällen des § 140 II*] erst später, daß ein Verteidiger notwendig ist, so wird er sofort bestellt. [*Beachte § 145 II.*]

(III[1]) Der Verteidiger kann [*z. B. in den Fällen des § 68 JGG, bea. auch zu § 140 I Nr. 8*] auch schon während des Vorverfahrens bestellt werden. ([2]) Die Staatsanwaltschaft beantragt dies [*von Amts wegen*], wenn nach ihrer Auffassung in dem gerichtlichen Verfahren die Mitwirkung eines Verteidigers nach § 140 Abs. 1 oder 2 notwendig sein [*bzw. geboten erscheinen*] wird. [*Vor Abschluß der Ermittlungen, § 169a, entscheidet das Gericht, ob es die Mitwirkung eines Verteidigers für notwendig bzw. für geboten erachtet.*] ([3]) Nach dem Abschluß der Ermittlungen (§ 169a) ist er auf [*bindenden*] Antrag der Staatsanwaltschaft zu bestellen.

(IV) Über die [*ex nunc wirkende*] Bestellung entscheidet [*positiv oder negativ, str.*] der [*Strafrichter bzw. der*] Vorsitzende des [*Kollegial-*]Gerichts, das für das Hauptverfahren zuständig oder bei dem das Verfahren anhängig ist. [*Die Bestellung gilt i. d. R. für das gesamte Verfahren bis zu dessen rechtskräftigem Abschluß mit Ausnahme der Revisionshauptverhandlung, arg. § 350 III, sehr str.*]

§ 142 (Auswahl des zu bestellenden Verteidigers)

(I) Der zu bestellende Verteidiger wird [*nach pflichtgemäßem Ermessen*] durch den Vorsitzenden des Gerichts [*unter Berücksichtigung der Wünsche des Beschuldigten*] möglichst aus der Zahl der bei einem Gericht des Gerichtsbezirks zugelassenen Rechtsanwälte ausgewählt [*, die gemäß § 49 BRAO verpflichtet sind, Verteidigungen zu übernehmen. Grundsätzlich ist dem Beschuldigten ein Verteidiger seines Vertrauens beizuordnen, bea. aber §§ 138a ff*].

(II) In den Fällen des § 140 Abs. 1 Nr. 2, 4 und 5 sowie des § 140 Abs. 2 können auch Rechtskundige, welche die vorgeschriebene erste Prüfung für den Justizdienst bestanden haben [*»Rechtsreferendare«*] und darin seit mindestens einem Jahr und drei Monaten beschäftigt sind, für den ersten Rechtszug als Verteidiger bestellt werden, jedoch nicht bei dem Gericht, dessen Richter sie zur Ausbildung überwiesen sind. [*Beachte auch § 5b DRiG.*]

§ 143 (Zurücknahme der Bestellung)

Die Bestellung [*endet von selbst mit dem Tod des bestellten Verteidigers oder mit rechtskräftigem Abschluß des Verfahrens. In anderen Fällen bedarf es zu ihrer Beendigung der ausdrücklichen Zurücknahme. Die Bestellung*] ist [*durch zu begründenden, § 34, und bekanntzumachenden, § 35, grundsätzlich beschwerdefähigen, § 304, Beschluß mit Wirkung ex nunc*] zurückzunehmen, wenn demnächst ein anderer Verteidiger [*wirksam*] gewählt wird und dieser die Wahl annimmt. [*Beachte § 140 III. Für den Ausschluß von Pflichtverteidigern gelten die §§ 138a ff, str.*]

§ 144 (weggefallen)

§ 145 (Ausbleiben des bestellten Verteidigers in der Hauptverhandlung; Unterbrechung; Aussetzung)

(I[1]) Wenn in einem Falle, in dem die Verteidigung [*nach § 140 I*] notwendig [*oder ein Verteidiger nach § 140 I oder II bestellt*] ist, der [*bestellte Pflicht-*]Verteidiger in der Hauptverhandlung [*nicht: in deren vorweggenommenen Teilen, §§ 223, 224 I 1, 233, oder beim Aufruf zur Sache, zw.*] ausbleibt [*z. B. bei der Vernehmung zur Person, § 243 II 2, nicht anwesend ist, verhandlungsunfähig erscheint*], sich unzeitig entfernt oder sich [*ausdrücklich oder schlüssig objektiv pflichtwidrig*] weigert, die Verteidigung zu führen, so hat der Vorsitzende dem [*nichtverteidigten*] Angeklagten sogleich einen anderen Verteidiger zu bestellen. ([2]) Das Gericht kann jedoch auch eine Aussetzung der [*begonnenen*] Verhandlung [*§ 228*] beschließen [*oder eine noch nicht begonnene Hauptverhandlung absetzen*].

(II) Wird der notwendige Verteidiger gemäß § 141 Abs. 2 erst im Laufe der Hauptverhandlung bestellt, so kann das Gericht eine Aussetzung der Verhandlung [*§ 228*] beschließen.

(III) Erklärt der neu bestellte Verteidiger [*alsbald*], daß ihm die zur Vorbereitung der Verteidigung erforderliche Zeit nicht verbleiben würde, so ist die Verhandlung zu unterbrechen [*§ 229*] oder auszusetzen [*§ 228*].

(IV) Wird durch die [*rechtswidriges Verhalten voraussetzende*] Schuld des [*bestellten Pflicht-, nicht: Wahl-, str.*] Verteidigers eine Aussetzung [*§ 228*] erforderlich, so sind ihm die hierdurch verursachten Kosten aufzuerlegen.

§ 145a (Empfangszuständigkeit des Verteidigers für Zustellungen)

(I) [*Grundsätzlich wird allein dem Verteidiger zugestellt.*] Der [*wirksam, bea. § 138 II*] gewählte Verteidiger, dessen [*schriftliche oder mündlich erteilte und in der Hauptverhandlung protokollierte*] Vollmacht sich bei den Akten befindet, sowie der bestellte Verteidiger gelten [*grundsätzlich, bea. aber § 145a II, auch ohne besonders erteilte Zustellungsvollmacht solange*] als ermächtigt, Zustellungen für den Beschuldigten in Empfang zu nehmen [*, wie der Widerruf der Vollmacht nicht bei den Akten ist bzw. die Bestellung dauert. Bea. § 37 II*].

(II) Die Ermächtigung nach Absatz 1 gilt nicht, wenn das Gesetz die Zustellung an den Beschuldigten durch Übergabe vorschreibt (§ 232 Abs. 4).

(III) [*Die Zustellung der Ladung ist an sich nicht notwendig, aber z. B. zweckmäßig, um den Nachweis ordnungs- und fristgemäßer Ladung führen zu können, vgl. z. B. §§ 217 I, 232 I.*] (1) Eine Ladung des Beschuldigten darf an den Verteidiger nur zugestellt werden, wenn er in einer bei den Akten befindlichen [*besonderen Ladungs-*]Vollmacht ausdrücklich zur Empfangnahme von Ladungen ermächtigt ist. (2) § 116a Abs. 3 bleibt [*jedoch mit der Folge*] unberührt [*, daß in den in §§ 116a III, 127a, 131 I Nr. 2 geregelten Fällen keine besondere Ladungsvollmacht notwendig ist*].

(IV 1) Wird eine Entscheidung [*allein*] dem Verteidiger nach Absatz 1 [*oder auf Grund einer besonderen Zustellungsvollmacht*] zugestellt, so wird der [*ebenfalls als Zustellungsempfänger berechtigte*] Beschuldigte hiervon unterrichtet; zugleich erhält er formlos eine Abschrift der Entscheidung. (2) Wird eine Entscheidung [*allein*] dem Beschuldigten zugestellt, so wird der Verteidiger hiervon zugleich unterrichtet, auch wenn eine schriftliche Vollmacht bei den Akten nicht vorliegt; dabei erhält er formlos eine Abschrift der Entscheidung.

§ 146 (Verbot gemeinschaftlichen Verteidigers)

Die [*Wahl- oder Pflicht-*]Verteidigung mehrerer [*derselben Tat, § 264; a. A.: in demselben Verfahren, Art. 17 III 1. StVRErgG, str.*] Beschuldigter durch einen [*oder, wegen § 137 I 2, durch dieselben*] gemeinschaftlichen Verteidiger ist unzulässig. [*Das Gericht ist im Interesse der Rechtsklarheit berechtigt und verpflichtet, einen gemeinschaftlichen Verteidiger durch Beschluß bei erkennbarem Gesetzesverstoß rückwirkend zurückzuweisen, h. L., str.. § 146 hindert die Verteidigung mehrerer Beschuldigter durch jeweils verschiedene Rechtsanwälte einer Sozietät nicht, str.*]

§ 147 (Akteneinsichtsrecht des Verteidigers)

(I) [*Das Ermittlungsverfahren ist in weiten Teilen schriftlich. Der Beschuldigte ist nicht befugt, in persona Einsicht in die Akten zu nehmen.*] Der [*Wahl- oder Pflicht-*]Verteidiger ist [*dagegen*] befugt, die [*gesamten*] Akten, die dem Gericht vorliegen oder diesem im Falle der Erhebung der Anklage [*gem. § 199 II 2*] vorzulegen wären, [*für den Beschuldigten während des gesamten Verfahrens, u. U. auch mehr-*

fach] einzusehen sowie amtlich verwahrte Beweisstücke zu besichtigen [*und Fotokopien zu fertigen. Der Verteidiger ist zur Mitteilung des Akteninhalts an den Beschuldigten grundsätzlich berechtigt, str.*].

(II) Ist der Abschluß der Ermittlungen noch nicht in den Akten vermerkt [*§ 169a*], so kann [*nach pflichtgemäßem Ermessen, § 147 V*] dem Verteidiger die Einsicht in die Akten oder einzelne Aktenstücke sowie die Besichtigung der amtlich verwahrten Beweisstücke versagt werden, wenn sie [*insbesondere bei Mitteilung an den Beschuldigten im konkreten Einzelfall*] den Untersuchungszweck [*wahrscheinlich*] gefährden kann. [*Beachte § 147 III, VI.*]

(III) Die Einsicht in die Niederschriften über die Vernehmung des Beschuldigten [*nach den §§ 115 II, 115a II 1, 118a III 1, 128 I 2, 135, 136, 163a I, 168a*] und über solche richterlichen Untersuchungshandlungen, bei denen dem Verteidiger [*nach §§ 118a III und II, 168c I, II, 369 II 1*] die Anwesenheit gestattet worden ist oder hätte gestattet werden müssen, sowie in die Gutachten von Sachverständigen darf dem Verteidiger [*, auch wenn noch nicht der Abschluß der Ermittlungen vermerkt ist, § 169a*] in keiner Lage des Verfahrens versagt werden.

(IV) [*Grundsätzlich wird Akteneinsicht in den Diensträumen gewährt.*] (1) Auf Antrag sollen [*jedoch*] dem Verteidiger, soweit nicht wichtige Gründe entgegenstehen, die Akten mit Ausnahme der Beweisstücke zur Einsichtnahme in seine Geschäftsräume oder in seine Wohnung mitgegeben werden. (2) Die [*nicht zu begründende*] Entscheidung ist nicht anfechtbar.

(V) Über die Gewährung der Akteneinsicht entscheidet [*stets das sachnächste Organ, also*] während des vorbereitenden Verfahrens [*§§ 158–175, grundsätzlich*] die Staatsanwaltschaft, im übrigen [*, d. h. immer dann, wenn sich die Akten zu gerichtlicher Entscheidung bei Gericht befinden,*] der Vorsitzende des mit der Sache befaßten Gerichts [*als sachnächster Stelle, z. B. auch in den Fällen der §§ 172 II–177*].

(VI 1) Ist der Grund für die Versagung der Akteneinsicht [*§ 147 II*] nicht vorher entfallen, so hebt die Staatsanwaltschaft die Anordnung spätestens mit dem Abschluß der Ermittlungen auf. (2) Dem Verteidiger ist Mitteilung zu machen, sobald das Recht zur Akteneinsicht wieder uneingeschränkt besteht.

§ 148 (Grundsatz des freien Verkehrs zwischen Beschuldigtem und Verteidiger; Beschränkungen)

(I) [*Ein inhaftierter Beschuldigter unterliegt z. B. den Beschränkungen des § 119 III, VI.*] Dem Beschuldigten ist [*jedoch*], auch wenn er sich nicht auf freiem Fuß befindet, [*freier, also grundsätzlich unkontrollierter, bea. aber §§ 148 II, 148a*] schriftlicher und mündlicher Verkehr mit dem [*Wahl- oder Pflicht-*]Verteidiger [*im Strafverfahren zum Zwecke der Verteidigung*] gestattet. [*Auf Waffen etc. dürfen mitgebrachte Akten jedoch äußerlich durchsucht werden, str.*]

(II 1) Befindet sich der Beschuldigte nicht auf freiem Fuß und ist Gegenstand der Untersuchung [*= des Strafverfahrens auf Grund eines zwar noch nicht hinreichenden, aber sich erhärtenden Anfangsverdachtes*] eine Straftat nach § 129a des Strafgesetzbuches [*– Bildung einer terroristischen Vereinigung –*], so sind Schriftstücke und andere Gegenstände [*vom Haftrichter, § 126, zw., nach Klageerhebung vom Vorsitzenden* *des mit der Sache befaßten Gerichts, auf Antrag der Staatsanwaltschaft oder von Amts wegen*] zurückzuweisen, sofern sich der Absender [*oder derjenige, der sie unmittelbar übergeben will*] nicht damit einverstanden erklärt, daß sie zunächst einem Richter [*§ 148a*] vorgelegt werden. (²) Das gleiche gilt unter den Voraussetzungen des Satzes 1 für den schriftlichen Verkehr zwischen dem [*einer Straftat nach § 129a StGB*] Beschuldigten und einem Verteidiger in einem anderen gesetzlich geordneten Verfahren [*, selbst wenn dieses keine Straftat zum Gegenstand hat*]. (³) Ist der schriftliche Verkehr nach Satz 1 oder 2 zu überwachen, so sind [*obligatorisch!*] für das Gespräch zwischen dem Beschuldigten und dem Verteidiger Vorrichtungen [*z. B. eine Trennscheibe*] vorzusehen, die die Übergabe von Schriftstücken und anderen Gegenständen ausschließen. [*Eine generelle Überwachung der Gespräche zwischen Verteidiger und einem Beschuldigten, der einer Straftat nach § 129a StGB beschuldigt ist, findet aber nicht statt.*]

§ 148a (Zuständiger Überwachungsrichter)

(I¹) Für die Durchführung von Überwachungsmaßnahmen [*zum Zwecke der Feststellung, ob das Schriftstück der Förderung einer terroristischen Vereinigung dient oder sich auf eine in § 138 StGB genannte Straftat bezieht, arg.: § 148a I 2, II 2 2. Halbsatz*] nach § 148 Abs. 2 ist der [*unbefangene, nicht mit der Sache befaßte, § 148a II 1 1. Alt.*] Richter bei dem Amtsgericht zuständig, in dessen Bezirk die Vollzugsanstalt liegt. [*Beachte § 21e GVG.*] (²) Ist [*wegen § 148a II 2 2. Halbsatz*] eine Anzeige nach § 138 des Strafgesetzbuches zu erstatten, so sind Schriftstücke oder andere Gegenstände, aus denen sich die Verpflichtung zur Anzeige ergibt, vorläufig in Verwahrung zu nehmen; die Vorschriften über die Beschlagnahme bleiben unberührt.

(II¹) Der Richter, der mit Überwachungsmaßnahmen betraut ist, darf mit dem Gegenstand der Untersuchung weder befaßt sein noch befaßt werden. (²) Der Richter hat [*grundsätzlich*] über Kenntnisse, die er bei der Überwachung erlangt, Verschwiegenheit zu bewahren; § 138 des Strafgesetzbuches bleibt [*jedoch*] unberührt.

§ 149 (Ehegatte und gesetzlicher Vertreter als Beistand)

(I¹) Der [*nicht geschiedene, verhandlungsfähige*] Ehegatte eines Angeklagten ist [*auf Antrag*] in der Hauptverhandlung [*einschließlich ihrer auswärtigen Termine, neben dem Verteidiger*] als [*beratender und zur Sach- und Rechtsäußerung berechtigter*] Beistand [*durch Beschluß*] zuzulassen und auf sein Verlangen zu hören. [*Die prozessualen Rechte des Angeklagten stehen ihm nicht zu.*] (²) Zeit und Ort der Hauptverhandlung sollen ihm [*jedoch nach Zulassung*] rechtzeitig mitgeteilt werden.

(II) Dasselbe gilt von dem [*nach bürgerlichem Recht gegebenen*] gesetzlichen Vertreter [*z. B. Vormund, §§ 1773, 1793, 1896, 1897, 1906 BGB*] eines Angeklagten.

(III) Im Vorverfahren unterliegt die Zulassung solcher Beistände dem richterlichen Ermessen.

§ 150 (weggefallen)

Zweites Buch
Verfahren im ersten Rechtszug
[§§ 151–295]

Erster Abschnitt
Öffentliche Klage
[§§ 151–157]

[Die §§ 151–157 geben verschiedene Rechtsgrundsätze und Definitionen an, während die §§ 158–295 das erstinstanzliche Strafverfahren im einzelnen regeln.]

§ 151 (Akkusationsprinzip; Anklagegrundsatz)

Die Eröffnung einer gerichtlichen Untersuchung [*= gerichtliche Voruntersuchung und Hauptverfahren; arg.: §§ 156, 162, 165, 128 II*] ist durch die Erhebung einer [*öffentlichen, staatsanwaltschaftlichen*] Klage [*nach den §§ 170 I, 200, 212a, 266 II, eines Strafbefehlsantrags, § 407, oder in anderen besonderen Verfahrensarten eines qualifizierten Antrages nach den § 413, 414 II 1, 440*] bedingt. [*In Privatklagesachen geschieht die Erhebung der Klage durch den Privatkläger zu Protokoll der Geschäftsstelle oder durch Einreichung einer Anklageschrift, vgl. § 381.*]

§ 152 (Anklagebehörde; Offizial- und Legalitätsprinzip)

(I) Zur Erhebung der öffentlichen Klage [*wegen verfolgbarer Straftaten*] ist [*grundsätzlich nur*] die Staatsanwaltschaft [*als Organ der Rechtspflege, str.*] berufen. [*In Privatklagesachen ist auch der Privatkläger zur Anklageerhebung befugt, §§ 374 ff; in Steuerstrafverfahren kann die Finanzbehörde einen Strafbefehlsantrag gem. § 400 AO stellen.*]

(II) [*Die Staatsanwaltschaft hat nicht nur das Anklagemonopol.*] Sie ist [*als Ergänzung hierzu*], soweit nicht [*in Konkretisierung des Opportunitätsprinzips durch die §§ 153–154e, 376, § 45 JGG*] gesetzlich ein anderes bestimmt ist, [*auf Grund des »Legalitätsprinzips«*] verpflichtet, wegen aller verfolgbaren Straftaten [*– für Ordnungswidrigkeiten gilt § 47 I OWiG –*] einzuschreiten, sofern [*in Gestalt konkreter Tatsachen*] zureichende tatsächliche Anhaltspunkte [*dafür*] vorliegen [*, daß nach kriminalistischer Erfahrung eine verfolgbare Straftat begangen wurde, sog. »Anfangsverdacht«*].

§ 152a (Immunität und Strafverfolgung von Abgeordneten)

[*Die Immunität von Bundestagsabgeordneten regelt Art. 46 II, III GG. Die Immunität der Mitglieder der Gesetzgebungsorgane der Länder regeln die jeweiligen Verfassungen, z. B. Art. 28, 38 BV, jedoch gem. § 6 II Nr. 1 EGStPO nur mit Wirkung gegen die Gerichte und Behörden des jeweiligen Landes. Weitergehend bestimmt § 152a:*] Landesgesetzliche Vorschriften über die Voraussetzungen, unter denen gegen Mitglieder eines Organs der Gesetzgebung eine Strafverfolgung eingeleitet oder fortgesetzt werden kann, sind auch für die anderen Länder der Bundesrepublik Deutschland und den Bund wirksam.

§ 153 (Einstellung bei absolut geringfügigen Bagatellsachen)

(I[1]) Hat das Verfahren [*als prozessuale Tat i. S. der §§ 155, 264*] ein Vergehen [*im deliktstechnischen Sinne des § 12 II StGB*] zum Gegenstand, so kann die Staatsanwaltschaft [*nicht die Polizei, vgl. § 163 II 1*] mit [*unanfechtbarer, vgl. § 153 II 4, str.*] Zustimmung des für die Eröffnung des Hauptverfahrens [*sachlich und örtlich*] zuständigen Gerichts [*in der Regel des Amtsgerichts*] von der Verfolgung [*dieser gesamten Tat nach ihrem pflichtgemäßen Ermessen*] absehen, wenn die [*Strafzumessungs-*]Schuld des [*tatbestandsmäßig, rechtswidrig und schuldhaft gehandelt habenden*] Täters [*im Falle einer Verurteilung nach dem Stande der Ermittlungen*] als gering anzusehen wäre [*, weil sie in Anwendung des § 46 StGB im Vergleich mit Vergehen gleicher Art nicht unerheblich unter dem Durchschnitt liegt,*] und [*aus general- und spezialpräventiver Sicht*] kein öffentliches Interesse [*der Allgemeinheit*] an der Verfolgung [*dieses konkreten Vergehens*] besteht. ([2]) Der Zustimmung des Gerichts bedarf es [*z. B. nicht in den Fällen der §§ 45 II 2, 109 JGG i. V. m. § 45 II 2 JGG, § 399 AO. Der Zustimmung bedarf es ferner*] nicht bei einem Vergehen, das gegen fremdes Vermögen gerichtet und nicht mit einer im Mindestmaß erhöhten Strafe bedroht ist [*z. B. §§ 248 a, 259 II, 263 IV, 265 a III, 266 II, 248 b, 248 c III, 303 StGB, nicht dagegen z. B. §§ 244, 133, 134, 136 StGB*], wenn der durch die [*verfolgbare*] Tat verursachte Schaden [*objektiv ohne Berücksichtigung eines Affektionsinteresses*] gering ist [*d. h. im Jahre 1982 wohl eine Grenze von 60–70 DM nicht übersteigt*].

(II[1]) Ist die Klage bereits [*gem. § 170 I*] erhoben, so kann [*nur*] das Gericht [*im Zwischenverfahren, in der Hauptverhandlung, in der Berufungs- und Revisionsinstanz und selbst in einem wiederaufgenommenen Verfahren, also*] in jeder Lage des Verfahrens unter den Voraussetzungen des Absatzes 1 [*geringer Schuld, fehlenden öffentlichen Interesses*] mit [*rechtspolitisch umstrittener*] Zustimmung der [*in der jeweiligen Verfahrenslage mit der Sache befaßten*] Staatsanwaltschaft und [*anders als in den Fällen einer staatsanwaltschaftlichen Einstellung nach § 153 I*] des Angeschuldigten das Verfahren [*wegen der absolut geringfügigen Tat*] einstellen. ([2]) Der [*bedingungsfeindlichen, bis zur Einstellung jedoch frei widerruflichen*] Zustimmung des Angeschuldigten [*§ 157*] bedarf es [*nur dann, str.*] nicht, wenn die Hauptverhandlung aus den in § 205 angeführten Gründen [*z. B. wegen Abwesenheit oder Gebrechlichkeit des Angeschuldigten*] nicht durchgeführt werden kann oder in den Fällen des § 231 Abs. 2 und der §§ 232 und 233 [*nicht: in den Fällen der §§ 231 a, 231 b, str.*] in seiner Abwesenheit durchgeführt wird. [*Eine Zustimmung des Privatklägers, § 383 II, sowie des Nebenklägers, str., ist nicht notwendig, ebensowenig die der Finanzbehörde, bea. aber § 407 I AO, § 33 zur Anhörung.*] ([3]) Die Entscheidung [*des Gerichts*] ergeht durch [*begründungspflichtfreien, str., weil unanfechtbaren, § 153 II 4*] Beschluß [*, der mit einer Kosten- und Auslagenentscheidung zu versehen ist, § 464 I u. II. Diese Nebenentscheidung ist trotz § 464 III nach h. M. ebenfalls unanfechtbar, zw.*]. ([4]) Der Beschluß [*des Gerichts, der die Einstellung anordnet,*] ist [*jedenfalls dann*] nicht anfechtbar [*, wenn die Zustimmungserklärungen abgegeben wurden*].

§ 153a (Bedingte Einstellung bei beseitigbarem Strafverfolgungsinteresse)

(I[1]) Mit Zustimmung des für die Eröffnung des Hauptverfahrens zuständigen

Gerichts [*vgl. § 153 I*] und [*der stets, auch in den Fällen des § 153a I 6 notwendigen Zustimmung*] des Beschuldigten [*§ 157*] kann die Staatsanwaltschaft bei einem Vergehen [*im technischen Sinne nach § 12 StGB*] vorläufig [*nach gem. § 169a vermerktem Abschluß der Ermittlungen unter Ausübung ihres pflichtgemäßen Ermessens, str.*] von der Erhebung der öffentlichen Klage [*nach § 170 I*] absehen und zugleich [*also in und mit der Einstellungsverfügung*] dem Beschuldigten [*§ 157*] auferlegen,

1. zur Wiedergutmachung des durch die [*verfolgbare*] Tat verursachten [*materiellen und immateriellen*] Schadens [*, selbst soweit er nach zivilrechtlichen Maßstäben nicht durchsetzbar wäre, zw.*] eine bestimmte Leistung [*Geldzahlung, Ehrenerklärung u. a.*] zu erbringen,
2. einen [*verhältnismäßigen und zumutbaren*] Geldbetrag zugunsten einer gemeinnützigen Einrichtung [*bei einer Körperverletzung z. B. dem Roten Kreuz, bei einer Tierquälerei dem Tierschutzverein*] oder der Staatskasse [*nicht jedoch einer Einzelperson*] zu zahlen,
3. [*z. B. bei Geldmangel*] sonst gemeinnützige Leistungen [*z. B. Mithilfe in einem Krankenhaus*] zu erbringen oder
4. [*insbesondere bei Vergehen nach § 170b StGB*] Unterhaltspflichten in einer bestimmten Höhe nachzukommen,

wenn [*die Ermittlungen abgeschlossen sind und*] diese Auflagen und Weisungen [*unter präventiven Strafzweckgesichtspunkten*] geeignet sind, [*namentlich bei Eigentums- und Vermögensdelikten*] bei [*gegebener*] geringer [*Strafzumessungs-*]Schuld das öffentliche Interesse an der Strafverfolgung [*vgl. § 153*] zu beseitigen. (²) Zur Erfüllung der Auflagen und Weisungen setzt die Staatsanwaltschaft dem Beschuldigten [*§ 157*] eine [*angemessene, zumutbare*] Frist, die in den Fällen des Satzes 1 Nr. 1 bis 3 höchstens sechs Monate, in den Fällen des Satzes 1 Nr. 4 höchstens ein Jahr beträgt. (³) Die Staatsanwaltschaft kann [*ohne Zustimmung des Gerichts und ohne Zustimmung des Beschuldigten*] Auflagen und Weisungen nachträglich aufheben und die Frist einmal für die Dauer von drei Monaten verlängern; [*nur*] mit Zustimmung des Beschuldigten [*aber ohne Zustimmung des Gerichts, str.*] kann sie auch Auflagen und Weisungen nachträglich auferlegen und ändern. (⁴) Erfüllt der Beschuldigte [*»freiwillig«*] die Auflagen und Weisungen [*vollständig*], so [*erläßt die Staatsanwaltschaft ein Abschlußverfügung, in der sie die Erfüllung und die in § 153a I 4 angeordnete Verfolgungssperre feststellt; eine Behandlung nach § 170 II ist nach h. M. nicht geboten. Ferner*] kann [*, wenn der Beschuldigte die Auflagen und Weisungen erfüllt hat,*] die Tat nicht mehr als Vergehen [*sondern allenfalls als Verbrechen*] verfolgt werden [*sog. »Strafklageverbrauch«*]. (⁵) Erfüllt der Beschuldigte [*schuldhaft oder schuldlos*] die Auflagen und Weisungen [*im wesentlichen*] nicht, so [*kommt u. U. eine Entscheidung nach § 153a I 3 in Betracht. Andernfalls erhebt die Staatsanwaltschaft Anklage, es sei denn, daß sie z. B. nach den §§ 154, 154b einstellt. In jedem Fall*] werden Leistungen, die er [*der Beschuldigte*] zu ihrer Erfüllung [*teilweise bereits*] erbracht hat, nicht erstattet. [*Sie sind jedoch gem. § 46 II 2 StGB bei einer etwaigen Geld- und Freiheitsstrafe zu berücksichtigen, str.*] (⁶) § 153 Abs. 1 Satz 2 gilt [*im Bereich der Vermögenskriminalität*] entsprechend [*, so daß in dem von den §§ 153a I 6, 153 I 2 abgesteckten Bereich die Zustimmung des Gerichts nicht erforderlich ist – rechtspolitisch sehr zweifelhaft und verfassungsrechtlich bedenklich*].

(II[1]) Ist die Klage bereits erhoben [*vgl. § 153 II*], so kann [*nicht auch ein Revisionsgericht, sondern nur*] das Gericht [*, das tatinstanzlich tätig wird,*] mit Zustimmung der Staatsanwaltschaft und des Angeschuldigten das Verfahren [*spätestens*] bis zum Ende der Hauptverhandlung, in der die tatsächlichen Feststellungen letztmals geprüft werden können, [*durch grundsätzlich, vgl. zu § 153 II, beschwerdeunfähigen Beschluß*] vorläufig einstellen und zugleich dem Angeschuldigten die in Absatz 1 Satz 1 bezeichneten Auflagen und Weisungen erteilen [*, wenn deren materielle Voraussetzungen gegeben sind; auch für das Gericht sind die in Betracht kommenden Auflagen und Weisungen in § 153a I 1 abschließend aufgezählt*]. ([2]) Absatz 1 Satz 2 bis 5 gilt entsprechend. ([3]) Die Entscheidung nach Satz 1 ergeht durch Beschluß [*; einer Kosten- und Auslagenentscheidung bedarf es in dem Beschluß nicht, da er das Verfahren nur vorläufig einstellt, § 464 I*]. ([4]) Der Beschluß ist nicht anfechtbar.

(III) Während des Laufes der für die Erfüllung der Auflagen und Weisungen gesetzten Frist [*darf das Verfahren nur dann fortgesetzt werden, wenn die Bewertung der Tat als Vergehen rechtsirrig und die Tat ein Verbrechen ist. Ferner*] ruht die Verjährung.

§ 153b (Absehen von Klage und Einstellung in Fällen mutmaßlichen Absehens von Strafe)

(I) [*Nach den §§ 83a, 84 IV, 84 V, 85 III, 86 IV, 87 III, 89 III, 98 II, 99 III, 113 IV, 129 V, 129 VI, 139 I, 157 I, 157 II, 158 I, 174 IV, 175 II, 182 III, 233, 311c II, 315 VI, 315b VI, 316a II, 330b StGB und verschiedenen Bestimmungen im Nebenstrafrecht kann das Gericht nach durchgeführter Hauptverhandlung von Strafe absehen, insbesondere in Fällen schadensabwehrenden Nachtatverhaltens.*] Liegen die [*z. B. in den genannten Paragraphen beschriebenen*] Voraussetzungen vor, unter denen das Gericht von Strafe absehen könnte, so kann [*um eine aufwendige Hauptverhandlung zu ersparen*] die Staatsanwaltschaft mit Zustimmung des Gerichts, das für die Hauptverhandlung [*sachlich und örtlich*] zuständig wäre [*vgl. § 153 I*], von der Erhebung der öffentlichen Klage [*nach pflichtgemäßem Ermessen durch Abschlußverfügung*] absehen. [*Durch die Abschlußverfügung tritt kein Strafklageverbrauch ein. Beachte aber § 172 II 3.*]

(II) Ist die Klage bereits erhoben [*vgl. § 153 II*], so kann das Gericht [*auch schon vor Eröffnung des Hauptverfahrens*] bis zum Beginn der Hauptverhandlung [*nur*] mit Zustimmung der Staatsanwaltschaft und des Angeschuldigten das Verfahren einstellen. [*§ 153 II 2 ist nicht analog anwendbar.*]

§ 153c (Nichtverfolgung von Taten mit Auslandsbeziehung)

(I) Die [*zuständige*] Staatsanwaltschaft kann [*zustimmungsfrei*] von der Verfolgung von Straftaten [*Vergehen und Verbrechen*] absehen,

1. die außerhalb des räumlichen Geltungsbereichs [*= Bundesrepublik Deutschland, West-Berlin, Eigengewässer, Küstengewässer bis zu 3 Seemeilen und Luftraum*] dieses Gesetzes [*ausschließlich*] begangen sind oder die ein Teilnehmer an einer außerhalb des räumlichen Geltungsbereichs dieses Gesetzes begangenen Handlung in diesem Bereich begangen hat,

2. die ein Ausländer [*vgl. Art. 116 GG*] im Inland [*vgl. § 153c I Nr. 1*] auf einem ausländischen [*vgl. Bem. zu § 10*] Schiff oder Luftfahrzeug begangen hat,
3. wenn wegen der Tat im Ausland [*einschließlich der DDR*] schon eine Strafe gegen den Beschuldigten vollstreckt worden ist und die im Inland zu erwartende [*und wegen des nur auf Inlandsstrafe anwendbaren ne-bis-in-idem-Satzes verhängbare*] Strafe nach Anrechnung der ausländischen nicht ins Gewichts fiele [*Fall relativer Geringfügigkeit*] oder der Beschuldigte wegen der Tat im Ausland rechtskräftig freigesprochen worden ist.

(II) Die Staatsanwaltschaft [*ist in allen Fällen des § 153c nicht verpflichtet zu klären, ob ein hinreichender Tatverdacht oder gar genügender Anlaß i. S. des § 170 I besteht. Sie*] kann auch von der Verfolgung von Straftaten [*vgl. § 153c I, ohne Zustimmung des Gerichts oder des Beschuldigten*] absehen, die [*als sog. »Distanztaten«*] im räumlichen Geltungsbereich dieses Gesetzes durch eine außerhalb dieses Bereichs ausgeübte Tätigkeit begangen sind, wenn die Durchführung des Verfahrens die Gefahr [*irgend*]eines schweren [*das Strafverfolgungsinteresse verdrängenden*] Nachteils für die Bundesrepublik Deutschland herbeiführen würde oder wenn der Vdrfolgung sonstige überwiegende öffentliche Interessen [*etwa gleichen Ranges*] entgegenstehen.

(III) Ist die Klage bereits erhoben, so kann die Staatsanwaltschaft in den Fällen des Absatzes 1 Nr. 1, 2 und des Absatzes 2 die Klage in jeder Lage des Verfahrens zurücknehmen und das Verfahren einstellen, wenn die Durchführung des Verfahrens die Gefahr eines schweren Nachteils für die Bundesrepublik Deutschland herbeiführen würde oder wenn der Verfolgung sonstige überwiegende öffentliche Interessen entgegenstehen [*vgl. zu § 153c II*].

(IV) Hat das Verfahren Straftaten der in § 74a Abs. 1 Nr. 2 bis 6 und § 120 Abs. 1 Nr. 2 bis 7 des Gerichtsverfassungsgesetzes bezeichneten Art zum Gegenstand, so stehen diese Befugnisse dem Generalbundesanwalt zu.

§ 153d (Absehen von der Verfolgung in Staatsschutzsachen aus überwiegenden Gründen)

(I) [*Nur*] Der Generalbundesanwalt kann [*ohne Zustimmung des Bundesgerichtshofs*] von der Verfolgung von Straftaten der in § 74a Abs. 1 Nr. 2 bis 6 und in § 120 Abs. 1 Nr. 2 bis 7 des Gerichtsverfassungsgesetzes bezeichneten Art [*neben der Täterschaft auch die Teilnahme, Versuch und strafbare Vorbereitung, § 30 StGB i. V. m. den aufgezählten Delikten,*] absehen, wenn die Durchführung des Verfahrens die Gefahr eines schweren Nachteils für die Bundesrepublik Deutschland herbeiführen würde oder wenn der Verfolgung sonstige überwiegende öffentliche Interessen entgegenstehen. [*Das Einstellungsrecht des Generalbundesanwalts ist nicht davon abhängig, ob er die Verfolgung zuvor übernommen hat. Die Landesstaatsanwaltschaften haben nach § 98 RiStBV zu unterrichten, wenn Anhaltspunkte für die Anwendbarkeit des § 153d bestehen.*]

(II) Ist die Klage bereits erhoben, so kann der Generalbundesanwalt unter den in Absatz 1 bezeichneten Voraussetzungen die Klage in jeder Lage des Verfahrens zurücknehmen und das Verfahren einstellen.

§ 153e (Absehen von der Verfolgung von Staatsschutzdelikten bei tätiger Reue)

(I[1]) Hat [*nach Tatverdachtslage*] das Verfahren [*verfolgbare*] Straftaten der in § 74a Abs. 1 Nr. 2 bis 4 und in § 120 Abs. 1 Nr. 2 bis 7 des Gerichtsverfassungsgesetzes bezeichneten Art [*vgl. zu § 153d I*] zum Gegenstand, so kann [*nur*] der Generalbundesanwalt mit Zustimmung des nach § 120 des Gerichtsverfassungsgesetzes zuständigen Oberlandesgerichts [*nach seinem pflichtgemäßen, die strafzweckorientierte Bewertung der »Rücktrittsmotivation« einschließenden Ermessen*] von der Verfolgung einer solchen Tat absehen, wenn der Täter nach [*nicht: vor, str.*] der Tat, bevor ihm deren Entdeckung bekanntgeworden ist, dazu [*in der Regel aktiv*] beigetragen hat, eine [*tatbezogene oder nicht durch die Tat heraufbeschworene*] Gefahr für den Bestand oder die Sicherheit der Bundesrepublik Deutschland oder die verfassungsmäßige Ordnung abzuwenden. ([2]) Dasselbe gilt, wenn der Täter einen solchen Beitrag dadurch geleistet hat, daß er nach der Tat [*und nach der Kenntnis von deren Entdeckung*] sein mit ihr zusammenhängendes [*besonderes*] Wissen über [*noch nicht in vollem Umfange bekannte*] Bestrebungen des Hochverrats, der Gefährdung des demokratischen Rechtsstaates oder des Landesverrats und der Gefährdung der äußeren Sicherheit einer Dienststelle [*vollständig*] offenbart hat. [*Tatteiligte können sich die Privilegierung des § 153e nur durch eigenes Verhalten, das die Voraussetzungen des § 153e erfüllt, verschaffen.*]

(II) Ist die Klage bereits erhoben, so kann das nach § 120 des Gerichtsverfassungsgesetzes zuständige Oberlandesgericht mit Zustimmung des Generalbundesanwalts das Verfahren unter den in Absatz 1 bezeichneten Voraussetzungen einstellen. [*Nach der Rechtsprechung des Bundesgerichtshofs kann die Einstellung nach § 153e auch solche Straftaten erfassen, die minder schwer sind als das Staatsschutzdelikt und idealiter mit ihm konkurrieren, zw. Bei Trennbarkeit kann die Einstellung auch auf Teilakte der Tat beschränkt werden.*]

§ 154 (Einstellung von relativ geringfügigen Nebenstraftaten im Interesse einer Konzentration und Beschleunigung des Strafverfahrens)

(I) Die Staatsanwaltschaft kann [*nach ihrem pflichtgemäßen Ermessen*] von der Verfolgung einer Tat [*unter mehreren Taten im prozessualen Sinne, §§ 155, 264*] absehen,

1. wenn die Strafe [*§§ 38ff StGB*] oder die Maßregel der Besserung und Sicherung [*§§ 61ff StGB*], zu der die [*weitere*] Verfolgung [*der an sich verfolgbaren Tat*] führen kann, neben einer Strafe oder Maßregel der Besserung und Sicherung, die gegen den Beschuldigten [*§ 157*] wegen einer anderen Tat rechtskräftig verhängt worden ist oder die er wegen einer anderen Tat zu erwarten hat, [*bei einer hypothetischen Gesamtstrafenbildung nach den §§ 54, 55 StGB*] nicht beträchtlich ins Gewicht fällt [*– dies ist noch der Fall, wenn eine Gesamtstrafe nach §§ 54, 55 StGB durch Einstellung nach § 154 um ein Viertel gekürzt würde –*] oder
2. darüber hinaus [*also bei einem beträchtlichen Rechtsfolgenminus*], wenn ein Urteil wegen dieser [*eine Gesamtstrafe wahrscheinlich beträchtlich erhöhenden*] Tat in angemessener Frist [*vgl. Art. 6 I EuMRK*] nicht zu erwarten ist und wenn eine Strafe [*§§ 38ff StGB*] oder Maßregel der Besserung und Sicherung

[*§§ 61 ff StGB*], die gegen den Beschuldigten [*§ 157*] rechtskräftig verhängt worden ist oder die er wegen einer anderen Tat zu erwarten hat, [*unter spezialpräventiven Aspekten, vgl. § 2 S 1 StVollzG, nämlich*] zur Einwirkung auf den Täter und [*unter generalpräventiven Aspekten, nämlich*] zur Verteidigung der Rechtsordnung [*vgl. § 47 StGB*] ausreichend erscheint. [*Einer Zustimmung des Gerichts zur Einstellung durch die Staatsanwaltschaft nach § 154 I Nr. 1 und Nr. 2 bedarf es nicht. Die Entscheidung der Staatsanwaltschaft kann nur mit formlosen Rechtsbehelfen angefochten werden; das Klageerzwingungsverfahren verbietet § 172 II 3. Die Entscheidung der Staatsanwaltschaft erwächst nicht in Rechtskraft.*]

(II) Ist die öffentliche Klage bereits [*gem. den §§ 170 I, 200*] erhoben, so kann [*auch schon vor Eröffnung des Hauptverfahrens, str., nur*] das Gericht auf [*notwendigen*] Antrag der Staatsanwaltschaft das Verfahren in jeder Lage [*durch grundsätzlich unanfechtbaren Beschluß*] vorläufig [*– im Zusammenhang mit § 154 III bis V –*] einstellen. [*Anders als in den Fällen des § 153a bedarf es jedoch keinesfalls einer endgültigen Einstellung. Die »vorläufige« Einstellung nach § 205 ist mit der Einstellung nach § 154 II unvergleichlich. Folgerichtig ist mit dem Einstellungsbeschluß nach § 154 II eine Kosten- und Auslagenentscheidung nach § 464 I und II zu treffen, str.*]

(III) Ist das Verfahren mit Rücksicht auf eine wegen einer anderen Tat bereits rechtskräftig erkannte Strafe [*§§ 38 ff StGB*] oder Maßregel der Besserung und Sicherung [*§§ 61 ff StGB, vom Gericht gem. § 154 II*] vorläufig [*durch Beschluß*] eingestellt worden, so kann es [*ohne Antrag der Staatsanwaltschaft, beachte aber § 33 II sowie für den Angeschuldigten § 33 III*], falls nicht inzwischen Verjährung [*vgl. §§ 78 ff StGB*] eingetreten ist, wieder [*durch Beschluß, § 154 V*] aufgenommen werden, wenn die rechtskräftig erkannte Strafe oder Maßregel der Besserung und Sicherung nachträglich [*z. B. nach der Wiederaufnahme gem. §§ 359 ff*] wegfällt.

(IV) Ist das Verfahren [*durch gerichtlichen Beschluß gem. § 154 II*] mit Rücksicht auf eine wegen einer anderen Tat zu erwartende Strafe [*§§ 38 ff StGB*] oder Maßregel der Besserung und Sicherung [*§§ 61 ff StGB*] vorläufig eingestellt worden, so kann es, falls nicht inzwischen Verjährung [*gem. den §§ 78 ff StGB*] eingetreten ist, binnen drei Monaten nach [*Eintritt der formellen*] Rechtskraft [*= Unanfechtbarkeit mit ordentlichen Rechtsmitteln*] des wegen der anderen Tat ergehenden Urteils wieder aufgenommen werden. [*Mit Fristablauf steht einer neuerlichen Strafverfolgung das Prozeßhindernis des Strafklageverbrauchs entgegen.*]

(V) Hat das Gericht [*gem. § 154 II*] das Verfahren [*durch grundsätzlich unanfechtbaren Beschluß*] vorläufig eingestellt, so bedarf es zur Wiederaufnahme eines [*nach zweifelhafter h. M. mittels einfacher Beschwerde durch den Angeschuldigten und u. U. auch durch die Staatsanwaltschaft anfechtbaren*] Gerichtsbeschlusses.

§ 154a (Nichtverfolgung von relativ geringfügigen Teilen einer Tat zur Konzentration und Beschleunigung des Strafverfahrens)

(I[1]) Fallen einzelne abtrennbare Teile einer [*prozessualen*] Tat [*im Sinne der §§ 155, 264, z. B. die Einzelakte einer fortgesetzten Tat oder einer Dauerstraftat,*] oder einzelne von mehreren [*tateinheitlich oder u. U. tatmehrheitlich, §§ 52, 53 StGB, zusammentreffenden*] Gesetzesverletzungen, die durch dieselbe Tat begangen worden sind,

1. für die zu erwartende Strafe [*§§ 38 ff StGB*] oder Maßregel der Besserung und Sicherung [*§§ 61 ff StGB*] oder
2. neben einer Strafe [*§§ 38 ff StGB*] oder Maßregel der Besserung und Sicherung [*§§ 61 ff StGB*], die gegen den Beschuldigten [*§ 157*] wegen einer anderen Tat rechtskräftig verhängt worden ist oder die er wegen einer anderen Tat zu erwarten hat,

[*im Einzelfall dem bei Beschränkung der Strafverfolgung nach § 154a zu erwartenden Rechtsfolgenminus nach, vgl. § 154 I Nr. 1*] nicht beträchtlich ins Gewicht, so kann [*die Staatsanwaltschaft die bestimmten Tatteile sowie Gesetzesverletzungen in einer Aktenvermerkung bezeichnen und von ihrer Verfolgung absehen. Auf diese Weise kann*] die Verfolgung auf dic übrigen [*bestimmten*] Teile der Tat oder die übrigen [*bestimmten*] Gesetzesverletzungen beschränkt werden. (²) § 154 Abs. 1 Nr. 2 gilt [*mit der Folge*] entsprechend [*, daß das Verfahren auch dann um den Preis eines Rechtsfolgenminus vereinfacht werden kann, wenn ein Urteil wegen aller Tatteile in angemessener Frist nicht zu erwarten ist und wenn Rechtsfolgen aus einer anderen Tat auf den Beschuldigten bereits hinreichend einwirken oder einwirken werden*]. (³) Die Beschränkung ist aktenkundig zu machen [*, um alle Ermittlungsorgane und den Verteidiger über das Ausmaß der Strafverfolgung zu unterrichten*].

(II) Nach Einreichung der Anklageschrift [*d. h. mit der Erhebung der öffentlichen Klage, vgl. z. B. §§ 153 II, 153a II, 153b II, 153c III, 153d II, 153e II, 154 II*] kann [*nur noch*] das Gericht in jeder Lage des Verfahrens [*also auch noch in der Revisionsinstanz*] mit Zustimmung der Staatsanwaltschaft [*und wegen § 397 II mit Zustimmung des zugelassenen Nebenklägers*] die Beschränkung [*durch grundsätzlich unanfechtbaren Beschluß ohne Kosten- und Auslagenentscheidung, str.*] vornehmen.

(III¹) Das [*jeweils mit der Sache befaßte*] Gericht kann [*nach seinem pflichtgemäßen Ermessen ohne notwendigen Antrag der Staatsanwaltschaft, beachte aber § 154a II 2*] in jeder Lage des Verfahrens [*bis zur rechtskräftigen oder teil-rechtskräftigen Erledigung*] ausgeschiedene Teile einer [*verfolgbaren*] Tat oder [*ausgeschiedene*] Gesetzesverletzungen in das Verfahren wieder einbeziehen. [*Nach h. M. muß das Gericht wiedereinbeziehen, wenn es ohne die Berücksichtigung der ausgeschiedenen Teile oder Gesetzesverletzungen freisprechen müßte.*] (²) Einem Antrag der Staatsanwaltschaft auf Einbeziehung ist [*darüber hinaus stets*] zu entsprechen. (³) Werden ausgeschiedene Teile einer Tat wieder einbezogen, so ist § 265 Abs. 4 [*mit der Folge*] entsprechend anzuwenden [*, daß der Angeklagte vor der Wiedereinbeziehung zu belehren ist. Wird die Verfolgung nach § 154a beschränkt, so berührt dies gem. § 397 III nicht das Recht, sich der erhobenen öffentlichen Klage als Nebenkläger anzuschließen. Wird der Nebenkläger zum Verfahren zugelassen, so entfällt gem. § 397 III 2 eine Beschränkung nach § 154a I oder II, soweit sie die Nebenklage betrifft*].

§ 154b (Einstellung bei Auslieferung und Ausweisung)

(I) [*Gem. Art. 16 II 1 GG ist die Auslieferung eines Deutschen verboten; gem. § 4 Nr. 3 DAG ist die Auslieferung eines Nichtdeutschen erst dann unstatthaft, wenn er verurteilt oder die Eröffnung des Hauptverfahrens abgelehnt wurde.*] Von der Erhebung der öffentlichen Klage [*wegen einer nach deutschem Recht verfolgbaren Straftat*] kann abgesehen werden, wenn der Beschuldigte [*§ 157*] wegen der [*gleichen prozessualen*] Tat einer ausländischen Regierung [*einschl. derjenigen der DDR*] ausgeliefert wird.

(II) Dasselbe gilt, wenn er wegen einer anderen Tat [*als derjenigen, deren Verfolgung eingestellt wird,*] einer ausländischen Regierung [*einschl. derjenigen der DDR*] ausgeliefert wird und die Strafe [*§§ 38ff StGB*] oder die Maßregel der Besserung und Sicherung [*§§ 61 ff StGB*], zu der die inländische Verfolgung führen kann, neben der Strafe oder der Maßregel der Besserung und Sicherung, die gegen ihn im Ausland rechtskräftig verhängt worden ist oder die er im Ausland zu erwarten hat, nicht ins Gewicht fällt.

(III) Von der Erhebung der öffentlichen Klage kann [*nicht abgesehen werden, wenn der Beschuldigte freiwillig den Geltungsbereich des Strafrechts der Bundesrepublik Deutschland verläßt oder die Auslieferung noch nicht tatsächlich erfolgt ist. Dagegen kann von der Erhebung der öffentlichen Klage*] auch abgesehen werden, wenn der Beschuldigte aus dem Geltungsbereich dieses Bundesgesetzes [*tatsächlich*] ausgewiesen wird. [*Gegen die nach pflichtgemäßem Ermessen zu treffende Entscheidung der Staatsanwaltschaft kann der Verletzte kein Klageerzwingungsverfahren gem. § 172 II 3 anstrengen.*]

(IV[1]) Ist in den Fällen der Absätze 1 bis 3 die öffentliche Klage bereits erhoben, so stellt [*auch schon vor Eröffnung des Hauptverfahrens gem. § 203 nur noch*] das [*jeweils mit der Sache befaßte*] Gericht auf [*die Einstellung erzwingenden*] Antrag der Staatsanwaltschaft das Verfahren [*durch einen mit einer Kosten- und Auslagenentscheidung gem. § 467 I und IV zu versehenden Beschluß*] vorläufig [*d. h. mit der Wiederaufnahmemöglichkeit nach § 154b IV 2 behaftet*] ein. ([2]) § 154 Abs. 3 bis 5 gilt mit der Maßgabe entsprechend, daß die [*eine Wiederaufnahme ausschließende*] Frist in [*§ 154*] Absatz 4 ein Jahr beträgt.

§ 154c (Einstellung des Verfahrens gegen Genötigte oder Erpreßte wegen weichenden Strafverfolgungsinteresses)

Ist eine Nötigung oder Erpressung (§§ 240, 253 des Strafgesetzbuches) durch die Drohung [*auch nur im Versuch*] begangen worden, eine Straftat [*z. B. aus den Bereich der Sexualdelikte*] zu offenbaren, so kann die Staatsanwaltschaft [*nach ihrem pflichtgemäßen Ermessen*] von der Verfolgung der Tat, deren Offenbarung [*z. B. durch Strafanzeige*] angedroht worden ist, absehen, wenn nicht wegen der Schwere der Tat eine [*zur Generalprävention nötige*] Sühne unerläßlich ist. [*Hatte die Drohung die Offenbarung einer Ordnungswidrigkeit zum Gegenstand, gilt § 47 OWiG. Gem. § 172 II 3 ist gegen die staatsanwaltschaftliche Einstellung kein Klageerzwingungsverfahren möglich.*]

§ 154d (Fristbestimmung und Einstellung bei zivil- oder verwaltungsrechtlichen Vorfragen)

([1]) Hängt die Erhebung der öffentlichen Klage wegen eines Vergehens [*im deliktstechnischen Sinne, § 12 StGB*] von der Beurteilung einer Frage ab, die nach bürgerlichem Recht [*einschl. Arbeitsrecht*] oder nach Verwaltungsrecht [*einschl. So-*

zialrecht] zu beurteilen ist, so kann die Staatswanwaltschaft [*nach ihrem pflichtgemäßen Ermessen*] zur Austragung der Frage im bürgerlichen [*und arbeitsgerichtlichen*] Streitverfahren oder im [*sozialgerichtlichen oder im*] Verwaltungsstreitverfahren eine Frist bestimmen. (2) Hiervon ist der Anzeigende [*formlos*] zu benachrichtigen. (3) Nach fruchtlosem Ablauf der Frist kann die Staatsanwaltschaft [*nach ihrem pflichtgemäßen Ermessen*] das Verfahren einstellen [*oder bei öffentlichem Interesse an der Strafverfolgung fortsetzen. Gegen die endgültige Einstellung ist das Klageerzwingungsverfahren zulässig, § 172*].

§ 154e (Vorübergehende Einstellung bei falscher Verdächtigung oder Beleidigung)

(I) Von der Erhebung der öffentlichen Klage [*vgl. § 154b I*] wegen einer falschen Verdächtigung oder Beleidigung (§§ 164, 185 bis 187a des Strafgesetzbuches) soll [*durch die Staatsanwaltschaft im Interesse möglichster Widerspruchsfreiheit gerichtlicher Entscheidungen*] abgesehen werden, solange wegen der angezeigten oder behaupteten Handlung ein [*anderes*] Straf- oder Disziplinarverfahren [*gem. § 160 I*] anhängig ist. [*Die Entscheidung der Staatsanwaltschaft ist nur mit formlosen Rechtsbehelfen angreifbar.*]

(II) Ist die öffentliche Klage [*§§ 170 I, 200*] oder eine Privatklage [*§ 381*] bereits erhoben, so stellt das Gericht das Verfahren bis zum Abschluß des Straf- oder Disziplinarverfahrens wegen der angezeigten oder behaupteten Handlung [*durch einen gem. den §§ 304, 305 beschwerdefähigen Beschluß, vgl. § 205, vorläufig*] ein.

(III) [*Gem. § 78b I 1 StGB ruht die Verjährung, solange nach dem Gesetz die Verfolgung nicht begonnen oder nicht fortgesetzt werden kann; danach ruht die Verjährung in den Fällen des § 154e II ohnehin. Um ein Ruhen der Verjährung auch in den Fällen des § 154e I zu erreichen, bestimmt § 154 III:*] Bis zum Abschluß des Straf- oder Disziplinarverfahrens wegen der angezeigten oder behaupteten Handlung ruht die Verjährung der Verfolgung der falschen Verdächtigung oder Beleidigung [*§§ 164, 185 bis 187 StGB*].

§ 155 (Prozeßgegenstand; Umfang der Untersuchung)

(I) [*Gem. § 151 ist die Eröffnung einer gerichtlichen Untersuchung durch die Erhebung einer Klage bedingt.*] Dic Untersuchung und Entscheidung erstreckt sich [*infolge richtiger Anwendung des in § 151 niedergelegten Anklagegrundsatzes*] nur auf die in der Klage bezeichnete Tat [*, den in der Anklageschrift geschilderten tatsächlichen einheitlichen Lebensvorgang, vgl. § 264*] und auf die durch die Klage [*§ 200*] beschuldigten Personen. [*Andere Personen können nur durch weitere Klage, Zulassung der Anklage und Verbindung mit dem bisher anhängigen Verfahren in das Verfahren einbezogen werden.*]

(II) Innerhalb dieser Grenzen sind die Gerichte zu einer selbständigen [*vgl. Art. 92 GG*] Tätigkeit berechtigt und verpflichtet; insbesondere sind sie bei Anwendung des Strafgesetzes [*– abweichend bei Anwendung des Prozeßgesetzes –*] an die gestellten Anträge [*der Staatsanwaltschaft, § 150 GVG. oder anderer Prozeßbeteiligter*] nicht gebunden. [*Beachte aber z. B. §§ 120 III 1, 154b IV.*]

§ 156 (Eingeschränkte Klagerücknahme)

[*Im Zwischenverfahren kann die Staatsanwaltschaft eine erhobene Anklage noch zurücknehmen und zwar auch dann, wenn das Gericht bereits einzelne Entscheidungen, z. B. nach § 201 I, getroffen hat, h. M.*] Die öffentliche Klage kann nach [*nicht mehr rücknehmbarer*] Eröffnung des Hauptverfahrens [*gem. § 203*] nicht zurückgenommen werden. [*Dies gilt selbst dann, wenn eine Prozeßvoraussetzung fehlt, vgl. dann §§ 206a, 260 III. Für das Strafbefehlsverfahren vgl. § 411 III, für das Privatklageverfahren § 391, für die Anschlußerklärung des Nebenklägers § 402.*]

§ 157 (Beschuldigter, Angeschuldigter, Angeklagter)

[*»Beschuldigter« ist derjenige Tatverdächtige, gegen den ein Strafverfolgungsorgan eine Maßnahme trifft, die erkennbar darauf abzielt, gegen ihn wegen einer möglichen Straftat vorzugehen, vgl. § 397 I AO analog, h. M.*] Im Sinne dieses Gesetzes ist Angeschuldigter der Beschuldigte, gegen den die öffentliche Klage [*gem. §§ 170 I, 200; beachte auch § 408*] erhoben ist [*vgl. §§ 200, 201, 203–205*], Angeklagter der Beschuldigte oder Angeschuldigte, gegen den [*gem. §§ 203, 207*] die Eröffnung des Hauptverfahrens beschlossen ist. [*Verurteilter ist, wer rechtskräftig verurteilt ist, vgl. z. B. §§ 359, 364a, 364b I, 367 I 2, 373 II.*]

Zweiter Abschnitt
Vorbereitung der öffentlichen Klage

[§§ 158–177]

[Die »Vorbereitung der öffentlichen Klage« regeln die §§ 158–177; man spricht hier von dem »vorbereitenden Verfahren« der Staatsanwaltschaft. Mit der Einreichung der Anklageschrift beginnt das gerichtliche Zwischenverfahren, das bis zum Eröffnungsbeschluß dauert, §§ 198–211. Ihm schließt sich das gerichtliche Hauptverfahren an, dessen Ausgang in entscheidendem Maße bereits im vorbereitenden Verfahren gefördert oder beeinträchtigt werden kann. Anders als das Hauptverfahren ist das Ermittlungsverfahren weithin ein schriftliches Verfahren.]

§ 158 (Strafanzeige und Strafantrag)

(I[1]) Die [*formlose, bloß mitteilende und zur Prüfung anregende*] Anzeige [*vom Verdacht*] einer Straftat und der [*Strafverfolgung begehrende und u. U. mit einer Anzeige verbundene, nach § 158 II u. U. formbedürftige*] Strafantrag [*im weiteren oder, so in den Fällen des § 158 II, in engerem Sinn*] können bei der Staatsanwaltschaft [*§§ 141 ff GVG*], den Behörden [*mit allgemeinen und sicherheitspolizeilichen Aufgaben*] und Beamten des Polizeidienstes [*, den Finanzbehörden bei Steuer- oder Zollstraftaten, §§ 369, 386 I und II, 399 I AO*] und den Amtsgerichten mündlich oder schriftlich angebracht werden. [*Die genannten Adressaten sind verpflichtet, Anzeigen und Strafanträge entgegenzunehmen, zu bearbeiten oder an die zuständige Stelle weiterzuleiten; insoweit gibt es kein Opportunitätsermessen.*] ([2]) Die mündliche Anzeige ist zu beurkunden.

(II) Bei Straftaten, deren Verfolgung nur auf Antrag [= *Strafantrag i. e. S., vgl.*

§§ 77 ff StGB] eintritt, muß der Antrag bei [*irgend*]einem Gericht oder der Staatsanwaltschaft schriftlich oder zu Protokoll, bei einer anderen Behörde [*des Polizeidienstes*] schriftlich angebracht werden. [*Zur Entgegennahme von Anträgen sind auch zur Verfolgung unzuständige Adressaten verpflichtet; sie müssen die Urschrift des Antrags der zuständigen Behörde weiterleiten; erst mit Eingang bei dem zuständigen Organ ist der Antrag wirksam gestellt. Fehlt es an einem wirksam gestellten Strafantrag, mangelt es an einer Prozeßvoraussetzung.*]

§ 159 (Beweissicherung bei unnatürlichem Tod und Leichenfund)

(I) Sind [*irgendwelche*] Anhaltspunkte dafür vorhanden, daß jemand eines nicht natürlichen [*d. h. durch äußere Einwirkung verursachten*] Todes gestorben ist [*auch Selbstmord*], oder wird der Leichnam eines Unbekannten [*, der nicht sofort identifiziert werden kann,*] gefunden, so sind [*strafprozeßrechtlich nicht Einzelpersonen, sondern nur*] die Polizei- und Gemeindebehörden [*jeder Art*] zur sofortigen Anzeige an die Staatsanwaltschaft oder an das Amtsgericht verpflichtet.

(II) Zur Bestattung ist die schriftliche Genehmigung [*der »Bestattungsschein«*] der Staatsanwaltschaft erforderlich.

§ 160 (Beginn und Umfang der staatsanwaltschaftlichen Ermittlungspflicht)

(I) Sobald die [*gem. § 152 II zum Einschreiten wegen aller verfolgbaren Straftaten verpflichtete*] Staatsanwaltschaft [*§§ 141 ff GVG, als Herrin des Ermittlungsverfahrens*] durch eine Anzeige [*§ 158 I*] oder auf anderem Wege [*z. B. aufgrund von Mitteilungen nach § 159 I, § 183 GVG*] von dem Verdacht einer [*verfolgbaren*] Straftat [*nicht: Ordnungswidrigkeit, §§ 35 I, 43 I OWiG*] Kenntnis erhält, hat sie zu ihrer Entschließung darüber, ob die öffentliche Klage [*gem. § 170 I*] zu erheben ist, den Sachverhalt [*von Amts wegen*] zu erforschen [*sog. »Inquisitionsmaxime« der Staatsanwaltschaft. Bei beseitigbaren Verfahrenshindernissen, z. B. bei fehlendem Strafantrag, sind Ermittlungen nur insoweit zulässig, als sie für die Behebung der Verfolgungshindernisses relevant sind. Nach umstrittener Rspr. ist über den Wortlaut des § 160 I hinaus der einzelne Staatsanwalt selbst bei privater Kenntnisnahme jedenfalls dann zum Einschreiten verpflichtet, wenn er von schweren Straftaten erfährt*].

(II) Die Staatsanwaltschaft hat [*als ein der Wahrheit und Gerechtigkeit verpflichtetes Organ der Rechtspflege, str.*] nicht nur die zur Belastung, sondern auch die zur Entlastung dienenden [*relevanten*] Umstände zu ermitteln und für die Erhebung der Beweise Sorge zu tragen, deren Verlust zu besorgen ist. [*Dies gilt z. B. für die Anordnung einer Blutentnahme, § 81 a I und II, sowie für Beschlagnahme und Durchsuchungsanordnungen nach den §§ 94 ff, 102 ff.*]

(III[1]) Die Ermittlungen der Staatsanwaltschaft sollen sich auch auf die Umstände erstrecken, die für die Bestimmung der Rechtsfolgen der Tat [*§§ 38 ff StGB, beachte z. B. § 46 StGB*] von Bedeutung sind. ([2]) Dazu kann sie sich der [*Erwachsenen*] Gerichtshilfe bedienen. [*Zur Jugendgerichtshilfe vgl. §§ 38, 50 III JGG. Auf das Ermittlungsgespräch des Gerichtshelfers mit dem Beschuldigten findet § 163 a IV 2 i. V. m. § 136 I 2 analog Anwendung, str.*]

§ 161 (Ermittlungshilfe)

[*Gem. Art. 35 I GG sind alle Behörden des Bundes und der Länder verpflichtet, sich gegenseitig Rechts- und Amtshilfe zu leisten.*] (¹) Zu dem im vorstehenden Paragraphen [*§ 160*] bezeichneten [*Ermittlungs-*]Zweck kann die Staatsanwaltschaft von allen öffentlichen Behörden [*einschl. der eröffnenden und erkennenden Gerichte*] Auskunft verlangen und Ermittlungen jeder Art entweder [*, sofern sie nicht dem Richter vorbehalten sind,*] selbst vornehmen [*z. B. Zeugen vernehmen, vgl. § 161 a*] oder durch die Behörden und Beamten des Polizeidienstes vornehmen lassen. [*Eine um Auskunft ersuchte Behörde kann aber die Entscheidung der obersten Landesbehörde einholen, ob sie zur Auskunft verpflichtet ist. Insbesondere beseitigt ein Auskunftsverlangen nicht bestehende Geheimhaltungspflichten, z. B. Art. 10 GG, § 12 FAG, § 30 I und IV AO – Fernmeldegeheimnis, Steuergeheimnis.*] (²) Die Behörden und [*alle, nicht nur die Hilfsbeamten der Staatsanwaltschaft, § 152 GVG*] Beamten des Polizeidienstes sind verpflichtet, dem Ersuchen oder Auftrag der Staatsanwaltschaft [*als Herrin des Ermittlungsverfahrens*] zu genügen [*, soweit es sich um repressive Maßnahmen handelt. Hinsichtlich präventiv-polizeilicher Maßnahmen zur Gefahrenabwehr hat die Staatsanwaltschaft kein Weisungsrecht gegenüber der Polizei*].

§ 161 a (Pflicht von Zeugen und Sachverständigen zur Kooperation mit der Staatsanwaltschaft)

(I¹) [*Die Staatsanwaltschaft kann Vernehmungen durch die Polizei ausführen lassen oder richterliche Vernehmungen nach § 162 beantragen. Sie kann aber auch selber Zeugen und Sachverständige laden sowie deren Aussagen erheben.*] Zeugen [*§§ 48 ff*] und Sachverständige [*§§ 72 ff*] sind verpflichtet, auf [*formlose oder förmliche*] Ladung [*zweckmäßigerweise jedoch förmlich unter Hinweis auf die gesetzlichen Folgen seines Ausbleibens, §§ 161 a II 1, 161 a I 2, 48 gegen Nachweis, § 37, nicht § 38,*] vor der Staatsanwaltschaft zu erscheinen und zur Sache auszusagen oder ihr Gutachten zu erstatten. (²) Soweit nichts anderes bestimmt ist, gelten die Vorschriften des sechsten und siebenten Abschnitts des ersten Buches über Zeugen [*§§ 48 bis 50, 52 bis 58, 68 bis 69, 71*] und Sachverständige [*§§ 73 bis 76, 78, 80*] entsprechend. (³) Die eidliche Vernehmung bleibt dem Richter vorbehalten.

(II¹) Bei unberechtigtem Ausbleiben oder unberechtigter Weigerung eines Zeugen oder Sachverständigen steht die Befugnis zu den in den §§ 51 [*bei Ausbleiben von Zeugen*], 70 [*bei grundlosen Zeugnis- und Eidesverweigerung*] und 77 [*bei grundlosem Ausbleiben oder Weigerung von Sachverständigen*] vorgesehenen Maßregeln [*Auferlegung der Kosten und Ordnungsgeld, mit Ausnahme der in § 77 genannten Ordnungshaft*] der Staatsanwaltschaft zu. (²) Jedoch bleibt die Festsetzung der [*gem. §§ 161 a II, 51, 70 möglichen Ordnungs-*]Haft dem Richter vorbehalten; zuständig ist das Amtsgericht, in dessen Bezirk die Staatsanwaltschaft ihren Sitz hat, welche die Festsetzung beantragt. [*Voraussetzung für die Verhängung von Zwangsmitteln ist der Hinweis in der Ladung, §§ 161 a I 2, 48. Um Beweisschwierigkeiten aus dem Wege zu gehen, ist zweckmäßigerweise der Zeuge oder der Sachverständige unter Hinweis auf die gesetzlichen Folgen eines Ausbleibens förmlich gegen Nachweis, § 37, zu laden.*]

(III[1]) Gegen die Entscheidung [*einschl. der Anordnung der Vorführung in der Zeugenladung*] der Staatsanwaltschaft nach Absatz 2 Satz 1 kann [*durch den beschwerten Zeugen oder Sachverständigen*] gerichtliche Entscheidung beantragt werden. ([2]) Über den Antrag entscheidet, soweit nicht in § 120 Abs. 3 Satz 1 und § 135 Abs. 2 des Gerichtsverfassungsgesetzes etwas anderes bestimmt ist [*nämlich in politischen Sachen das OLG bzw., wenn der Generalbundesanwalt zuständiger Staatsanwalt ist, der Bundesgerichtshof*], das Landgericht, in dessen Bezirk die Staatsanwaltschaft ihren Besitz hat. ([3]) Die [*allgemeinen Rechtsmittelvorschriften der*] §§ 297 bis 300, 302, [*sowie aus den Vorschriften über das Beschwerdeverfahren die §§*] 306 bis 309, 311 a sowie die Vorschriften über die Auferlegung der Kosten des Beschwerdeverfahrens [*§ 473*] gelten entsprechend. [*§ 304 III ist von der entsprechenden Anwendung ausgeschlossen, so daß die dort genannte Beschwerdegrenze nicht gilt.*] ([4]) Die [*gesamte, auch die Kosten des Antrages gem. § 473 miterfassende*] Entscheidung des Gerichts [*, die die Anordnung der Staatsanwaltschaft überprüft,*] ist nicht anfechtbar [*; die sofortige Beschwerde nach § 464 III ist bezüglich der Kosten des Antrags ausgeschlossen*].

(IV) [*Gem. Art. 35 I GG sind die Staatsanwaltschaften einander zur Amtshilfe verpflichtet.*] Ersucht eine Staatsanwaltschaft [*aus besonderen Gründen*] eine andere Staatsanwaltschaft um die Vernehmung eines Zeugen oder Sachverständigen, so stehen die Befugnisse nach Absatz 2 Satz 1 auch der ersuchten Staatsanwaltschaft zu. [*Ordnet diese Maßregeln gem. § 161a II an, so ist die Zuständigkeit des Gerichts gem. § 161a III nach der Maßregeln anordnenden Staatsanwaltschaft zu bestimmen.*]

§ 162 (Besondere Untersuchungshandlungen durch den Ermittlungsrichter)

(I[1]) [*Das Gesetz behält verschiedene Amtshandlungen stets oder im Regelfall dem Richter vor, §§ 81, 81a, 81c, 98, 105, 111a, 11e, 125 I, 126 I, 126a II 1, 132a. Es fordert die Anwesenheit des Richters auf Antrag der Staatsanwaltschaft, § 87 II 1, und erklärt den Richter neben der Staatsanwaltschaft für zuständig, z. B. §§ 87 I, 161a I, 163a III.*] Erachtet die Staatsanwaltschaft die Vornahme einer richterlichen Untersuchungshandlung für erforderlich [*, z. B. um eine in der Hauptverhandlung gem. § 251 I verlesbare Aussage zu gewinnen oder weil der Zeuge nur bei eidlicher Vernehmung die Wahrheit sagen wird, § 161a I 3*], so stellt sie ihre [*die begehrte richterliche Untersuchungshandlung im einzelnen angebenden*] Anträge bei dem Amtsgericht, in dessen Bezirk diese Handlung vorzunehmen ist. [*Der Richter prüft gem. § 162 III, ob die beantragte Handlung nach den Umständen des Falles gesetzlich zulässig ist.*] ([2]) Hält sie richterliche Anordnungen für die Vornahme von Untersuchungshandlungen in mehr als einem Bezirk für erforderlich, so stellt sie [*grundsätzlich, vgl. § 162 I 3*] ihre Anträge bei dem Amtsgericht, in dessen Bezirk sie ihren Sitz hat. ([3]) Satz 2 gilt nicht für richterliche Vernehmungen sowie dann, wenn die Staatsanwaltschaft den Untersuchungserfolg durch eine Verzögerung für gefährdet erachtet, die durch einen Antrag bei dem nach Satz 2 zuständigen Amtsgericht eintreten würde. [*Zuständigkeitsregelungen, die von § 162 abweichen, ergeben sich ferner aus §§ 81 III, 98 II 4 sowie 125 I, 126a II 1.*]

(II) Die Zuständigkeit des Amtsgerichts wird durch eine nach der Antragstellung eintretende Veränderung der sie begründenden Umstände nicht berührt [*, um*

Zuständigkeitsstreitigkeiten zu vermeiden. Personen, die von der richterlichen Untersuchungshandlung betroffen sind, können die Anträge der Staatsanwaltschaft nicht anfechten].

(III) Der Richter hat zu prüfen, ob [*er sachlich und örtlich zuständig ist sowie ob*] die beantragte [*konkrete*] Handlung nach den Umständen des Falles gesetzlich zulässig ist. [*Die Zuständigkeit der die richterliche Untersuchungshandlung beantragenden Staatsanwaltschaft hat der Richter dagegen nicht zu prüfen.*]

§ 163 (Aufgaben und Recht des ersten Zugriffs der Polizei)

(I) [*Grundsätzlich ist die Staatsanwaltschaft Herrin des Ermittlungsverfahrens, vgl. § 161 Satz 2.*] Die [*organisatorisch von der Staatsanwaltschaft unabhängigen, § 152 GVG*] Behörden und Beamten des Polizeidienstes haben [*, ohne ein Ersuchen und Aufträge der Staatsanwaltschaft gem. § 161 Satz 2 abzuwarten, bei zureichenden tatsächlichen Anhaltspunkten*] Straftaten [*i. S. des § 12 StGB, für Ordnungswidrigkeiten gilt § 53 OWiG,*] zu erforschen [*einschl. der entlastenden Umstände, § 160 II analog*] und [*vgl. § 160 II*] alle keinen Aufschub gestattenden Anordnungen zu treffen, um die Verdunkelung der Sache zu verhüten [*; bloße Aufgabenzuweisungsnorm: »Recht des ersten Zugriffs«. Liegen noch keine tatsächlichen Anhaltspunkte vor, die den Verdacht einer Straftat begründen, kann die Polizei informatorisch erforschen, ob der notwendige Anfangsverdacht für das Vorliegen einer Straftat besteht*].

(II [1]) Die Behörden und Beamten des Polizeidienstes übersenden ihre Verhandlungen [*d. h. die Akten über die Ermittlungsvorgänge, insbesondere den Schlußbericht und sachliche Beweismittel*] ohne Verzug der Staatsanwaltschaft [*, um ihr die Vorbereitung der von ihr über die Erhebung der öffentlichen Klage zu treffenden Entscheidung zu ermöglichen*]. ([2]) Erscheint die schleunige Vornahme richterlicher Untersuchungshandlungen [*vgl. § 162 I*] erforderlich, so kann die Übersendung unmittelbar an das Amtsgericht erfolgen. [*Der Richter beim Amtsgericht muß jedoch erforderliche Anträge der Staatsanwaltschaft abwarten, es sei denn, daß ein Fall des § 165 vorliegt.*]

§ 163a (Vernehmungen von Beschuldigten, Zeugen und Sachverständigen im Ermittlungsverfahren)

(I [1]) Der Beschuldigte [*zur Definition vgl. § 157*] ist [*u. a., um ihm rechtliches Gehör zu geben, durch die Polizei im Rahmen des ersten Zugriffs, § 163, durch die Staatsanwaltschaft, § 161, 161 a IV, oder durch den Ermittlungsrichter, § 162 I, 136 I 2*] spätestens vor dem [*von der Staatsanwaltschaft in den Akten vermerkten*] Abschluß der Ermittlungen zu vernehmen, es sei denn, daß das Verfahren [*einstellungsreif ist und gem. den §§ 170 II 1, 153 I, 153b I, 153c I, 153c II, 153d I, 153e I*] zur Einstellung führt. [*Die Polizei gibt eine einstellungsreife Sache an die Staatsanwaltschaft ab, § 163 II 1.*] ([2]) In [*tatsächlich*] einfachen Sachen genügt es, daß ihm Gelegenheit gegeben wird, sich schriftlich zu äußern [*vgl. auch § 163a II 2, 136 I 4, 163a IV 2, 136 I 4*].

(II) [*Gem. §§ 160, 163 sind Staatsanwaltschaft und Polizei verpflichtet, auch die entlastenden Umstände zu erforschen.*] Beantragt der Beschuldigte zu seiner Entlastung die Aufnahme von Beweisen, so sind sie [*nur dann*] zu erheben, wenn sie [*für die Entscheidung, ob Anklage zu erheben ist,*] von Bedeutung [*vgl. § 244 II*] sind.

(III[1]) [*Die richterliche Vernehmung des Beschuldigten im Ermittlungsverfahren regeln die §§ 133 bis 136a.*] Der Beschuldigte ist [*wie der Zeuge und der Sachverständige, vgl. § 161a, darüber hinaus*] verpflichtet, auf Ladung vor der Staatsanwaltschaft zu erscheinen. ([2]) Die §§ 133 bis 136a [*insbesondere also auch § 136 I 2*], 168c Abs. 1 [*Anwesenheitsrecht des Verteidigers*] und 5 [*Benachrichtigungspflicht gegenüber dem Verteidiger*] gelten entsprechend. [*Das Erscheinen des Beschuldigten kann daher gem. den §§ 163a II 2, 133 II, 134 I erzwungen werden. Insbesondere muß er auch gem. §§ 163a III 2, 136 I 2 belehrt werden.*] ([3]) Über die Rechtmäßigkeit der [*zwangsweisen*] Vorführung [*aufgrund staatsanwaltschaftlichen Vorführungsbefehls, §§ 163 III 2, 133 II, 134 I*] entscheidet auf Antrag des Beschuldigten das Gericht; § 161a Abs. 3 Satz 2 bis 4 ist anzuwenden. [*Die Entscheidung des – in der Regel – Landgerichts ist daher unanfechtbar.*]

(IV) [*Da § 163 lediglich eine Aufgabenzuweisungsnorm ist, die der Polizei gegenüber dem Betroffenen keine Eingriffsrechte zubilligt, müssen weder Beschuldigte, noch Zeugen, noch Sachverständige vor der Polizei erscheinen. Es ist auch nicht notwendig, Informationsbereite im Rahmen der informatorischen Vorermittlungen bereits hierüber zu belehren.*] ([1]) Bei der ersten Vernehmung des Beschuldigten [*vgl. Definition § 157*] durch Beamte des Polizeidienstes ist [*jedoch*] dem Beschuldigten zu eröffnen, welche Tat [*genauer: welcher historische Vorgang ohne rechtliche Subsumtion, anders durch die Staatsanwaltschaft, § 163a II 2 i. V. m. § 136 I 1*] ihm zur Last gelegt wird. ([2]) Im übrigen sind bei der Vernehmung des Beschuldigten durch Beamte des Polizeidienstes § 136 Abs. 1 Satz 2 [*Belehrungspflicht über das Recht, Angaben zur Sache zu verweigern, Satz 3: Belehrungspflicht über das Recht, zur Entlastung einzelne Beweiserhebungen zu beantragen,*] bis 4 [*Hinweisgebot, daß der Beschuldigte sich schriftlich äußern kann*], Abs. 2 [*Gelegenheit zur Verdachtszerstreuung*], 3 [*Ermittlung der persönlichen Verhältnisse*] und § 136a [*verbotene Vernehmungsmethoden*] anzuwenden.

(V) [*Zeugen und Sachverständige müssen nicht vor der Polizei erscheinen und zur Sache aussagen, § 161a ist nicht analog anwendbar.*] Bei der [*dennoch stattfindenden*] Vernehmung eines Zeugen oder Sachverständigen durch Beamte des Polizeidienstes sind § 52 Abs. 3 [*Belehrung über das Zeugnisverweigerungsrecht aus persönlichen Gründen*], § 55 Abs. 2 [*Belehrung über das Recht, – selbst – oder Angehörige belastende Aussagen zu verweigern*], § 81c Abs. 3 Satz 2 in Verbindung mit § 52 Abs. 3 [*Belehrungspflicht über das Untersuchungsverweigerungsrecht von Zeugen, die Angehörige sind*], § 136a [*verbotene Vernehmungsmethoden*] entsprechend anzuwenden. [*Beschuldigter und Verteidiger haben bei der polizeilichen Vernehmung kein Recht auf Anwesenheit.*]

§ 163b (Erforderliche Maßnahmen und Festhalten zur Identitätsfeststellung von Verdächtigen und Unverdächtigen für Zwecke der Strafverfolgung)

(I[1]) Ist jemand [*aufgrund zureichender tatsächlicher Anhaltspunkte, vgl. § 152 II*] einer [*tatbestandsmäßigen, rechtswidrigen Handlung i. S. des § 11 Abs. 1 Nr. 5 StGB =*] Straftat [*als Täter oder Teilnehmer*] verdächtig [*, auch wenn noch keine konkrete Strafverfolgungsmaßnahme gegen ihn mit der Folge getroffen wurde, daß er Beschuldigteneigenschaft erlangte, vgl. § 157*], so können die Staatsanwaltschaft und die Beamten des Polizeidienstes [*für Zwecke der Strafverfolgung*] die zur Feststellung seiner Identität [*vgl. § 111 OWiG*] erforderlichen [*geeigneten, verhältnismäßigen und das Übermaßverbot achtenden*] Maßnahmen treffen; § 163a Abs. 4 Satz 1 gilt [*mit der Folge*] entsprechend [*, daß dem Verdächtigen von den Beamten des Polizeidienstes zu eröffnen ist, welchen historischen Sachverhaltes er verdächtig ist*]. (²) Der Verdächtige darf [*, wenn die Voraussetzungen der §§ 81 a, 81 b gegeben sind, also bereits gegen ihn als Beschuldigten ein Strafverfahren geführt wird, körperlich untersucht und erkennungsdienstlichen Maßnahmen unterworfen werden. Wird gegen ihn noch kein Strafverfahren geführt, kann er vorläufig max. 12 Stunden, vgl. § 163c III*] festgehalten werden, wenn die Identität sonst nicht oder nur unter erheblichen Schwierigkeiten festgestellt werden kann. (³) Unter den Voraussetzungen von Satz 2 [*also dann, wenn noch kein Strafverfahren geführt wird und die Identität sonst nicht oder nur unter erheblichen Schwierigkeiten festgestellt werden kann,*] sind auch die Durchsuchung der Person des Verdächtigen [*d. h. seiner Körperoberfläche und seiner Kleidung nach Gegenständen, die der Identifizierung dienen können,*] und der von ihm mitgeführten Sachen [*z. B. eines Koffers; für Zufallsfunde vgl. § 108*] sowie [*unabhängig von dem in § 81 b geforderten Vorliegen eines Strafverfahrens gegen den Beschuldigten*] die Durchführung erkennungsdienstlicher Maßnahmen [*vgl. § 81 b*] zulässig.

(II¹) Wenn und soweit dies zur Aufklärung einer Straftat geboten ist [*, weil konkrete Anhaltspunkte dafür bestehen, daß die zu identifizierende Person als Zeuge oder Augenscheinsobjekt in Betracht kommt,*] kann auch die Identität einer Person festgestellt werden, die einer Straftat nicht verdächtig ist; § 69 Abs. 1 Satz 2 gilt [*mit der Folge*] entsprechend [*, daß dem Nichtverdächtigen vor der Identitätsfeststellung die nach konkreten Anhaltspunkten wahrscheinlich gegebene Straftat und die Person des Verdächtigen, sofern ein solcher vorhanden ist, zu bezeichnen sind*]. (²) Maßnahmen der in Absatz 1 Satz 2 bezeichneten Art dürfen nicht getroffen werden, wenn sie zur Bedeutung der Sache außer Verhältnis stehen [*; der Nichtverdächtige kann daher festgehalten werden, wenn dies der Bedeutung der Sache entspricht*]; Maßnahmen der in Absatz 1 Satz 3 bezeichneten Art dürfen nicht gegen den Willen der betroffenen Person getroffen werden. [*Der Nichtverdächtige kann daher nur mit seinem Einverständnis durchsucht und erkennungsdienstlichen Maßnahmen unterworfen werden; die von ihm mitgeführten Sachen können nur mit seinem Einverständnis durchsucht werden.*]

§ 163 c (Zeitraum und Modalität des Festhaltens, richterliche Überprüfung; Vernichtung der Unterlagen)

(I¹) Eine von einer Maßnahme nach § 163 b betroffene Person darf in keinem Fall länger als zur Feststellung ihrer Identität unerläßlich [*vgl. § 231 a I 1, d. h. unbedingt erforderlich*] festgehalten werden. (²) Die festgehaltene Person [*, mag sie verdächtig oder unverdächtig sein,*] ist [*wegen Art. 104 II 2 GG von Amts wegen*] unverzüglich [*d. h. ohne unberechtigtes Verzögern*] dem [*funktionell gemäß § 121 e GVG zuständigen*] Richter bei dem Amtsgericht, in dessen Bezirk sie ergriffen worden ist, zum Zwecke der Entscheidung über Zulässigkeit und Fortdauer [*vgl. Art. 104 II 1 GG*] der [*gem. § 163b I 2 sowie § 163b II 2 1. Halbsatz angeordneten*] Freiheitsentziehung vorzuführen, es sei denn, daß die Herbeiführung der richterlichen

Entscheidung voraussichtlich längere Zeit in Anspruch nehmen würde, als zur Feststellung der Identität notwendig wäre.

(II[1]) Die festgehaltene Person hat ein Recht darauf, daß ein Angehöriger oder eine Person ihres Vertrauens [*vgl. § 114b*] unverzüglich [*d.h. ohne unberechtigtes Verzögern*] benachrichtigt wird. [*Erklärt der Richter am Amtsgericht die Freiheitsentziehung für zulässig, ist nach Art. 104 IV GG zu benachrichtigen.*] ([2]) Ihr ist Gelegenheit zu geben, einen Angehörigen oder eine Person ihres Vertrauens [*vgl. § 114b*] zu benachrichtigen, es sei denn, daß sie einer Straftat verdächtig ist [*vgl. § 163d I*] und [*kumulative Voraussetzung!*] der Zweck der Untersuchung durch die Benachrichtigung gefährdet würde.

(III) Eine Freiheitsentziehung zum Zwecke der Feststellung der Identität [*gem. 163b*] darf die Dauer von insgesamt zwölf Stunden nicht überschreiten.

(IV) Ist die Identität festgestellt, so [*werden die Unterlagen zur Identifizierung des Verdächtigen, § 163b I, zu den Strafakten genommen. Dagegen*] sind in den Fällen des § 163b Abs. 2 [= *in den Fällen der Identifizierung von Unverdächtigen*] die im Zusammenhang mit der Feststellung angefallenen Unterlagen [*von Amts wegen*] zu vernichten. [*Der Unverdächtige kann dies beantragen und ggf. gemäß §§ 23ff EGGVG durchsetzen.*]

§ 164 (Festnahme von Störern und Widersetzenden)

Bei [*strafprozessualen*] Amtshandlungen an Ort und Stelle [*außerhalb und, str., innerhalb von Amtsräumen*] ist der Beamte, der sie leitet [*: bei richterlichen Amtshandlungen der Richter, bei staatsanwaltschaftlichen Amtshandlungen der Staatsanwalt, bei polizeilichen Amtshandlungen der ranghöchste Polizeibeamte vor Ort*], befugt, Personen, die [*den reibungslosen Ablauf*] seine[*r*] amtliche[*n*] Tätigkeit [*in nicht unerheblicher Weise bedingt*] vorsätzlich [*rechtswidrig*] stören oder sich den von ihm innerhalb seiner Zuständigkeit getroffenen Anordnungen [*rechtswidrig aktiv oder passiv*] widersetzen, [*bei Erforderlichkeit in geeigneter und verhältnismäßiger Weise, regelmäßig nach Androhung und Gewährung des rechtlichen Gehörs,*] festnehmen und bis zur Beendigung seiner Amtsverrichtungen, jedoch nicht über den nächstfolgenden Tag hinaus, festhalten zu lassen. [*Auf staatsanwaltschaftliche und polizeiliche Maßnahmen sind die §§ 23ff EGGVG anwendbar, beachte jedoch § 28 I 4 EGGVG. Gegen richterliche Maßnahmen kann Beschwerde eingelegt werden; ist die Maßnahme bereits vollzogen, kann ausnahmsweise bei einem nachwirkenden berechtigten Interesse die Feststellung der Rechtswidrigkeit begehrt werden, sehr str.*]

§ 165 (Der Richter als Notstaatsanwalt)

Bei Gefahr im Verzug [*also dann, wenn bei Abwarten der Entscheidung des zuständigen Staatsanwalts die Aufklärung der Sache oder die Sicherung eines Beweismittels oder die Einziehung eines Gegenstandes gefährdet ist,*] kann der Richter [*des Amtsgerichtes, in dessen Bezirk die Amtshandlung notwendig ist,*] die erforderlichen Untersuchungshandlungen [*im Ermittlungsverfahren*] auch ohne [*staatsanwaltschaftlichen*] Antrag vornehmen, wenn ein Staatsanwalt [*aufgrund tatsächlicher Gegebenheiten*] nicht erreichbar ist. [*Ein Richter, der als Notstaatsanwalt gehandelt hat, ist nach h.M. nicht durch § 22 Nr. 4 ausgeschlossen, zw.*]

§ 166 (Richterliche Notbeweisaufnahme bei Anträgen des Beschuldigten zu seiner Entlastung)

(I) Wird der Beschuldigte [*im Ermittlungsverfahren*] von dem Richter vernommen und beantragt er bei dieser Vernehmung [*z. B. in den Fällen der §§ 115 II, 115a II 1, 118a, 126a II 1, 128 I 2, 162, 165*] zu seiner Entlastung einzelne Beweiserhebungen, so hat der Richter diese, soweit er sie für erheblich erachtet [*d. h. überzeugt ist, daß sie die prozessuale Lage des Beschuldigten verbessern können*], [*unabhängig von staatsanwaltschaftlichen Anträgen*] vorzunehmen, wenn der Verlust der [*einzelnen*] Beweise zu besorgen ist oder die Beweiserhebung die Freilassung des Beschuldigten [*durch den Richter, der den Haftbefehl erlassen hat, vgl. §§ 115a II, 126 I, oder durch die Staatsanwaltschaft, § 120 III 2*] begründen kann. [*Ist der Beschuldigte vorläufig festgenommen worden, kann der Richter beim Amtsgericht den Festgenommenen nach §§ 128 II, 129 freilassen.*]

(II) Der Richter kann, wenn die Beweiserhebung in einem anderen Amtsbezirk vorzunehmen ist, den Richter des letzteren um ihre Vornahme [*im Wege der Rechtshilfe, §§ 156 ff GVG*] ersuchen.

§ 167 (Verfügung der Staatsanwaltschaft nach richterlichen Nothandlungen)

In den Fällen der §§ 165 und 166 gebührt der Staatsanwaltschaft [*als Herrin des Ermittlungsverfahrens*] die weitere Verfügung. [*Der Richter hat daher seine Verhandlung unverzüglich der Staatsanwaltschaft zuzuleiten, vgl. § 163 II 1.*]

§ 168 (Protokoll über richterliche Untersuchungshandlungen)

([1]) Über jede [*trotz des übereinstimmenden Wortlautes enger als in § 162 I 1 zu interpretierende*] richterliche Untersuchungshandlung [*, die nicht nur in dem Erlaß einer Entscheidung, sondern darüber hinaus in einer »Verhandlung« i. S. des § 168a I besteht, z. B. über eine richterliche Augenscheinseinnahme oder eine richterliche Vernehmung,*] ist ein Protokoll [*vgl. im einzelnen § 168a*] aufzunehmen. [*Für polizeiliche Untersuchungshandlungen besteht keine Protokollpflicht. Staatsanwaltschaftliche Untersuchungshandlungen sind nach § 168b zu protokollieren. Für das Protokoll in der Hauptverhandlung gelten die §§ 271 bis 274.*] ([2]) Für die Protokollführung [*über richterliche Untersuchungshandlungen, die Verhandlungen sind,*] ist ein Urkundsbeamter der Geschäftsstelle [*vgl. § 153 GVG*] zuzuziehen; hiervon kann der Richter absehen, wenn [*und soweit*] er die Zuziehung eines Protokollführers nicht für erforderlich hält. ([3]) In dringenden Fällen kann der Richter eine von ihm [*für diese Protokollführung in freier Formulierung*] zu vereidigende Person als Protokollführer zuziehen. [*Zur Verwertbarkeit eines richterlichen Protokolls über die Untersuchungshandlung vgl. §§ 232 III, 249, 253, 254.*]

§ 168a (Art und Umfang der Protokollführung über die Durchführung und das Ergebnis richterlicher Untersuchungshandlungen)

(I) Das Protokoll [*über richterliche Untersuchungshandlungen, § 168 Satz 1*] muß Ort und Tag der Verhandlung sowie die Namen der mitwirkenden [*Verfahrensbeteiligten, die ein Anwesenheits- und Mitwirkungsrecht haben, § 168c, Dolmetscher, Pro-*

tokollführer, deren Funktionen bei der Verhandlung] und [*die Namen der sonstigen*] beteiligten Personen [*z. B. des Zeugen und des Sachverständigen*] angeben und ersehen lassen, ob die wesentlichen Förmlichkeiten des Verfahrens [*z. B. die Belehrung über das Zeugnisverweigerungsrecht*] beobachtet sind. [*Darüber hinaus ist das wesentliche Ergebnis der Untersuchungshandlung zu protokollieren, vgl. § 86.*]

(II[1]) Der [*so gekennzeichnete*] Inhalt des Protokolls kann in einer gebräuchlichen Kurzschrift, mit einer Kurzschriftmaschine, [*offen*] mit einem Tonaufnahmegerät [*oder durch Korinthschrift*] oder durch verständliche Abkürzungen vorläufig [*ohne Einverständnis der Beteiligten*] aufgezeichnet werden. ([2]) Das Protokoll ist in diesem Fall unverzüglich [*d. h. ohne unberechtigte Verzögerung*] nach Beendigung der Verhandlung herzustellen. ([3]) Die vorläufigen Aufzeichnungen sind zu den Akten zu nehmen [*, um den Nachweis der Unrichtigkeit der Übertragung nach § 168 IV 4 zu ermöglichen,*] oder, wenn sie sich nicht dazu eignen, bei der Geschäftsstelle mit den Akten aufzubewahren. ([4]) Tonaufzeichnungen können gelöscht werden, wenn das Verfahren rechtskräftig abgeschlossen oder sonst beendet ist.

(III[1]) Das Protokoll ist den bei der Verhandlung beteiligten Personen [*vgl. § 168a I*], soweit es sie betrifft [*, weil es ihre Äußerungen oder Handlungen beurkundet*], zur Genehmigung vorzulesen oder zur Durchsicht vorzulegen [*; die betroffene Person hat dabei ein Wahlrecht, str.*]. ([2]) Die [*erteilte*] Genehmigung ist [*in der Regel durch v. g. u. u. oder s. g. u. u.*] zu vermerken. ([3]) Das [*so genehmigte*] Protokoll ist von den Beteiligten zu unterschreiben oder es ist darin anzugeben, weshalb die Unterschrift unterblieben ist. ([4]) Ist der Inhalt des Protokolls [*gem. § 168a II 1*] nur vorläufig aufgezeichnet worden, so genügt es, wenn die Aufzeichnungen vorgelesen oder abgespielt werden. ([5]) In dem Protokoll ist zu vermerken, daß dies geschehen und die Genehmigung erteilt ist [*vgl. § 168a III 2*] oder welche Einwendungen erhoben worden sind [*vgl. § 168a III 2*]. ([6]) Das Vorlesen oder die Vorlage zur Durchsicht oder das Abspielen kann unterbleiben, wenn die beteiligten Personen, soweit es sie betrifft [*vgl. § 168a III 1*], nach der Aufzeichnung darauf verzichten [*, ohne daß das Vorlesen oder die Vorlage zur Durchsicht oder das Abspielen unterbleiben muß*]; in dem Protokoll ist zu vermerken, daß der Verzicht ausgesprochen worden ist.

(IV[1]) Das [*so hergestellte*] Protokoll ist von dem Richter sowie dem Protokollführer zu unterschreiben [*; eine fehlende Unterschrift kann u. U. nachgeholt werden, so daß die Verlesbarkeit nach § 251 I gewahrt bleibt, zw.*]. ([2]) Ist der Inhalt des Protokolls ohne Zuziehung eines Protokollführers [*gem. § 168a II*] ganz oder teilweise mit einem Tonaufnahmegerät vorläufig aufgezeichnet worden, so unterschreiben der Richter und derjenige, der das Protokoll hergestellt hat. ([3]) Letzterer versieht seine Unterschrift mit dem Zusatz, daß er die Richtigkeit der Übertragung bestätigt. ([4]) Der Nachweis der Unrichtigkeit der Übertragung ist zulässig.

§ 168b (Protokoll über staatsanwaltschaftliche Untersuchungshandlungen)

(I) [*Das Mündlichkeitsprinzip gilt nur für die Hauptverhandlung, nicht für das Ermittlungsverfahren.*] Das Ergebnis staatsanwaltschaftlicher Untersuchungshandlungen [*ohne Verhandlungscharakter, z. B. Beschlagnahmeanordnung nach § 98 I 1, und mit Verhandlungscharakter, z. B. Vernehmung von Beschuldigten, Zeugen und*

Sachverständigen, §§ 163a II, 161 a] ist [*in Befolgung des Schriftlichkeitsprinzips*] aktenkundig zu machen [*, um den am Fortgang des Strafverfahrens beteiligten Organen, einschl. dem Verteidiger, genaue Kenntnis über die Entwicklung und den Stand des Ermittlungsverfahrens zu vermitteln*].

(II) Über die Vernehmung des Beschuldigten [*gem. § 163a III*], der Zeugen und Sachverständigen [*gem. §§ 161 a*] soll ein Protokoll nach den §§ 168, 168a aufgenommen werden, soweit dies ohne erhebliche Verzögerung der Ermittlungen geschehen kann. [*Beachtet die Staatsanwaltschaft diese Regelvorschrift nicht, so hat dies allenfalls disziplinarrechtliche Folgen.*]

§ 168c (Anwesenheitsrechte und Benachrichtigungspflichten bei richterlicher Vernehmung)

(I) [*Die Anwesenheitsrechte bei staatsanwaltschaftlichen Beschuldigtenvernehmungen regelt § 163a III 2.*] Bei der richterlichen Vernehmung des Beschuldigten [*z. B. im Rahmen der §§ 115 II, 115a II, 128 I, 162, 165*] ist der Staatsanwaltschaft und dem Verteidiger die Anwesenheit gestattet. [*Von dem Termin der richterlichen Vernehmung sind die Berechtigten zu benachrichtigen, § 168c V 1 und 2.*]

(II) [*Bei der staatsanwaltschaftlichen Vernehmung von Zeugen und Sachverständigen stehen weder dem Beschuldigten noch seinem Verteidiger ein Anwesenheitsrecht zu, da § 161 a nicht wie § 163 a III 2 auf § 168c verweist und so vom Grundsatz des »geheimen« Ermittlungsverfahren ausgeht.*] Bei der richterlichen Vernehmung eines Zeugen oder Sachverständigen ist [*dagegen*] der Staatsanwaltschaft, dem Beschuldigten und dem Verteidiger die Anwesenheit gestattet. [*Bei anderen richterlichen Untersuchungshandlungen besteht kein Anwesenheitsrecht der genannten Personen. Über die in § 168c II genannten Personen hinaus kann jedoch auch ein Zeuge einen Rechtsanwalt zu seinem Beistand mitbringen.*]

(III[1]) Der Richter kann einen Beschuldigten von der Anwesenheit bei der Verhandlung ausschließen, wenn dessen Anwesenheit den Untersuchungszweck [*konkret*] gefährden würde. ([2]) Dies gilt namentlich dann, wenn zu befürchten ist, daß ein Zeuge [*oder Sachverständige*] in Gegenwart des Beschuldigten nicht die Wahrheit sagen werde.

(IV) Hat ein nicht in Freiheit befindlicher Beschuldigter [*z. B. nach § 141 III*] einen Verteidiger, so steht ihm ein Anspruch auf Anwesenheit nur bei solchen Terminen zu, die an der Gerichtsstelle des Ortes abgehalten werden, wo er in Haft ist.

(V[1]) Von den Terminen sind die zur Anwesenheit [*gem. § 168c I bis IV*] Berechtigten vorher zu benachrichtigen. ([2]) Die Benachrichtigung unterbleibt [*nur dann*], wenn sie [*also die Benachrichtigung, nicht die Anwesenheit, str.*] den Untersuchungserfolg gefährden würde. ([3]) Auf die Verlegung eines Termins wegen Verhinderung haben die zur Anwesenheit Berechtigten keinen Anspruch [*; gleichwohl kann einem begründeten Verlegungswunsch nach pflichtgemäßem Ermessen entsprochen werden. Ist die Benachrichtigung gem. § 168c V 1 unterblieben, obwohl keine Anhaltspunkte für ein Gefährden des Untersuchungserfolgs vorhanden waren, kann das Protokoll nicht in der Hauptverhandlung gem. § 251 I verlesen werden*].

§ 168d (Anwesenheitsrechte und Benachrichtigungspflichten bei richterlichem Augenschein)

(I) [*Bei der Einnahme eines staatsanwaltschaftlichen Augenscheins muß dem Beschuldigten und seinem Verteidiger nicht die Anwesenheit gestattet werden.*] ([1]) Bei der Einnahme eines richterlichen Augenscheins [*vgl. § 86, nicht dagegen § 87 II 1*] ist der Staatsanwaltschaft, dem Beschuldigten [*§ 157*] und dem Verteidiger die Anwesenheit bei der Verhandlung [*grundsätzlich*] gestattet. ([2]) § 168c Abs. 3 Satz 1 [*Ausschließung des Beschuldigten*], Abs. 4 [*beschränktes Anwesenheitsrecht eines inhaftierten Beschuldigten*] und 5 [*Benachrichtigungspflicht*] gilt entsprechend.

(II[1]) Werden bei der Einnahme eines richterlichen Augenscheins Sachverständige zugezogen, so kann der [*hiervon zu benachrichtigende, § 168e I 2, § 168c V 1 analog*] Beschuldigte beantragen, daß die von ihm für die Hauptverhandlung vorzuschlagenden Sachverständigen zu dem Termin geladen werden, und, wenn der Richter den Antrag [*wegen Gefahr einer Behinderung der vom Richter bestellten Sachverständigen*] ablehnt, sie selbst [*d. h. unmittelbar nach § 220 I und II*] laden lassen. ([2]) Den vom Beschuldigten benannten [*und gem. § 168d II 1 geladenen*] Sachverständigen ist die Teilnahme am Augenschein und den erforderlichen Untersuchungen [*aber nur*] insoweit gestattet, als dadurch die Tätigkeit der vom Richter bestellten Sachverständigen nicht behindert wird. [*Gegen die Ablehnung der Ladung und den Ausschluß der Sachverständigen nach § 168d II 1 und 2 ist Beschwerde zulässig, jedoch ohne aufschiebende Wirkung.*]

§ 169 (Ermittlungsrichter des OLG und des BGH)

(I[1]) [*Grundsätzlich bestimmt sich die Zuständigkeit des Ermittlungsrichters nach § 162.*] In Sachen, die nach § 120 des Gerichtsverfassungsgesetzes zur Zuständigkeit des Oberlandesgerichts im ersten Rechtszug gehören, können die im vorbereitenden Verfahren [*gem. § 162*] dem Richter beim Amtsgericht obliegenden Geschäfte auch [*also alternativ*] durch Ermittlungsrichter dieses Oberlandesgerichts wahrgenommen werden. ([2]) Führt der Generalbundesanwalt die Ermittlungen, so sind an deren Stelle Ermittlungsrichter des Bundesgerichtshofs [*alternativ*] zuständig.

(II) Der für eine Sache zuständige Ermittlungsrichter des Oberlandesgerichts kann Untersuchungshandlungen auch dann anordnen, wenn sie nicht im Bezirk dieses Gerichts vorzunehmen sind [*beachte dazu auch §§ 157, 166 II GVG*].

§ 169a (Vermerk des Abschlusses der Ermittlungen)

Erwägt die Staatsanwaltschaft, die öffentliche Klage [*nach §§ 170 I, 199 II, 200, 212a II 2, 407, 408 I, beachte § 400 AO, nicht dagegen: gem. § 266 II*] zu erheben, so vermerkt sie [*, nachdem sie den Beschuldigten entsprechend § 163a vernommen hat,*] den Abschluß der Ermittlungen [*in der Regel mit der Formulierung: »Die Ermittlungen sind abgeschlossen«*] in den Akten [*vgl. Nr. 109 III 1 RiStBV. Mit dem Abschlußvermerk hat der Verteidiger ein uneingeschränktes Akteneinsichtsrecht, § 147 II. Ein notwendiger Verteidiger ist zu bestellen, § 141 II 2 und 3*].

§§ 169b, 169c (weggefallen)

§ 170 (Abschluß des Ermittlungsverfahrens durch Anklage oder Einstellung)

(I) [*Regelmäßig, sieht man von anderen Möglichkeiten der Verfahrensbeendigung ab, insbesondere von den Einstellungsmöglichkeiten nach §§ 153ff, endet das vorbereitende Verfahren mit der Anklage bezüglich des gesamten historischen Lebenssachverhaltes, der Tat i. S. der §§ 155, 264, oder mit der Einstellung hinsichtlich dieser Tat.*] Bieten die Ermittlungen genügend Anlaß zur Erhebung der öffentlichen Klage [*, weil eine Verurteilung des Beschuldigten mit Wahrscheinlichkeit zu erwarten ist*], so erhebt die Staatsanwaltschaft sie [*regelmäßig*] durch Einreichung einer Anklageschrift [*nach den §§ 199 II, 200, vgl. auch §§ 414 II 2, 440 II 2, mit dem Ziel der Eröffnung des Hauptverfahrens*] bei dem [*örtlich, sachlich und funktionell*] zuständigen Gericht [*, das u. U. bei fehlender Zuständigkeit nach den §§ 200, 209a entscheidet*].

(II[1]) Andernfalls [*also dann, wenn der Beschuldigte aus rechtlichen oder tatsächlichen Gründen nicht wahrscheinlich verurteilt werden wird,*] stellt die Staatsanwaltschaft [*nach Durchführung von Ermittlungen*] das Verfahren [*bezüglich der gesamten Tat i. S. von §§ 155, 264*] ein. [*Hat sich unter mehreren selbständigen prozessualen Taten i. S. der §§ 264, 155 bezüglich einer Tat kein genügender Tatverdacht ergeben, so stellt die Staatsanwaltschaft nur hinsichtlich dieser Tat ein. Dagegen findet keine teilweise Einstellung statt, wenn die eine prozessuale Tat verfolgbar ist und lediglich materiell-rechtlich eine von mehreren zunächst möglich scheinenden Gesetzesverletzungen verneint wird.*] ([2]) Hiervon [*also von der Einstellung*] setzt sie den Beschuldigten in Kenntnis, wenn er als solcher [*d. h. nicht bloß informatorisch als Zeuge, vgl. § 157, polizeilich, § 163a I, staatsanwaltschaftlich, § 163a III, oder richterlich §§ 162, 165*] vernommen worden ist oder ein Haftbefehl gegen ihn erlassen [*nicht notwendig: vollzogen*] war; dasselbe gilt, wenn er um einen Bescheid gebeten hat oder wenn ein besonderes Interdsse an der Bekanntgabe ersichtlich ist. [*Die Bekanntgabe der Begründung schreibt das Gesetz nicht vor, vgl. aber Nr. 88 RiStBV. Zur Einstellung nach dem Opportunitätsprinzip vgl. §§ 153ff; zur Einstellung bei Privatklagedelikten vgl. § 376.*]

§ 171 (Verbescheidung des Strafverfolgung Begehrenden)

([1]) Gibt die Staatsanwaltschaft einem [*ausdrücklichen oder stillschweigenden*] Antrag auf Erhebung der öffentlichen Klage [*d. h. der Willensbekundung, es möge die gem. § 158 I mitgeteilte Straftat verfolgt werden,*] keine Folge oder verfügt sie nach dem Abschluß der Ermittlungen die Einstellung des Verfahrens, so hat sie [*bei Privatklagedelikten, für deren Verfolgung kein öffentliches Interesse i. S. d. § 376 besteht, die Einstellungsverfügung mit einer Verweisung auf den Privatklageweg zu verbinden. In allen anderen Fällen hat die Staatsanwaltschaft*] den Antragsteller [*ohne Rücksicht darauf, ob er Verletzter i. S. d. § 172 ist,*] unter Angabe der Gründe zu bescheiden. ([2]) In dem Bescheid ist [*nur*] der Antragsteller, der zugleich der Verletzte ist [*, weil die behauptete Straftat so sehr in seine Rechtsgüter eingreift, daß sein Strafverfolgungsverlangen u. U. berechtigt ist*], über die Möglichkeit der Anfechtung [*nach § 172*] und die dafür vorgesehene Frist (§ 172 Abs. 1) zu belehren [*, es sei denn, daß ein Fall des § 172 II 3 vorliegt*].

§ 172 (Klageerzwingungsverfahren)

(I¹) Ist der Antragsteller zugleich der Verletzte [*vgl. zu § 171*], so steht ihm [*in Privatklagesachen nur das Privatklageverfahren, §§ 374 ff, zu. Ist kein solcher und auch sonst kein in § 172 II 3 genannter Fall gegeben, so steht dem verletzten Antragsteller, vgl. § 171*] gegen den Bescheid nach § 171 [*nicht bloß die jedermann mögliche, form- und fristlose Aufsichtsbeschwerde, sondern darüberhinaus*] binnen zwei Wochen nach der [*tatsächlichen*] Bekanntmachung die [*besondere Vorschalt-*]Beschwerde an den vorgesetzten Beamten der Staatsanwaltschaft [*den Generalstaatsanwalt*] zu. [*Gegen die schuldlose Versäumung ist Wiedereinsetzung möglich, §§ 44 ff, str.*] (²) Durch die [*fristgerechte*] Einlegung der [*Vorschalt-*]Beschwerde bei der Staatsanwaltschaft wird die Frist gewahrt. (³) Sie läuft nicht, wenn die Belehrung nach § 171 Satz 2 unterblieben ist. [*Erachtet der Generalstaatsanwalt die Anklage für zulässig und nach den §§ 151 II, 170 I für geboten, weist er die Staatsanwaltschaft zur Anklageerhebung an.*]

(II¹) Gegen den ablehnenden Bescheid des vorgesetzten Beamten der Staatsanwaltschaft kann der [*prozeßfähige*] Antragsteller binnen einem Monat nach der [*formgerechten, vgl. § 172 II 2*] Bekanntmachung gerichtliche Entscheidung beantragen. (²) Hierüber und über die dafür vorgesehene Form ist er zu belehren; die Frist läuft nicht, wenn die Belehrung [*gänzlich oder in wesentlichen Teilen*] unterblieben ist. [*Bei schuldloser Fristversäumung ist unstrittig Wiedereinsetzung nach den §§ 44 ff möglich.*] (³) Der Antrag ist nicht zulässig, wenn das Verfahren ausschließlich eine Straftat zum Gegenstand hat, die vom Verletzten im Wege der Privatklage [*nach den §§ 374 ff*] verfolgt werden kann, oder wenn die Staatsanwaltschaft nach § 153 Abs. 1, § 153a Abs. 1 Satz 1, 6 oder § 153b Abs. 1 von der Verfolgung der Tat abgesehen hat; dasselbe gilt in den Fällen der §§ 153c bis 154 Abs. 1 sowie der §§ 154b und 154c.

(III¹) Der Antrag auf gerichtliche Entscheidung muß [*aus sich selbst heraus verständlich sein. Er muß substantiiert*] die Tatsachen, welche [*die Verletzteneigenschaft des Antragstellers ergeben, die Tatsachen, welche*] die Erhebung der öffentlichen Klage [*gegen einen namentlich benannten oder doch identifizierbaren Beschuldigten schlüssig*] begründen sollen, und die Beweismittel angeben. (²) Er muß von einem [*bei einem Gericht im Geltungsbereich der StPO zugelassenen*] Rechtsanwalt unterzeichnet sein; für die Prozeßkostenhilfe gelten dieselben Vorschriften wie in bürgerlichen Rechtsstreitigkeiten [*§§ 114 ff ZPO*]. (³) Der Antrag ist [*schriftlich oder zu Protokoll der Geschäftsstelle*] bei dem für die Entscheidung zuständigen Gericht einzureichen.

(IV¹) Zur Entscheidung über den Antrag ist das Oberlandesgericht zuständig. (²) § 120 des Gerichtsverfassungsgesetzes ist sinngemäß anzuwenden.

§ 173 (Verfahren des Gerichts)

(I) Auf Verlangen des [*hierüber nach seinem pflichtgemäßen Ermessen entscheidenden*] Gerichts hat ihm die Staatsanwaltschaft die bisher von ihr geführten Verhandlungen vorzulegen. [*Auch ohne gerichtliches Verlangen legt die Staatsanwalt-*

schaft die von ihr geführten Akten, mit Ausnahme der Handakten, regelmäßig mit ihrer Stellungnahme zum Antrag vor.]

(II) Das Gericht kann [*nach seinem pflichtgemäßen, jedoch regelmäßig, vgl. Art. 103 I GG, § 175, auf Null reduzierten Ermessen*] den Antrag unter Bestimmung einer Frist dem Beschuldigten zur Erklärung mitteilen. [*Der Staatsanwaltschaft steht gem. § 33 II rechtliches Gehör zu.*]

(III) Das Gericht kann [*nach seinem pflichtgemäßen Ermessen*] zur Vorbereitung seiner Entscheidung [*lückenschließende*] Ermittlungen [*durch Beschluß*] anordnen und mit ihrer Vornahme einen beauftragten oder ersuchten Richter betrauen. [*Das Gericht kann auch die Staatsanwaltschaft bitten – vgl. § 202 –, die für erforderlich gehaltenen Ermittlungen durchzuführen.*]

§ 174 (Verwerfung des Antrags durch Beschluß)

(I) [*Ist der Antrag unzulässig, verwirft ihn das Gericht durch Beschluß.*] Ergibt sich kein genügender Anlaß zur Erhebung der öffentlichen Klage [*vgl. § 170 II, ist der Antrag also unbegründet*], so verwirft das Gericht [*durch Beschluß*] den Antrag [*, entscheidet gem. § 177 über die Kosten*] und setzt [*formlos*] den Antragsteller, die Staatsanwaltschaft und den Beschuldigten von der Verwerfung in Kenntnis. [*Der Beschuldigte ist wegen § 174 II auch dann zu benachrichtigen, wenn er vom Klageerzwingungsverfahren nichts erfuhr. Die Befugnis nach § 153 steht dem OLG nicht zu, str.*]

(II) Ist der Antrag verworfen, so kann die öffentliche Klage nur auf Grund neuer [*d. h. dem OLG unbekannter*] Tatsachen oder Beweismittel [*einschließlich geänderter Zeugenaussagen*] erhoben werden [*»beschränkter Strafklageverbrauch«*].

§ 175 (Klageerhebung anordnender Beschluß)

([1]) Erachtet das Gericht nach [*obligatorischer*] Anhörung des Beschuldigten [*in der Form des § 173 II, wegen § 33 III unter Einschluß der Stellungnahme der Staatsanwaltschaft*] den Antrag für begründet, so beschließt es die Erhebung der öffentlichen Klage. [*Der Beschluß muß den Erfordernissen des § 200 entsprechen.*] ([2]) Die Durchführung dieses Beschlusses liegt [*wegen § 151*] der Staatsanwaltschaft ob. [*Der Antragsteller kann sich als Verletzter der erhobenen öffentlichen Klage anschließen, § 395 II Nr. 2.*]

§ 176 (Sicherheitsleistung)

(I[1]) Durch [*besonderen*] Beschluß des Gerichts kann [*ausnahmsweise*] dem Antragsteller vor der Entscheidung über den [*zulässigen; arg.: § 177 i. V. m. § 174*] Antrag [*nach pflichtgemäßem Ermessen des Gerichts*] die Leistung einer [*angemessenen, vgl. § 176 I S 3*] Sicherheit [*in Geld oder Wertpapieren, § 176 I S 2*] für die Kosten auferlegt werden, die durch das Verfahren über den Antrag voraussichtlich der Staatskasse und dem Beschuldigten erwachsen [*und gemäß § 177 vom Beschuldigten zu tragen sind*]. ([2]) Die Sicherheitsleistung ist durch Hinterlegung in barem Geld oder in Wertpapieren zu bewirken. ([3]) Die Höhe der zu leistenden Sicherheit wird vom Gericht nach freiem [*pflichtgemäßem*] Ermessen festgesetzt. ([4]) Es hat zugleich eine Frist zu bestimmen, binnen welcher die Sicherheit zu leisten ist. [*Die Staatsanwaltschaft ist gem. § 33 II zu hören. Der unanfechtbare, § 304 IV 2, Beschluß ist wegen der Fristbestimmung zuzustellen, § 35 II.*]

(II) Wird die Sicherheit in der bestimmten Frist nicht geleistet, so hat das Gericht den Antrag für zurückgenommen zu erklären.

§ 177 (Kosten)

Die durch das Verfahren über den Antrag veranlaßten Kosten [*, vgl. Nr. 1638 KVGKG, etwaiger Ermittlungen, § 173 III, und notwendiger Auslagen des Beschuldigten, § 464a II*] sind [*nur*] in den Fällen der §§ 174 und 176 Abs. 2 dem Antragsteller aufzuerlegen. [*Wird der Antrag als unzulässig verworfen, trifft den Antragsteller keine Kostentragungspflicht.*]

Dritter Abschnitt
Gerichtliche Voruntersuchung

[Der 3. Abschnitt des zweiten Buches ist durch Art. 1 Nr. 57 des 1. StVRG aufgehoben worden. Die Übergangsvorschrift des Art. 9 Abs. 2 des 1. StVRG bestimmt: »War bei Inkrafttreten dieses Gesetzes eine gerichtliche Voruntersuchung bereits eröffnet, so gelten für das weitere Verfahren die bisherigen Vorschriften. Eine Ergänzung der Voruntersuchung findet nicht statt. Die Staatsanwaltschaft ist nach Schluß der Voruntersuchung zu ergänzenden Ermittlungen befugt. Die Sätze 1 bis 3 gelten entsprechend für ehrengerichtliche Voruntersuchungen nach der Bundesrechtsanwaltsordnung und der Patentanwaltsordnung.«]

§§ 178–197 (weggefallen)

Vierter Abschnitt
Entscheidung über die Eröffnung des Hauptverfahrens

[§§ 198–212b]

[Von der Einreichung der Anklageschrift bis zur Entscheidung über die Eröffnung des Hauptverfahrens dauert das sog. »Zwischenverfahren«, §§ 199–204, 206, 207–211. Die §§ 205, 206b gelten auch in anderen Verfahrensabschnitten; § 206a gilt nur nach Eröffnung des Hauptverfahrens. Die §§ 212–212b regeln das »beschleunigte Verfahren«.]

§ 198 (weggefallen)

§ 199 (Gerichtliche Zuständigkeit für die Entscheidung über die Eröffnung des Hauptverfahrens)

(I) [*Die Staatsanwaltschaft erhebt immer Anklage bei dem Gericht, das sie für zuständig hält, vgl. § 200 I 2, und beantragt, das Hauptverfahren zu eröffnen.*] Das für die Hauptverhandlung [*nach den §§ 24ff, 73ff, 120 GVG erstinstanzlich*] zuständige Gericht entscheidet [*in der durch die §§ 25, 30 II GVG – beachte aber § 209 I –, §§ 76 I, 122 II 2 GVG bestimmten Besetzung durch Beschluß*] darüber, ob [*die Anklage zur Hauptverhandlung gem. den §§ 203, 207 zuzulassen, d. h.*] das Hauptverfahren zu eröffnen [*, die Eröffnung des Hauptverfahrens nach § 204 z. B. mangels hinreichenden Tatverdachtes oder wegen dauernder Verfahrenshindernisse abzulehnen ist, das angegangene Gericht örtlich zuständig ist, §§ 16, 18, die Akten gemäß § 209 III einem Gericht höherer Ordnung vorzulegen sind, das Verfahren nach den §§ 153 II, 153a II, 153b II, 153e II, 154 II, 154b IV, 154e II einzustellen oder gem. § 262 II auszusetzen ist*] oder [*ob*] das Verfahren [*gem. § 205*] vorläufig einzustellen ist.

(II[1]) Die Anklageschrift enthält [*neben den in § 200 genannten Angaben*] den Antrag, das Hauptverfahren zu eröffnen. ([2]) Mit ihr werden die Akten dem Gericht vorgelegt.

§ 200 (Anklagesatz und sonstiger Inhalt der Anklageschrift)

(I[1]) Die Anklageschrift [*legt den Prozeßgegenstand, vgl. §§ 155, 264, und damit den Rahmen des Hauptverfahrens fest. Sie*] hat [*daher*] den Angeschuldigten, die Tat, die ihm zur Last gelegt wird, Zeit und Ort ihrer Begehung, die gesetzlichen Merkmale der Straftat und die anzuwendenden Strafvorschriften [*so genau*] zu bezeichnen (Anklagesatz) [*, daß zweifelsfrei feststeht, welcher Person welcher geschichtliche Vorgang zur Last gelegt wird; vgl. i. e. Nr. 110–113 RiStBV*]. ([2]) In ihr sind ferner die [*be- und entlastenden, § 160 II*] Beweismittel, das Gericht, vor dem die Hauptverhandlung stattfinden soll [*vgl. zu § 199, Nebenkläger, § 396 I 2, Einziehungs-, § 431 I, und Verfallsbeteiligte, § 442 II 1, juristische Personen und Vereinigungen, § 444*], und [*falls bestellt*] der Verteidiger anzugeben.

(II[1]) In der Anklageschrift wird [*grundsätzlich*] auch das wesentliche Ergebnis der Ermittlungen dargestellt [*, um das Gericht und den Beschuldigten genau zu informieren, vgl. §§ 201, 202*]. ([2]) Davon kann abgesehen werden, wenn Anklage beim Strafrichter erhoben wird [*§ 25 GVG, § 39 JGG, sowie in den Fällen des § 207 II 2*].

§ 201 (Mitteilung der Anklageschrift; rechtliches Gehör)

(I) Der Vorsitzende des Gerichts [*vgl. § 199*] teilt die Anklageschrift [*vgl. § 200*] dem Angeschuldigten [*vgl. § 157, stets, auch im Falle einer beabsichtigten Nichteröffnung, str., in der durch § 35 II vorgeschriebenen Weise*] mit [*, um ihm rechtliches Gehör zu gewähren, vgl. Art. 103 I GG, Art. 6 III a und b EuMRK*] und fordert ihn zugleich auf, innerhalb einer [*nach pflichtgemäßem Ermessen*] zu bestimmenden [*angemessenen*] Frist zu erklären, ob er die Vornahme einzelner Beweiserhebungen [*zum Zwecke der Entscheidung nach §§ 203, 204 schon*] vor der Entscheidung über die Eröffnung des Hauptverfahrens beantragen oder Einwendungen gegen die Eröffnung des Hauptverfahrens vorbringen wolle. [*Für nach Eröffnung des Hauptverfahrens eingehende Anträge gilt § 219.*]

(II[1]) Über Anträge und Einwendungen beschließt [*nicht der Vorsitzende, sondern, vgl. § 199, nach Anhörung der Staatsanwaltschaft, § 33 II*] das Gericht. ([2]) Wird der vom Angeschuldigten erhobene Einwand der Unzuständigkeit (§ 16) verworfen, so steht dem Angeschuldigten [*nur*] sofortige Beschwerde zu. [*Beachte ferner § 6a.*] (³) Im übrigen kann der Beschluß des Gerichts [*nach § 201 II*] nicht angefochten werden [*vgl. § 210 I*].

§ 202 (Ergänzende Ermittlungen)

[*Statt nach § 204 zu entscheiden, kann das Gericht die Anklageschrift mit der Anregung weiterer Ermittlungen an die Staatsanwaltschaft zurückgeben.*] (¹) Bevor das Gericht über die Eröffnung des Hauptverfahrens entscheidet, kann es [*, wenn die Beweislage weder eine sofortige Eröffnung noch Ablehnung nach § 204 gestattet, von Amts wegen, auf Anregung der Staatsanwaltschaft oder auf Antrag des Angeschuldigten gemäß § 201 II 1*] zur besseren Aufklärung der Sache einzelne Beweiserhebungen anordnen. (²) Der Beschluß ist nicht anfechtbar [*vgl. § 305 S 1, es sei denn, daß die Beweiserhebung völlig unstatthaft ist. Nach Eröffnung des Hauptverfahrens gelten die §§ 219–221*].

§ 203 (Hinreichender Tatverdacht als Voraussetzung für die Eröffnung des Hauptverfahrens)

Das Gericht [*vgl. zu § 199*] beschließt [*in der durch § 207 festgelegten Form*] die Eröffnung des Hauptverfahrens, wenn nach den Ergebnissen des vorbereitenden Verfahrens der Angeschuldigte einer [*tatbestandsmäßigen, rechtswidrigen, schuldhaften und verfolgbaren*] Straftat [so] hinreichend verdächtig erscheint [*, daß eine Verurteilung wahrscheinlich ist. Ist dies nicht der Fall, weil z. B. Prozeßhindernisse gegeben sind oder das Beweismaterial nicht prognosekräftig genug ist, ist nach § 204 zu entscheiden*].

§ 204 (Begründung und Mitteilung bei Nichteröffnung)

(I) Beschließt das Gericht [*vgl. zu § 199*], [*aus den zu § 203 angeführten Gründen*] das Hauptverfahren nicht zu eröffnen, so muß aus dem Beschluß hervorgehen, ob er auf tatsächlichen [*also minderen Beweismöglichkeiten*] oder auf Rechtsgründen [*z. B. einem Prozeßhindernis*] beruht.

(II) Der Beschluß ist dem Angeschuldigten [*formfrei*] bekanntzumachen. [*Der Staatsanwaltschaft ist der Beschluß zuzustellen, vgl. §§ 35 II 1, 36, 41 S 2, 210 II, ebenso dem Nebenkläger mit Rechtsmittelbelehrung, vgl. §§ 397, 385 I S 2, 35a, 210 II.*]

§ 205 (Vorläufige Einstellung)

[*Steht dem Verfahren ein dauerndes unbehebbares Prozeßhindernis entgegen, gilt § 204.*] (¹) Steht der Hauptverhandlung für längere Zeit die Abwesenheit des Angeschuldigten oder ein anderes in seiner Person liegendes [*behebbares Prozeß-*] Hindernis entgegen, so kann das Gericht das Verfahren durch Beschluß vorläufig einstellen. (²) Der Vorsitzende sichert, soweit nötig, die Beweise.

§ 206 (Keine Bindung an staatsanwaltschaftliche Anträge)

[*Gem. § 155 II 2. HS. sind die Gerichte bei Anwendung der Strafgesetze nicht an die gestellten Anträge gebunden.*] Das Gericht ist [*konsequenterweise auch*] bei der Beschlußfassung [*über die Eröffnung des Hauptverfahrens*] an die Anträge der Staatsanwaltschaft nicht gebunden. [*Vgl. ferner §§ 209 II, 261, 264 II.*]

§ 206a (Einstellung nach Eröffnung des Hauptverfahrens bei Verfahrenshindernissen)

(I) [*Grundsätzlich kann ein Eröffnungsbeschluß nur durch eine die Hauptverhandlung beendende Entscheidung erledigt werden, beachte aber §§ 153 ff, 206 b.*] Stellt sich nach Eröffnung des Hauptverfahrens ein [*sachentscheidungshinderndes*] Verfahrenshindernis [*oder das Fehlen einer Prozeßvoraussetzung*] heraus, so kann das Gericht [*nach h. M. in jeder Lage des Verfahrens bei jedem, auch einem erstinstanzgerichtlich übersehenen Verfahrenshindernis*] außerhalb der Hauptverhandlung das Verfahren durch Beschluß einstellen. [*§ 357 findet analog Anwendung, wenn bereits der Tatrichter das Verfahrenshindernis übersah.*]

(II) Der [*Einstellungs-*]Beschluß ist mit sofortiger Beschwerde [*§ 311*] anfechtbar.

§ 206b (Einstellung wegen Gesetzesänderung)

(¹) Wird ein Strafgesetz, das bei Beendigung der Tat gilt, vor der Entscheidung geändert und hat ein gerichtlich anhängiges Strafverfahren eine Tat zum Gegenstand, die nach dem bisherigen Recht strafbar war, nach dem neuen Recht aber nicht mehr strafbar ist, so stellt das Gericht außerhalb der Hauptverhandlung das Verfahren durch Beschluß ein. (²) Der Beschluß ist mit sofortiger Beschwerde anfechtbar.

§ 207 (Eröffnungsbeschluß)

(I) In dem Beschluß, durch den das Hauptverfahren [*vor dem in dem Beschluß bezeichneten Gericht*] eröffnet [*und die Sache vor diesem Gericht rechtshängig*] wird, läßt das Gericht die Anklage zur Hauptverhandlung zu und bezeichnet das Gericht, vor dem die Hauptverhandlung stattfinden soll [*vgl. § 209*].

(II) Das Gericht [*kann das Verfahren gegen keinen weiteren Angeklagten und wegen keiner anderen Tat als der angeklagten eröffnen. Es kann aber Änderungen hinsichtlich der Taten fordern, dann § 207 II Nr. 1 und 2, III, oder die Tat abweichend rechtlich würdigen, dann § 207 II Nr. 3 und 4. In diesen Fällen*] legt [*es*] in dem Beschluß dar, mit welchen Änderungen es die Anklage zur Hauptverhandlung zuläßt, wenn

1. wegen mehrerer Taten Anklage erhoben ist und wegen einzelner von ihnen die Eröffnung des Hauptverfahrens abgelehnt wird [*oder einzelne Taten nach § 154 II eingestellt werden*],
2. die Verfolgung nach § 154a auf einzelne abtrennbare Teile einer Tat [*mit Zustimmung der Staatsanwaltschaft, § 154a II*] beschränkt wird oder solche Teile [*vom Gericht, beachte auch § 154a III 2*] in das Verfahren wieder einbezogen werden,
3. die Tat rechtlich abweichend [*vgl. § 155 II*] von der Anklageschrift gewürdigt

wird [*; zur Möglichkeit der Staatsanwaltschaft, bei ihrer Rechtsansicht in der Hauptverhandlung zu bleiben, vgl. § 243 III 2 2. HS.*] oder

4. die Verfolgung nach § 154a auf einzelne von mehreren Gesetzesverletzungen, die durch dieselbe Straftat [*= Tat i. S. der §§ 155, 264*] begangen worden sind, beschränkt wird oder solche Gesetzesverletzungen in das Verfahren wieder einbezogen werden.

(III[1]) In den Fällen des Absatzes 2 Nr. 1 und 2 reicht die Staatsanwaltschaft eine dem Beschluß entsprechende neue [*deklaratorische*] Anklageschrift ein [*, die aber nicht den Erfordernissen des § 201 genügen muß*]. ([2]) [*Denn*] Von der Darstellung des wesentlichen Ergebnisses der Ermittlungen kann abgesehen werden.

(IV) Das Gericht beschließt zugleich von Amts wegen über die Anordnung oder Fortdauer der Untersuchungshaft oder der einstweiligen Unterbringung [*nach § 126a*].

§ 208 (weggefallen)

§ 209 (Zuständigkeit im Eröffnungsverfahren)

(I) Hält das Gericht, bei dem die Anklage eingereicht ist, die [*sachliche*] Zuständigkeit [*irgend*]eines Gerichts niedrigerer Ordnung [*– Strafrichter, Schöffengericht, Strafkammer des Landgerichts, erstinstanzlich tätiger Strafsenat des OLG –*] in seinem Bezirk [*zur Eröffnung*] für begründet, so eröffnet es das Hauptverfahren vor diesem Gericht.

(II) Hält das Gericht, bei dem die Anklage eingereicht ist, die [*sachliche*] Zuständigkeit [*irgend*]eines Gerichts höherer Ordnung [*– Schöffengericht, Strafkammer des Landgerichts, erstinstanzlich tätiger OLG-Senat –*], zu dessen Bezirk es gehört, für begründet, so legt es die Akten durch Vermittlung der Staatsanwaltschaft diesem zur Entscheidung vor. [*Die Vorlage nach Eröffnung des Hauptverfahrens außerhalb der Hauptverhandlung regelt § 225a.*]

§ 209a (Fiktion der Höherrangigkeit besonderer Spruchkörper)

[*Nur*] Im Sinne des § 4 Abs. 2 [*also im Hinblick auf die Zuständigkeit für Verbindung und Trennung*], des § 209 [*also im Hinblick auf die Eröffnungskompetenz*] sowie des § 210 Abs. 2 [*also im Hinblick auf die Zulässigkeit der sofortigen Beschwerde der Staatsanwaltschaft*] stehen

1. die besonderen Strafkammern nach § 74 Abs. 2 [*Schwurgericht*], §§ 74a [*Staatsschutz-Strafkammer*], 74c [*Wirtschaftsstrafkammer*] des Gerichtsverfassungsgesetzes für ihren Bezirk gegenüber den allgemeinen Strafkammern und untereinander in der in § 74e des Gerichtsverfassungsgesetzes bezeichneten Rangfolge [*Schwurgericht, Wirtschaftsstrafkammer, Staatsschutz-Strafkammer, allgemeine Strafkammer*] und
2. die Jugendgerichte für die Entscheidung, ob Sachen
   a) nach § 33 Abs. 1 [*Verfahren gegen Jugendliche*], § 103 Abs. 2 Satz 1 und § 107 [*Verfahren gegen Heranwachsende*] des Jugendgerichtsgesetzes oder

b) als Jugendschutzsachen (§ 26 Abs. 1 Satz 1, § 74 b Satz 1 des Gerichtsverfassungsgesetzes) [, *bei denen die Staatsanwaltschaft bei den Jugend- oder Erwachsenengerichten anklagen kann,*]

vor die Jugendgerichte gehören,

gegenüber den für allgemeine Strafsachen zuständigen Gerichten gleicher Ordnung Gerichten höherer Ordnung gleich.

§ 210 (Anfechtbarkeit der im Eröffnungsverfahren ergehenden Entscheidungen)

(I) Der Beschluß, durch den das Hauptverfahren eröffnet worden ist, kann [*in Abweichung von § 304, str.*] von dem Angeklagten nicht angefochten werden [*und zwar auch dann nicht, wenn er an schweren Fehlern leidet, str.; u. U. ist das rechtliche Gehör nachzuholen, § 33a*].

(II) Gegen den Beschluß, durch den die Eröffnung des Hauptverfahrens [*wegen fehlenden hinreichenden Tatverdachts oder Fehlens einer Verfahrensvoraussetzung, die nicht unter § 209 fällt,*] abgelehnt oder abweichend von dem Antrag der Staatsanwaltschaft die Verweisung [*gemäß §§ 209, 209a*] an ein Gericht niederer Ordnung ausgesprochen worden ist, steht der Staatsanwaltschaft sofortige Beschwerde [*§ 311*] zu. [*Beachte auch § 206a II. Gegen unwirksame oder fehlerhafte Eröffnungsbeschlüsse kann die Staatsanwaltschaft einfache Beschwerde einlegen; im einzelnen str.*].

(III[1]) Gibt das Beschwerdegericht der Beschwerde statt, so kann es zugleich bestimmen, daß die Hauptverhandlung vor einer anderen [*Abteilung oder*] Kammer [*vgl. § 354 III*] des Gerichts, das den Beschluß nach Absatz 2 erlassen hat, oder vor einem zu demselben Land gehörenden benachbarten [*, anders § 354 II, in der Nähe liegenden*] Gericht gleicher Ordnung stattzufinden hat. ([2]) In Verfahren, in denen ein Oberlandesgericht im ersten Rechtszug entschieden hat, kann der Bundesgerichtshof bestimmen, daß die Hauptverhandlung vor einem anderen Senat dieses Gerichts stattzufinden hat.

§ 211 (Beschränkte Rechtskraft eines unanfechtbaren Eröffnungsbeschlusses)

Ist die Eröffnung des Hauptverfahrens [*wegen mangelnden hinreichenden Tatverdachts oder Gegebenseins eines der Strafverfolgung im ganzen entgegenstehenden Verfahrenshindernisses*] durch einen nicht mehr anfechtbaren [*formell rechtskräftigen*] Beschluß abgelehnt, so kann die Klage [*vgl. § 174 II*] nur [*aber auch schon, in Erweiterung der in § 362 Nr. 1, 2 und 4 genannten Gründe*] auf Grund [*vom Standpunkt des früheren Richters aus*] neuer Tatsachen oder Beweismittel [*durch Erhebung einer neuen Klage, vgl. § 47 III JGG, nach § 170 I, nicht: §§ 359 ff analog, str.*] wieder aufgenommen werden.

§ 212 (Beschleunigtes Verfahren)

[*Anders als im normalen Strafverfahren sind im sog. beschleunigten Strafverfahren nach h. M. ohne Verstoß gegen Art. 6 EuMRK und Art. 20 GG, zw., keine schriftliche Anklage, § 212a II 1, kein Zwischenverfahren, § 212a II 1, und keine über 24 Stunden hin-*

ausreichende Ladungsfrist, § 212a III 3, nötig. Vgl. i.e. §§ 212–212b. Nur] Im Verfahren [*gegen Erwachsene oder Heranwachsende, § 109 I und II JGG, nicht gegen Jugendliche, § 79 II JGG, beachte aber §§ 76ff JGG*] vor dem Strafrichter und dem Schöffengericht kann die Staatsanwaltschaft schriftlich oder mündlich [*insbes. im Rahmen einer öffentlichen Gerichtsverhandlung, nicht: zu Protokoll der Geschäftsstelle*] den Antrag auf Aburteilung im beschleunigten Verfahren stellen, wenn der Sachverhalt einfach und die sofortige Aburteilung möglich ist.

§ 212a (Hauptverhandlung ohne Eröffnungsentscheidung und ohne Anklageschrift; Ladung)

(I) Stellt die Staatsanwaltschaft [*nach Abschluß der Ermittlungen, beachte § 169a*] den Antrag [*nach § 212 auf Aburteilung im beschleunigten Verfahren*], so wird die Hauptverhandlung sofort durchgeführt oder mit kürzester Frist anberaumt, ohne daß es einer Entscheidung über die Eröffnung des Hauptverfahrens bedarf. [*Das Gericht ist aber befugt zu prüfen, ob hinreichender Tatverdacht besteht, str.*]

(II[1]) Der Einreichung einer Anklageschrift bedarf es nicht [*; das Einreichen einer Anklageschrift ist aber zulässig*]. ([2]) Wird eine Anklageschrift nicht eingereicht, so wird die [*neben dem Antrag notwendige, § 151, und dem § 201 inhaltlich entsprechende*] Anklage bei Beginn der Hauptverhandlung mündlich erhoben und ihr wesentlicher Inhalt in das Sitzungsprotokoll aufgenommen.

(III[1]) Der Ladung des Beschuldigten bedarf es nur, wenn er sich nicht freiwillig [*aus eigenem Antrieb, in freier Entscheidung*] zur Hauptverhandlung stellt oder nicht dem [*zuständigen*] Gericht [*gem. den §§ 127, 128*] vorgeführt wird. ([2]) Mit der Ladung [*beachte §§ 214, 216*] wird ihm [*sei es durch Mitteilung der beim zuständigen Gericht eingereichten Anklageschrift, sei es formlos*] mitgeteilt, was ihm zur Last gelegt wird. ([3]) Die Ladungsfrist beträgt [*zwischen der Stunde der Zustellung und der Stunde des Hauptverhandlungsbeginns in angesichts des Art. 6 III 3 b EuMRK bedenklicher Weise nur*] vierundzwanzig Stunden.

§ 212b (Gerichtliche Ablehnung des beschleunigten Verfahrens)

(I[1]) Der Strafrichter oder das Schöffengericht lehnt [*obligatorisch*] die Aburteilung im beschleunigten Verfahren ab, wenn sich [*z. B. wegen einer notwendigen Erforschung der Persönlichkeit des Angeklagten, aber auch mangels sachlicher Zuständigkeit, Fehlens von Prozeßvoraussetzungen, fehlenden hinreichenden Tatverdachts, mutmaßlich fehlender Rechtsfolgenkompetenz, § 212b I 2*] die Sache zur Verhandlung in diesem Verfahren nicht eignet. [*Die Ablehnungsentscheidung ergeht durch begründungspflichtigen, § 34, unanfechtbaren, § 212 b II 2, str., Beschluß.*] ([2]) Eine höhere Strafe als Freiheitsstrafe von einem Jahr oder eine Maßregel der Besserung und Sicherung darf in diesem Verfahren nicht verhängt werden. ([3]) Die Entziehung der Fahrerlaubnis ist zulässig.

(II[1]) Die Aburteilung im beschleunigten Verfahren kann auch in der Hauptverhandlung bis zur Verkündung des Urteils abgelehnt werden. ([2]) Der [*Ablehnungs-*] Beschluß ist nicht anfechtbar.

(III) Wird die Aburteilung im beschleunigten Verfahren abgelehnt, so [*entfällt die Rechtshängigkeit des Verfahrens. Folgerichtig*] bedarf es der Einreichung einer neuen Anklageschrift [, *über deren Zulässigkeit nach den §§ 199 ff zu entscheiden ist*].

Fünfter Abschnitt
Vorbereitung der Hauptverhandlung

[§§ 213–225 a]

[Nach Erlaß des rechtskräftigen Eröffnungsbeschlusses und vor Beginn der Hauptverhandlung nehmen Gericht, Staatsanwaltschaft und Angeklagter verschiedene Handlungen vor, die der Vorbereitung der Hauptverhandlung dienen, vgl. §§ 213–225, beachte auch §§ 205, 230 II, 231 I 1, 233. Die Staatsanwaltschaft hat mit dem Eintritt der Rechtskraft des Eröffnungsbeschlusses die Herrschaft über das Verfahren endgültig verloren, das erkennende Gericht hat sie erlangt, vgl. § 156, aber auch § 71 OWiG, § 411 III. Der Angeklagte kann, sieht man von den Fällen der §§ 206 a, 206 b, seine Unschuld in öffentlicher Hauptverhandlung beweisen; vgl. auch §§ 153 II, 153 a, 153 b II – Zustimmungserfordernis –.]

§ 213 (Terminsbestimmung)

Der Termin [*d. h. Ort und Zeit*] zur [*öffentlichen, § 169 GVG*] Hauptverhandlung wird von dem Vorsitzenden [*vgl. §§ 21 f, 25, 30 GVG*] des Gerichts [, *vor dem das Hauptverfahren eröffnet ist, § 207, nach pflichtgemäßem Ermessen*] anberaumt. [*Bei rechtsfehlerhafter Terminsbestimmung ist die Terminsanberaumung mittels Beschwerde anfechtbar, §§ 304, 305; im einzelnen str.*]

§ 214 (Ladungen)

(I[1]) Die zur Hauptverhandlung erforderlichen [*auch formlosen Aufforderungen an Zeugen, § 48, Sachverständige, § 72, Angeklagte, §§ 216, 323, Verteidiger, § 218, Privat- und Nebenkläger, §§ 385 I 1, 397 I, Einziehungs- und Verfahrensbeteiligte, §§ 345 I, 442 I, 442 II 1, Erziehungsberechtigte und gesetzliche Vertreter, § 67 II, bei Meidung prozessualer Nachteile, z. B. §§ 51, 77, 216 I, 230 II, 232 I, 329 I, 391 II, 412 S 1, zu dem anberaumten Termin zu erscheinen =*] Ladungen [*beachte z. B. auch §§ 49, 50*] ordnet der Vorsitzende [*nach pflichtgemäßem Ermessen innerhalb der rechtlich zulässigen Grenzen*] an. ([2]) Die Geschäftsstelle [*vgl. § 153 II GVG, nicht: § 36 II*] sorgt dafür, daß die Ladungen bewirkt werden.

(II) Ist anzunehmen, daß sich die Hauptverhandlung auf längere Zeit erstreckt, so kann der Vorsitzende [*in einem »Ladungsplan«*] die Ladung sämtlicher oder einzelner Zeugen und Sachverständigen zu einem späteren Zeitpunkt als dem Beginn der Hauptverhandlung anordnen.

(III) Der Staatsanwaltschaft steht [, *ohne auf die in der Anklageschrift genannten Beweispersonen beschränkt zu sein, § 200 I 2*] das Recht der unmittelbaren Ladung weiterer Personen zu. [*Von den gerichtlich Geladenen wird sie wie der Angeklagte nach § 222 benachrichtigt.*]

IV[1]) Die Staatsanwaltschaft bewirkt die Herbeischaffung der als Beweismittel dienenden Gegenstände [*z. B. Urkunden i. S. v. § 249 I*]. (²) Diese kann auch [*über § 221 hinaus aus prozeßökonomischen Gründen*] vom Gericht bewirkt werden.

§ 215 (Zustellung des Eröffnungsbeschlusses)

(¹) Der Beschluß über die Eröffnung des Hauptverfahrens ist dem Angeklagten [*so rechtzeitig zuzustellen, daß er sich angemessen verteidigen kann. Der Beschluß ist dem Angeklagten jedoch*] spätestens mit der Ladung [*förmlich, §§ 35 II, 36 ff, 145 a*] zuzustellen. (²) Entsprechendes gilt in den Fällen des § 207 Abs. 3 für die nachgereichte [*und nicht nach § 201 mitgeteilte*] Anklageschrift [*, die den gemäß § 243 III 1 zu verlesenden Anklagesatz enthält*].

§ 216 (Ladung des Angeklagten)

(I¹) Die [*gemäß §§ 217 I, 35 II, 37 zuzustellende*] Ladung eines auf freiem Fuß befindlichen Angeklagten [*beachte auch §§ 287, 288, 387 III, 444 II 1*] geschieht schriftlich unter der [*ebenfalls schriftlichen*] Warnung, daß im Falle seines unentschuldigten Ausbleibens seine Verhaftung oder Vorführung [*gem. § 230 II*] erfolgen werde. (²) Die Warnung kann in den Fällen des § 232 unterbleiben. [*Die Ladung kann auch über den Verteidiger, § 145 a III, erfolgen.*]

(II¹) Der nicht auf freiem Fuß befindliche Angeklagte wird durch Bekanntmachung des Termins zur Hauptverhandlung gemäß § 35 geladen. (²) Dabei ist der Angeklagte zu befragen, ob und welche Anträge er zu seiner Verteidigung für die Hauptverhandlung zu stellen habe. [*Die Ladung kann auch über den Verteidiger, § 145 a III, erfolgen.*]

§ 217 (Ladungsfrist)

(I) Zwischen der Zustellung der Ladung (§ 216) und dem Tag der Hauptverhandlung muß [*im beschleunigten Verfahren mindestens eine Frist von 24 Stunden, § 212 a III 3, sonst*] eine Frist [*zur Definition vgl. § 217 ZPO*] von mindestens einer Woche liegen. [*Erfordert die Verteidigung des Angeklagten eine längere Frist, so ist sie nach Art. 6 III b EuMRK zu bestimmen.*]

(II) Ist die Frist nicht eingehalten worden, so kann der Angeklagte [*nur*] bis zum Beginn seiner Vernehmung zur Sache die Aussetzung der Verhandlung verlangen. [*Das Gericht hat dem Antrag stattzugeben, § 228 I. Über sein Antragsrecht soll der Angeklagte belehrt werden, § 228 III.*]

(III) Der Angeklagte kann [*bei Kenntnis seines Fristeinhaltungs- und Antragsrechts, str.*] auf die Einhaltung der Frist verzichten.

§ 218 (Ladung des Verteidigers)

(¹) Neben dem Angeklagten ist [*von Amts wegen auch*] der [*gem. §§ 140, 141*] bestellte Verteidiger stets, [*also solange – grundsätzlich förmlich – zu laden, wie seine Bestellung andauert. Daneben ist auch*] der [*gem. §§ 137, 138*] gewählte Verteidiger [*zum Beginn der Hauptverhandlung*] dann zu laden, wenn die Wahl dem Gericht [*formlos rechtzeitig*] angezeigt worden ist. [*Bei Wahl mehrerer Verteidiger, § 137 I 2, sind alle bei Anzeige zu laden.*] ([2]) § 217 gilt [*grundsätzlich*] entsprechend. [*Verstöße gegen § 217 sind auch vom Verteidiger nur in der Hauptverhandlung durch Aussetzungsantrag, § 217 II, »rügbar«.*]

§ 219 (Beweisanträge des Angeklagten)

(I[1]) [*Im Zwischenverfahren gibt § 201 II dem Angeklagten das Recht, Beweisanträge zu stellen. Das Beweisantragsrecht des Angeklagten in der Hauptverhandlung regeln die §§ 244, 245. Das Beweisantragsrecht nach Abschluß des Zwischenverfahrens und vor Beginn der Hauptverhandlung regelt § 219.*] Verlangt der Angeklagte [*nach Eröffnung des Hauptverfahrens und vor Beginn der Hauptverhandlung*] die Ladung von [*bestimmt bezeichneten*] Zeugen oder [*bestimmt bezeicmneten*] Sachverständigen oder die Herbeischaffung anderer [*bestimmt bezeichneter*] Beweismittel zur Hauptverhandlung, so hat er unter Angabe der [*bestimmt bezeichneten*] Tatsachen, über die der Beweis [*mittels des bestimmt bezeichneten Beweismittels*] erhoben werden soll, seine [*Beweis-*]Anträge bei dem Vorsitzenden des Gerichts zu stellen. ([2]) Die hierauf [*obligatorisch unter Anwendung der in § 244 enthaltenen Grundsätze, str., zu*] ergehende Verfügung [*des Vorsitzenden, h. M.*] ist ihm bekanntzumachen [*, so daß der Angeklagte ggf. über die Wahrnehmung seines in § 220 bestimmten Rechtes entscheiden kann*].

(II) Beweisanträge des Angeklagten sind, soweit ihnen stattgegeben ist, der Staatsanwaltschaft [*sowie dem Privat- und Nebenkläger, §§ 397 I, 385 I 2*] mitzuteilen [*und zwar mit dem in § 222 I genannten Mindestinhalt*].

§ 220 (Ladung von Zeugen und Sachverständigen durch den Angeklagten)

(I[1]) Lehnt der Vorsitzende den Antrag auf Ladung einer Person [*Zeugen oder Sachverständigen, gem. § 219*] ab, so kann der Angeklagte sie unmittelbar laden lassen. [*Zur Ausführung vgl. § 38.*] ([2]) Hierzu ist er auch ohne vorgängigen Antrag befugt. [*Unmittelbar geladene und erschienene Zeugen und Sachverständige können bei erneutem Beweisantrag des Angeklagten in der Hauptverhandlung nur unter den engen Voraussetzungen des § 245 abgelehnt werden.*]

(II) Eine unmittelbar [*ohne Rechtsmißbrauch, str., formal ordnungsgemäß*] geladene Person ist nur dann zum Erscheinen verpflichtet, wenn ihr bei der Ladung die gesetzliche Entschädigung für Reisekosten und Versäumnis bar dargeboten oder deren Hinterlegung bei der Geschäftsstelle [*oder Gerichtskasse*] nachgewiesen wird.

(III) Ergibt sich in der Hauptverhandlung, daß die Vernehmung einer unmittelbar geladenen Person [*nach tatrichterlicher Würdigung*] zur Aufklärung der Sache dienlich war, so hat das Gericht auf Antrag anzuordnen, daß ihr die gesetzliche Entschädigung aus der Staatskasse zu gewähren ist.

§ 221 (Herbeischaffung gegenständlicher Beweismittel von Amts wegen)

[*Gemäß § 214 III 2 kann das Gericht neben der Staatsanwaltschaft die Herbeischaffung der als Beweismittel dienenden Gegenstände bewirken.*] Der Vorsitzende des Gerichts kann [*daher nach pflichtgemäßem Ermessen*] auch von Amts wegen die

Herbeischaffung weiterer als Beweismittel dienender Gegenstände anordnen. [*Nach Beginn der Hauptverhandlung folgt diese Befugnis aus § 238 als Teil der Sachleitungsbefugnis. Die Ausführung obliegt der Geschäftsstelle.*]

§ 222 (Namhaftmachung von geladenen Zeugen und Sachverständigen zum Zwecke umfassender Vorbereitung auf die Beweisaufnahme in der Hauptverhandlung)

(I[1]) Das Gericht hat [*in der Regel durch die Geschäftsstelle*] die [*vom Vorsitzenden*] geladenen Zeugen und Sachverständigen der Staatsanwaltschaft und dem Angeklagten [*u. U. über seinen Verteidiger, § 145a III, so*] rechtzeitig [*in der Regel schriftlich*] namhaft zu machen und ihren Wohn- oder Aufenthaltsort anzugeben [*, daß tunlichst Aussetzungsanträge nach §§ 246 II, 265 IV vermieden werden und die Prozeßbeteiligten ggf. ihre Rechte nach §§ 214 III, 219, 220 I wahrnehmen können*]. ([2]) Macht die Staatsanwaltschaft von ihrem Recht nach § 214 Abs. 3 Gebrauch, so hat sie die geladenen Zeugen und Sachverständigen dem Gericht und dem Angeklagten rechtzeitig [*in der Regel schriftlich*] namhaft zu machen und deren Wohn- oder Aufenthaltsort anzugeben.

(II) Der Angeklagte hat die von ihm [*gem. § 220 I*] unmittelbar geladenen oder zur Hauptverhandlung zu stellenden Zeugen und Sachverständigen rechtzeitig [*in der Regel schriftlich*] dem Gericht und der Staatsanwaltschaft namhaft zu machen und ihren Wohn- oder Aufenthaltsort anzugeben.

§ 222a (Mitteilung der Gerichtsbesetzung bei erstinstanzlich tätigem LG oder OLG; vorgezogene Prüfung)

(I[1]) Findet die Hauptverhandlung im ersten Rechtszug [*nicht: Berufungsinstanz!*] vor dem Landgericht oder Oberlandesgericht statt [*nicht: vor dem Amtsgericht!*], so ist spätestens zu Beginn der Hauptverhandlung [*also nach Aufruf der Sache*] die Besetzung des Gerichts [*durch Namensnennung aller Richter, einschließlich der Laienrichter*] unter Hervorhebung des Vorsitzenden und hinzugezogener Ergänzungsrichter und Ergänzungsschöffen [*sowie unter Angabe der Funktion aller Richter, Berufsrichter, Schöffen etc., schriftlich, vgl. § 35 II*]. mitzuteilen. ([2]) Die Besetzung kann auf Anordnung des Vorsitzenden [*nach seinem pflichtgemäßen Ermessen*] schon vor der Hauptverhandlung [*von der Geschäftsstelle*] mitgeteilt werden; für den Angeklagten ist die Mitteilung an seinen Verteidiger zu richten. [*Die Besetzungsmitteilung muß für jede Hauptverhandlung, also z. B. auch bei Vertagung, erfolgen.*] ([3]) Ändert sich die mitgeteilte Besetzung, so ist dies [*also ohne Angabe der Änderungsgründe*] spätestens zu Beginn der Hauptverhandlung mitzuteilen.

(II) Ist die Mitteilung der Besetzung oder einer Besetzungsänderung später als eine Woche vor Beginn der Hauptverhandlung zugegangen, so kann das Gericht auf Antrag des [*u. U. Mit-*]Angeklagten, des Verteidigers oder der Staatsanwaltschaft die Hauptverhandlung zur Prüfung der Besetzung [*nach seinem pflichtgemäßen Ermessen*] unterbrechen, wenn dies spätestens bis zum Beginn der Vernehmung des ersten Angeklagten zur Sache verlangt wird. [*Nach Vernehmung des er-*

sten Angeklagten zur Sache sind Unterbrechungen zum Zwecke der Besetzungsprüfung auch nach §§ 228 I 2, 265 IV unstatthaft.]

(III) In die für die Besetzung maßgebenden Unterlagen kann für den Angeklagten nur sein Verteidiger oder ein Rechtsanwalt, für den Nebenkläger nur ein Rechtsanwalt Einsicht nehmen.

§ 222b (Rügeverfahren; Präklusion der Besetzungsrüge – vgl. § 338 Nr. 1)

(I[1]) Ist die Besetzung des Gerichts nach § 222a [*ordnungsgemäß oder fehlerhaft, zw.*] mitgeteilt worden, so kann [*vom Staatsanwalt, Verteidiger, Angeklagten und Nebenkläger, § 222b I 4*] der Einwand, daß das Gericht vorschriftswidrig besetzt sei, nur bis zum Beginn der Vernehmung des ersten Angeklagten zur Sache [*gemäß § 243 IV 2*] in der Hauptverhandlung [*mündlich*] geltend gemacht werden. ([2]) Die Tatsachen, aus denen sich die vorschriftswidrige Besetzung ergeben soll, sind dabei [*ebenso wie in einer Revision, vgl. § 344 II, substantiiert*] anzugeben. ([3]) Alle Beanstandungen sind gleichzeitig vorzubringen [*sog. »Konzentrationsgebot«*]. ([4]) Außerhalb der Hauptverhandlung ist der Einwand schriftlich geltend zu machen; § 345 Abs. 2 und für den Nebenkläger § 390 Abs. 2 gelten entsprechend.

(II[1]) Über den Einwand entscheidet das Gericht in der für Entscheidungen außerhalb der Hauptverhandlung vorgeschriebenen Besetzung [*; beim LG also ohne Schöffen, § 76 I GVG, beim OLG nur mit drei Berufsrichtern, § 122 I GVG*]. ([2]) Hält es [*nach Anhörung der Beteiligten, § 33*] den Einwand für begründet, so stellt es [*durch Beschluß, beachte §§ 34, 35 I 1, 35 II 2*] fest, daß es nicht vorschriftsmäßig besetzt ist [*, setzt das Verfahren aus und beginnt in richtiger Besetzung neu*]. ([3]) Führt ein Einwand zu einer Änderung der Besetzung, so ist auf die neue Besetzung § 222a nicht anzuwenden. [*In diesem Falle sind erneute Fehler bei der Gerichtsbesetzung uneingeschränkt revisibel, § 338 Nr. 1.*]

§ 223 (Kommissarische Zeugenvernehmung)

(I) [*Grundsätzlich müssen wegen des Unmittelbarkeits- und Mündlichkeitsprinzips Zeugen und Sachverständige in der Hauptverhandlung, vgl. § 261, einvernommen werden.*] Wenn dem Erscheinen eines Zekgen oder Sachverständigen in der Hauptverhandlung [*aber voraussichtlich*] für eine längere oder ungewisse Zeit Krankheit oder Gebrechlichkeit oder andere nicht zu beseitigende Hindernifse [*z. B. Schwangerschaft*] entgegenstehen, so kann [*nach Eröffnung des Hauptverfahrens – im Ermittlungsverfahren gelten die §§ 168, 168a, 168c – und auch noch während der Hauptverhandlung*] das Gericht [*zum Zwecke der Beweissicherung und Beweismittelbeschaffung*] seine Vernehmung durch einen beauftragten oder ersuchten Richter [*mit nicht begründungpflichtigem, beachte aber § 251 IV, Beschluß*] anordnen. [*Das Protokoll über die Vernehmung kann gem. § 251 in der Hauptverhandlung verlesen werden.*]

(II) Dasselbe gilt, wenn einem Zeugen oder Sachverständigen [*gerade wegen seiner Verhältnisse*] das Erscheinen wegen großer Entfernung nicht zugemutet werden kann.

(III) Die Vernehmung von Zeugen hat eidlich zu erfolgen, soweit nicht [*durch die §§ 59–67, beachte § 66b*] Ausnahmen vorgeschrieben oder zugelassen sind.

§ 224 (Benachrichtigung vom Termin einer Vernehmung nach § 223)

(I[1]) Von den zum Zweck dieser Vernehmung [*gemäß § 223*] anberaumten Terminen sind die Staatsanwaltschaft [*, Privat- und Nebenkläger, §§ 385 I 1, 397*], der Angeklagte [*, Einziehungsbeteiligte, § 433 I, Erziehungsberechtigte, gesetzliche Vertreter, § 67 JGG*] und der Verteidiger [*binnen angemessener Frist*] vorher [*gemäß § 35 II 2 auch formlos*] zu benachrichtigen [*, da die der Vernehmung beiwohnenden Prozeßbeteiligten das Fragerecht nach § 240 II haben*]; ihrer Anwesenheit bei der Vernehmung bedarf es nicht [*; sie ist jedoch grundsätzlich gestattet, vgl. §§ 168c II, 224 I 2*]. ([2]) Die Benachrichtigung unterbleibt, wenn sie den Untersuchungserfolg gefährden würde [*vgl. § 168c III*]. ([3]) Das aufgenommene Protokoll ist der Staatsanwaltschaft und dem Verteidiger vorzulegen [*und zwar auch dann, wenn sie nicht bei der Vernehmung anwesend waren*].

(II) Hat ein nicht in Freiheit befindlicher Angeklagter [*z. B. wegen § 140*] einen Verteidiger, so steht ihm ein Anspruch auf Anwesenheit nur bei solchen Terminen zu, die an der Gerichtsstelle des Ortes abgehalten werden, wo er in Haft ist.

§ 225 (Kommissarischer Augenschein)

Ist [*nach pflichtgemäßem Ermessen*] zur Vorbereitung der Hauptverhandlung [*zu Beweissicherungszwecken oder zur Beweismittelbeschaffung*] noch ein richterlicher Augenschein einzunehmen, so sind [*nach gerichtlicher beschlußförmiger Anordnung der richterlichen Augenscheinseinnahme durch einen ersuchten oder beauftragten Richter*] die Vorschriften des § 224 anzuwenden.

§ 225a (Abgabe der Sache an ein Gericht höherer Ordnung nach Eröffnung des Hauptverfahrens außerhalb der Hauptverhandlung)

(I[1]) Hält ein [*erstinstanzlich tätiges*] Gericht vor [*– nach Beginn der Hauptverhandlung gilt § 270 –*] Beginn einer Hauptverhandlung die sachliche Zuständigkeit eines Gerichts höherer Ordnung [*vgl. zu § 209 II*] für begründet, so legt es [*, nicht der Vorsitzende, auf Grund Beschlusses*] die Akten durch Vermittlung der [*hierzu verpflichteten*] Staatsanwaltschaft diesem vor; § 209a Nr. 2 Buchstabe a gilt [*mit der dort angeordneten Fiktion einer höheren Ordnung*] entsprechend. ([2]) Das Gericht, dem die Sache vorgelegt worden ist, entscheidet durch Beschluß [*vgl. i. e. § 225a III*] darüber, ob es die Sache übernimmt.

(II[1]) Werden die Akten von einem Strafrichter oder einem Schöffengericht einem Gericht höherer Ordnung vorgelegt, so kann der Angeklagte [*, um seine Verteidigungsposition anzupassen,*] innerhalb einer bei der Vorlage [*nach pflichtgemäßem Ermessen*] zu bestimmenden Frist die Vornahme einzelner Beweiserhebungen beantragen [*vgl. §§ 265 III, 265 IV, 270 IV*]. ([2]) Über den Antrag [*also über die Erhebung des Beweises*] entscheidet der Vorsitzende des Gerichts, dem die Sache vorgelegt worden ist [*nach seinem pflichtgemäßem Ermessen*].

(III[1]) In dem Übernahmebeschluß sind der Angeklagte und das Gericht, vor dem die Hauptverhandlung stattfinden soll, zu bezeichnen. [*Vor Erlaß des Übernahmebeschlusses sind die Verfahrensbeteiligten zu hören, §§ 33 II, 33 III.*] ([2]) § 207 Abs. 2 Nr. 2 bis 4, Abs. 3, 4 gilt [*hinsichtlich der Begründungsanforderungen*] entsprechend. [*Mit Erlaß des anfechtbaren, vgl. § 225 III 3, Übernahmebeschlusses geht das Verfahren auf das übernehmende Gericht über.*] ([3]) Die Anfechtbarkeit des Beschlusses bestimmt sich nach § 210.

(IV[1]) Nach den Absätzen 1 bis 3 ist auch zu verfahren, wenn das Gericht vor Beginn der Hauptverhandlung einen Einwand des Angeklagten [*bezüglich seiner Zuständigkeit*] nach § 6a für begründet hält und eine besondere Strafkammer zuständig wäre, der nach § 74e des Gerichtsverfassungsgesetzes der Vorrang zukommt. ([2]) Kommt dem Gericht, das die Zuständigkeit einer anderen Strafkammer für begründet hält, vor dieser nach § 74e des Gerichtsverfassungsgesetzes der Vorrang zu, so verweist es [*nach Anhörung der Verfahrensbeteiligten, §§ 33 II, 33 III*] die Sache [*durch Beschluß*] an diese mit bindender Wirkung [*, wenn es den Einwand nach § 6a für begründet hält*]; die Anfechtbarkeit des Verweisungsbeschlusses bestimmt sich nach § 210.

Sechster Abschnitt
Hauptverhandlung

[§§ 226–275]

[Das Kernstück des Strafverfahrens, die mündliche Hauptverhandlung vor dem erkennenden Gericht, regelt die StPO in den §§ 226–295. Den Ablauf der Hauptverhandlung normiert insbes. § 243. Die Beweisaufnahme erfolgt nach den §§ 244ff; beachte auch die §§ 250ff. Ob der Angeklagte schuldig ist, entscheidet das Gericht »nach seiner freien, aus dem Inbegriff der Verhandlung geschöpften Überzeugung«, § 261. Die Öffentlichkeit der Hauptverhandlung folgt aus den §§ 169ff GVG.]

§ 226 (Dauernde Gegenwart von Richtern, Staatsanwalt und Urkundsbeamten)

Die Hauptverhandlung [*einschließlich der Urteilsverkündung*] erfolgt in ununterbrochener Gegenwart der [*nicht wechselnden, beachte aber § 192 II GVG*] zur Urteilsfindung berufenen Personen [*also der Berufs- oder ehrenamtlichen Richter*] sowie der [*unter Umständen einander ablösenden Vertreter der*] Staatsanwaltschaft [*§ 142 GVG*] und eines [*oder mehrerer, einander abwechselnder*] Urkundsbeamten der Geschäftsstelle. [*Notwendige Verteidiger, § 140, müssen ununterbrochen anwesend sein, §§ 145, 338 Nr. 5. Dolmetscher müssen, § 185 GVG, anwesend sein. Verstöße gegen § 226 sind nach §§ 338 Nr. 5 revisibel.*]

§ 227 (Mehrere Staatsanwälte, mehrere Verteidiger)

Es können mehrere Beamte der Staatsanwaltschaft [*§ 142 GVG*] und mehrere [*Wahl- oder Pflicht-*]Verteidiger [*im Rahmen der gesetzlichen Bestimmungen, insbes. des § 137*] in der Hauptverhandlung mitwirken und ihre Verrichtungen unter sich teilen. [*Beachte auch § 145 III.*]

§ 228 (Aussetzung und Unterbrechung)

(I[1]) Über die Aussetzung [*also über das Abbrechen*] einer Hauptverhandlung [*mit der Folge, daß eine neue selbständige Verhandlung stattfinden muß,*] oder deren [*bloße*] Unterbrechung [*durch Einfügen eines grundsätzlich maximal 10 Tage dauernden, § 229 I, verhandlungsfreien Zeitraumes in eine nach diesem Zeitraum fortzusetzende, einheitliche Verhandlung*] nach § 229 Abs. 2 entscheidet [*obligatorisch, z. B. §§ 145 III, 217 II, 265 III, 265 IV, oder nach seinem pflichtgemäßen Ermessen, z. B. §§ 145 II, 246 IV*] das Gericht. [*Der einen Antrag auf Aussetzung ablehnende Beschluß ist zu begründen, § 34.*] (2) Kürzere Unterbrechungen ordnet der Vorsitzende an.

(II) [*Die Verhinderung eines Pflichtverteidigers regelt § 145.*] Eine Verhinderung des [*Wahl-*]Verteidigers gibt, unbeschadet der Vorschrift des § 145, dem Angeklagten [*grundsätzlich*] kein Recht, die Aussetzung der Verhandlung zu verlangen. [*In besonders gelagerten Fällen ist aber § 265 IV direkt oder analog heranzuziehen.*]

(III) Ist die [*Ladungs-*]Frist des § 217 Abs. 1 nicht eingehalten worden, so soll [*nicht: muß*] der Vorsitzende den Angeklagten [*nach pflichtgemäßem Ermessen*] mit der Befugnis, Aussetzung der Verhandlung zu verlangen [*beachte aber § 217 III*], bekanntmachen.

§ 229 (Fristen für Unterbrechungen)

(I) Eine [*einheitliche*] Hauptverhandlung darf [*, weil sie ein Ganzes bleiben muß, vgl. § 261, grundsätzlich jeweils nur*] bis zu zehn Tagen unterbrochen werden [*, ohne daß eine neue Hauptverhandlung erforderlich wird. Die Hauptverhandlung kann mehrmals unterbrochen werden, ohne daß in die neue Unterbrechungsdauer die alte einzurechnen ist*].

(II 1) Hat die Hauptverhandlung bereits an mindestens zehn Tagen stattgefunden, so darf sie unbeschadet der Vorschrift des Absatzes 1 [*und der darin enthaltenen Möglichkeit, mehrfach für jeweils 10 Tage zu unterbrechen,*] einmal auch bis zu dreißig Tagen unterbrochen werden. (2) Ist die Hauptverhandlung sodann an mindestens zehn Tagen fortgesetzt worden, so darf sie ein zweites Mal nach Satz 1 unterbrochen werden [*Sonderregelung für Großverfahren*].

(III 1) Wird die Hauptverhandlung nicht spätestens am Tage nach Ablauf der in Absatz 1 oder 2 bezeichneten Frist fortgesetzt, so ist mit ihr von neuem zu beginnen. (2) Ist der Tag nach Ablauf der Frist ein Sonntag, ein allgemeiner Feiertag oder ein Sonnabend, so kann die Hauptverhandlung am nächsten Werktag fortgesetzt werden. [*Weitere Sonderregelungen enthalten die §§ 136 c IV 2, 231 a III 3, 268, § 34 III Nr. 6 EGGVG.*]

§ 230 (Anwesenheit und Ausbleiben des Angeklagten)

(I) [*Der Angeklagte muß und darf grundsätzlich in der Hauptverhandlung anwesend sein; Ausnahmen regeln die §§ 231 II, 231 a–233, 247, 329 II, 350 II, 387 I, 411 II.*] Gegen einen ausgebliebenen [*oder verhandlungsunfähigen*] Angeklagten findet [*daher grundsätzlich*] eine Hauptverhandlung nicht statt. [*Bei einem Verfahren gegen mehrere Angeklagte, von denen einer nicht erscheint, kommt u. U. eine Trennung in mehrere Verfahren in Betracht.*]

(II) Ist das Ausbleiben des Angeklagten nicht genügend [*objektiv, also nicht notwendigerweise durch Mitteilung des Angeklagten,*] entschuldigt, so ist die Vorführung [*bei vorheriger Androhung in der Ladung gem. § 216 I 1 vom Gericht*] anzuordnen oder ein Haftbefehl [*ohne Haftgrund nach den §§ 112, 113 zulässig und*] zu erlassen. [*Die §§ 114 ff finden auf den Haftbefehl entsprechend Anwendung.*]

§ 231 (Eigenmächtiges Sich-Entfernen des erschienenen Angeklagten)

(I¹) Der erschienene Angeklagte darf sich [*während der ganzen Hauptverhandlung*] aus der Verhandlung [*grundsätzlich*] nicht entfernen. (²) Der Vorsitzende kann [*nach seinem pflichtgemäßen Ermessen bei konkretem Anlaß in Ausübung seiner sitzungspolizeilichen Befugnisse, § 176 GVG*] die geeigneten [*erforderlichen und verhältnismäßigen*] Maßregeln [*u. U. sogar Fesselung, § 119 V Nr. 1–2 analog*] treffen, um die Entfernung zu verhindern; auch kann er den Angeklagten während einer Unterbrechung der Verhandlung in Gewahrsam halten lassen.

(II) Entfernt der Angeklagte sich [*rechtswidrig und schuldhaft: »eigenmächtig«*] dennoch [*, um den ordnungsgemäßen Fortgang der Hauptverhandlung zu stören, nicht: bei Suizidversuch, str.*] oder bleibt er [*»eigenmächtig«*] bei der Fortsetzung einer unterbrochenen Hauptverhandlung aus, so kann diese in seiner Abwesenheit [*nur dann*] zu Ende geführt werden, wenn er [*rechtliches Gehör hatte, d. h.*] über die Anklage schon vernommen war und das Gericht seine fernere Anwesenheit nicht für erforderlich erachtet. [*Kehrt der Angeklagte zurück, so ist er in Erfüllung der Fürsorgepflicht analog §§ 231 a II, 231 b II zu unterrichten, str. Ist der Angeklagte noch nicht über die Anklage, §§ 243 IV 1 und 2, einschließlich mutmaßlich strafschärfender Vorstrafen, zw., vernommen worden, kommen nur Maßnahmen nach § 231 I 2 in Betracht.*]

§ 231 a (Schuldhaft vor der Vernehmung des Angeklagten über die Anklage herbeigeführte Verhandlungsunfähigkeit)

(I¹) Hat sich der Angeklagte [*u. U. bedingt vorsätzlich, nicht jedoch durch Suizidversuch, str.*] vorsätzlich und schuldhaft in einen [*nach auf ärztliches Gutachten, § 231 a III 1, gestützter gerichtlicher Überzeugung*] seine [*für eine ordnungsgemäße Durchführung der Hauptverhandlung erforderliche*] Verhandlungsfähigkeit ausschließenden Zustand versetzt und verhindert er dadurch wissentlich [*dolus directus – str., nicht bloß vorübergehend*] die ordnungsmäßige Durchführung oder Fortsetzung der Hauptverhandlung in seiner Gegenwart, so wird die Hauptverhandlung, wenn er noch nicht [*nach § 243 IV 1 und 2*] über die Anklage vernommen war [*– sonst gilt § 231 II –*], [*nach entsprechendem Beschluß*] in seiner Abwesenheit durchgeführt oder fortgesetzt, soweit das Gericht seine Anwesenheit [*nach Abwägung aller Umstände des Einzelfalles*] nicht für unerläßlich hält. (²) Nach Satz 1 ist [*wegen Art. 103 I GG jedoch*] nur zu verfahren, wenn der Angeklagte nach Eröffnung des Hauptverfahrens [*die, z. B. gerade bei Gefahr einer Handlung, welche die Verhandlungsunfähigkeit herbeiführt, veranlaßte oder die bei Verhandlungsunfähigkeit jedoch Vernehmungsfähigkeit herbeigeführte*] Gelegenheit gehabt hat, sich vor dem Gericht oder einem beauftragten Richter zur Anklage zu äußern.

(II) Sobald der Angeklagte wieder verhandlungsfähig ist, [*findet die Hauptverhandlung gem. § 230 I in Anwesenheit des Angeklagten statt. Ferner*] hat ihn der Vorsitzende, solange mit der Verkündung des Urteils noch nicht begonnen worden ist, von dem wesentlichen Inhalt dessen zu unterrichten, was in seiner Abwesenheit verhandelt worden ist [*insbes. von den Beweisergebnissen; vgl. § 247 S 4*].

(III[1]) Die Verhandlung in Abwesenheit des Angeklagten nach Absatz 1 beschließt das Gericht nach Anhörung eines [*nicht notwendig: Amts-*]Arztes als Sachverständigen. ([2]) Der Beschluß kann bereits vor Beginn der Hauptverhandlung gefaßt werden. ([3]) Gegen den Beschluß ist [*nur*] sofortige Beschwerde [*nach § 311*] zulässig; sie hat aufschiebende Wirkung. ([4]) Eine bereits begonnene Hauptverhandlung ist bis zur Entscheidung über die sofortige Beschwerde zu unterbrechen; die Unterbrechung darf, auch wenn die Voraussetzungen des § 229 Abs. 2 nicht vorliegen, bis zu dreißig Tagen dauern.

(IV) Dem Angeklagten, der [*noch*] keinen [*Wahl- oder Pflicht-*]Verteidiger hat, ist ein Verteidiger zu bestellen, sobald eine Verhandlung ohne den Angeklagten nach Absatz 1 in Betracht kommt.

§ 231b (Verhandlung trotz Abwesenheit bei ordnungswidrigem Benehmen)

(I[1]) Wird der Angeklagte wegen ordnungswidrigen Benehmens aus dem Sitzungszimmer entfernt oder zur Haft abgeführt (§ 177 des Gerichtsverfassungsgesetzes), so kann [*zur Sicherung des weiteren Ablaufs der Hauptverhandlung, nicht: zur Sanktionierung des ordnungswidrigen Verhaltens, nach entsprechendem Beschluß*] in seiner Abwesenheit verhandelt [*und das Urteil verkündet*] werden, wenn das Gericht seine fernere Anwesenheit nicht [*vgl. § 231 a I 1 a. E.*] für unerläßlich hält und solange zu befürchten ist, daß die Anwesenheit des Angeklagten [*objektiv, sei es auch ohne Absicht,*] den Ablauf der Hauptverhandlung in schwerwiegender Weise beeinträchtigen würde. ([2]) Dem Angeklagten ist in jedem Fall [*, wenn seine Vernehmung über die Anklage gemäß § 243 IV noch nicht abgeschlossen war,*] Gelegenheit zu geben, sich zur Anklage zu äußern.

(II) Sobald der Angeklagte wieder vorgelassen ist, ist nach § 231a Abs. 2 zu verfahren [*und der Angeklagte zu unterrichten*].

§ 231c (Lockerung der Anwesenheitspflicht bei mehreren Angeklagten)

[*Gemäß § 230 besteht für die ganze Hauptverhandlung Anwesenheitspflicht.*] ([1]) Findet die Hauptverhandlung gegen mehrere Angeklagte statt, so kann [*über die Fälle der §§ 231 II, 231 a, 231 b, 232, 233 hinaus*] durch Gerichtsbeschluß einzelnen Angeklagten, im Falle der notwendigen Verteidigung auch ihren Verteidigern, auf [*gemeinsamen, str.*] Antrag gestattet werden, sich während einzelner Teile der Verhandlung zu entfernen, wenn [*über die Teile unter Abtrennung des Verfahrens gegen den betreffenden Angeklagten weiterverhandelt werden könnte, so daß*] sie [*der Angeklagte und die Verteidiger*] von diesen Verhandlungsteilen nicht betroffen sind. [*Vor Erlaß des antragsentscheidenden Beschlusses sind die Verfahrensbeteiligten zu hören, § 33 I.*] ([2]) In dem [*nach pflichtgemäßem Ermessen zu fällenden*] Beschluß sind die Verhandlungsteile zu bezeichnen, für die die Erlaubnis gilt. ([3]) Die Erlaubnis kann jederzeit widerrufen werden. [*Die Erlaubnis hebt nicht das Recht auf Anwesenheit auf.*]

§ 232 (Hauptverhandlung trotz Ausbleibens in Bagatellstrafsachen)

(I[1]) Die [*erst- oder berufungsgerichtliche*] Hauptverhandlung kann [*, sofern der Angeklagte nicht im Sinne des § 276 abwesend ist, § 285 I 1*] ohne den [*eigenmächtig ausgebliebenen oder sich entfernenden*] Angeklagten durchgeführt werden, wenn er [*im Sinne der §§ 216, 217, beachte aber § 232 II*] ordnungsgemäß geladen und in der Ladung [*unmißverständlich, u. U. neben einem Hinweis nach § 323 I 2, beachte ferner § 232 I 3*] darauf hingewiesen worden ist, daß in seiner Abwesenheit verhandelt werden kann, und wenn [*nach den Umständen des Einzelfalles konkret*] nur Geldstrafe bis zu einhundertachtzig Tagessätzen, Verwarnung mit Strafvorbehalt, Fahrverbot, Verfall, Einziehung, Vernichtung oder Unbrauchbarmachung, allein oder nebeneinander, zu erwarten ist [*und wenn kein nichtverbeschiedener Vertagungsantrag gestellt ist. Das Gericht kann aber auch nach § 236 verfahren*]. ([2]) Eine höhere Strafe oder eine Maßregel der Besserung und Sicherung darf in diesem Verfahren nicht verhängt werden. ([3]) Die Entziehung der Fahrerlaubnis ist zulässig, wenn der Angeklagte in der Ladung auf diese Möglichkeit hingewiesen worden ist.

(II) Aufgrund einer Ladung durch öffentliche Bekanntmachung findet die Hauptverhandlung ohne den Angeklagten nicht statt.

(II) Die Niederschrift über eine richterliche [*, nicht: staatsanwaltschaftliche oder polizeiliche,*] Vernehmung des Angeklagten [*in demselben Verfahren*] wird in der Hauptverhandlung verlesen.

(IV) Das in Abwesenheit des Angeklagten [*im Wege des »Ungehorsamsverfahrens« nach § 232*] ergehende Urteil muß ihm [*also dem Angeklagten, nicht ausreichend: einem Zustellungbevollmächtigten, § 145a II, beachte aber § 116a III*] mit den Urteilsgründen durch Übergabe zugestellt werden.

§ 233 (Entbindung des Angeklagten von der Erscheinenspflicht in Bagatellstrafverfahren)

(I[1]) Der Angeklagte kann [*im tatgerichtlichen Verfahren durch Beschluß nach pflichtgemäßem Ermessen*] auf seinen [*u. U. auch vom Verteidiger bei entsprechender, über die Verteidigungsvollmacht hinausgehender, str., Vertretungsvollmacht vor oder in der Hauptverhandlung gestellten*] Antrag von der Verpflichtung zum Erscheinen in der Hauptverhandlung entbunden werden, wenn [*aufgrund der Umstände des Einzelfalles konkret*] nur Freiheitsstrafe bis zu sechs Monaten, Geldstrafe bis zu einhundertachtzig Tagessätzen, Verwarnung mit Strafvorbehalt, Fahrverbot, Verfall, Einziehung, Vernichtung oder Unbrauchbarmachung, allein oder nebeneinander, zu erwarten ist. ([2]) Eine höhere Strafe oder eine Maßregel der Besserung und Sicherung darf in Abwesenheit nicht verhängt werden. ([3]) Die Entziehung der Fahrerlaubnis ist zulässig.

(II[1]) Wird der Angeklagte [*durch beschwerdeunfähigen Beschluß*] von der Verpflichtung zum Erscheinen in der Hauptverhandlung entbunden, so muß er [*im Interesse der größtmöglichen Wahrung seiner Verteidigungsmöglichkeit, aber auch im Interesse der Wahrheitsfindung, § 244 II*] durch einen beauftragten oder ersuchten Richter über die Anklage [*, so wie sie durch den Eröffnungsbeschluß zugelassen wurde, § 207*] vernommen werden. [*Kommen in der Hauptverhandlung neue Tatsachen,*

Beweismittel oder rechtliche Gesichtspunkte i. S. des § 265 zur Sprache, ist er erneut zu vernehmen.] (²) Dabei wird er [*analog § 243 IV 1 sowie*] über die bei Verhandlung in seiner Abwesenheit zulässigen Rechtsfolgen belehrt sowie befragt, ob er seinen Antrag auf Befreiung vom Erscheinen in der Hauptverhandlung aufrechterhalte.

(III¹) Von dem zum Zweck der Vernehmung anberaumten Termin sind die [*Verfahrensbeteiligten, Mitangeklagten,*] Staatsanwaltschaft und der Verteidiger zu benachrichtigen; ihrer Anwesenheit bei der Vernehmung bedarf es nicht. (²) Das Protokoll über die Vernehmung ist in der Hauptverhandlung zu verlesen. [*Das Urteil kann – anders als in den Fällen des § 232 IV – auch an den Verteidiger zugestellt werden, § 145a, h. M.*]

§ 234 (Vertretung des nicht anwesenden Angeklagten durch besonders bevollmächtigte Verteidiger)

Soweit die Hauptverhandlung [*nach den §§ 231–233*] ohne Anwesenheit des Angeklagten stattfinden kann, ist er [*vgl. auch §§ 350 II S 1, 387 I, 411 II*] befugt, sich durch einen mit schriftlicher Vollmacht versehenen [*zur Vertretung ermächtigten*] Verteidiger vertreten zu lassen. [*Ein solcher Verteidiger kann als Vertreter Erklärungen für und gegen den Angeklagten machen oder entgegennehmen, z. B. ein Geständnis abgeben.*]

§ 235 (Wiedereinsetzung in den vorigen Stand)

(¹) Hat die [*erstinstanzliche, vgl. § 329 III*] Hauptverhandlung gemäß § 232 [*nicht: gemäß §§ 231 II–231 c, 233, 234*] ohne den Angeklagten stattgefunden, so kann er gegen das Urteil binnen einer Woche nach seiner Zustellung die Wiedereinsetzung in den vorigen Stand unter den gleichen Voraussetzungen wie gegen die Versäumung einer Frist [*also bei Verhinderung ohne Verschulden, § 44 S 1*] nachsuchen; hat er von der Ladung zur Hauptverhandlung keine Kenntnis erlangt, so kann er [*jedoch*] stets [*also auch bei verschuldeter Unkenntnis*] die Wiedereinsetzung in den vorigen Stand beanspruchen. (²) Hierüber ist der Angeklagte bei der Zustellung des Urteils zu belehren. [*Zum Verhältnis Wiedereinsetzungsantrag und Rechtsmittel vgl. §§ 315, 342.*]

§ 236 (Anordnung des persönlichen Erscheinens)

Das Gericht [*u. U. selbst das Revisionsgericht, str. wegen § 350*] ist stets [*also auch dann, wenn es die Hauptverhandlung nach den §§ 231 II–233 ohne einen anwesenden Angeklagten durchführen könnte,*] befugt, das persönliche Erscheinen des Angeklagten [*nach pflichtgemäßem Ermessen durch nicht beschwerdefähigen, § 305, Beschluß*] anzuordnen und [*nach ordnungsgemäßer Ladung und Warnung, § 216 I 1, bei ungenügender Entschuldigung*] durch einen Vorführungsbefehl oder Haftbefehl zu erzwingen. [*Gegen den Beschluß, der das Zwangsmittel anordnet, ist Beschwerde zulässig.*]

§ 237 (Verbindung zusammenhängender Strafsachen)

Das Gericht kann im Falle [*irgend*]eines Zusammenhangs zwischen mehreren bei ihm [*genauer: bei der gleichen administrativen Einheit, der der Spruchkörper angehört,*] anhängigen Strafsachen [*ohne Veränderung der sachlichen Zuständigkeit*] ihre Verbindung zum [*prozeßtechnischen*] Zwecke gleichzeitiger Verhandlung [*nach pflichtgemäßem Ermessen vor und während der Hauptverhandlung*] anordnen, auch wenn dieser Zusammenhang nicht der in § 3 bezeichnete ist. [*Die Angeklagten werden dann zu Mitangeklagten. Zusammenhängende Sachen, die nach § 237 verbunden wurden, können nach pflichtgemäßem Ermessen wieder durch Beschluß getrennt werden. Diese Trennung ist rechtsmißbräuchlich, wenn sie Mitangeklagte vorübergehend zu Zeugen ihres eigenen Tatanteils machen soll.*]

§ 238 (Verhandlungsleitung; Zwischenrechtsbehelf)

(I) Die Leitung [*insbes.: Eröffnung, Unterbrechung, Schließung, §§ 243 I, 228 I 2, 258*] der Verhandlung, die Vernehmung des Angeklagten [*vgl. § 243 II und IV*] und die Aufnahme des Beweises [*§ 244 I*] erfolgt durch den Vorsitzenden [*, es sei denn, daß dem Gericht einzelne Anordnungen vorbehalten sind, z. B. §§ 27 I, 51, 70, 77, 228 I 1, 231 II, 231 a III, 231 b, 231 c, 237, 242, 244 VI, 247, 251 IV, 265 IV, 266, 270*].

(II) Wird eine auf [*den Teil der Verhandlungsleitung, der die Urteilsfindung fördern soll, d. h. eine auf*] die Sachleitung bezügliche Anordnung des Vorsitzenden [*z. B. die Entscheidung über die Verlesung von Schriftstücken, § 249, oder über die Zulässigkeit von Fragen, § 241, letztlich jede Anordnung, die in Verfahrensrechte eingreift,*] von einer bei der Verhandlung beteiligten Person [*z. B. Angeklagter, Verteidiger, Beistand, gesetzlicher Vertreter, Erziehungsberechtigter, Staatsanwalt, Privat- oder Nebenkläger, Einziehungsbeteiligter*] als [*rechtlich*] unzulässig [*nicht bloß: unzweckmäßig*] beanstandet, so entscheidet das Gericht [*durch begründungspflichtigen, § 34, förmlichen, nur nach Maßgabe des § 305 beschwerdefähigen Beschluß. Wird die Rüge nach § 238 II unterlassen, so bleibt der Verfahrensverstoß prinzipiell revisibel, sehr str., abweichend h. M.*].

§ 239 (Kreuzverhör)

(I¹) Die Vernehmung der von der Staatsanwaltschaft und dem Angeklagten benannten [*weit auszulegen: selbst geladenen oder auf Anregung von der Staatsanwaltschaft, § 201, oder auf Antrag des Angeklagten, § 219, gerichtlich geladenen*] Zeugen [*beachte aber § 241 a*] und Sachverständigen ist der Staatsanwaltschaft und dem Verteidiger auf deren übereinstimmenden [*u. U. vom Angeklagten nicht gebilligten, auf den einzelnen Zeugen oder Sachverständigen bezogenen*] Antrag von dem Vorsitzenden zu überlassen. (²) Bei den von der Staatsanwaltschaft benannten Zeugen und Sachverständigen hat diese, bei den von dem Angeklagten benannten der Verteidiger in erster Reihe das Recht zur Vernehmung.

(II) Der Vorsitzende hat auch nach dieser Vernehmung die ihm zur weiteren Aufklärung der Sache erforderlich scheinenden Fragen an die Zeugen und Sachverständigen zu richten. [*Das Fragerecht der anderen Personen regelt § 240.*]

§ 240 (Fragerecht der Verhandlungsbeteiligten)

(I) Der Vorsitzende hat den beisitzenden [*Berufs-*]Richtern [*auch Ergänzungs-*

richtern, § 192 GVG] auf Verlangen zu gestatten, [*unmittelbar*] Fragen an den Angeklagten, die Zeugen [*beachte aber § 241 a*] und die Sachverständigen zu stellen.

(II[1]) Dasselbe hat der Vorsitzende der Staatsanwaltschaft, [*dem Privat- und Nebenkläger, §§ 385, 397, den Einziehungsbeteiligten, § 433 I, dem Vertreter einer juristischen Person oder Personenvereinigung, § 444 II*] dem Angeklagten [*, seinem gesetzlichen Vertreter, Erziehungsberechtigten, Beistand, §§ 67 I, 69 III, 109 JGG*] und dem Verteidiger sowie den Schöffen zu gestatten. [*Zum Fragerecht des Sachverständigen vgl. § 80 II StPO; beachte auch § 407 I AO.*] ([2]) Die unmittelbare Befragung eines Angeklagten durch einen Mitangeklagten ist unzulässig.

§ 241 (Zurückweisung von Fragen)

(I) Dem, welcher im Falle des § 239 Abs. 1 [*also des Kreuzverhörs durch Staatsanwaltschaft und Verteidiger*] die Befugnis der Vernehmung [*zu sachfremden Zwekken*] mißbraucht, kann sie von dem Vorsitzenden entzogen werden.

(II) In den Fällen des § 239 Abs. 1 und des § 240 Abs. 2 kann der Vorsitzende [*einzelne, nicht der Wahrheitsermittlung förderliche=*] ungeeignete [*, unzulässige, verfahrensfremden Zwecken dienende*] oder [*sonst*] nicht zur Sache gehörende Fragen zurückweisen. [*Hiergegen ist der Zwischenrechtsbehelf nach § 238 II möglich.*]

§ 241 a (Vernehmung von Zeugen bis zu sechzehn Jahren)

(I) Die Vernehmung von Zeugen unter sechzehn Jahren wird [*aus vernehmungspsychologischen Gründen*] allein von dem Vorsitzenden durchgeführt. [*§ 80 II bleibt unberührt, zw.*]

(II[1]) Die in § 240 Abs. 1 und Abs. 2 Satz 1 bezeichneten Personen können verlangen, daß der Vorsitzende den Zeugen weitere [*zulässige*] Fragen [*in angemessener Form*] stellt. ([2]) Der Vorsitzende kann diesen Personen eine unmittelbare Befragung der Zeugen gestatten, wenn nach pflichtgemäßem Ermessen ein Nachteil für das Wohl der Zeugen nicht zu befürchten ist.

(III) § 241 Abs. 2 gilt entsprechend.

§ 242 (Zweifel über Zulässigkeit einer Frage)

Zweifel [*des Vorsitzenden, der Richter oder der anderen Verfahrensbeteiligten*] über die Zulässigkeit einer Frage [*auch des Vorsitzenden an Angeklagten, Zeugen, Sachverständigen*] entscheidet in allen Fällen das Gericht [*durch begründungspflichtigen, § 34, Beschluß*].

§ 243 (Gang der Hauptverhandlung)

(I) [*Den Gang der Hauptverhandlung regeln die §§ 243, 244 I, 257, 257 a, 258, 260, 268. Sie gehen von einer einheitlichen Verhandlung aus, hindern aber z. B. nicht, die Beweisaufnahme für rechtsfolgenrelevante Umstände an das Ende der Gesamtverhandlung zu verlegen oder in Punktsachen einzelne Tatkomplexe getrennt zu behandeln.*] ([1]) Die Hauptverhandlung beginnt mit dem Aufruf der Sache [*durch den Vorsitzenden, § 238 I, wonach die Sache jetzt verhandelt werde*]. ([2]) Der Vorsitzende stellt [– *die Anwesenheit der Staatsanwaltschaft kann im Offizialverfahren angenommen werden* –] fest, ob der [*erscheinenspflichtige, beachte aber § 233*] Angeklagte und der [*u. U. mehrere, § 137*] Verteidiger anwesend und die [*sachlichen und persönlichen*] Beweismittel herbeigeschafft, insbesondere die geladenen Zeugen und Sachverständigen erschienen sind [*; diese Feststellung ist z. B. wegen § 245 wichtig. Auch die Anwesenheit anderer Verfahrensbeteiligter wird festgestellt, vgl. § 272 Nr. 4*].

(II[1]) Die Zeugen verlassen [*im Interesse ihrer Unvoreingenommenheit nach Ermahnung und Belehrung gem. § 57*] den Sitzungssaal [*bis zu ihrer Einzelvernehmung, § 58, es sei denn, daß ihre Anwesenheit aus überwiegenden anderen Interessen, z. B. als Nebenkläger, gerechtfertigt ist*]. ([2]) Der Vorsitzende vernimmt den Angeklagten [*nur zum Zwecke der Identifizierung und Feststellung der Verhandlungsfähigkeit, str.*] über seine persönlichen Verhältnisse [*vgl. § 136 III, § 111 OWiG; eng auszulegen, str.*].

(III[1]) Darauf verliest der Staatsanwalt den Anklagesatz [*, so wie er vom Gericht zugelassen wurde, §§ 200 I 1, 207*]. ([2]) Dabei legt er in den Fällen des § 207 Abs. 3 die neue Anklageschrift zugrunde. ([3]) In den Fällen des § 207 Abs. 2 Nr. 3 trägt der Staatsanwalt den Anklagesatz mit der dem Eröffnungsbeschluß zugrunde liegenden rechtlichen Würdigung vor; außerdem kann er seine abweichende Rechtsauffassung äußern. ([4]) In den Fällen des § 207 Abs. 2 Nr. 4 berücksichtigt er die Änderungen, die das Gericht bei der Zulassung der Anklage zur Hauptverhandlung beschlossen hat.

(IV[1]) Sodann wird [– *unabhängig davon, ob der Angeklagte schon gemäß §§ 115 III, 128 I 2, 136 I 2, 163a III, 163a IV belehrt wurde* –] der Angeklagte darauf hingewiesen, daß es ihm freistehe, sich zu der Anklage zu äußern oder [*gänzlich*] nicht zur Sache [*, zum Tatvorwurf und den rechtsfolgenrelevanten Umständen, str.*] auszusagen. [*Ein Verstoß gegen § 243 IV 1 begründet nach § 337 die Revision, i. e. str.*] ([2]) Ist der Angeklagte zur Äußerung bereit, so wird er nach Maßgabe des § 136 Abs. 2 [*also unter Ermöglichung einer umfassenden Sachdarstellung zu Verteidigungszwecken*] zur Sache vernommen. ([3]) Vorstrafen des Angeklagten [*, deren Erörterung zur Vernehmung zur Sache gehört, dürfen nur unter Beachtung der §§ 49, 50 BZRG zur Sprache kommen. Auch noch verwertbare Vorstrafen*] sollen nur insoweit festgestellt werden, als sie für die Entscheidung [*namentlich für die Strafzumessung*] von Bedeutung sind. ([4]) Wann sie [*innerhalb der Vernehmung des Angeklagten zur Sache, str.*] festgestellt werden, bestimmt der Vorsitzende [*nach seinem pflichtgemäßen Ermessen*].

§ 244 (Beweisaufnahme)

[*Gem. §§ 244 I, 243 gehört die Vernehmung des Angeklagten nicht zur Beweisaufnahme, d. h. zur Feststellung von Tatsachen = bestehenden Sachverhalten, die für die Entscheidung von Bedeutung sind, § 244 II. Als Beweismittel kennt die StPO Zeugen, §§ 48 ff, Sachverständige, §§ 72 ff, Augenschein, §§ 86 ff, und Urkunden, §§ 249 ff. Die §§ 244–256 regeln das Strengbeweisverfahren in der Hauptverhandlung bezüglich sachentscheidungserheblicher beweisbedürftiger Tatsachen; rein prozeßerhebliche Tatsachen werden nach bestrittener h. M. im Freibeweisverfahren geklärt, obwohl die-*

ses in der StPO allenfalls in § 251 III angedeutet und die Abgrenzung von Prozeßvoraussetzungen und Strafbarkeitsvoraussetzungen häufig nur historisch erklärbar ist.]

(I) Nach der Vernehmung des Angeklagten [*gem. § 243 II 2 und IV 2*] folgt die Beweisaufnahme [*über beweisbefürftige: entscheidungserhebliche, nicht offenkundige oder gesetzlich zu vermutende Tatsachen*].

(II) Das Gericht hat [*alle seine Entscheidungen auf eine zutreffende Sachverhaltsschilderung zu gründen, insbes. den Tatvorwurf zu klären, vgl. § 264. Es hat daher*] zur Erforschung der Wahrheit die Beweisaufnahme von Amts wegen [*also auch ohne entsprechende Anregung oder gar Antrag, sich über das Vorliegen einer bestimmt bezeichneten Tatsache durch Gebrauch eines bestimmt bezeichneten Beweismittels Gewißheit zu verschaffen,*] auf alle Tatsachen und Beweismittel zu erstrecken, die für die Entscheidung [*über Einstellung des Verfahrens, § 260 III, Schuldspruch und Rechtsfolgenausspruch*] von Bedeutung sind.

(III[1]) Ein Beweisantrag [*vgl. zu § 244 II*] ist [*nur durch Beschluß, § 244 VI*] abzulehnen, wenn die Erhebung des Beweises [*durch das benannte Beweismittel, bezüglich des benannten Beweisthemas oder hinsichtlich der Beweismethode aufgrund eines höherrangige Werte als die Wahrheitsfindung schützenden Beweismittel-, -thema- oder -methodenverbotes*] unzulässig ist [*vgl. etwa §§ 136 a, 250 S 2, §§ 49, 50 BZRG, Art. 1, 2 I, 19 II GG*]. ([2]) Im übrigen darf ein Beweisantrag [*durch Beschluß, § 244 VI, nach pflichtgemäßem Ermessen*] nur abgelehnt werden, wenn eine Beweiserhebung wegen Offenkundigkeit [*d. h. Allgemein- oder Gerichtsbekanntheit der zu beweisenden Tatsache*] überflüssig ist, wenn die Tatsache, die bewiesen werden soll, für die Entscheidung ohne Bedeutung [*weil ohne Zusammenhang mit dem Gegenstand der Urteilsfindung*] oder schon erwiesen ist, wenn das Beweismittel [*wegen Undienlichkeit zur Sachaufklärung mit Sicherheit*] völlig ungeeignet oder wenn es [*rechtlich, vgl. z. B. § 54 – Genehmigungsverweigerung –, oder tatsächlich trotz zumutbarer Anstrengungen*] unerreichbar ist, wenn der Antrag [*nachweisbar vom Antragsteller nur*] zum Zwecke der Prozeßverschleppung gestellt ist oder wenn eine erhebliche [*= für die Entscheidung bedeutsame*] Behauptung, die zur Entlastung des Angeklagten bewiesen werden soll, [*nicht widerlegt oder unwiderlegbar ist und daher für die Beweiswürdigung und die Urteilsfeststellungen bindend*] so behandelt werden kann, als wäre die behauptete Tatsache wahr.

(IV[1]) Ein Beweisantrag auf Vernehmung eines Sachverständigen [*§§ 72 ff*] kann, soweit nichts anderes bestimmt ist, auch [*also neben den in § 244 III genannten Gründen*] abgelehnt werden, wenn das Gericht [*nach Überzeugung der Mehrheit seiner Mitglieder, h. M., aber sehr zw.*] selbst die erforderliche Sachkunde besitzt. ([2]) Die Anhörung eines weiteren Sachverständigen kann auch [*also neben den in §§ 244 III, 244 IV 1 genannten Gründen*] dann abgelehnt werden, wenn durch das frühere Gutachten das Gegenteil der behaupteten Tatsache [*zur Überzeugung des insoweit bereits über hinreichende Fachkunde verfügenden Gerichts*] bereits erwiesen ist; dies gilt nicht, wenn [*das Gericht den Wert des Erstgutachtens nicht hinreichend beurteilen kann,*] die Sachkunde des früheren Gutachters [*mangels Überprüfbarkeit und eigener Sachkunde dem Gericht*] zweifelhaft ist, wenn sein Gutachten von unzutreffenden tatsächlichen Voraussetzungen ausgeht, wenn das Gutachten Widersprüche enthält oder wenn der neue Sachverständige über Forschungsmittel [*nicht entschei-*

dend: der »Name« oder »Rang«] verfügt, die denen eines früheren Gutachters [*nach gerichtlicher Überzeugung objektiv*] überlegen erscheinen.

(V) Ein Beweisantrag auf Einnahme eines Augenscheins [*Beispiel: Besichtigung des Tatorts*] kann abgelehnt werden, wenn der Augenschein nach dem pflichtgemäßen Ermessen des Gerichts zur Erforschung der Wahrheit nicht erforderlich ist [*z. B., weil andere Beweismittel brauchbar sind, etwa Ortspläne*].

(VI) Die Ablehnung eines Beweisantrages bedarf eines [*nach §§ 34, 35 I zu begründenden und zu verkündenden*] Gerichtsbeschlusses [*vgl. auch §§ 228 I 1, 238 II*].

§ 245 (Präsente Beweismittel)

(I[1]) Die Beweisaufnahme ist [*, ohne daß es eines Beweisantrages bedürfte,*] auf alle vom Gericht [*nach § 214 I*] vorgeladenen und auch erschienenen Zeugen und Sachverständigen sowie auf die sonstigen nach § 214 Abs. 4 vom Gericht oder der Staatsanwaltschaft herbeigeschafften Beweismittel zu erstrecken, es sei denn, daß die Beweiserhebung [*ausnahmsweise*] unzulässig [*vgl. zu § 244 III*] ist. ([2]) Von der Erhebung einzelner Beweise kann [*über die Fälle der Unzulässigkeit hinaus nur*] abgesehen werden, wenn die Staatsanwaltschaft [*, der Nebenkläger, str.*], der Verteidiger und der Angeklagte damit einverstanden sind. [*Die Verzichtserklärungen sind als wesentliche Förmlichkeiten in der Sitzungsniederschrift zu vermerken.*]

(II[1]) Zu einer Erstreckung der Beweisaufnahme auf die vom Angeklagten [*§ 220, Nebenkläger, §§ 397 I, 386 II, 214 III, Einziehungsbeteiligten, § 433 I*] oder der Staatsanwaltschaft [*§ 214 III*] vorgeladenen und auch erschienenen Zeugen und Sachverständigen sowie auf die sonstigen herbeigeschafften Beweismittel ist das Gericht [*jedoch*] nur verpflichtet, wenn ein Beweisantrag gestellt wird [*, der den Anforderungen des § 244 IV und V genügt*]. ([2]) Der Antrag ist abzulehnen, wenn die Beweiserhebung unzulässig [*vgl. zu § 244 III*] ist. ([3]) Im übrigen darf er [*nach pflichtgemäßem Ermessen*] nur abgelehnt werden, wenn die Tatsache, die bewiesen werden soll, schon erwiesen oder offenkundig ist [*; der Beweis muß erhoben werden, wenn nur das Gegenteil der unter Beweis gestellten Tatsache schon erwiesen oder offenkundig ist. Der Antrag darf ferner abgelehnt werden*], wenn zwischen ihr [*scil.: der zu beweisenden Tatsache*] und dem Gegenstand der Urteilsfindung [*i. S. d. § 264 überhaupt*] kein [*objektiver*] Zusammenhang besteht, wenn das Beweismittel [*nach allgemeinen Kriterien*] völlig ungeeignet ist oder wenn der Antrag zum Zwecke der Prozeßverschleppung gestellt ist. [*Auf die Notwendigkeit, einen Antrag nach § 245 II 1 zu stellen, ist der Angeklagte nach pflichtgemäßem Ermessen hinzuweisen.*]

§ 246 (Verspätete Beweisanträge)

(I) Eine Beweiserhebung darf [*wegen der umfassenden Aufklärungspflicht des Gerichts, § 244 II*] nicht deshalb abgelehnt werden, weil das Beweismittel oder die zu beweisende Tatsache zu spät [*z. B. nach Schluß der Beweisaufnahme, § 258 I, jedoch bis zum Beginn der Urteilsverkündung*] vorgebracht worden sei [*; bei Verschleppungsabsicht gilt aber § 244 III 2 4. Alt.*].

(II) Ist jedoch ein zu vernehmender Zeuge oder Sachverständiger dem Gegner des Antragstellers [*wider § 222*] so spät namhaft gemacht oder eine zu beweisende

Tatsache so spät vorgebracht worden, daß es dem Gegner an der zur Einziehung von Erkundigungen [*über die Glaubwürdigkeit der Zeugen und den Wahrheitsgehalt ihrer Aussagen*] erforderlichen Zeit gefehlt hat, so kann er bis zum Schluß der Beweisaufnahme [*vgl. § 258 I, nur*] die Aussetzung der Hauptverhandlung zum Zweck der Erkundigung beantragen. [*Beachte daneben auch die Aussetzungsmöglichkeit nach § 265 IV. Eine Belehrungspflicht über das Antragsrecht ergibt sich u. U. aus der allg. Fürsorgepflicht.*]

(III) Dieselbe Befugnis haben die Staatsanwaltschaft und der Angeklagte bei den auf Anordnung des Vorsitzenden oder des Gerichts geladenen Zeugen oder Sachverständigen.

(IV) Über die Anträge entscheidet das Gericht [*durch grundsätzlich unanfechtbaren, § 305, im Ablehnungsfall nach § 34 zu begründenden Beschluß, nicht obligatorisch – so § 265 IV – sondern nur*] nach freiem [*wenngleich pflichtgemäßem*] Ermessen [*§ 145 IV gilt nicht*].

§ 246a (Zuziehung eines Sachverständigen bei mutmaßlicher Unterbringung des Angeklagten)

([1]) Ist [*– vgl. §§ 80a, 411 III, 415 V, nicht erforderlich: aufgrund dringender Gründe, vgl. § 126a –*] damit zu rechnen, daß die Unterbringung des Angeklagten in einem psychiatrischen Krankenhaus, einer Entziehungsanstalt oder in der Sicherungsverwahrung angeordnet werden wird, so ist [*, selbst wenn der Angeklagte bereits gemäß § 80a untersucht wurde und das Gutachten nach den §§ 251, 256 verlesen werden könnte,*] in der Hauptverhandlung [*mindestens*] ein [*u. U. auch wegen § 244 II mehrere, sachkundiger, nicht notwendig stets ärztlicher*] Sachverständiger über den Zustand des Angeklagten und die Behandlungsaussichten zu vernehmen. ([2]) Hat der Sachverständige den Angeklagten nicht schon früher [*im Hinblick auf die konkrete Unterbringung*] untersucht, so soll [*– im Regelfall: »ist« wegen »Ermessensreduzierung auf Null« –*] ihm dazu vor der Hauptverhandlung Gelegenheit gegeben werden.

[*Ab 1. 1. 1985 gilt § 246a Satz 1 in folgender Fassung: Ist damit zu rechnen, daß die Unterbringung des Angeklagten in einem psychiatrischen Krankenhaus, einer Entziehungsanstalt, einer sozialtherapeutischen Anstalt oder in der Sicherungsverwahrung angeordnet werden wird, so ist in der Hauptverhandlung ein Sachverständiger über den Zustand des Angeklagten und die Behandlungsaussichten zu vernehmen.*]

§ 247 (Vorübergehendes Entfernen des Angeklagten während einer Vernehmung)

[*Grundsätzlich ist der Angeklagte berechtigt, ständig am Ort der Hauptverhandlung anwesend zu sein, vgl. zu § 230.*] ([1]) Das Gericht kann [*jedoch nach seinem pflichtgemäßem Ermessen durch förmlichen, §§ 33–35 I 1, 273 I, 274, Beschluß*] anordnen, daß sich der Angeklagte während einer Vernehmung [*in der Hauptverhandlung oder durch den beauftragten oder ersuchten Richter, str.*] aus dem Sitzungszimmer entfernt, wenn [*aufgrund konkreter Tatsachen vom Gericht*] zu befürchten ist, ein Mitangeklagter oder ein Zeuge werde bei seiner Vernehmung in Gegenwart des Angeklagten die Wahrheit nicht sagen [*oder wenn sich zeigt, daß ein Mitangeklagter oder Zeuge während seiner Vernehmung in Gegenwart des Angeklagten nicht die Wahrheit sagt*]. ([2]) Das gleiche gilt, wenn eine Person unter sechzehn Jahren als Zeuge zu vernehmen ist und die Vernehmung in Gegenwart des Angeklagten einen erheblichen Nachteil für das [*psychische*] Wohl des Zeugen befürchten läßt. ([3]) Die Entfernung des Angeklagten kann für die Dauer von Erörterungen über den Zustand des Angeklagten und die Behandlungsaussichten angeordnet werden, wenn ein erheblicher Nachteil für seine [*physische oder psychische*] Gesundheit [*z. B. wegen Suizidgefahr*] zu befürchten ist. ([4]) Der Vorsitzende hat [*, um Art. 103 I GG zu genügen,*] den Angeklagten, sobald dieser wieder anwesend ist, [*von Amts wegen in geeigneter Weise*] von dem wesentlichen Inhalt dessen zu unterrichten, was während seiner Abwesenheit ausgesagt oder sonst verhandelt worden ist. [*Die Unterrichtung ist zu beurkunden, §§ 273, 274. Verstöße gegen § 247 S 1-3 können nach § 338 Nr. 5, Verstöße gegen § 247 S 4 nach § 337 revisibel sein.*]

§ 248 (Entfernung vernommener Zeugen und Sachverständiger)

([1]) Die vernommenen Zeugen und Sachverständigen [*müssen grundsätzlich am Sitzungsort bleiben, um sie nochmals befragen zu können. Sie*] dürfen sich [*daher*] nur mit Genehmigung oder auf Anweisung des Vorsitzenden von der Gerichtsstelle entfernen [*; ungenehmigtes Entfernen zieht die in §§ 51, 77 bestimmten Folgen nach sich*]. ([2]) Die [*Verfahrensbeteiligten, insbes.*] Staatsanwaltschaft und der Angeklagte sind vorher [*d. h. vor der Entlassung der Zeugen und Sachverständigen*] zu hören. [*Gegen die Entscheidung kann der Zwischenrechtsbehelf des § 238 II ergriffen werden.*]

§ 249 (Form des Urkundenbeweises; Absehen von der Verlesung)

[*Ob eine Urkunde oder ein anderes Schriftstück zu verlesen ist, bemißt sich nach den §§ 244 II, III, 245; wann eine Urkunde nicht verlesen werden darf, ergibt sich aus den §§ 250–257.*]

(I[1]) Urkunden und andere als Beweismittel dienende Schriftstücke [*= verkörperte Gedankenerklärungen, die aus sich selbst heraus verständlich und deren Inhalt zu Beweiszwecken durch wörtliche Wiedergabe reproduziert werden kann – nicht erforderlich: Erkennbarkeit des Ausstellers*] werden [*protokollpflichtig, § 273*] in der [*mündlichen!*] Hauptverhandlung [*nach trotz § 251 III zweifelhafter h. M. nur zum Beweis von Sachentscheidungs-, nicht lediglich prozessual relevanten Tatsachen im Wege des Strengbeweises*] verlesen [*, wenn und soweit es auf ihren gedanklichen Inhalt ankommt*]. ([2]) Dies gilt insbesondere von früher ergangenen Strafurteilen [*vgl. z. B. § 324 I 2, 354 II*], von Straflisten und von Auszügen aus Kirchenbüchern und Personenstandsregistern und findet auch Anwendung auf Protokolle über die Einnahme des richterlichen Augenscheins [*§ 86. Kommt es nicht auf den Inhalt, sondern auf das So-Vorhandensein einer Urkunde an, wird sie in Augenschein genommen*].

(II[1]) Von der Verlesung einer Urkunde oder eines anderen als Beweismittel dienenden Schriftstücks kann [*nach pflichtgemäßem Ermessen*] abgesehen werden, wenn die [*anwesenden Verfahrensbeteiligten,*] Staatsanwaltschaft [*, der Nebenkläger, zw., Einziehungsbeteiligter, § 433*], der Verteidiger und der Angeklagte hierauf [*mündlich, beachte aber § 249 II S 5*] verzichten. [*Der Verzicht ist bis zur Bewirkung einer der in § 249 II beschriebenen Verhaltensweisen widerruflich, str.*] (2) Der wesentliche Inhalt soll [*vom Vorsitzenden*] mitgeteilt werden. (3) Die [*Berufs- und Laien-*]Richter müssen vom Wortlaut Kenntnis genommen haben; Schöffen ist hierzu jedoch erst nach Verlesung des Anklagesatzes Gelegenheit zu geben. (4) Die [*übrigen Prozeß-*]Beteiligten müssen Gelegenheit gehabt haben, vom Wortlaut Kenntnis zu nehmen [*; daß sie sich Kenntnis verschafften, ist nicht erforderlich*]. (5) Die Feststellungen hierüber und der Verzicht auf die Verlesung sind [*unabhängig davon, ob sie wesentliche Förmlichkeiten sind,*] in das Protokoll aufzunehmen. (6) Auf Verlesungen [*von Vernehmungsniederschriften, Zeugnissen und Gutachten*] nach den §§ 251, 253, 254 und 256 findet Satz 1 keine Anwendung.

§ 250 (Grundsatz der persönlichen Vernehmung als Folge des Unmittelbarkeitsprinzips)

[*Grundsätzlich ist die Zulässigkeit eines Urkundenbeweises an keine anderen Schranken als an die in den §§ 250–257 genannten gebunden; es herrscht die »Freiheit des Urkundenbeweises«.*] (1) Beruht der Beweis einer [*nach h. M. schuldspruch- oder rechtsfolgenrelevanten, also sachentscheidungsbedeutsamen*] Tatsache [*jedoch*] auf der Wahrnehmung einer Person [*= Zeuge, nach h. M. auch mittelbarer Zeuge mit besonderer Zurückhaltung bei der Beweiswürdigung*], so ist diese [*bei Vernehmbarkeit*] in der Hauptverhandlung zu vernehmen. (2) Die Vernehmung darf [*mithin*] nicht durch Verlesung des über eine frühere Vernehmung [*zu Beweiszwecken für ein Verfahren*] aufgenommenen [*über die Wahrnehmung berichtenden*] Protokolls oder einer [*über die Wahrnehmung berichtenden*] schriftlichen [*Beweis-*]Erklärung [*, die zu Beweiszwecken für dasselbe oder ein anderes Verfahren abgegeben wurde, str., völlig*] ersetzt werden [*, es sei denn, daß aus den §§ 251 ff, insbes. § 256, etwas anderes folgt. Die bloße Ergänzung durch zusätzliche Verwertung und die Benützung zur Gedächtnisstütze sind nach h. M. zulässig*].

§ 251 (Verlesung von Protokollen)

(I) Die Vernehmung eines Zeugen, Sachverständigen oder Mitbeschuldigten darf [*in Abweichung von § 250 S 2 nach pflichtgemäßem gerichtlichen, § 251 IV 1, Ermessen nur*] durch Verlesung der [*formordnungsgemäßen*] Niederschrift über seine frühere [*ordnungsgemäße, i. e. str.*] richterliche [*sonst: § 251 II*] Vernehmung [*, auch in einer Hauptverhandlung, § 273, einschließlich des Begleitverhaltens des Zeugen, Sachverständigen oder Mitangeklagten, etwaiger genehmigter Anlagen,*] ersetzt werden, wenn

1. der Zeuge, Sachverständige oder Mitbeschuldigte verstorben oder in Geisteskrankheit verfallen ist oder wenn sein Aufenthalt [*trotz zumutbarer Nachforschungen*] nicht zu ermitteln ist;
2. dem Erscheinen des Zeugen, Sachverständigen oder Mitbeschuldigten in der Hauptverhandlung für eine längere oder ungewisse Zeit Krankheit, Gebrechlichkeit oder [*trotz zumutbarer Nachforschungen*] andere nicht [*anders*] zu beseitigende [*tatsächliche oder rechtliche*] Hindernisse [*etwa eine bei Erscheinen gegebene Gefahr für Leib oder Leben*] entgegenstehen [*vgl. § 223 I*];

3. dem Zeugen oder Sachverständigen das Erscheinen in der Hauptverhandlung wegen großer Entfernung unter Berücksichtigung der Bedeutung seiner Aussage [*nach Maßgabe des Verhältnismäßigkeitsprinzips*] nicht zugemutet werden kann [*vgl. § 223 II*];
4. [*trotz Fehlens einer der Voraussetzungen des § 251 I Nr. 1–3*] der Staatsanwalt, der Verteidiger und [*– ausgenommen in den Fällen der §§ 231 II, 231 a, 231 c –*] der Angeklagte [*oder in den Fällen des § 234 sein Vertreter*] mit der Verlesung [*ausdrücklich oder nach h. M. stillschweigend*] einverstanden sind [*und die Verlesung nach Maßstabe des § 244 II ausreichend erscheint. Nebenkläger und Privatkläger sind lediglich vor der Verlesung zu hören, §§ 33 I, 397, 385*].

(II) Ist ein Zeuge, Sachverständiger oder Mitbeschuldigter verstorben oder kann er aus einem anderen [*tatsächlichen oder rechtlichen, str.*] Grund in absehbarer [*= abwartbarer*] Zeit gerichtlich nicht vernommen werden [*, so daß bei Zuwarten eine Beeinträchtigung der Wahrheitsfindung in einer präsumtiv späteren Hauptverhandlung zu befürchten ist*], so dürfen auch Niederschriften über eine andere [*nicht richterliche, insbes. polizeiliche und staatsanwaltschaftliche*] Vernehmung sowie Urkunden, die eine von ihm stammende schriftliche Äußerung enthalten [*z. B. Briefe*], verlesen werden.

(III) Soll die Verlesung anderen Zwecken als unmittelbar der Urteilsfindung [*zum Schuldspruch und den Rechtsfolgen, nämlich dem Beweise von lediglich prozessual relevanten Tatsachen*], insbesondere zur Vorbereitung der Entscheidung darüber dienen, ob die Ladung und Vernehmung einer Person erfolgen sollen, so dürfen Vernehmungsniederschriften, Urkunden und andere als Beweismittel dienende Schriftstücke auch sonst [*also ohne Rücksicht auf die Ausnahmen des § 251 I, II*] verlesen werden. [*Nach bestrittener h. M. enthält § 251 III ein allgemeines Bekenntnis zum Freibeweisverfahren hinsichtlich prozessual bedeutsamer Tatsachen, z. B. Verfahrenshindernissen oder den Voraussetzungen einzelner Prozeßhandlungen.*]

(IV[1]) In den Fällen der Absätze 1 und 2 beschließt das Gericht [*nach Feststellung der Voraussetzungen des § 251 I, II im Wege des Freibeweises und, § 33, Anhörung aller Beteiligten*], ob die Verlesung angeordnet wird. [*Der Beschluß ist unanfechtbar, § 305, jedoch im Hinblick auf die Revisionsrüge zu begründen.*] ([2]) Der Grund der Verlesung wird bekanntgegeben. ([3]) Wird die Niederschrift über eine richterliche Vernehmung verlesen, so wird festgestellt, ob der Vernommene vereidigt worden ist. ([4]) Die Vereidigung wird [*nach den §§ 59ff analog*] nachgeholt, wenn sie dem Gericht notwendig erscheint und noch ausführbar ist.

§ 252 (Verbot der Protokollverlesung und Aussageverwertung bei Zeugnisverweigerung)

Die Aussage eines vor der [*jetzigen*] Hauptverhandlung vernommenen Zeugen, der erst in der Hauptverhandlung von seinem [*durch die §§ 52, 53, 53a, 54, entgegen der Rspr. auch § 55, str., schon bei seiner Erstvernehmung oder erst jetzt begründeten*] Recht, das Zeugnis zu verweigern, Gebrauch macht, darf nicht verlesen [*oder in anderer Weise, z. B. durch Vernehmung der Verhörsperson, zum Gegenstand der Beweisaufnahme gemacht*] werden. [*Nach zu Recht äußerst umstr. Rspr. dürfen jedoch Rich-*

ter, die ordnungsgemäß, insbesondere unter Beachtung etwaiger Belehrungspflichten vernahmen, vernommen werden.]

§ 253 (Kombination von Zeugen und Urkundenbeweis: Protokollverlesung zur Gedächtnisstütze und zur Behebung von Widersprüchen)

(I) Erklärt ein Zeuge oder Sachverständiger [*trotz vollständiger Vernehmung, §§ 69, 72, und – sehr zw. h. M. – formlosen Vorhalts*], daß er sich einer Tatsache nicht mehr erinnere, so kann [*, ohne daß es eines Antrags oder einer Richtigkeitsüberprüfung der Erklärung bedürfte, auf Grund Anordnung des Vorsitzenden, § 238*] der hierauf bezügliche Teil des [*amtlichen*] Protokolls über seine frühere [*richterliche oder nicht richterliche*] Vernehmung zur Unterstützung seines Gedächtnisses [*im Wege des Urkundenbeweises nach h. M. mit der Wirkung*] verlesen werden [*, daß der verlesene Inhalt Beweiswürdigungs- und Urteilsgrundlage wird, str.*].

(II) Dasselbe kann [*mit der gleichen Wirkung*] geschehen, wenn ein in der Vernehmung hervortretender Widerspruch mit der früheren Aussage nicht auf andere Weise [*z. B. durch Vernehmung der Verhörsperson*] ohne Unterbrechung der Hauptverhandlung festgestellt oder behoben werden kann.

§ 254 (Verlesung von Erklärungen des Angeklagten)

(I) Erklärungen des Angeklagten, die in einem richterlichen [*ordnungsgemäß zustandegekommenen*] Protokoll [*auch Sitzungsniederschriften*] enthalten sind, können zum Zweck der Beweisaufnahme [*nicht: zum Zwecke bloßen Vorhalts, str.*] über ein [*auch nur teilweises, nur eine einzelne Tatsache betreffendes*] Geständnis [*über schuldspruch- und, str., rechtsfolgenrelevante Umstände*] verlesen werden [*, mag der jetzige Angeklagte die Erklärung auch als Zeuge abgegeben haben*].

(II) Dasselbe kann [*nach h. M. zum Zwecke des Beweises, nicht bloß zum Zwecke des Vorhalts, str., mit richterlichen Niederschriften*] geschehen, wenn ein in der Vernehmung hervortretener Widerspruch mit der früheren Aussage nicht auf andere Weise [*z. B. durch Vernehmung der Verhörsperson*] ohne Unterbrechung der Hauptverhandlung festgestellt oder behoben werden kann. [*Die Anordnung der Verlesung trifft der Vorsitzende; gegen seine Entscheidung ist der Zwischenrechtsbehelf des § 238 II zulässig.*]

§ 255 (Protokollierung der Verlesung und ihres Grundes auf Antrag)

[*§ 273 I verlangt, daß stets – auch ohne Antrag – die Tatsache der Verlesung einer Schrift protokolliert wird.*] In den Fällen der §§ 253 und 254 ist die Verlesung und [*darüberhinaus, vgl. § 251 IV 2*] ihr Grund auf [*zu protokollierenden, § 273 I*] Antrag der Staatsanwaltschaft oder des Angeklagten [*oder seines Verteidigers*] im Protokoll zu erwähnen. [*Ordnet ein Gerichtbeschluß, § 238 II, die Verlesung an, muß der Beschluß den Verlesungsgrund angeben.*]

§ 256 (Verlesung von behördlichen und ärztlichen Zeugnissen und Gutachten)

(I[1]) Die ein Zeugnis [*d. h. eine Bescheinigung über eine unmittelbar oder mittelbar amtlich festgestellte Tatsache*] oder ein [*auf Grund besonderer Fachkunde abgegebenes*] Gutachten enthaltenden Erklärungen öffentlicher Behörden [= *jeder nach öffentlichem Recht errichteten, mit öffentlichen Aufgaben betrauten Stelle des Staates oder eines anderen Trägers der öffentlichen Verwaltung, die in ihrem Bestand von dem oder den sie jeweils leitenden Beamten unabhängig ist,*] sowie der Ärzte eines gerichtsärztlichen Dienstes mit Ausschluß von [*Werturteile enthaltenden*] Leumundszeugnissen sowie ärztliche [*also von einem approbierten Arzt erstellte*] Atteste über Körperverletzungen [*§§ 223, 223a, 223b, 230 StGB*], die nicht zu den schweren [*§ 224 StGB*] gehören, können [*wegen ihrer in der Regel gewährleisteten Objektivität in Ausnahme von § 250 wörtlich*] verlesen werden. (2) Dasselbe gilt [*nur*] für Gutachten über die Auswertung eines Fahrtschreibers, die Bestimmung der Blutgruppe oder des Blutalkoholgehalts einschließlich seiner Rückrechnung sowie für ärztliche Berichte zur Entnahme von Blutproben. [*Die Anordnung der Verlesung erfolgt durch den Vorsitzenden, bei Widerspruch durch das Gericht, § 238 II.*]

(II) Ist das Gutachten einer kollegialen Fachbehörde eingeholt worden, so kann das Gericht die Behörde ersuchen, eines ihrer Mitglieder mit der Vertretung des Gutachtens in der Hauptverhandlung zu beauftragen und dem Gericht zu bezeichnen.

§ 257 (Erklärungsrecht des Angeklagten, des Staatsanwalts und des Verteidigers)

(I) [*Gemäß § 240 II hat u. a. der Angeklagte das Recht, während der Vernehmung einer Beweisperson Fragen zu stellen. Unmittelbar*] Nach der Vernehmung eines jeden Zeugen, Sachverständigen oder Mitangeklagten sowie nach der Verlesung eines jeden Schriftstücks [*hat der Angeklagte das Recht auf Gehör, um zu jedem einzelnen Beweismittel Stellung nehmen zu können. Daher*] soll der Angeklagte [*nach pflichtgemäßem Ermessen*] befragt werden, ob er dazu etwas zu erklären habe. [*Entsprechendes gilt für Erziehungsberechtigte und gesetzliche Vertreter, §§ 67 I, 109 I JGG, oder Nebenbeteiligte, §§ 433 II, 442, 444.*]

(II) [*Verteidiger und Staatsanwalt sind nicht gesondert zu befragen, ob sie von ihrem Erklärungsrecht Gebrauch machen wollen. Nur*] Auf Verlangen ist auch dem Staatsanwalt und dem Verteidiger nach der Vernehmung des Angeklagten und nach jeder einzelnen Beweiserhebung Gelegenheit zu geben, sich dazu zu erklären.

(III) Die Erklärungen dürfen den Schlußvortrag [*gem. § 258*] nicht vorwegnehmen.

§ 257a (weggefallen)

§ 258 (Schlußvorträge)

(I) Nach dem [*in der Regel vom Vorsitzenden, § 238 I ausdrücklich festgestellten*] Schluß der Beweisaufnahme [*z. B. einschließlich der Hinweise nach § 265*] erhalten [*, um den Verfahrensbeteiligten Gelegenheit zu geben, zu dem gesamten Ergebnis der Hauptverhandlung Stellung zu nehmen, Art. 103 I GG*] der Staatsanwalt [*, der Nebenkläger, §§ 397 I, 385 I 1, der Privatkläger, § 385 I 1*] und sodann der Angeklagte [*oder sein Verteidiger, vgl. § 258 III*] zu ihren Ausführungen und Anträgen das Wort. [*Beachte §§ 326 S 1, 351 II 1.*]

(II) Dem Staatsanwalt steht das Recht der Erwiderung zu; dem Angeklagten gebührt [*persönlich*] das [*zu protokollierende, § 273 I*] letzte Wort. [*Beachte §§ 326 S 2, 351 II 2.*]

(III) Der Angeklagte ist, auch wenn ein Verteidiger für ihn gesprochen hat, [*in protokollierungsbedürftiger Weise, § 273 I*] zu befragen, ob er selbst noch etwas zu seiner Verteidigung anzuführen habe. [*Da der Schluß der Beweisaufnahme nur vorläufig ist, kann auch nach den Schlußvorträgen noch auf Antrag oder von Amts wegen erneut in die Beweisaufnahme eingetreten werden. Gemäß § 258 sind dann erneut die Schlußvorträge zu ermöglichen.*]

§ 259 (Dolmetscher)

(I) [*Gemäß § 184 GVG ist die Gerichtssprache deutsch. Nach § 185 GVG ist jedoch bei Sprachunkundigen ein Dolmetscher hinzuzuziehen. Art. 6 III e EuMRK schreibt bei einem Angeklagten, der der Gerichtssprache nicht mächtig ist, die unentgeltliche Beiziehung eines Dolmetschers vor.*] Einem der Gerichtssprache nicht mächtigen Angeklagten müssen aus den Schlußvorträgen [*in Abweichung von § 185 GVG*] mindestens die Anträge des Staatsanwalts und des Verteidigers durch den Dolmetscher bekanntgemacht werden.

(II) Dasselbe gilt [*in Abweichung von § 196 GVG*] von einem tauben [*= gehörlosen*] Angeklagten, sofern nicht eine schriftliche Verständigung erfolgt.

§ 260 (Urteil)

(I) Die Hauptverhandlung schließt [*instanzbeendigend*] mit der [*unmittelbar*] auf die Beratung [*§§ 192–197 GVG, § 263*] folgenden Verkündung [*§ 268*] des [*Sach- oder Prozeß-, über die strafrechtlichen Vorwürfe bezüglich der angeklagten Tat entscheidenden*] Urteils [*, die daher hinsichtlich der Urteilsformel einen wesentlichen Bestandteil der Hauptverhandlung bildet, §§ 268 II, 226, 230, 338 Nr. 5*].

(II) Wird ein Berufsverbot angeordnet, so ist im Urteil der Beruf, der Berufszweig, das Gewerbe oder der Gewerbezweig, dessen Ausübung verboten wird, genau zu bezeichnen.

(III) Die Einstellung des Verfahrens ist im Urteil auszusprechen, wenn ein Verfahrenshindernis besteht [*, es sei denn, daß der Angeklagte freizusprechen ist*].

(IV) [*Grundsätzlich steht die Abfassung der Urteilsformel im pflichtgemäßen Ermessen des Gerichts, § 260 IV 6. Die Urteilsformel muß aber kenntlich machen, welche Entscheidung das Gericht für welche angeklagte Straftat getroffen hat.*] ([1]) Die Urteilsformel gibt [*im Falle einer Verurteilung*] die rechtliche Bezeichnung der Tat an, deren der Angeklagte schuldig gesprochen wird. ([2]) Hat ein Straftatbestand eine gesetzliche Überschrift, so soll diese [*und nicht der Paragraph, vgl. aber § 260 V*] zur rechtlichen Bezeichnung der Tat verwendet werden [*, wenn und soweit die Überschrift den Deliktscharakter der Tat zutreffend zum Ausdruck bringt.*] ([2]) Wird eine Geldstrafe verhängt, so sind [*nur, str.*] Zahl und Höhe der Tagessätze [*nicht dagegen die Gesamtsumme, str.*] in die Urteilsformel aufzunehmen. ([4]) Wird die Strafe oder Maßregel der Besserung und Sicherung zur Bewährung ausgesetzt [*vgl. z. B. §§ 56 ff, 70 a StGB*], der Angeklagte mit Strafvorbehalt verwarnt oder von Strafe abgesehen, so ist dies in der Urteilsformel zum Ausdruck zu bringen. (5) Rechtsfolgen der Tat, die neben anderen verwirkten Rechtsfolgen nicht vollstreckt werden können, werden in die Urteilsformel nicht aufgenommen; sie werden nur in den Urteilsgründen aufgeführt. (6) Im übrigen unterliegt die Fassung der Urteilsformel dem Ermessen des Gerichts.

(V) Nach der Urteilsformel werden die angewendeten Vorschriften [*genau*] nach Paragraph, Absatz, Nummer, Buchstabe und mit der Bezeichnung des Gesetzes aufgeführt [*sog. »Paragraphenliste«*].

§ 261 (Grundsatz der freien Beweiswürdigung)

Über das Ergebnis der Beweisaufnahme entscheidet [*grundsätzlich, beachte aber § 190 StGB, § 274, § 49 BZRG*] das Gericht [*lediglich*] nach seiner [*eigenen*] freien, [*nur*] aus dem Inbegriff der [*mündlichen, dem Unmittelbarkeitsprinzip, §§ 250 ff, genügenden*] Verhandlung geschöpften [*inneren, jeden vernünftigen auf konkrete Gründe gestützten Zweifel ausschließenden*] Überzeugung [*, die sich aber auf ein objektives, für jedermann nachvollziehbares Höchstwahrscheinlichkeitsurteil stützen muß. Kann das Gericht sich wegen konkreter Tatsachen nicht zu einem Für-Wahr-Halten des Tatvorwurfs durchringen, hat es nach dem Satz: »in dubio pro reo« freizusprechen*].

§ 262 (Vorfragenkompetenz)

(I) Hängt die Strafbarkeit einer Handlung von der Beurteilung eines bürgerlichen [*oder, vgl. § 148 ZPO, § 154d, öffentlich-, arbeits- oder sozialrechtlichen*] Rechtsverhältnisses ab, so entscheidet das Strafgericht [*grundsätzlich in umfassend gegebener Kompetenz, beachte aber z. B. §§ 1593, 1600a BGB, § 85 StGB, § 20 VereinsG, Art. 177 EWGV*] auch über dieses nach den für das Verfahren und den Beweis in Strafsachen geltenden Vorschriften. [*Rechtsgestaltende Urteile entfalten aber Tatbestandswirkung und sind daher vom Strafrichter zu beachten, vgl. § 238 II StGB.*]

(II) Das Gericht ist jedoch befugt, die Untersuchung [*nach seinem pflichtgemäßen Ermessen*] auszusetzen und einem der Beteiligten zur Erhebung der Zivilklage eine Frist zu bestimmen oder das Urteil des Zivilgerichts abzuwarten. [*Der Aussetzungsbeschluß ist vom Beschwerten – Beschleunigungsgebot, Art. 6 I 1 EuMRK – durch Beschwerde anfechtbar.*]

§ 263 (Abstimmung)

(I) [*Grundsätzlich regeln die Beratung und Abstimmung die §§ 192 ff GVG, § 43 DRiG.*] Zu jeder [*erstinstanzlichen, für Berufungsgerichte vgl. § 332*] dem Angeklagten nachteiligen Entscheidung über die Schuldfrage [*einschließlich der in § 263 II genannten Umstände*] und [*– Unterscheidung von Schuldfrage und Rechtsfolge wichtig z. B. für § 196 III GVG, §§ 318, 344, 353 –*] die Rechtsfolgen [*§§ 38 ff StGB, z. B. einschließlich der Strafaussetzung zur Bewährung,*] der Tat ist [*im Wege einheitlicher Abstimmung über die Schuldfrage, also der Frage, ob der angeklagte Lebensvorgang bewiesen ist und einen Straftatbestand in rechtswidriger und schuldhafter Weise erfüllt, vgl. § 263 II*] eine Mehrheit von zwei Dritteln der Stimmen [*Schöffengericht,* *kleine Strafkammer – §§ 29 I, 76 II GVG – 2:1; erweitertes Schöffengericht – § 29 II GVG – 3:1; große Strafkammer, Schwurgericht – § 76 II GVG – 4:1; OLG-Senat – §§ 120, 122 II, 139 GVG – 4:1*] erforderlich.

(II) Die Schuldfrage umfaßt auch solche vom Strafgesetz besonders vorgesehene Umstände, welche die Strafbarkeit ausschließen [*vgl. z. B. § 904 BGB, §§ 24, 32, 34, 35 StGB*], vermindern [*z. B. alle Privilegierungen, etwa § 216 StGB*] oder erhöhen [*z. B. Qualifikationen, etwa § 223a StGB*].

(III) Die Schuldfrage umfaßt nicht die Voraussetzungen der Verjährung [*§ 78 StGB, weil die Verjährung – nach h. M. – ein Verfahrenshindernis begründet*].

§ 264 (Gegenstand der Urteilsfindung)

(I) Gegenstand der Urteilsfindung ist [*ausschließlich*] die in der [*zugelassenen, § 207 I–III*] Anklage [*oder in einem sie ersetzenden Verfahrensvorgang, § 266*] bezeichnete [*und so formell zur Entscheidung des Gerichts gestellte*] Tat [*im prozessualen, vgl. § 155 I, Art. 103 II GG, Sinne, also der nach der Lebensauffassung einheitliche historische Lebensvorgang, dessen Behandlung in verschiedenen Verfahren eine unnatürliche Aufspaltung eines zusammengehörigen Geschehens wäre, h. M.*], wie sie sich nach dem Ergebnis der Verhandlung [*also unter Einbeziehung von Tatteilen, die erst in der Hauptverhandlung bekannt werden,*] darstellt.

(II) Das Gericht ist [*hinsichtlich seiner Verurteilungskompetenz durch § 264 I auf die zugelassene angeklagte Tat beschränkt. Es ist jedoch*] an die [*rechtliche*] Beurteilung der Tat, die dem Beschluß über die Eröffnung des Hauptverfahrens zugrunde liegt, [*grundsätzlich, beachte aber § 154a, §§ 81, 82 OWiG*] nicht gebunden. [*Beachte aber § 265.*]

§ 265 (Besondere Hinweise bei Veränderung des rechtlichen Gesichtspunktes oder rechtsfolgenverschärfender Umstände)

(I) [*Das Gericht ist gem. §§ 155, 264 verpflichtet, die gesamte Tat zu untersuchen und abzuurteilen.*] Der Angeklagte darf [*jedoch, um eine »Überrumpelung« auszuschließen,*] nicht auf Grund eines anderen als des in der gerichtlich [*gemäß §§ 203, 207*] zugelassenen Anklage [*, auch nach §§ 212a, 266, oder in dem Strafbefehl*] angeführten Strafgesetzes verurteilt werden, ohne daß er zuvor [*vom Vorsitzenden*] auf [*dessen beabsichtigte Ersetzung durch einen anderen Straf- oder/und Maßregeltatbestand, auch eines milderen, d. h. auf*] die Veränderung des rechtlichen Gesichtspunktes [*förmlich*] besonders [*in zu protokollierender Weise*] hingewiesen und ihm Gelegenheit zur Verteidigung gegeben worden ist. [*Entsprechend ist auch bei Veränderung tatsächlicher Gesichtspunkte zu verfahren, Art. 103 I GG, Art. 6 EuMRK – »faires Verfahren«, str.*]

(II) Ebenso ist zu verfahren, wenn sich erst in der Verhandlung vom Strafgesetz besonders vorgesehene [*d. h. benannte*] Umstände ergeben, welche die Strafbarkeit erhöhen [*, eine Nebenstrafe, § 44 StGB, ermöglichen*] oder die Anordnung einer Maßregel der Besserung und Sicherung [*§ 61 StGB*] rechtfertigen. [*Entsprechendes gilt wegen Art. 103 I GG, Art. 6 EuMRK – faires Verfahren – auch, wenn die Verurteilung auf Grund eines Regelbeispieles, z. B. nach § 243 StGB, in Betracht kommt.*]

(III) Bestreitet der Angeklagte [*im Offizialverfahren, vgl. § 384 IV*] unter der Behauptung, auf die Verteidigung nicht genügend vorbereitet zu sein, neu hervorgetretene Umstände, welche die Anwendung eines schwereren Strafgesetzes gegen den Angeklagten zulassen als des in der gerichtlich zugelassenen Anklage angeführten [*– Sonderfall des § 265 I –*] oder die zu den im zweiten Absatz bezeichneten [*rechtsfolgenverschärfenden Umständen*] gehören, so ist auf seinen Antrag die Hauptverhandlung [*i. S. der §§ 228, 229 für eine vom Gericht nach pflichtgemäßem Ermessen zu bestimmende Dauer*] auszusetzen. [*Auf das Antragsrecht ist der Angeklagte nach pflichtgemäßem Ermessen hinzuweisen.*]

(IV) Auch sonst [*z. B. bei Verteidigerwechsel oder Ausfall des oder eines, § 137 I 2, Verteidigers*] hat das Gericht auf Antrag [*auch der Staatsanwaltschaft*] oder von Amts wegen die Hauptverhandlung auszusetzen, falls dies infolge der veränderten Sachlage [*ohne oder mit gleichzeitiger Veränderung des rechtlichen Gesichtspunktes*] zur genügenden Vorbereitung der Anklage oder der Verteidigung angemessen erscheint.

(V) Wird in den Fällen des § 231 Abs. 2, § 231 a Abs. 1 die Hauptverhandlung ohne den Angeklagten durchgeführt, so genügt es, wenn die nach den Absätzen 1 und 2 erforderlichen Hinweise dem Verteidiger gegeben werden. [*In anderen Abwesenheitsfällen genügt der Hinweis an den Verteidiger nur, wenn er Vertreter ist, § 234.*]

§ 265a (Befreiung nach Bewährungsleistungen und Zusagen)

(1) Kommen [*im Falle der Aussetzung einer Freiheitsstrafe zur Bewährung*] Auflagen oder Weisungen (§§ 56b, 56c, 59a Abs. 2 des Strafgesetzbuches) [*wahrscheinlich*] in Betracht, so ist der Angeklagte in [*insbes. nach der Einlassung und der Persönlichkeitsstruktur des Angeklagten*] geeigneten Fällen [*vom Vorsitzenden ohne den Eindruck vorweggenommener Beweiswürdigung i. d. R. erst nach Ende der Beweisaufnahme, u. U. erst nach Urteils- aber vor Beschlußverkündung nach § 268a,*] zu befragen, ob er sich zu Leistungen erbietet, die der Genugtuung für das begangene Unrecht dienen, oder Zusagen für seine künftige Lebensführung macht. (2) Kommt die Weisung in Betracht, sich einer Heilbehandlung oder einer Entziehungskur zu unterziehen oder in einem geeigneten Heim oder einer geeigneten Anstalt Aufenthalt zu nehmen, so ist er [*, weil derartige Weisungen stets die Einwilligung des Angeklagten erfordern, § 56c III StGB, immer*] zu befragen, ob er hierzu seine Einwilligung gibt.

§ 266 (Nachtragsanklage)

(I) Erstreckt der Staatsanwalt in der Hauptverhandlung [*also bis zum Abschluß der Urteilsverkündung, nach seinem pflichtgemäßen Ermessen bei genügendem Anlaß i. S. des § 170 I*] die Anklage auf weitere [*prozessual selbständige, ungleichartige oder gleichartige*] Straftaten [*im Sinne der §§ 155, 264*] des Angeklagten [*durch mündlichen Vortrag u. a. der in § 200 genannten Inhalte, § 266 II*], so kann das [*erstinstanzlich oder in zweiter Tatsacheninstanz tätige, § 332, str.*] Gericht sie [*bei hinreichendem Tatverdacht, § 203, nach seinem pflichtgemäßen Ermessen*] durch [*zu verkündenden*] Beschluß in das Verfahren einbeziehen, wenn es für sie [*sachlich – beachte § 269 –*] zuständig ist und der [*ggf. über sein Weigerungsrecht und die Folgen einer Zustimmung belehrte*] Angeklagte [*ausdrücklich eindeutig*] zustimmt.

(II[1]) Die Nachtragsanklage kann mündlich erhoben werden. ([2]) Ihr Inhalt entspricht dem § 200 Abs. 1. ([3]) Sie wird [*als wesentliche Förmlichkeit, § 274*] in die Sitzungsniederschrift [*nach § 273*] aufgenommen. ([4]) Der Vorsitzende gibt dem Angeklagten Gelegenheit, sich zu verteidigen.

(III[1]) Die Verhandlung wird [*unter Beachtung des § 229*] unterbrochen, wenn es der Vorsitzende für erforderlich hält oder wenn der Angeklagte es beantragt und sein [*in das Protokoll aufzunehmender*] Antrag nicht offenbar mutwillig oder nur zur Verzögerung des Verfahrens gestellt ist. ([2]) Auf das Recht, die Unterbrechung zu beantragen, wird der Angeklagte hingewiesen. [*Wird der Antrag auf Unterbrechung rechtswidrig abgelehnt, ist Revision nach § 338 Nr. 8 begründet.*]

§ 267 (Urteilsgründe)

(I) [*Wird das Verfahren in der Hauptverhandlung eingestellt, so lautet der Urteilstenor, § 260 III: »Das Verfahren wird eingestellt«.*] ([1]) Wird der Angeklagte verurteilt, so [*gilt für den Urteilstenor § 260 IV, beachte § 260 V. Ferner*] müssen die [*mündlichen, § 268 II, und schriftlichen, § 275*] Urteilsgründe [*aus sich heraus verständlich sein und die tatsächlichen und rechtlichen Grundlagen der Entscheidung des Gerichts zusammenhängend dartun. Sie müssen jedoch grundsätzlich nur*] die für erwiesen erachteten Tatsachen [*klar, geordnet und zusammenhängend*] angeben, in denen die gesetzlichen Merkmale der Straftat gefunden werden [*, brauchen also grundsätzlich nicht die Beweismittel etc. anzugeben*]. ([2]) Soweit der Beweis aus anderen Tatsachen gefolgert wird [*»Indizienbeweis«*], sollen [*nach pflichtgemäßem Ermessen, str.*] auch diese Tatsachen angegeben werden. [*Notwendige Teile der Urteilsbegründung dürfen grundsätzlich nicht durch Bezugnahme auf die Akten ersetzt werden.*] ([3]) Auf Abbildungen [*z. B. Fotos*], die sich bei den Akten befinden, kann [*jedoch*] hierbei wegen der Einzelheiten [*, nicht bezüglich des »Abbildungsgehalts«,*] verwiesen werden.

(II) Waren in der Verhandlung vom Strafgesetz besonders vorgesehene [*benannte*] Umstände behauptet worden, welche die Strafbarkeit ausschließen, vermindern oder erhöhen [*vgl. zu § 265 II*], so müssen die Urteilsgründe sich darüber aussprechen, ob diese Umstände für festgestellt oder für nicht festgestellt erachtet werden.

(III[1]) Die Gründe des Strafurteils müssen [*über die »Paragraphenliste« nach § 260 V hinaus*] ferner das zur Anwendung gebrachte Strafgesetz bezeichnen und die Umstände anführen, die für die Zumessung der Strafe [*nach §§ 46 ff StGB tatsächlich*] bestimmend gewesen sind. ([2]) Macht das Strafgesetz Milderungen von dem Vorliegen [*unbenannter*] minder schwerer Fälle abhängig, so müssen die Urteilsgründe ergeben, weshalb diese Umstände angenommen oder einem in der Verhandlung gestellten Antrag entgegen verneint werden; dies gilt entsprechend für die Verhängung einer Freiheitsstrafe in den Fällen des § 47 des Strafgesetzbuches. ([3]) Die Urteilsgründe müssen auch ergeben, weshalb ein besonders schwerer [*, im StGB durch Regelbeispiele verdeutlichter*] Fall [*z. B. des § 243 StGB*] nicht angenommen wird, wenn die Voraussetzungen erfüllt sind, unter denen nach dem Strafgesetz in der Regel ein solcher Fall vorliegt; liegen diese Voraussetzungen nicht vor, wird aber gleichwohl ein besonders schwerer Fall angenommen, so gilt Satz 2 entsprechend. (⁴) Die Urteilsgründe müssen [*unter Darlegung der für den Einzelfall maßgeblichen Erwägungen*] ferner ergeben, weshalb die Strafe zur Bewährung [*nach § 56 StGB*] ausgesetzt oder einem in der Verhandlung gestellten Antrag entgegen nicht ausgesetzt worden ist; dies gilt entsprechend für die Verwarnung mit Strafvorbehalt [*§ 59 StGB*] und das Absehen von Strafe [*z. B. nach § 158 I StGB*].

(IV¹) Verzichten alle zur Anfechtung Berechtigten auf Rechtsmittel oder wird innerhalb der Frist kein Rechtsmittel eingelegt, so müssen die erwiesenen Tatsachen, in denen die gesetzlichen Merkmale der Straftat gefunden werden [*vgl. zu § 267 I 1*], und das angewendete Strafgesetz angegeben werden [*vgl. zu § 267 III 1*]; bei Urteilen des Strafrichters und des Schöffengerichts, die nur auf Geldstrafe lauten oder neben einer Geldstrafe ein Fahrverbot oder die Entziehung der Fahrerlaubnis und damit zusammen die Einziehung des Führerscheins anordnen, kann hierbei auf den zugelassenen Anklagesatz, auf die Anklage gemäß § 212a Abs. 2 Satz 2 oder den Strafbefehl sowie den Strafbefehlsantrag verwiesen werden. (²) Den weiteren Inhalt der Urteilsgründe bestimmt das Gericht unter Berücksichtigung der Umstände des Einzelfalls nach seinem [*pflichtgemäßen*] Ermessen. (³) Die Urteilsgründe können innerhalb der in § 275 Abs. 1 Satz 2 vorgesehenen Frist ergänzt werden, wenn gegen die Versäumung der Frist zur Einlegung des Rechtsmittels Wiedereinsetzung in den vorigen Stand gewährt wird.

(V¹) Wird der Angeklagte freigesprochen, so [*lautet der Tenor nur auf Freispruch ohne Zusatz. Jedoch*] müssen die Urteilsgründe ergeben, ob der Angeklagte [*im Wege der Beweiswürdigung*] für nicht überführt oder ob und aus welchen Gründen [*z. B. Notwehr*] die für erwiesen angenommene Tat für nicht strafbar erachtet worden ist. (²) Verzichten alle zur Anfechtung Berechtigten auf Rechtsmittel oder wird innerhalb der Frist kein Rechtsmittel eingelegt [*vgl. § 267 IV 1*], so braucht nur angegeben zu werden, ob die dem Angeklagten zur Last gelegte Straftat aus tatsächlichen oder rechtlichen Gründen nicht festgestellt worden ist. (³) Absatz 4 Satz 3 ist anzuwenden.

(VI¹) Die Urteilsgründe müssen [*unter Darlegung der für den Einzelfall maßgeblichen Erwägungen*] auch ergeben, weshalb eine Maßregel der Besserung und Sicherung [*§§ 61 ff StGB*] angeordnet oder einem in der Verhandlung gestellten Antrag entgegen nicht angeordnet worden ist. (²) Ist die Fahrerlaubnis nicht entzogen oder eine Sperre nach § 69a Abs. 1 Satz 3 des Strafgesetzbuches nicht angeordnet worden, obwohl dies nach der Art der Straftat in Betracht kam, so müssen die Urteilsgründe stets ergeben, weshalb die Maßregel nicht angeordnet worden ist. [*Das Fehlen der Urteilsgründe nach § 267 I–VI kann nach § 338 Nr. 7 die Revision begründen.*]

§ 268 (Urteilsverkündung)

(I) Das Urteil ergeht [*, ohne daß bei Nichtgebrauch dieser Worte Revision möglich wäre,*] im Namen des Volkes [*vgl. Art. 20 II GG*].

(II¹) Das Urteil wird [*grundsätzlich öffentlich, § 173 GVG, § 48 I JGG, vom Vorsit-*

zenden, § 238 I, in protokollbedürftiger Weise, § 273] durch Verlesung der *[schriftlich niedergelegten]* Urteilsformel und *[in dieser Reihenfolge – § 268 II 3 –]* Eröffnung der Urteilsgründe *[nach § 268 II 3, in Anwesenheit der Anwesenheitspflichtigen, vgl. zu §§ 226, 230 I, 145]* verkündet. *[Die Hauptverhandlung dauert bis zum Schluß der Verkündung an, § 260 I 1.]* (²) Die Eröffnung der Urteilsgründe geschieht durch Verlesung oder durch mündliche Mitteilung ihres wesentlichen Inhalts *[beachte aber § 54 II JGG]*. (³) Die Verlesung der Urteilsformel hat in jedem Falle der Mitteilung der Urteilsgründe voranzugehen. *[Zur Rechtsmittelbelehrung beachte § 35a.]*

(III¹) Das Urteil soll *[möglichst in Vermeidung eines Verkündungstermins]* am Schluß der *[mündlichen]* Verhandlung verkündet werden. (²) Es muß spätestens am elften *[Kalender-]*Tage *[einschließlich arbeitsfreier Tage]* danach verkündet werden, andernfalls mit der Hauptverhandlung von neuem zu beginnen ist. (³) § 229 Abs. 3 Satz 2 gilt *[jedoch]* entsprechend.

(IV) War die Verkündung des Urteils ausgesetzt, so sind die Urteilsgründe tunlichst vorher schriftlich festzustellen.

§ 268a (Straf- und Maßregelaussetzung zur Bewährung, Verwarnung mit Strafvorbehalt)

(I) Wird in dem *[erstinstanz- oder, § 332, berufungsgerichtlichen]* Urteil die Strafe zur Bewährung ausgesetzt oder der Angeklagte mit Strafvorbehalt verwarnt, so trifft das Gericht die *[weiteren]* in den §§ 56a bis 56d und 59a des Strafgesetzbuches bezeichneten Entscheidungen durch *[eindeutigen, zu begründenden, § 34, bea. auch § 268a III, und beschwerdefähigen, § 305a]* Beschluß; dieser ist mit dem Urteil *[nach der Urteilsformel oder nach den Urteilsgründen]* zu verkünden. *[Beachte vorher § 265a. Zu nachträglichen Entscheidungen vgl. § 453.]*

(II) Absatz 1 gilt entsprechend, wenn in dem Urteil eine Maßregel der Besserung und Sicherung zur Bewährung ausgesetzt *[§§ 67b, 70a StGB]* oder neben der Strafe Führungsaufsicht *[§ 68 I StGB]* angeordnet wird und das Gericht Entscheidungen nach den §§ 68a bis 68c des Strafgesetzbuches trifft. *[Zu den nachträglichen Entscheidungen vgl. §§ 463, 453.]*

(III¹) Der Vorsitzende belehrt *[noch in der Hauptverhandlung, sonst: § 453a]* den Angeklagten *[mündlich, Ausnahme: § 409 I 2]* über die Bedeutung der Aussetzung der Strafe oder Maßregel zur Bewährung, der Verwarnung mit Strafvorbehalt oder der Führungsaufsicht, über die Dauer der Bewährungszeit oder der Führungsaufsicht, über die Auflagen und Weisungen sowie über die Möglichkeit des Widerrufs der Aussetzung oder der Verurteilung zu der vorbehaltenen Strafe (§ 56f Abs. 1, §§ 59b, 67g Abs. 1 des Strafgesetzbuches). (²) Erteilt das Gericht dem Angeklagten Weisungen nach § 68b Abs. 1 des Strafgesetzbuches, so belehrt der Vorsitzende ihn auch über die Möglichkeit einer Bestrafung nach § 145a des Strafgesetzbuches. *[Über die Möglichkeit einer Anfechtung des Beschlusses nach § 305a muß der Vorsitzende den Angeklagten wegen deren Nichtbefristung, § 35a, nach zw. h. M. nicht belehren.]* (³) Die Belehrung ist in der Regel im Anschluß an die Verkündung des Beschlusses nach den Absätzen 1 oder 2 zu erteilen. (⁴) Wird die Unterbringung in einem psychiatrischen Krankenhaus zur Bewährung ausgesetzt, so kann der Vorsitzende von der Belehrung über die Möglichkeit des Widerrufs der Aussetzung absehen.

§ 268b (Entscheidung über die Fortdauer der Untersuchungshaft oder der einstweiligen Unterbringung)

[*Gem. § 120 muß das erkennende Gericht während der Hauptverhandlung prüfen und entscheiden, ob die Voraussetzungen des Haft- oder Unterbringungsbefehls entfallen sind und daher der Befehl aufzuheben ist.*] (¹) Bei der Urteilsfällung ist [*, sofern noch ein Haft- oder Unterbringungsbefehl besteht, vom erkennenden Gericht*] zugleich von Amts wegen über die Fortdauer der Untersuchungshaft [*also über die Aufrechterhaltung des Haftbefehls, seine Vollzugsaussetzung oder seine Aufhebung*] oder einstweiligen Unterbringung [*vgl. zu Untersuchungshaft, nach den materiellen Haftrechtsregeln der §§ 112ff*] zu entscheiden. (²) Der Beschluß ist [*einschließlich der Laienrichter zu fällen, zu begründen, § 34, und*] mit dem Urteil zu verkünden.

§ 268c (Belehrung bei Fahrverbot)

[*Wird ein Fahrverbot nach § 25 StVG angeordnet, gilt hinsichtlich der Belehrung § 25 VIII StVG.*] (¹) Wird in dem Urteil [*als Nebenstrafe*] ein Fahrverbot [*nach § 44 StGB*] angeordnet, so belehrt [*in der Erst- und Berufungsinstanz, § 332*] der Vorsitzende den Angeklagten [*mündlich*] über den Beginn der Verbotsfrist (§ 44 Abs. 4 Satz 1 des Strafgesetzbuches). (²) Die Belehrung wird im Anschluß an die Urteilsverkündung erteilt. (³) Ergeht das Urteil in Abwesenheit des Angeklagten, so ist er schriftlich zu belehren. [*Eine Nachholung der mündlichen oder schriftlichen Belehrung sieht das Gesetz nicht vor.*]

§ 269 (Sachliche Zuständigkeit eines Gerichts niederer Ordnung)

[*Grundsätzlich ist auch die sachliche Zuständigkeit eine von Amts wegen zu prüfende Prozeßvoraussetzung, vgl. § 6.*] Das [*örtlich, beachte aber § 16, zuständige*] Gericht darf sich [*im Hauptverfahren – für die Eröffnung gilt § 209 – jedoch*] nicht für [*sachlich*] unzuständig erklären, weil die Sache vor ein Gericht niederer Ordnung gehöre [*; Grund: Die höhere Zuständigkeit schließt die niedere ein*].

§ 270 (Verweisung in der Hauptverhandlung an ein Gericht höherer Ordnung)

(I) [*Für die Verweisung außerhalb der Hauptverhandlung gilt § 225a.*] (¹) Hält ein [*örtlich zuständiges*] Gericht nach Beginn [*irgend-*]einer Hauptverhandlung [*§ 243 I*] die sachliche Zuständigkeit eines Gerichts höherer Ordnung für begründet, so [*ist dies für das niedere Gericht ein Verfahrenshindernis, § 6. Da seine Zuständigkeit die des höheren Gerichts nicht einschließt,*] verweist es die [*gesamte*] Sache [*= Tat i. S. des § 264*] durch Beschluß an das zuständige Gericht; § 209a Nr. 2 Buchstabe a gilt [*hinsichtlich der Verweisung vom Erwachsenengericht an ein Jugendgericht gleichen Ranges*] entsprechend. (²) Ebenso ist [*bei Zuständigkeit einer besonderen Strafkammer innerhalb eines Landgerichts*] zu verfahren, wenn das [*örtlich zuständige*] Gericht einen rechtzeitig geltend gemachten Einwand des Angeklagten nach § 6a für begründet hält.

(II) In dem [*nach § 34 zu begründenden und nach § 35 bekanntzumachenden*] Beschluß bezeichnet das Gericht den Angeklagten und die Tat [*i. S. der §§ 155, 264*] gemäß § 200 Abs. 1 Satz 1.

(III[1]) Der Beschluß hat [*, mag er auch sachlich zu Unrecht ergangen sein, für das weitere Verfahren*] die Wirkung eines das Hauptverfahren eröffnenden Beschlusses. ([2]) Seine Anfechtbarkeit bestimmt sich nach § 210.

(IV[1]) Ist der Verweisungsbeschluß von einem Strafrichter oder einem Schöffengericht ergangen, so kann der Angeklagte [*zur besseren Vorbereitung seiner Verteidigung*] innerhalb einer [*vom Vorsitzenden*] bei der Bekanntmachung des Beschlusses zu bestimmenden Frist die Vornahme einzelner Beweiserhebungen vor der Hauptverhandlung beantragen. ([2]) Über den Antrag entscheidet der Vorsitzende des Gerichts, an das die Sache verwiesen worden ist [*nach pflichtgemäßem Ermessen*].

§ 271 (Hauptverhandlungsprotokoll)

(I) [*Die Protokollierung richterlicher und staatsanwaltschaftlicher Untersuchungshandlungen außerhalb der Hauptverhandlung regeln die §§ 168a, 168b.*] ([1]) Über die [*gesamte, u. U. mehrere Tage umfassende*] Hauptverhandlung ist [*– möglichst in der Reihenfolge der Vorgänge in der Hauptverhandlung – in lesbarer, gewöhnlicher Schrift*] ein [*zusammengehörendes*] Protokoll aufzunehmen und [*verantwortlich zum Zwecke der Beweiskraft, § 274*] von dem Vorsitzenden und dem Urkundsbeamten der Geschäftsstelle [*§ 226, eigenhändig*] zu unterschreiben. ([2]) Der Tag der Fertigstellung ist [*wegen § 273 IV*] darin anzugeben. [*Das Protokoll kann bei übereinstimmender Unrichtigkeitserklärung der Urkundspersonen, § 271 I, nachträglich berichtigt werden, es sei denn, daß die Berichtigung einer Rüge des Revisionsführers den Boden entziehen würde.*]

(II[1]) Ist der Vorsitzende verhindert, so unterschreibt für ihn der [*analog § 66 I GVG dienst-*]älteste beisitzende Richter. ([2]) Ist der Vorsitzende das einzige richterliche Mitglied des Gerichts, so genügt bei seiner Verhinderung die Unterschrift des Urkundsbeamten der Geschäftsstelle.

§ 272 (Formalien des Protokolls)

Das Protokoll über die Hauptverhandlung enthält [*u. a. zum Zwecke der Identifizierung*]

1. den Ort und den Tag [*ggf. die Tage*] der Verhandlung [*nach Kalenderdatum*];
2. die Namen der Richter [*einschließlich zugezogener Ergänzungsrichter, § 192 GVG*] und Schöffen [*einschließlich zugezogener Ergänzungsschöffen*], des [*oder der*] Beamten der Staatsanwaltschaft, des Urkundsbeamten der Geschäftsstelle und des zugezogenen Dolmetschers;
3. die [*rechtliche*] Bezeichnung der Straftat nach der [*zugelassenen*] Anklage;
4. die Namen der Angeklagten, ihrer Verteidiger, der Privatkläger, Nebenkläger, Verletzten, die Ansprüche aus der Straftat geltend machen, der sonstigen Ne-

benteiligten [*z. B. Einziehungsbeteiligte, §§ 431 I, 444, Verfallsbeteiligte, § 442*], gesetzlichen Vertreter, Bevollmächtigten und Beistände [*§ 149*];

5. die Angabe, daß öffentlich verhandelt oder die Öffentlichkeit ausgeschlossen ist [*vgl. §§ 169–174 GVG*].

§ 273 (Beurkundung der Hauptverhandlung)

(I) Das [*Hauptverhandlungs-*]Protokoll muß [*mindestens die Reihenfolge der einzelnen Verfahrensabschnitte =*] den Gang und die [*Entscheidungen =*] Ergebnisse der Hauptverhandlung [*mit Ausnahme der Ergebnisse der Beweisaufnahme, bea. aber § 273 II*] im wesentlichen wiedergeben und die Beobachtung aller [*für die Gesetzmäßigkeit des Prozesses oder seiner Teile*] wesentlichen Förmlichkeiten [*– beachte § 274 – z. B. Hinweise nach § 265 I, II*] ersichtlich machen, auch die Bezeichnung der verlesenen Schriftstücke oder derjenigen, von deren Verlesung nach § 249 Abs. 2 abgesehen worden ist [*beachte § 249 II 5*], sowie die im Laufe der Verhandlung [*sei es auch nur hilfsweise*] gestellten Anträge [*, insbes. die Beweisanträge einschließlich der bezeichneten Beweistatsachen und der bezeichneten Beweismittel, Erklärungen über die Wahrnehmung sonstiger prozessualer Rechte, z. B. gem. § 266 I*], die ergangenen Entscheidungen und die Urteilsformel enthalten [*, so daß in der höheren Instanz nachgeprüft werden kann, ob prozeßordnungsgemäß verfahren wurde*].

(II) Aus der Hauptverhandlung vor dem Strafrichter und dem Schöffengericht sind [*im Hinblick auf § 325 regelmäßig durch bloßes Inhalts-, nicht Wortprotokoll, vgl. aber § 273 III*] außerdem die wesentlichen Ergebnisse der Vernehmungen [*von Angeklagten, Zeugen und Sachverständigen*] in das Protokoll aufzunehmen.

(III[1]) Kommt es [*wegen eines rechtlich anerkannten Interesses*] auf die Feststellung [*irgend*]eines [*nicht nötig: dem § 274 unterfallenden*] Vorgangs in der Hauptverhandlung oder des Wortlauts einer Aussage oder einer Äußerung an, so hat der Vorsitzende von Amts wegen [*nach pflichtgemäßem Ermessen*] oder auf [*zu protokollierenden*] Antrag einer an der Verhandlung beteiligten Person [*auch eines Schöffen*] die vollständige Niederschreibung [*des Vorgangs oder der Äußerung bzw. des Vorgangs- oder Äußerungsteils, auf den es ankommt,*] und Verlesung anzuordnen [*sog. »Wortprotokoll«*]. ([2]) Lehnt der Vorsitzende die Anordnung ab, so entscheidet auf [*zu protokollierenden*] Antrag einer an der Verhandlung beteiligten Person das Gericht. ([3]) In dem Protokoll ist zu vermerken, daß die Verlesung geschehen und die Genehmigung erfolgt ist oder welche Einwendungen erhoben worden sind.

(IV) Bevor das Protokoll fertiggestellt [*also von allen Urkundspersonen unterschrieben*] ist [*nicht nötig: Vermerk nach § 271 I2, zw.*], darf das Urteil nicht zugestellt werden. [*Urteilszustellung vor Fertigstellung des Protokolls setzt keine Rechtsmittelfrist in Gang.*]

§ 274 (Ausschließende Beweiskraft des Hauptverhandlungsprotokolls)

[*Grundsätzlich gilt auch in der Rechtsmittelinstanz der Grundsatz der freien Beweiswürdigung, § 261*]. ([1]) Die Beobachtung der für die [*Verhandlungsvorgänge in der*] Hauptverhandlung vorgeschriebenen Förmlichkeiten [*i. S. d. § 273*] kann [*dem Gericht höherer Instanz jedoch*] nur durch das [*ordnungsgemäß lückenlos erstellte und voll verantwortlich unterschriebene*] Protokoll [*mit der Folge*] bewiesen werden [*, daß Verhandlungsvorgänge so wie protokolliert als geschehen, nicht protokollierte Verhandlungsvorgänge als nicht geschehen gelten*]. (²) Gegen den diese Förmlichkeiten betreffenden Inhalt des [*ordnungsgemäßen, vgl. zu § 274 S 1*] Protokolls ist nur der Nachweis der [*unbefugten Erstellung oder der bewußten*] Fälschung [*durch eine oder mehrere Urkundspersonen*] zulässig.

§ 275 (Urteilsniederschrift)

[*Wirksam wird das Urteil mit Verkündung, § 268. Mit Eintritt der Rechtskraft ist es vollstreckbar, mag eine Urteilsurkunde erstellt sein oder nicht. Dennoch ist das aus Rubrum, § 275 III, Tenor und Urteilsgründe, § 267, bestehende Urteil wichtig als Basis des weiteren Verfahrens, vgl. z. B.: §§ 324 I 2, 338 Nr. 7.*]

(I¹) Ist das Urteil mit den Gründen nicht bereits [*gem. § 267 IV 1 2. Halbs.*] vollständig in das Protokoll aufgenommen worden, so ist es unverzüglich [*d. h. ohne ungerechtfertigte Säumnis, innerhalb der in § 275 I 1–4 genannten Fristen – sonst § 338 Nr. 7 – von allen notwendigen Unterschriften gedeckt*] zu den Akten zu bringen. (²) Dies muß spätestens fünf Wochen nach der Verkündung geschehen; diese Frist verlängert sich, wenn die Hauptverhandlung länger als drei Tage gedauert hat, für jeden begonnenen Abschnitt von zehn Hauptverhandlungstagen um weitere zwei Wochen. (³) Nach Ablauf der Frist dürfen die Urteilsgründe nicht mehr geändert werden. (⁴) Die Frist darf nur überschritten werden, wenn und solange das Gericht durch einen im Einzelfall nicht voraussehbaren unabwendbaren Umstand an ihrer Einhaltung gehindert worden ist. (⁵) Der Zeitpunkt des Eingangs und einer Änderung der Gründe ist von der Geschäftsstelle [*auf dem Urteil oder einem gesonderten Blatt*] zu vermerken.

(II¹) Das Urteil ist von den Richtern, die bei der Entscheidung mitgewirkt haben, zu unterschreiben. [*Durch die Unterschrift wird bezeugt, daß das Urteil nach Mehrheitsentscheid dem Ergebnis der Beratung entspricht.*] (²) Ist ein Richter [*objektiv für eine Zuwarten nicht duldende Dauer*] verhindert, seine Unterschrift beizufügen, so wird dies unter der Angabe des Verhinderungsgrundes von dem Vorsitzenden und bei dessen Verhinderung von dem ältesten beisitzenden Richter unter dem Urteil vermerkt. (³) Der Unterschrift der Schöffen bedarf es nicht. [*Erst mit der Zustellung eines von allen Berufsrichtern unterschriebenen Urteils beginnt die Revisionsbegründungsfrist zu laufen.*]

(III) Die Bezeichnung des Tages [*oder der Tage*] der Sitzung sowie die Namen der Richter, der Schöffen, des [*oder der*] Beamten der Staatsanwaltschaft [*, des oder der Angeklagten*], des Verteidigers [*oder der Verteidiger*] und des Urkundsbeamten der Geschäftsstelle, die an der Sitzung teilgenommen haben, sind in das Urteil aufzunehmen.

(IV) Die Ausfertigungen [*= amtliche Abschriften, die das Original ersetzen,*] und Auszüge der Urteile sind von dem Urkundsbeamten der Geschäftsstelle [*des mit der Sache befaßten Gerichts*] zu unterschreiben und mit dem Gerichtssiegel zu versehen.

Siebenter Abschnitt
Verfahren gegen Abwesende
[§§ 276–295]

[*Grundsätzlich sind Hauptverhandlungen nur bei Anwesenheit des Angeklagten statthaft, vgl. § 230. Ausnahmen von diesem Grundsatz bringen bereits die §§ 231 II – 234. Die §§ 276–295 regeln das Verfahren gegen Abwesende zum Zwecke der Beweissicherung und als Mittel der Sicherung oder Erzwingung der Gestellung.*]

§ 276 (Fiktion der Abwesenheit)

Ein Beschuldigter [*vgl. § 157*] gilt [*auch dann, wenn er sich unerkannt am Gerichtsort aufhält,*] als abwesend, wenn sein Aufenthalt [*den Strafverfolgungsorganen trotz zumutbarer Anstrengungen tatsächlich*] unbekannt ist [*und voraussichtlich in absehbarer Zeit bleiben wird*] oder wenn er sich im Ausland [*einschließlich der DDR, str.*] aufhält und seine [*erscheinensbewirkende*] Gestellung [*durch Ladung oder Einlieferungsverfahren*] vor das zuständige Gericht [*mit großer Wahrscheinlichkeit*] nicht ausführbar oder [*nach dem Verhältnismäßigkeitsprinzip*] nicht angemessen erscheint.

§§ 277–284 (weggefallen)

§ 285 (Verbot der Hauptverhandlung, Beschränkung auf Beweissicherung)

(I[1]) Gegen einen [*i. S. des § 276*] Abwesenden findet keine Hauptverhandlung statt. [*Dagegen kann und muß die Staatsanwaltschaft auch gegen Abwesende ein Ermittlungsverfahren führen, vgl. z. B. §§ 112 I Nr. 1, 125 I.*] ([2]) Das gegen einen [*i. S. des § 276*] Abwesenden eingeleitete Verfahren hat [*nur*] die Aufgabe, für den Fall seiner künftigen Gestellung die Beweise zu sichern. [*Beachte aber §§ 231 II ff, die gegen Ausgebliebene anwendbar bleiben.*]

(II) Für dieses Verfahren gelten [*in Ergänzung der allgemeinen Vorschriften*] die Vorschriften der §§ 286 bis 294.

§ 286 (Verteidiger)

(I[1]) Für den Angeklagten [*Redaktionsversehen, gemeint: Beschuldigten*] kann ein Verteidiger auftreten [*, sofern ein solcher nach den allgemeinen Regeln bereits gewählt und bevollmächtigt ist*]. ([2]) Auch Angehörige [*weit auszulegen, vgl. §§ 98 II, 114b*] des Angeklagten [*Redaktionsversehen, gemeint: Beschuldigten*] sind, auch ohne Vollmacht, als Vertreter [*weiter auszulegen als i. S. von § 234, gemeint: zur Interessenwahrnehmung wie ein bevollmächtigter Verteidiger*] zuzulassen.

(II) Zeugen sind, soweit nicht [*durch die §§ 60, 61, 62, nicht: durch die §§ 65, 66b*] Ausnahmen vorgeschrieben oder zugelassen sind, [*vom Richter*] eidlich zu vernehmen. [*Ob die Staatsanwaltschaft alle Zeugen richterlich vernehmen läßt, hat sie nach pflichtgemäßem Ermessen zu entscheiden.*]

§ 287 (Benachrichtigungen)

(I) Dem [*i. S. des § 276*] abwesenden Beschuldigten steht [*anders als dem z. B. nach § 168c V i. V. m. II zu benachrichtigenden Verteidiger*] ein Anspruch auf Benachrichtigung über den Fortgang des Verfahrens nicht zu.

(II) Der Richter ist jedoch befugt, einem Abwesenden, dessen Aufenthalt bekannt ist, Benachrichtigungen zugehen zu lassen.

§ 288 (Aufforderung zum Erscheinen in Zeitungen)

Der Abwesende, dessen Aufenthalt unbekannt ist, kann in einem oder mehreren öffentlichen Blättern [*Zeitungen*] zum Erscheinen vor Gericht oder zur Anzeige seines Aufenthaltsortes aufgefordert werden.

§ 289 (Kommissarische Beweisaufnahme)

Stellt sich erst nach Eröffnung des Hauptverfahrens die Abwesenheit des Angeklagten [*i. S. des § 276*] heraus, so erfolgen [*u. U. in Anwesenheit von Verteidiger und Staatsanwaltschaft, § 224*] die noch erforderlichen Beweisaufnahmen durch einen beauftragten oder ersuchten Richter. [*Danach ist das Verfahren nach § 205 vorläufig einzustellen.*]

§ 290 (Vermögensbeschlagnahme zum Zwecke der Gestellungsbewirkung)

(I) Liegen gegen den [*i. S. des § 276*] Abwesenden, gegen den [*durch eingereichte Anklageschrift*] die öffentliche Klage erhoben ist, Verdachtsgründe vor, die den Erlaß eines [*Untersuchungs-*]Haftbefehls [*nach den §§ 112 ff*] rechtfertigen würden, so kann sein im Geltungsbereich dieses Bundesgesetzes [*Bundesrepublik Deutschland einschließlich Westberlin*] befindliches Vermögen [*unter Beachtung des Verhältnismäßigkeitsprinzips nach pflichtgemäßem Ermessen auf Antrag der Staatsanwaltschaft oder von Amts wegen*] durch [*zu begründenden, § 34, und gemäß § 291 zu veröffentlichenden*] Beschluß des Gerichts mit Beschlag belegt werden [*, wenn diese Maßnahme geeignet ist, dem Abwesenden seine Fluchtmittel zu entziehen und so seine Gestellung zu bewirken*].

(II) Wegen Straftaten, die nur mit Freiheitsstrafe bis zu sechs Monaten oder mit Geldstrafe bis zu einhundertachtzig Tagessätzen bedroht sind, findet [*wegen Unverhältnismäßigkeit*] keine Vermögensbeschlagnahme statt. [*Der anordnende und antragsablehnende Beschluß ist gemäß § 304 anfechtbar.*]

§ 291 (Bekanntmachung der Vermögensbeschlagnahme)

Der die Beschlagnahme verhängende Beschluß ist [*auf Grund Anordnung im Beschlagnahmebeschluß von der Staatsanwaltschaft, § 36 II, stets*] durch den Bundesanzeiger bekanntzumachen [*Wirkung: § 292*] und kann nach dem Ermessen des Gerichts auch durch andere Blätter veröffentlicht werden.

§ 292 (Wirkung der Bekanntmachung)

(I) [*Erst*] Mit dem Zeitpunkt der ersten Bekanntmachung im Bundesanzeiger [*gem. § 291, Wirksamkeitsvoraussetzung!*] verliert der Angeschuldigte das Recht, über das in Beschlag genommene Vermögen unter Lebenden zu verfügen. [*Verfügungen, die der Angeschuldigte gleichwohl trifft, sind gemäß § 134 BGB nichtig, ohne daß es weiterer Vollstreckungsakte des Beschlagnahmebeschlusses, z. B. Grundbucheintragungen, bedürfte.*]

(II [1]) Der die Beschlagnahme verhängende Beschluß ist der Behörde mitzuteilen, die für die Einleitung einer Pflegschaft über Abwesende zuständig ist [*§§ 35, 39 FGG*]. ([2]) Diese Behörde hat [*in Ergänzung, Art. 32 S 1 EGBGB, des § 1911 BGB ohne Prüfung eines Fürsorgebedürfnisses*] eine Pflegschaft einzuleiten.

§ 293 (Aufhebung der Beschlagnahme)

(I) [*Die Beschlagnahme kann vom Gericht stets nach pflichtgemäßem Ermessen aufgehoben werden.*] Die Beschlagnahme ist [*vom Gericht durch Beschluß*] aufzuheben, wenn [*einer*] ihre[*r notwendigen*] Gründe [*z. B.: Tatverdacht, Haftgrund*] weggefallen sind.

(II) Die Aufhebung der Beschlagnahme ist [*u.a. dem Vormundschaftsgericht nach § 292 II 1 analog mitzuteilen. Sie ist, ohne daß dies eine Wirksamkeitsvoraussetzung der Aufhebung wäre,*] durch dieselben Blätter bekanntzumachen, durch welche die Beschlagnahme selbst [*gem. § 291*] veröffentlicht worden war.

§ 294 (Verfahren nach Anklageerhebung)

(I) Für das nach Erhebung der öffentlichen Klage eintretende Verfahren gelten [*mit dem Ziel der Sachverhaltsaufklärung*] im übrigen die Vorschriften über die Eröffnung des Hauptverfahrens entsprechend. [*Sind die Beweise gesichert, stellt das Gericht bei hinreichendem Straftatverdacht das Verfahren gem. § 205 wegen der Abwesenheit des Angeschuldigten vorläufig ein. Ist kein hinreichender Tatverdacht gegeben, erfolgt Einstellung nach § 204.*]

(II) In dem nach Beendigung dieses Verfahrens ergehenden Beschluß (§ 199) ist zugleich über die Fortdauer oder [*– vgl. § 293 –*] Aufhebung der [*Vermögens-*]Beschlagnahme zu entscheiden.

§ 295 (Erteilung sicheren Geleits)

(I) Das Gericht [*, vor dem die Hauptverhandlung stattfinden soll,*] kann einem [*i. S. des § 276*] abwesenden Beschuldigten [*zu prozessualen Zwecken für einzelne prozessuale Abschnitte oder ein Strafverfahren*] sicheres Geleit [*vgl. § 295 II*] erteilen; es kann diese Erteilung an [*z. B. fluchtverhindernde, stets zweckgebundene, str.*] Bedingungen knüpfen. [*Im Ermittlungsverfahren ist bezüglich einzelner prozessualer Handlungen der Ermittlungsrichter zuständig.*]

(II) Das sichere Geleit gewährt [*anders als die jederzeit aufhebbare, bloße Aussetzung des Vollzuges*] Befreiung von der Untersuchungshaft [*und anderen freiheitsent-*

ziehenden Maßnahmen, §§ 231 II, 236], jedoch nur wegen der Straftat [*i. S. des § 264*], für die es erteilt ist.

(III) Es erlischt [*von selbst*], wenn ein [*rechtskräftiges oder noch nicht rechtskräftiges*] auf Freiheitsstrafe lautendes Urteil ergeht oder wenn der Beschuldigte Anstalten zur Flucht trifft oder wenn er die Bedingungen nicht erfüllt, unter denen ihm das sichere Geleit erteilt worden ist. [*Die Erteilung oder Nichterteilung des sicheren Geleits durch Beschluß ist nach § 304 anfechtbar.*]

Drittes Buch

[Verkündete Entscheidungen können grundsätzlich nur noch auf Grund eines Rechtsbehelfs geändert werden. Als frist- und formlose »informelle Rechtsbehelfe« kennt die Strafprozeßrechtslehre die Gegenvorstellung, die Sachaufsichts- und die Dienstaufsichtsbeschwerde. Sie setzen keine persönliche Beschwer voraus und müssen nur verbeschieden werden. Als »förmliche Rechtsbehelfe« nennt die StPO »ordentliche«, die sich gegen nicht rechtskräftige Entscheide richten – Beschwerde, §§ 304ff, Berufung, §§ 312ff, Revision, §§ 333ff, den Einspruch gegen den Strafbefehl, §§ 410ff, aber z. B. auch die Anträge nach §§ 111 I VI, 161 a III, 163a III 2, 172, 458, sowie die Erinnerung, § 464 b –, und »außerordentliche«, die sich gegen rechtskräftige Entscheide richten – die Wiedereinsetzung in den vorigen Stand, §§ 44, 235, 329 III, 412, die Wiederaufnahme des Verfahrens, §§ 359ff, sowie den Antrag auf ein Nachverfahren, § 439. Hinzu treten als ordentlicher Rechtsbehelf der Antrag nach §§ 23ff, 37 EGGVG und als außerordentliche Rechtsbehelfe die Verfassungsbeschwerde zum BVerfG, Art. 93 I Nr. 4 a GG, Art. 90 ff BVerfGG sowie die Beschwerde nach Art. 25ff EuMRK.]

Rechtsmittel

[§§ 296–358]

[Rechtsmittel heißen lediglich solche ordentlichen Rechtsbehelfe, die eine noch nicht rechtskräftige gerichtliche Entscheidung der Nachprüfung durch ein Gericht höheren Ranges zuführen, sog. Devolutiveffekt. Rechtsmittel sind danach in der StPO nur die Beschwerde, die Berufung und die Revision. Den Eintritt der Rechtskraft und die Vollstreckbarkeit hindern nur Berufung und Revision, §§ 316 I, 343 I, – »Suspensiveffekt« –, nicht dagegen die Beschwerde, § 307 I.]

Erster Abschnitt
Allgemeine Vorschriften

[§§ 296–303]

[Gegen Urteile sind Berufung und Revision zulässig, gegen richterliche Beschlüsse und Verfügungen ist nur die Beschwerde statthaft, soweit sie nicht nach den §§ 81 c III, 161 a III, 163 a III 3, 201 II 2, 202 S 2, 210 I, 210 II, 304 IV, 304 V, 305 ausgeschlossen oder beschränkt ist. Ob eine Entscheidung Beschluß, Verfügung oder Beschwerde ist, entscheidet nicht die Bezeichnung, sondern die objektive Sachlage, str. Für jedes Rechtsmittel ist eine Beschwer notwendig, die sich grundsätzlich – beachte aber z. B. § 260 IV – aus der Entscheidungsformel ergeben muß. Für die Staatsanwaltschaft ist jede unrichtige Entscheidung eine Beschwer.]

§ 296 (Rechtsmittelberechtigte)

(I) Die zulässigen Rechtsmittel gegen richterliche Entscheidungen stehen sowohl der Staatsanwaltschaft [*bei dem Gericht, das die anzufechtende Entscheidung erlassen hat,*] als [*auch bei Beschwer*] dem Beschuldigten [*und z. B. den in den §§ 297, 298, 304 II, 390, 401, 433 I, 442 I, 442 II 2, 444 II, § 67 III JGG genannten Personen*] zu. [*Die Staatsanwaltschaft entscheidet über die Einlegung eines Rechtsmittels nach pflichtgemäßem Ermessen.*]

(II) Die Staatsanwaltschaft kann von ihnen auch zugunsten des Beschuldigten Gebrauch machen.

§ 297 (Rechtsmittel des Verteidigers)

Für den Beschuldigten kann [*kraft Gesetzes*] der [*wirksam gewählte, § 137, oder bestellte, § 141*] Verteidiger [*ohne besondere Ermächtigung oder Auftrag im eigenen Namen und aus eigenem Recht*], jedoch nicht gegen dessen ausdrücklichen Willen, [*gegen eine noch nicht rechtskräftig gewordene Entscheidung*] Rechtsmittel einlegen.

§ 298 (Rechtsmittel des gesetzlichen Vertreters)

(I) Der [*nach bürgerlichem Recht gegebene, vgl. zu § 137 II*] gesetzliche Vertreter eines Beschuldigten kann [*bei Beschwer des Beschuldigten*] binnen der für den Beschuldigten laufenden Frist [*zugunsten des Beschuldigten*] selbständig [*, ohne an den Willen des Beschuldigten gebunden zu sein,*] von den [*bei der jeweiligen Verfahrenslage*] zulässigen Rechtsmitteln [*gegen eine noch nicht rechtskräftig gewordene Entscheidung*] Gebrauch machen. [*Die Begründungsfrist läuft regelmäßig für den gesetzlichen Vertreter selbständig.*]

(II) Auf ein solches Rechtsmittel und auf das Verfahren sind die für die Rechtsmittel des Beschuldigten geltenden Vorschriften [*z. B. auch § 302 I 2*] entsprechend anzuwenden. [*Beachte ferner § 330.*]

§ 299 (Auf Grund behördlicher Anordnung verwahrter Beschuldigter)

(I) Der nicht auf freiem Fuß befindliche [*= auf Grund irgendeiner behördlichen Anordnung verwahrte*] Beschuldigte kann [*, um ihm Fristversäumnisse zu ersparen,*] die Erklärungen, die sich auf Rechtsmittel beziehen [*statt beim iudex a quo, z. B. nach den §§ 297, 302, 306, 311, 314, 317, 319, 344–347*], zu Protokoll der Geschäftsstelle des Amtsgerichts geben, in dessen Bezirk die [*Verwahrungs-*]Anstalt liegt, wo er auf behördliche Anordnung verwahrt wird.

(II) Zur Wahrung einer Frist [*ist an sich grundsätzlich Zugang beim zuständigen Gericht erforderlich. In den Fällen des § 299 I*] genügt es [*aber*], wenn innerhalb der

Frist das Protokoll aufgenommen wird. [*Rechtsmittelverzichte sind nach h. M. mit Abschluß der Beurkundung wirksam, zw.*]

§ 300 (Falsche Bezeichnung des Rechtsmittels)

[*Der Rechtsmittelführer muß das Rechtsmittel nicht terminologisch richtig benennen.*] Ein Irrtum in der Bezeichnung des zulässigen [*und zweifelsfrei eingelegten*] Rechtsmittels ist [*daher ebenso*] unschädlich [*wie die Nichtbenennung. Eingelegt ist in beiden Fällen das nach der Rechtslage objektiv gebotene Rechtsmittel. Sind zwei Rechtsmittel zulässig, ist in der Regel dasjenige eingelegt, das zur umfassenderen Prüfung führt*].

§ 301 (Rechtsmittel der Staatsanwaltschaft)

[*Legt die Staatsanwaltschaft zugunsten des Beschuldigten Rechtsmittel ein, so darf der Rechtsfolgenausspruch nach Art und Höhe nicht zuungunsten des Beschuldigten geändert werden, §§ 331, 358 II, 373 II. Auch*] Jedes [*andere: zuungunsten des Beschuldigten*] von der Staatsanwaltschaft [*, dem Privatkläger, §§ 390, 391 III, und dem Nebenkläger, §§ 397, 401 III 1*] eingelegte Rechtsmittel hat die Wirkung, daß die angefochtene Entscheidung [*in dem angefochtenen Umfang, §§ 327, 353, ohne Bindung an den von der Staatsanwaltschaft etc. verfolgten Zweck*] auch zugunsten des Beschuldigten [*, des Verfalls- oder Einziehungsbeteiligten, §§ 431 I 1, 442 I, 442 II 2, sowie der beteiligten juristischen Person oder Personenvereinigung, § 444*] abgeändert oder aufgehoben werden kann. [*Beachte auch § 357.*]

§ 302 (Rechtsmittelzurücknahme und -verzicht)

(I[1]) Die [*von einem prozeßrechtlich Handlungsfähigen erklärte, bedingungsfeindliche und nach h. M. unwiderrufliche*] Zurücknahme eines [*konkreten*] Rechtsmittels [*, eines Einspruchs gegen den Strafbefehl, § 409, des Antrags auf Wiederaufnahme, § 365, und des Antrags auf Haftprüfung, § 118 b*] sowie der [*von einem prozeßrechtlich Handlungsfähigen erklärte, bedingungsfeindliche und nach h. M. unwiderrufliche*] Verzicht auf die Einlegung eines Rechtsmittels [*durch den Rechtsmittelführer, beachte aber § 297, wird mit Zugang bei dem mit der Sache befaßten Gericht wirksam. Sie bzw. er*] kann [*vom Beginn der Rechtsmittelfrist an bis zur Entscheidung über das Rechtsmittel und*] auch vor Ablauf der Frist zu seiner Einlegung wirksam erfolgen. [*Beruht die Rücknahme- oder Verzichtserklärung auf einer unrichtigen Auskunft des Gerichts oder einem anderen erheblichen Verstoß gegen die Fürsorgepflicht, ist sie nach h. M. unwirksam.*] ([2]) Ein von der Staatsanwaltschaft [*oder dem gesetzlichen Vertreter des Beschuldigten – § 302 I 2 analog – ausschließlich*] zugunsten des Beschuldigten eingelegtes Rechtsmittel kann jedoch ohne dessen [*formfreie*] Zustimmung nicht zurückgenommen werden.

(II) Der Verteidiger bedarf zur [*vollen oder teilweisen*] Zurücknahme [*und auch zum Verzicht*] einer ausdrücklichen [*formfreien, widerruflichen*] Ermächtigung [*des Beschuldigten. Die Ermächtigung muß mit Bezug auf das konkrete Rechtsmittel erteilt sein, a. A. die Rspr.*].

§ 303 (Zustimmung des Gegners)

(¹) Wenn die Entscheidung über das Rechtsmittel [*irgendeines Verfahrensbeteiligten*] auf Grund mündlicher [*Haupt-*]Verhandlung stattzufinden hat, so kann die [*vollständige oder teilweise*] Zurücknahme [*eines Rechtsmittels, vgl. § 302*] nach Beginn der Hauptverhandlung [*gem. §§ 243 I 1, 324, 351*] nur mit [*formfreier, unwiderruflicher, unbedingter*] Zustimmung des Gegners [*also: Staatsanwaltschaft, Privatkläger, Nebenkläger v. Angeklagter, Nebenbeteiligte*] erfolgen. [*Der Zustimmung bedarf es nicht in den Fällen des § 329 II 2.*] (²) Die Zurücknahme eines Rechtsmittels des Angeklagten bedarf jedoch nicht der Zustimmung des Nebenklägers.

Zweiter Abschnitt
Beschwerde

[§§ 304–311 a]

[Gegen richterliche Entscheidungen, die keine Urteile sind, ist einfache Beschwerde zulässig, es sei denn, daß etwas anderes bestimmt ist. Beachte auch §§ 310, 311 sowie §§ 159, 181 GVG. Ein Verböserungsverbot findet sich – anders als in den §§ 331, 358, 373 – in den §§ 304ff nicht.]

§ 304 (Zulässigkeit der Beschwerde)

(I) Die [*einfache*] Beschwerde ist [*für den unmittelbar Beschwerten, d. h. in seinen Rechten Betroffenen, grundsätzlich fristungebunden*] gegen alle [*richterlichen anfechtbaren Entscheidungen, die keine Urteile sind, nämlich*] von den Gerichten im ersten Rechtszug oder im Berufungsverfahren [*auf dem Gebiet der Rechtsprechung*] erlassenen [*maßnahmenanordnenden oder -ablehnenden*] Beschlüsse und gegen die Verfügungen des Vorsitzenden, des Richters im Vorverfahren und eines beauftragten oder ersuchten Richters zulässig, soweit das Gesetz sie [*ohne Verletzung der Art. 103 I GG, Art. 6 I EuMRK*] nicht ausdrücklich einer Anfechtung [*ganz wie z. B. in: §§ 28 I, 46 II, 100 III 3 1. Halbs., 153 II 4, 153a II 3, 201 II 2, 202 S 2, 304 III, 304 1, 304 IV 2, 305, 310 II, 348 II, oder teilweise oder für bestimmte Prozeßbeteiligte, wie z. B. in: §§ 210, 225 a III 2, 225a IV 2 2. Halbs., 270 III, 431 V 1*] entzieht [*oder Spezialregelungen, z. B. §§ 319 II, 346 II, 409, 410, bestehen. Ist die Entscheidung vollzogen, kommt u. U. dennoch Beschwerde in analoger Anwendung des § 28 I 4 EGGVG in Betracht, a. A. die h. M.*].

(II) Auch Zeugen, Sachverständige und andere Personen [*Nebenbeteiligte*] können gegen Beschlüsse und Verfügungen, durch die sie [*in ihren Rechten unmittelbar*] betroffen werden, Beschwerde erheben.

(III) Die Beschwerde [*, die nur*] gegen Entscheidungen über Kosten, Gebühren und Auslagen [*erhoben wird, z. B. §§ 464 III, 464b, 467a III, 469 III*] ist nur zulässig, wenn der Wert des Beschwerdegegenstandes [*u. U. wahrscheinlich*] einhundert Deutsche Mark übersteigt.

(IV¹) Gegen Beschlüsse und Verfügungen des Bundesgerichtshofes ist keine Beschwerde zulässig. (²) Dasselbe gilt für Beschlüsse und Verfügungen der Oberlandesgerichte; in Sachen, in denen die Oberlandesgerichte [*gem. § 120 III und IV GVG*] im ersten Rechtszug zuständig sind, ist jedoch die Beschwerde zulässig gegen Beschlüsse und Verfügungen, welche

1. die Verhaftung [*gem. den §§ 112ff, d.h.: die Entscheidung, ob der Beschuldigte in Untersuchungshaft zu nehmen ist*], einstweilige Unterbringung [*gem. § 126a*], Unterbringung zur Beobachtung [*gem. § 81*], Beschlagnahme [*gem. §§ 98, 111b, 111d, weit zu interpretieren*] oder Durchsuchung [*gem. § 105*] betreffen,
2. die Eröffnung des Hauptverfahrens ablehnen [*§ 210 II 1. Alt.*] oder das Verfahren wegen eines Verfahrenshindernisses einstellen [*§ 206a*],
3. die Hauptverhandlung in Abwesenheit des Angeklagten (§ 231a) anordnen oder die Verweisung an ein Gericht niederer Ordnung aussprechen [*§ 210 II 2. Alt.*],
4. die Akteneinsicht betreffen [*beachte aber § 147 IV 2*] oder
5. den Widerruf der Strafaussetzung, den Widerruf des Straferlasses und die Verurteilung zu der vorbehaltenen Strafe (§ 453 Abs. 2 Satz 3), die Anordnung vorläufiger Maßnahmen zur Sicherung des Widerrufs (§ 453c), die Aussetzung des Strafrestes und deren Widerruf (§ 454 Abs. 2, 3), die Wiederaufnahme des Verfahrens (§ 372 Satz 1) oder den Verfall, die Einziehung oder die Unbrauchbarmachung nach den §§ 440, 441 Abs. 2, § 442 betreffen.

(³) § 138d Abs. 6 bleibt unberührt. [*Beachte § 138d VI 1, § 5 I, V RHilfeG.*]

(V) Gegen Verfügungen des Ermittlungsrichters des Bundesgerichtshofes (§ 169 Abs. 1 Satz 2) ist die Beschwerde nur zulässig, wenn sie [*vgl. zu § 304 IV Nr. 1*] die Verhaftung, einstweilige Unterbringung [*, nicht: Unterbringung zur Beobachtung*], Beschlagnahme, Durchsuchung oder die Entscheidung über die Zurückweisung des Verteidigers nach § 137 Abs. 1 Satz 2, § 146 betreffen [*, sei es auch nur deshalb, weil ein Antrag auf Erlaß einer der genannten Maßnahmen abgelehnt wurde*].

§ 305 (Ausschluß der Beschwerde gegen urteilsdienende Entscheidungen ohne weitere Verfahrenswirkung)

(¹) Entscheidungen der erkennenden [*d.h. mit der Sache im Hauptverfahren befaßten, erst- oder berufungsinstanzlichen*] Gerichte, die [*von der Eröffnung des Hauptverfahrens an*] der Urteilsfällung [*ohne weitere Verfahrenswirkung dienen und in diesem Sinne zeitlich und sachlich*] vorausgehen [*, und ebensolche Verfügungen des Vorsitzenden, z.B. über die Beweisaufnahme*], unterliegen [*grundsätzlich, Ausnahme z.B. § 231a III 3*] nicht der Beschwerde [*, weil sie wegen des inneren Zusammenhangs mit dem Urteil ohnehin auf das Rechtsmittel gegen das Urteil hin überprüft werden*]. (²) Ausgenommen sind [*stets*] Entscheidungen über Verhaftungen [*z.B. den Erlaß oder die Aufhebung eines Haftbefehls, §§ 112, 112a, 230*], die einstweilige Unterbringung, Beschlagnahmen, die vorläufige Entziehung der Fahrerlaubnis, das vorläufige Berufsverbot oder die Festsetzung von Ordnungs- oder Zwangsmitteln sowie alle Entscheidungen, durch die dritte Personen [*in ihren Rechten unmittelbar*] betroffen werden [*vgl. z.B. §§ 70, 81c, 103, §§ 177, 178 GVG*].

§ 305a (Beschwerde gegen Auflagenbeschluß; Zuständigkeit)

(I[1]) Gegen den [*mit dem Urteil zu verkündenden*] Beschluß nach § 268a Abs. 1, 2 ist [*einfache*] Beschwerde [*nach allgemeinen Regeln*] zulässig. ([2]) Sie kann [*ohne Begründungspflicht*] nur darauf gestützt werden, daß eine getroffene Anordnung gesetzwidrig ist [*, weil z. B. die Grenzen des pflichtgemäßen Ermessens überschritten wurden, vgl. i. e. §§ 56a–d, 59a, 68a–c StGB*].

(II) Wird gegen den Beschluß Beschwerde und gegen das Urteil eine zulässige Revision eingelegt, so ist [*, wenn der Tatrichter nicht abhilft, § 306 II*] das Revisionsgericht auch zur Entscheidung über die Beschwerde zuständig. [*Ist die Revision unzulässig, bleibt die Zuständigkeit des normalen Beschwerdegerichts bestehen.*]

§ 306 (Iudex a quo als Regeladressat der Beschwerde; Abhilfe oder Vorlegung)

(I[1]) Die [*einfache fristungebundene und die sofortige fristgebundene, § 311 II*] Beschwerde wird [*zweckmäßigerweise wegen der in § 304 II normierten Abhilfepflicht*] bei dem Gericht, von dem oder von dessen Vorsitzenden die angefochtene Entscheidung erlassen ist, [*nach freier Wahl des Beschwerdeführers mündlich, bei identitätssichernden Maßnahmen auch fernmündlich*] zu Protokoll der Geschäftsstelle [*§ 153 GVG*] oder schriftlich [*auch in Form einer beglaubigten, den Aussteller kenntlich machenden Abschrift*] eingelegt. [*Die Beschwerde muß nicht begründet werden.*] ([2]) Sie kann in dringenden Fällen [*und auch sonst, vgl. § 311 II 2*] auch bei dem Beschwerdegericht eingelegt werden. [*Beachte ferner § 299.*]

(II) Erachtet das Gericht oder der Vorsitzende, dessen Entscheidung angefochten wird, die [*einfache, in den Fällen der sofortigen Beschwerde beachte § 311 III*] Beschwerde für [*ganz oder teilweise*] begründet, so haben sie ihr [*ganz oder teilweise*] abzuhelfen; andernfalls ist [*h. M.: soll*] die Beschwerde [*ohne Begründungspflicht bezüglich der Nichtabhilfe und ohne weitere Entscheidung*] sofort, spätestens vor Ablauf von drei Tagen, dem Beschwerdegericht vorzulegen.

(III) Diese Vorschriften gelten auch für die Entscheidungen des Richters im Vorverfahren und des beauftragten oder ersuchten Richters.

§ 307 (Kein Suspensiveffekt)

(I) Durch die Einlegung der [*einfachen oder sofortigen*] Beschwerde wird der Vollzug [*= die Durchführung oder Vollstreckung*] der angefochtenen Entscheidung [*grundsätzlich*] nicht gehemmt [*, es sei denn, daß etwas anderes sich aus dem Gesetz ergibt, z. B. §§ 81 IV 2, 454 II 2*].

(II) Jedoch kann das Gericht, der Vorsitzende oder der Richter, dessen Entscheidung angefochten wird, sowie [*nach Vorlage*] auch das Beschwerdegericht [*nach pflichtgemäßem Ermessen, vgl. § 453c, ohne vorherige Anhörung des Beschwerdegegners, h. M., zw.*] anordnen, daß die Vollziehung der angefochtenen Entscheidung auszusetzen ist.

§ 308 (Rechtliches Gehör des Beschwerdegegners; Ermittlungen des Beschwerdegerichts)

(I[1]) Das Beschwerdegericht darf [*wegen Art. 103 I GG, bei Staatsanwaltschaft str.,*] die angefochtene Entscheidung [*auch bei unverändertem Sachstand grundsätzlich*] nicht zum Nachteil des Gegners des Beschwerdeführers [*d. h., jedes Verfahrensbeteiligten, der durch eine der Beschwerde stattgebende Entscheidung in seinen Rechten betroffen ist, weiter auszulegen als in § 303,*] ändern, ohne daß diesem die Beschwerde [*einschließlich einer Begründung*] zur Gegenerklärung mitgeteilt worden ist. ([2]) Dies gilt nicht in den Fällen des § 33 Abs. 4 Satz 1. [*Die Gewährung des rechtlichen Gehörs ist dann nachzuholen.*]

(II) Das Beschwerdegericht [*prüft den Sachverhalt in rechtlicher und tatsächlicher Hinsicht von Amts wegen ohne Bindung an die Anträge, beachte aber z. B. §§ 305a I 2, 453 II 2. Es*] kann [*ergänzende*] Ermittlungen [*nach pflichtgemäßem Ermessen*] anordnen oder selbst vornehmen [*, soweit sie sich auf den Beschwerdegegenstand beziehen*].

§ 309 (Entscheidung ohne mündliche Verhandlung)

(I) Die Entscheidung [*des Beschwerdegerichts*] über die Beschwerde ergeht [*grundsätzlich – Ausnahme: § 118 II, beachte auch § 124 II –*] ohne mündliche Verhandlung [*, über § 308 I 2, der die Anhörung der Staatsanwaltschaft beim Erstgericht als Gegner vorschreibt, hinausgehend und unter Abweichung von § 33 II*], in geeigneten Fällen nach Anhörung der Staatsanwaltschaft [*beim Beschwerdegericht, str.*].

(II) Wird die [*zulässige*] Beschwerde für begründet erachtet, so erläßt das [*für die Sachentscheidung zuständige*] Beschwerdegericht [*unter Aufhebung der beschwerdefähigen Erstentscheidung oder Verfügung*] zugleich die in der Sache [*bezüglich des Beschwerdegegenstandes*] erforderliche Entscheidung. [*Ist das Beschwerdegericht für die Sachentscheidung unzuständig oder kann es z. B. einen Mangel des Erstverfahrens nicht selbst beheben, hebt es ausnahmsweise die angefochtene Entscheidung auf und verweist zurück; § 358 I ist in einem solchen Falle nach h. M. nicht analog anwendbar.*]

§ 310 (Weitere Beschwerde)

[*Grundsätzlich ist die Beschwerdeentscheidung des LG, OLG oder BGH nicht anfechtbar, vgl. § 310 II.*]

(I) Beschlüsse, die von dem Landgericht oder von dem nach § 120 Abs. 3 des Gerichtsverfassungsgesetzes zuständigen Oberlandesgericht auf die Beschwerde [*über denselben Beschwerdegegenstand*] hin erlassen worden sind, können, sofern sie Verhaftungen [*d. h. Entscheidungen nach den §§ 112 ff, 116, 230 II, nicht bloß die Art des Vollzugs, § 119*] oder die einstweilige Unterbringung [*§§ 126a, sowie die vorläufige Heimunterbringung, § 71 II JGG*] betreffen, durch weitere Beschwerde angefochten werden. [*Auf andere Freiheitsentzüge, z. B. §§ 51, 70, 81, 95, 231 I 2 2. Halbs., 453c, 457 I, § 96 OWiG, wendet die h. M. § 310 I nicht analog an, zw.*]

(II) Im übrigen findet eine Anfechtung der auf eine Beschwerde ergangenen Entscheidungen nicht statt. [*Art. 13 EuMRK ist hierdurch nach h. M. nicht verletzt.*]

§ 311 (Sofortige Beschwerde, Frist, Abhilfeverbot)

(I) [*Ist nicht Besonderes normiert, ist die Beschwerde eine einfache, §§ 304 ff.*] Für die [*kraft ausdrücklicher Gesetzesbestimmung angeordneten*] Fälle der sofortigen Beschwerde [*z. B. §§ 28 II, 46 III, 81 IV, 124 II, 138 II, 201 II, 206a II, 210 II, 231a III, 270 III, 322 II, 372, 379a III, 383 II, 390 IV, 431 V, 440 III, 441 II, 444 II, III, 453 II, 454 II, 462 III, 463, 463c III, 464 III, 467a III, 469 III*] gelten [*mit Ausnahme der in § 311 II genannten Frist und des Änderungsverbots, § 311 III, die allgemeinen Vorschriften, so z. B. § 304 II, IV, darüberhinaus*] die nachfolgenden besonderen Vorschriften.

(II[1]) Die [*sofortige*] Beschwerde ist binnen einer Woche [*in der in § 306 bestimmten Weise*] einzulegen; die Frist [*beachte § 43*] beginnt mit der Bekanntmachung (§ 35) der Entscheidung. ([2]) Die Einlegung bei dem Beschwerdegericht genügt zur Wahrung der Frist, auch wenn der Fall nicht für dringlich erachtet wird. [*Ist die Frist verstrichen, wird die Entscheidung rechtskräftig.*]

(III[1]) Das Gericht [*, der Richter und der Vorsitzende*] ist zu einer Abänderung seiner durch Beschwerde angefochtenen [*oder durch sofortige Beschwerde anfechtbaren*] Entscheidung nicht befugt. ([2]) Es hilft jedoch der Beschwerde ab, wenn es zum Nachteil des Beschwerdeführers Tatsachen oder Beweisergebnisse verwertet hat, zu denen dieser [*unter Verletzung des rechtlichen Gehörs*] noch nicht gehört worden ist, und es auf Grund des nachträglichen [*auch verspäteten, zw.*] Vorbringens die [*zulässige oder verfristete, zw.*] Beschwerde für begründet erachtet.

§ 311a (Nachverfahren bei Erlaß überraschender notwendiger Maßnahmen)

(I[1]) Hat das Beschwerdegericht [*gem. §§ 308 I 2, 33 IV 1*] einer Beschwerde ohne Anhörung des Gegners des Beschwerdeführers stattgegeben [*, weil der Erfolg des Rechtsmittels bei vorheriger Anhörung des Gegners gefährdet gewesen wäre,*] und kann seine Entscheidung nicht angefochten werden, so hat es diesen, sofern der ihm dadurch entstandene Nachteil noch besteht, von Amts wegen oder auf Antrag nachträglich zu hören und auf einen Antrag zu entscheiden. ([2]) Das Beschwerdegericht kann seine Entscheidung [*nach pflichtgemäßem Ermessen*] auch ohne Antrag ändern.

(II) Für das Verfahren gelten die § 307, 308 Abs. 2 und § 309 Abs. 2 entsprechend.

Dritter Abschnitt
Berufung

[§§ 312–332]

[Die Berufung zwingt zur völligen Neuverhandlung der Sache; das Berufungsgericht führt als zweites Tatsachengericht eine neue Hauptverhandlung durch, §§ 324, 325, 329. Die Beweisaufnahme ist allerdings durch Beweismittelverlust infolge Zeitablaufes in ihrem Wert gefährdet.]

§ 312 (Zulässigkeit)

Gegen die Urteile des Strafrichters [*§ 25 GVG, des Jugendrichters, § 39 JGG, des Jugendschöffengerichts, § 40 JGG*] und des Schöffengerichts [*§ 24 GVG*] ist [*für alle urteilsbeschwerten Verfahrensbeteiligten, §§ 296 ff*] Berufung [*an die Strafkammer des LG, §§ 74 II, 76 GVG, bzw. die Jugendkammer, § 41 II JGG*] zulässig. [*Statt durch Berufung können die genannten Urteile auch mit Sprungrevision, § 335, angefochten werden. Gegen das Berufungsurteil der Strafkammer ist Revision an das OLG möglich, § 333, § 121 I Nr. 1b GVG.*]

§ 313 (weggefallen)

§ 314 (Adressat, Form und Frist der Berufung)

(I) Die Berufung muß bei dem Gericht des ersten Rechtszuges [*= dem Amtsgericht*] binnen einer Woche nach Verkündung des Urteils[*-tenors in Anwesenheit des Angeklagten, sonst: § 314 II, mündlich*] zu Protokoll der Geschäftsstelle [*fernmündlich mit Aktenvermerk der Geschäftsstelle, u. U. telegraphisch*] oder [*– Urheber und Eindeutigkeit der Anfechtung zeigend –*] schriftlich eingelegt werden [*oder bei Einreichung bei einer anderen Stelle innerhalb der in § 314 genannten Frist beim AG eingehen*].

(II) Hat die Verkündung des Urteils nicht in Anwesenheit des Angeklagten stattgefunden, so beginnt für diesen [*, auch wenn ein Vertreter, § 324, anwesend war,*] die Frist [*erst*] mit der Zustellung [*des vollständigen, unterschriebenen Urteils mit Gründen. § 314 II gilt entsprechend für andere Verfahrensbeteiligte, die bei der Urteilsverkündung abwesend sind*].

§ 315 (Antrag auf Wiedereinsetzung und Berufung)

(I) Der Beginn der Frist zur Einlegung der Berufung wird dadurch nicht ausgeschlossen, daß gegen ein [*gemäß § 232*] auf Ausbleiben des Angeklagten ergangenes Urteil [*gemäß §§ 235 I, 44 auch*] eine Wiedereinsetzung in den vorigen Stand nachgesucht werden kann. [*Beachte auch §§ 329 II, 342, 412 S 1.*]

(II[1]) Stellt der Angeklagte einen Antrag auf Wiedereinsetzung in den vorigen Stand, so wird die Berufung dadurch gewahrt, daß sie sofort [*= noch innerhalb der Berufungsfrist*] für den Fall der Verwerfung jenes Antrags rechtzeitig eingelegt wird. ([2]) Die weitere Verfügung in bezug auf die Berufung bleibt dann bis zur [*rechtskräftigen, § 46 II, III*] Erledigung des Antrags auf Wiedereinsetzung in den vorigen Stand ausgesetzt. [*Hat der Antrag Erfolg, ist die Berufung gegenstandslos.*]

(III) Die Einlegung der Berufung ohne Verbindung mit dem Antrag auf Wiedereinsetzung in den vorigen Stand gilt als Verzicht auf die letztere [*vgl. § 342*].

§ 316 (Suspensiveffekt)

(I) [*Mit Ablauf der Berufungsfrist ohne Einlegung eines Rechtsmittels wird das Urteil rechtskräftig.*] Durch [*gem. §§ 314, 319*] rechtzeitige Einlegung der [*sonst zulässigen oder unzulässigen, begründeten oder unbegründeten*] Berufung wird die Rechtskraft des Urteils, soweit [*vgl. §§ 318, 327, 344*] es angefochten ist, gehemmt [*, so daß das Verfahren anhängig bleibt und keine Urteilsvollstreckung möglich ist, § 449*].

(II) Dem Beschwerdeführer [*vgl. §§ 296 ff*], dem das Urteil mit den Gründen noch nicht zugestellt war, ist es nach Einlegung der [*rechtzeitigen, §§ 314, 319*] Berufung sofort zuzustellen. [*Wichtig für Frist der Berufungsbegründung, § 317!*]

§ 317 (Frist der möglichen vorläufigen Berufungsbegründung)

Die Berufung kann [*muß aber nicht, Ausnahme: Nr. 156 RiStBV für Staatsanwaltschaft,*] binnen einer weiteren Woche [*vgl. §§ 42, 43*] nach Ablauf der Frist zur Einlegung des Rechtsmittels oder, wenn zu dieser Zeit das Urteil noch nicht zugestellt war, nach dessen Zustellung bei dem Gericht des ersten Rechtszuges [*dem Amtsgericht, mündlich*] zu Protokoll der Geschäftsstelle [*telephonisch bei entsprechendem urheber- und inhaltfeststellendem Aktenvermerk*] oder in einer [*Urheber und Begründung darlegenden*] Beschwerdeschrift gerechtfertigt werden. [*Auch nach dieser Frist kann, etwa in der Berufungshauptverhandlung, die Berufung begründet werden.*]

§ 318 (Teilanfechtung)

(1) Die Berufung kann [*bei Anfechtung oder in der Berufungsbegründung, vgl. § 317, oder später durch Teilrücknahme, § 303, nach der Wahl des Beschwerdeführers das ganze Urteil oder nur einzelne Teile der in der Urteilsformel enthaltenen Entscheidung erfassen. Sie kann daher*] auf bestimmte [*vom übrigen Urteilsinhalt ablösbare*] Beschwerdepunkte beschränkt werden [*, sofern diese vom Berufungsgericht selbständig geprüft und rechtlich beurteilt werden können; die Berufung kann z. B. auf das Strafmaß beschränkt werden*]. (2) Ist dies [*durch Teilverzicht, § 302, wirksam geschehen, erwächst der nicht angefochtene Teil sofort, sonst erst nach Ablauf der Berufungsfrist, in Rechtskraft. Ist dies*] nicht [*wirksam*] geschehen oder eine Rechtfertigung [*= Berufungsbegründung*] überhaupt nicht erfolgt, so gilt der ganze Inhalt des Urteils als angefochten.

§ 319 (Amtsgerichtliche Verwerfung einer verspätet eingelegten Berufung)

(I) Ist die Berufung [*ohne konkrete, die analoge Anwendung des in dubio pro reo Satzes begründende, str., Zweifel*] verspätet [*vgl. § 314*] eingelegt, so hat [*bereits*] das Gericht des ersten Rechtszuges [*das Amtsgericht*] das Rechtsmittel als unzulässig [*durch Beschluß, der mit Rechtsmittelbelehrung, § 319 II, dem Beschwerdeführer zuzustellen ist, § 35a*] zu verwerfen.

(II 1) Der Beschwerdeführer kann binnen einer Woche nach Zustellung des Beschlusses [*beim Amtsgericht oder Landgericht*] auf die Entscheidung des Berufungsgerichts [*, das allein über die Wahrung dieser Wochenfrist entscheidet,*] antragen [*sog. »Rechtsbehelf eigener Art«, vgl. § 346 II, str.*]. (2) In diesem Falle sind die Akten an das Berufungsgericht einzusenden [*, das in der durch § 76 I GVG bestimmten Besetzung entscheidet*]; die Vollstreckung des Urteils wird jedoch hierdurch nicht gehemmt. (3) Die Vorschrift des § 35 a gilt entsprechend. [*Möglich ist aber auch, daß der Beschwerdeführer Wiedereinsetzung in den vorigen Stand, §§ 44, 45, beantragt.*]

§ 320 (Aktenvorlage an Staatsanwaltschaft bei rechtzeitig eingelegter Berufung)

([1]) Ist die Berufung [*nicht von der Staatsanwaltschaft, sondern anderen Verfahrensbeteiligten*] rechtzeitig [*gem. § 314*] eingelegt, so hat nach Ablauf der Frist zur Rechtfertigung [*gem. § 317*] die Geschäftsstelle [*des Amtsgerichts*] ohne Rücksicht darauf, ob eine Rechtfertigung stattgefunden hat oder nicht, die Akten der Staatsanwaltschaft [*beim Landgericht*] vorzulegen. ([2]) Diese stellt, wenn die Berufung von ihr [*zuungunsten oder zugunsten des Angeklagten*] eingelegt ist, [*stets*] dem Angeklagten die Schriftstücke über Einlegung und Rechtfertigung der Berufung [*gem. §§ 35 II, 36*] zu. [*Einer Gegenerklärung bedarf es jedoch nicht, da die Berufungshauptverhandlung hierzu umfassend Gelegenheit bietet.*]

§ 321 (Aktenvorlage an das Landgericht)

([1]) Die Staatsanwaltschaft [*beim Amtsgericht*] übersendet die Akten an die Staatsanwaltschaft bei dem Berufungsgericht. ([2]) Diese übergibt die Akten binnen einer Woche [*– bloße Ordnungsvorschrift –*] dem Vorsitzenden des [*Berufungs-*]Gerichts [*, das damit für alle weiteren Entscheidungen zuständig wird*].

§ 322 (Landgerichtliche Verwerfung einer vorschriftswidrig eingelegten Berufung vor der Hauptverhandlung)

(I[1]) [*Das Landgericht hat in jeder Lage des Verfahrens, auch schon vor der Hauptverhandlung, von Amts wegen zu prüfen, ob die Berufung zulässig, insbes. frist- und formgerecht eingelegt ist.*] Erachtet das Berufungsgericht die Vorschriften über die Einlegung der Berufung [*§§ 296 ff, 314, im einzelnen str.*] nicht für beobachtet, so kann es das [*im ganzen unzulässige*] Rechtsmittel [*nach seinem pflichtgemäßen Ermessen außerhalb der Hauptverhandlung, § 76 I GVG*] durch [*gem. § 35 II 1 zuzustellenden*] Beschluß als unzulässig verwerfen. ([2]) Andernfalls entscheidet es darüber durch Urteil. [*Bei Prozeßhindernissen, die das gesamte Verfahren unzulässig machen, stellt es vor der Hauptverhandlung durch Beschluß gem. § 206a ein.*]

(II) Der Beschluß [*gem. § 322 I 1*] kann mit sofortiger Beschwerde [*nach § 311 an das OLG, § 121 I Nr. 2 GVG*] angefochten werden. [*Das Urteil ist mit Revision anfechtbar.*]

§ 323 (Vorbereitung der Hauptverhandlung)

(I[1]) Für die Vorbereitung der Hauptverhandlung [*gem. §§ 324 ff*] gelten [*nach Eingang der Akten, § 321*] die Vorschriften der §§ 214, 216 bis 225. ([2]) In der Ladung ist der Angeklagte auf die Folgen des Ausbleibens [*gem. §§ 329, 330*] ausdrücklich hinzuweisen.

(II) Die Ladung der im ersten Rechtszug vernommenen Zeugen und Sachverständigen kann nur dann unterbleiben, wenn ihre wiederholte Vernehmung zur Aufklärung der Sache [*z. B. wegen § 325*] nicht erforderlich erscheint.

(III) Neue Beweismittel [*zum Zwecke des Beweises schon erstinstanzlich vorgebrachter oder neuer Tatsachenbehauptungen*] sind zulässig.

(IV) Bei der Auswahl der zu ladenden Zeugen und Sachverständigen ist auf die von dem Angeklagten zur Rechtfertigung der Berufung benannten Personen Rücksicht zu nehmen.

§ 324 (Gang der Berufungs-Hauptverhandlung)

(I[1]) Nachdem die Hauptverhandlung nach Vorschrift des § 243 Abs. 1 begonnen hat, [*richtet sich die weitere Durchführung gem. § 332 grundsätzlich nach §§ 243 ff, soweit sich nicht aus den §§ 324 ff etwas anderes ergibt. In Abweichung von § 243 III 1*] hält ein [*Berufsrichter, in kleinen Strafkammern daher stets der Vorsitzende, § 76 II GVG, als*] Berichterstatter in Abwesenheit der [*präsenzfestgestellten und belehrten, §§ 243 I 2, II, 57*] Zeugen einen Vortrag über die Ergebnisse des [*gesamten*] bisherigen Verfahrens [*einschließlich des Ermittlungsverfahrens, soweit sie für das Berufungsverfahren von Bedeutung sind*]. ([2]) Das [*amtsgerichtliche*] Urteil des ersten Rechtszuges ist [*mit seinem Tenor und den Urteilsgründen*] zu verlesen, soweit es für die Berufung von Bedeutung ist [*, also angefochten und noch nicht rechtskräftig ist*]; von der Verlesung der Urteilsgründe kann [*auch bei Bedeutsamkeit nach pflichtgemäßem Ermessen*] abgesehen werden, soweit die Staatsanwaltschaft, der Verteidiger und der Angeklagte [*wirksam*] darauf verzichten.

(II) Sodann erfolgt die Vernehmung des Angeklagten [*zur Person und Sache*] und die Beweisaufnahme [*wie im ersten Rechtszug, §§ 243 ff, 332, soweit sich nicht aus den §§ 325 ff etwas anderes ergibt*].

§ 325 (Verlesung von Schriftstücken)

(I) [*Auch für die Hauptverhandlung in der Berufungsinstanz gelten die Grundsätze der Mündlichkeit und Unmittelbarkeit.*] Bei der Berichterstattung [*gem. § 324 I 1, die kein Teil der Beweisaufnahme ist und nicht die Urteilsgrundlage, vgl. § 261, mitbildet,*] und der Beweisaufnahme [*gem. §§ 324 II, 244 ff*] können [*nach pflichtgemäßem Ermessen in Durchbrechung des § 250*] Schriftstücke verlesen werden [*, wenn die Verlesung gegen kein Beweisverbot, z. B. §§ 252, 256, verstößt und auch § 244 II keine Einvernahme in der Hauptverhandlung erfordert. Danach dürfen z. B. Bekundungen erstinstanzlicher Zeugen und Sachverständiger verlesen werden, wenn sie nicht zur berufungsgerichtlichen Hauptverhandlung geladen sind, der Angeklagte die wiederholte Vorladung nicht rechtzeitig vor der Hauptverhandlung beantragt hat und der Angeklagte und die Staatsanwaltschaft zustimmen*]; Protokolle über [*ordnungsgemäß erlangte*] Aussagen der in der [*mit dem angefochtenen Urteil geendeten*] Hauptverhandlung des ersten Rechtszuges vernommenen Zeugen und Sachverständigen dürfen, abgesehen von den Fällen der §§ 251 und 253, ohne die Zustimmung der Staatsanwaltschaft und des Angeklagten [*– nicht: des Verteidigers, anders §§ 61 Nr. 5, 245 I 2, 249 II 1, 251 I Nr. 4 –*] nicht verlesen werden, wenn die wiederholte Vorladung der Zeugen oder Sachverständigen erfolgt ist oder von dem Angeklagten rechtzeitig vor der Hauptverhandlung beantragt worden war.

(II) § 249 Abs. 2 Satz 3 ist mit der Maßgabe anzuwenden, daß der Vortrag des Berichterstatters nach § 324 Abs. 1 an die Stelle der Verlesung der Anklageschrift tritt.

§ 326 (Schlußvorträge, Schlußanträge, letztes Wort)

(1) Nach dem Schluß der Beweisaufnahme werden [– *Ordnungsvorschrift* –] die Staatsanwaltschaft sowie der Angeklagte und sein Verteidiger mit ihren Ausführungen und Anträgen, und zwar [*in Abweichung von der in § 258 angeordneten Reihenfolge*] der Beschwerdeführer zuerst, gehört. (2) Dem Angeklagten gebührt [*stets*] das letzte Wort. [*Beachte §§ 258 III, 332.*]

§ 327 (Prüfungsumfang)

[*Selbständig angefochten werden können solche Urteilsteile, die einer getrennten Beurteilung und Entscheidung zugänglich sind.*] Der Prüfung des Gerichts unterliegt das Urteil nur [*, aber auch ohne Beschränkung auf vorgebrachte Berufungsgründe*], soweit es [*zulässig*] angefochten ist. [*Der zulässigerweise von der Anfechtung ausgenommene Urteilsteil erwächst in Rechtskraft.*]

§ 328 (Inhalt des Berufungsurteils)

(I) [*Ist die Berufung unzulässig, so wird sie durch Beschluß – § 322 – oder durch Urteil verworfen. Steht dem Verfahren ein Verfahrenshindernis entgegen, stellt das Berufungsgericht nach § 206a ein. Ist die Berufung unbegründet, wird sie als unbegründet verworfen.*] Soweit die [*zulässige*] Berufung [*bei einem nicht einstellungsfähigen, beachte auch §§ 153 II, 153a II, Verfahren*] für begründet befunden wird, hat das Berufungsgericht [*grundsätzlich – Ausnahme § 328 II, III –*] unter Aufhebung des Urteils in der Sache selbst zu erkennen. [*Beachte §§ 260 ff.*]

(II1) Leidet das Urteil an einem Mangel, der [*gem. den §§ 338, 339*] die Revision wegen Verletzung einer Rechtsnorm über das Verfahren begründen würde, so kann [*– nicht: muß –*] das Berufungsgericht [*nach seinem pflichtgemäßen Ermessen*] unter Aufhebung des Urteils die Sache, wenn die Umstände des Falles es fordern, zur Entscheidung an das Gericht des ersten Rechtszuges zurückverweisen [*; es erhält dem Angeklagten so zwei formell ordnungsgemäß prozedierende Instanzen*]. (2) Die Zurückverweisung ist auch zulässig [*– nicht: obligatorisch –*], wenn das Gericht abtrennbare Teile einer Tat [*i. S. der §§ 155, 264*], die Gegenstand der öffentlichen Klage sind, über die aber im angefochtenen Urteil nach seinen Gründen nicht entschieden worden ist, in das Verfahren einbezieht (§ 154a).

(III) Hat das Gericht des ersten Rechtszuges mit Unrecht seine [*sachliche und örtliche, beachte aber § 16 S 2 und 3*] Zuständigkeit angenommen, so hat [*– nicht: kann –*] das Berufungsgericht unter Aufhebung des Urteils [*durch Urteil, nicht durch Beschluß, vgl. aber § 270 II*] die Sache [*, für deren Verfolgung hinreichender Tatverdacht besteht,*] an das zuständige Gericht zu verweisen. [*Das Verweisungsurteil ist revisibel.*]

§ 329 (Ausbleiben des Angeklagten)

(I1) Ist [*nach dem Ergebnis zumutbarer Forschungen*] bei [*Aufruf der Sache, § 243 I 1 =*] Beginn einer [*u. U. nach Aussetzung neuen*] Hauptverhandlung [*– nicht: Fortsetzungsverhandlung bei Unterbrechung –*] weder der [*ordnungsgemäß unter Hinweis auf die Folgen des Ausbleibens geladene, § 323 I, i. e. str.*] Angeklagte noch in den Fällen, in denen dies [*gem. §§ 234, 411 II, 387 I*] zulässig ist, ein Vertreter des Angeklagten [*körperlich*] erschienen und das Ausbleiben [*nach zumutbarer amtlicher Prüfung zweifelsfrei nach Abwägung aller erkennbaren Umstände vorzuwerfen =*] nicht genügend entschuldigt, so hat [*, wenn die Sache nicht eingestellt werden muß, § 260 III*] das Gericht eine [*zulässige*] Berufung des Angeklagten [*– zur Berufung der Staatsanwaltschaft vgl. § 329 II –*] ohne Verhandlung zur Sache [*durch nach § 34 begründungspflichtiges revisibles Prozeßurteil*] zu verwerfen [*, weil das Nichterscheinen als Zurücknahme, vgl. §§ 391 II, III, 412 I, oder als berufungsverwirkend gewertet werden kann. Das Erscheinen in schuldhaft trunkenem oder berauschtem, vgl. § 315a I Nr. 2, die Verhandlungsunfähigkeit begründendem Zustand steht nach h. M. dem Nichterscheinen gleich, zw.*]. (²) Dies[*e Verwerfungspflicht*] gilt [*wegen des Vorrangs der in § 358 genannten Bindungen an die Sachentscheidung des Revisionsgerichts*] nicht, wenn das Berufungsgericht erneut verhandelt, nachdem die Sache [*unter Aufhebung eines früheren berufungsgerichtlichen Sachurteils, str.*] vom Revisionsgericht zurückverwiesen worden ist. (³) Ist die Verurteilung wegen einzelner von mehreren Taten [*nachträglich, z. B. wegen Einstellung nach §§ 206a, 153ff*] weggefallen, so ist bei der Verwerfung der Berufung der Inhalt des aufrechterhaltenen Urteils klarzustellen; die erkannten Strafen können vom Berufungsgericht auf eine neue Gesamtstrafe zurückgeführt werden.

(II¹) Unter den Voraussetzungen des Absatzes 1 Satz 1 kann [*nach pflichtgemäßem Ermessen, beachte § 329 IV*] auf eine Berufung der Staatsanwaltschaft auch ohne den [*ordnungsgemäß geladenen und ausgebliebenen*] Angeklagten verhandelt werden. (²) Eine Berufung der Staatsanwaltschaft kann [*entgegen § 303 S 1 nach pflichtgemäßem Ermessen*] in diesen Fällen auch ohne Zustimmung des Angeklagten zurückgenommen werden, es sei denn, daß die Voraussetzungen des Absatzes 1 Satz 2 vorliegen.

(III) Der Angeklagte kann binnen einer Woche nach der Zustellung des Urteils die Wiedereinsetzung in den vorigen Stand unter den in den §§ 44, 45 bezeichneten Voraussetzungen [*also unter Angabe der Gründe, die ihn unverschuldet am Erscheinen gehindert haben,*] beanspruchen. [*Über dieses Antragsrecht ist er u. U. im Rahmen der Fürsorgepflicht zu belehren.*]

(IV) Sofern [*z. B. wegen § 329 I 2*] nicht nach Absatz 1 oder 2 verfahren wird, ist die [*zulässige, § 230*] Vorführung oder Verhaftung des Angeklagten anzuordnen. (²) Hiervon ist abzusehen, wenn zu erwarten ist, daß er in der neu anzuberaumenden Hauptverhandlung ohne Zwangsmaßnahmen erscheinen wird.

§ 330 (Ausbleiben bei Berufung des gesetzlichen Vertreters)

(I) Ist [*gem. § 298*] von dem gesetzlichen Vertreter [*oder dem Erziehungsberechtigten – stets nur im Interesse des Angeklagten –*] die Berufung eingelegt worden, so hat das Gericht auch den Angeklagten zu der Hauptverhandlung vorzuladen und kann [*nach pflichtgemäßem Ermessen*] ihn bei seinem Ausbleiben zwangsweise vorführen [*– nicht: verhaften, anders § 329 IV 1 –*] lassen.

(II¹) Bleibt allein der gesetzliche Vertreter in der Hauptverhandlung aus, so ist ohne ihn zu verhandeln. (²) Ist weder der gesetzliche Vertreter noch der Angeklagte bei Beginn einer Hauptverhandlung erschienen, so gilt § 329 Abs. 1 entsprechend; ist lediglich der Angeklagte nicht erschienen, so [*kann das Gericht entweder seine zwangsweise Vorführung gem. § 330 I anordnen oder nach seinem pflichtgemäßen Ermessen ohne den Angeklagten verhandeln; denn es*] gilt § 329 Abs. 2 Satz 1 entsprechend.

§ 331 (Verböserungsverbot bei Berufung zugunsten des Angeklagten)

(I) Das [*sachentscheidende*] Urteil darf [*im Schuldspruch und in der Entscheidung über Kosten, Auslagen, Entschädigung, §§ 464 ff, § 8 StrEG, verschärft werden. Es darf jedoch, vgl. §§ 358 II, 373 II, auch bei einem »Verzicht« des Angeklagten, str.*] in Art und Höhe der Rechtsfolgen [*= Strafen und Maßregeln der Besserung und Sicherung, beachte aber § 331 II*] der Tat [*i. S. des § 264*] nicht zum Nachteil des Angeklagten geändert werden, wenn lediglich der Angeklagte, [*gem. § 296 II nach dem Gesamtinhalt der Rechtsmittelerklärung*] zu seinen Gunsten die Staatsanwaltschaft oder sein gesetzlicher Vertreter [*§ 298, oder sein Verteidiger, § 297*] Berufung eingelegt hat [*; ob eine Verböserung eintritt, ist auf Grund eines Gesamtvergleichs des früheren und des neuen Rechtsfolgenausspruchs zu bestimmen*].

(II) Diese Vorschrift steht der Anordnung der Unterbringung in einem psychiatrischen Krankenhaus [*gem. §§ 63, 64 StGB*] oder einer Entziehungsanstalt nicht entgegen. [*§ 331 Abs. II gilt ab 1.1.1985 in folgender Fassung: Diese Vorschrift steht der Anordnung der Unterbringung in einem psychiatrischen Krankenhaus, einer Entziehungsanstalt oder einer sozialtherapeutischen Anstalt nach § 65 Abs. 3 des Strafgesetzbuches nicht entgegen.*]

§ 332 (Verweisung auf die Verhandlungsvorschriften)

Im übrigen gelten die im sechsten Abschnitt des zweiten Buches über die Hauptverhandlung gegebenen Vorschriften [*§§ 226–275*]. [*Beachte auch §§ 323 I 1, 214, 216–225.*]

Vierter Abschnitt
Revision

[§§ 333–358]

[Anders als die Berufung führt die Revision nur zur Überprüfung in iure und nicht zur Neuverhandlung der Sache; sie kann nur auf Gesetzesverletzungen gestützt werden, auf denen das Urteil beruht, §§ 337–339. Anders als die Berufung muß der Revisionsführer entsprechende Rügen erheben und Verfahrensrügen in tatsächlicher Hinsicht begründen, §§ 344, 352.]

§ 333 (Zulässigkeit)

Gegen die [*erst- und berufungsgerichtlichen, ihrer »Soll-Natur« nach*] Urteile [*seienden Entscheidungen, die auf Grund mündlicher Verhandlung verkündet werden sollen und den Instanzenzug beenden, vgl. § 260*] der Strafkammern [*§§ 74–74c GVG*] und der Schwurgerichte [*§ 74 II GVG*] sowie gegen die [*gem. § 120 GVG*] im ersten Rechtszug ergangenen Urteile der Oberlandesgerichte [*und gegen die Urteile des Strafrichters beim Amtsgericht und der Schöffengerichte, § 335*] ist [*vom Beschwerten, vgl. §§ 296 ff*] Revision [*an die Oberlandesgerichte, das Bayerische Oberste Landesgericht oder den Bundesgerichtshof, vgl. i. e. §§ 121 I, 135 GVG, § 9 EGGVG, Art. 22 Nr. 1 BayAGGVG*] zulässig. [*Beachte aber § 55 II JGG, §§ 2 III, 10 BinSchVfG, § 441 III.*]

§ 334 (weggefallen)

§ 335 (Sprungrevision)

(I) Ein Urteil [*des Amtsgerichts, des Strafrichters oder des Schöffengerichts*] gegen das [*gem. § 312*] Berufung zulässig ist, kann [*insgesamt*] statt mit Berufung mit Revision angefochten werden. [*Bis zum Ablauf der Revisionsbegründungsfrist, § 345 I, sind unbestimmte Anfechtung und Wechsel des ursprünglich gewählten Rechtsmittels zulässig. Trifft der Rechtsmittelführer innerhalb der Revisionsbegründung keine Wahl, gilt das Rechtsmittel als Berufung.*]

(II) Über die Revision entscheidet das Gericht, das zur Entscheidung berufen wäre, wenn die Revision nach durchgeführter Berufung eingelegt worden wäre.

(III[1]) Legt gegen das Urteil ein [*Verfahrens-*]Beteiligter [*auf Grund eines selbständigen Anfechtungsrechts, z. B. ein Mitangeklagter,*] Revision und ein anderer Berufung ein, so wird, solange die Berufung nicht zurückgenommen oder als unzulässig verworfen ist, die [*gem. § 341*] rechtzeitig und in der vorgeschriebenen Form eingelegte Revision als Berufung behandelt. ([2]) Die Revisionsanträge und deren Begründung sind [*, weil die Revision bis zur Sachentscheidung des Berufungsgerichts bedingt bestehen bleibt,*] gleichwohl in der vorgeschriebenen Form und Frist anzubringen und dem Gegner zuzustellen (§§ 344 bis 347). ([3]) Gegen das Berufungsurteil ist Revision nach den allgemein geltenden Vorschriften zulässig [*§§ 296 ff, 333 ff*].

§ 336 (Vorausgegangene Entscheidungen)

[*Gem. §§ 337, 305 S 1 sind alle Verfahrensfehler, die Gesetzesverletzungen enthalten und auf denen das Urteil beruht, revisibel und nicht beschwerdefähig.*] ([1]) Der Beurteilung des Revisionsgerichts unterliegen [*daher*] auch die [*verfahrensrechtlichen*] Entscheidungen, die dem Urteil vorausgegangen sind [*– Beispiel: Beschlüsse über Vereidigung –*], sofern es auf ihnen beruht. ([2]) Dies gilt nicht für Entscheidungen, die ausdrücklich für unanfechtbar erklärt [*vgl. z. B. §§ 28 I, 46 II, 81 c III 4, 138 d VI 3, 201 II 2, 210 I, 225 a III 3, 225 a IV 2 2.Hs., 270 III 2, 304 IV 1 und 2, 304 V, 372 S 2, 390 V 2, 431 V 1, 440 III, 444 II 2, 444 III 1*] oder mit der sofortigen Beschwerde anfechtbar sind [*vgl. §§ 28 II 1, 46 III, 81 V 1, 138 d VI 1, 206 a II, 206 b S 2, 210 II, 225 a III 3, 225 a IV 2 2. Hs., 231 a III 3, 270 III 2, 372 S 1, 379 a III 2, 383 II 3, 431 V 2, 440 III, 441 II, 444 II 3, 444 III 1*].

§ 337 (Verletzung des Gesetzes als Revisionsgrund)

(I) Die Revision kann nur darauf gestützt werden, daß das Urteil auf einer [*vgl.*

§ 337 II] Verletzung des Gesetzes [*vgl. § 7 EGStPO, § 337 II, – weithin überholt die Abgrenzung von Ordnungsvorschrift und Gesetz, str. –*] beruhe [*d. h. möglicherweise anders ausgefallen wäre. Die Rspr. läßt eine Revision des Angeklagten darüberhinaus nur zu, wenn er die Verletzung solcher Rechtsnormen rügen kann, die auch seinen Interessen zu dienen bestimmt sind; abl. zu Recht die h. L.*].

(II) Das Gesetz ist verletzt, wenn eine [*geschriebene oder ungeschriebene*] Rechtsnorm nicht oder nicht richtig angewendet worden ist. [*Die der Anwendung des materiellen Strafrechts vorausgehende Tatsachenfeststellung ist dagegen nicht auf Sachrüge hin revisibel.*]

§ 338 (Absolute Revisionsgründe)

Ein Urteil ist stets [*also ohne Nachweis*] als auf einer Verletzung des Gesetzes beruhend anzusehen,

1. wenn das erkennende Gericht nicht vorschriftsmäßig [*z. B. durch einen verhandlungsunfähigen Richter*] besetzt war [*– voll revisibel sind danach jedenfalls falsche Gerichtsbesetzungen bei Urteilen des Amtsgerichts oder des Landgerichts im Berufungsrechtszug*]; war [*jedoch*] nach § 222a [*bei erstinstanzlich tätigem LG oder OLG*] die Mitteilung der Besetzung vorgeschrieben [*beachte aber zu § 222b II 3*], so kann die Revision auf die vorschriftswidrige Besetzung nur gestützt werden, soweit
   a) die Vorschriften über die Mitteilung [*vgl. § 222a I bei erstinstanzlich tätigem LG oder OLG, beachte aber zu § 222b III 3*] verletzt worden sind,
   b) der rechtzeitig [*vgl. § 222b I 1*] und in der vorgeschriebenen Form [*vgl. § 222b I 2 und 4*] geltend gemachte Einwand der vorschriftswidrigen Besetzung übergangen oder zurückgewiesen worden ist,
   c) die Hauptverhandlung nicht [*oder unangemessen kurz*] nach § 222a Abs. 2 zur Prüfung der Besetzung unterbrochen worden ist oder
   d) das Gericht in einer Besetzung entschieden hat, deren Vorschriftswidrigkeit es nach § 222b Abs. 2 Satz 2 festgestellt hat;
2. wenn bei dem Urteil ein Richter oder Schöffe mitgewirkt hat, der [*gem. den §§ 22, 23, 31, 148a II 1*] von der Ausübung des Richteramtes kraft Gesetzes ausgeschlossen war;
3. wenn bei dem Urteil ein Richter oder Schöffe mitgewirkt hat, nachdem [*gem. den §§ 25, 31*] er wegen Besorgnis der Befangenheit abgelehnt war [*, nicht: abgelehnt hätte werden können,*] und das Ablehnungsgesuch entweder für begründet erklärt war oder mit Unrecht verworfen worden ist;
4. wenn das Gericht seine [*örtliche, beachte aber § 16, besondere, beachte aber § 6a, oder sachliche, aber schon von Amts wegen zu prüfende*] Zuständigkeit mit Unrecht angenommen hat [*beachte dann § 355*];
5. wenn [*ausweislich des Protokolls, §§ 273, 274*] die Hauptverhandlung [*nach h. M. während wesentlicher Teile, zw., z. B. wegen § 226*] in [*körperlicher oder, h. M., geistiger*] Abwesenheit der [*sachlich zuständigen, §§ 141–142a GVG*] Staatsanwaltschaft oder einer Person, deren Anwesenheit das Gesetz [*in den §§ 226, 145, 230 ff, § 185 GVG*] vorschreibt, stattgefunden hat;

6. wenn das Urteil auf Grund einer mündlichen Verhandlung ergangen ist, bei der die Vorschriften über die Öffentlichkeit des Verfahrens [*§§ 169–175 GVG*] verletzt sind;
7. wenn das Urteil [*überhaupt, – teilweise oder mangelhafte: u. U. § 337 auf Sachrüge –*] keine Entscheidungsgründe enthält oder diese nicht innerhalb des sich aus § 275 Abs. 1 Satz 2 und 4 ergebenden Zeitraums zu den Akten gebracht worden sind [*oder mit den Akten verloren ging, str.*];
8. wenn die Verteidigung in einem für die Entscheidung wesentlichen [*, also möglicherweise das Urteil beeinflussenden, vgl. zu § 337*] Punkt durch einen [*ausdrücklichen oder stillschweigenden, z. B. in dem Unterlassen einer Antragsbescheidung liegenden*] Beschluß des Gerichts unzulässig [*auch ohne Verstoß gegen eine geschriebene Einzelvorschrift*] beschränkt worden ist.

§ 339 (Rechtsnormen zugunsten des Angeklagten)

Die Verletzung von [*Verfahrens-*]Rechtsnormen, die lediglich zugunsten des Angeklagten gegeben sind [*nach h. M. z. B. §§ 136 I 2, 140, 145, 146, 217, 228 III, 243 IV 1, 244 III 2, 247 S 4, 257, 258 II, 265, nicht: §§ 22, 23, 230, 264, § 169 GVG*], kann von der Staatsanwaltschaft [*oder einem anderen Verfahrensbeteiligten: Privat- und Nebenkläger*] nicht zu dem Zweck geltend gemacht werden, um eine Aufhebung des Urteils zum Nachteil des Angeklagten herbeizuführen.

§ 340 (weggefallen)

§ 341 (Adressat, Form und Frist der Revisionseinlegung)

(I) Die [*nicht notwendig als solche bezeichnete, vgl. zu §§ 335, 300*] Revision [*kann erst nach Erlaß des Urteils eingelegt werden. Sie*] muß [*unbedingt persönlich oder durch zulässig Bevollmächtigte*] bei dem Gericht, dessen Urteil angefochten wird [*im Falle des § 335 also beim Amtsgericht*], binnen einer Woche nach Verkündung des Urteils [*vgl. § 268 II*] zu Protokoll der Geschäftsstelle [*des Gerichts, dessen Urteil angefochten werden soll, beachte aber § 299, § 24 I Nr. 1 b RPflG*] oder schriftlich eingelegt werden [*vgl. zu §§ 306 I 1, 314 I*].

(II) Hat die Verkündung des Urteils nicht in Anwesenheit des Angeklagten stattgefunden, so beginnt für diesen die [*in § 341 I genannte Wochen-*]Frist [*§ 43*] mit der Zustellung [*vgl. zu § 314 II*].

§ 342 (Antrag auf Wiedereinsetzung und Revision)

(I) Der Beginn der Frist zur Einlegung der Revision [*gem. § 341*] wird dadurch nicht ausgeschlossen, daß gegen ein auf Ausbleiben des Angeklagten ergangenes Urteil eine Wiedereinsetzung in den vorigen Stand nachgesucht werden kann [*vgl. zu § 315*].

(II[1]) Stellt der Angeklagte einen Antrag auf Wiedereinsetzung in den vorigen Stand, so wird die Revision dadurch gewahrt, daß sie sofort [*= innerhalb der Revisionseinlegungsfrist, aber ohne das Ergebnis des Wiedereinsetzungsantrags abzuwar-*

ten,] für den Fall der Verwerfung jenes Antrags rechtzeitig eingelegt und begründet wird. (²) Die weitere Verfügung in bezug auf die Revision bleibt dann bis zur Erledigung des Antrags auf Wiedereinsetzung in den vorigen Stand ausgesetzt [*, weil sie bei Wiedereinsetzung gegenstandslos wird*].

(III) Die Einlegung der Revision ohne [*gleichzeitige, nicht nötig: in einem Schriftsatz körperlich hergestellte,*] Verbindung mit dem Antrag auf Wiedereinsetzung in den vorigen Stand gilt [*nach h. M. unwiderlegbar, ohne Rücksicht auf eine vorherige Belehrung, zw.*] als Verzicht auf die letztere [*vgl. § 315 III*].

§ 343 (Suspensiveffekt)

(I) [*Mit Ablauf der in § 341 genannten Frist wird bei Nichteinlegung eines Rechtsmittels das Urteil rechtskräftig.*] Durch rechtzeitige Einlegung der [*sonst zulässigen oder unzulässigen, aber an sich statthaften – beachte § 441 III 2, § 55 II JGG, §§ 2 III, 10 BinSchVfG –*] Revision wird die Rechtskraft des Urteils, soweit es [*bei wirksamer Beschränkung, vgl. zu § 318*] angefochten ist, gehemmt. [*Vgl. § 316 I; das Urteil ist, soweit es angefochten ist, nicht vollstreckbar, § 449. Beachte aber § 346 II 2.*]

(II) Dem Beschwerdeführer, dem das Urteil mit den Gründen noch nicht [*gem. § 341 II*] zugestellt war, ist es nach [*rechtzeitiger, § 341*] Einlegung der [*an sich statthaften*] Revision [*auf Anordnung des Vorsitzenden von der Geschäftsstelle des Gerichts, § 36 I, sei es als Ausfertigung oder als beglaubigte Abschrift,*] zuzustellen.

§ 344 (Obligatorische Revisionsanträge und Begründung)

(I) Der Beschwerdeführer hat [*– anders als bei der Berufung, §§ 317, 318 – wenigstens konkludent frist- und formgerecht, §§ 344 II, 345*] die Erklärung abzugeben, inwieweit er das Urteil anfechte [*– vgl. §§ 343 I, 318: im Zweifel unbeschränkte Anfechtung gewollt –*] und dessen Aufhebung beantrage (Revisionsanträge), und die Anträge [*in der in §§ 344 II, 345 genannten Weise*] zu begründen.

(II¹) Aus der [*formgerechten, § 345*] Begründung [*selbst*] muß [*ohne Bezugnahme auf andere Schriftstücke*] hervorgehen, ob das Urteil wegen Verletzung einer [*bestimmten*] Rechtsnorm über das Verfahren [*sog. »Verfahrensrüge« – dann strenge Anforderungen, § 344 II 2 –*] oder wegen Verletzung einer anderen [*materiellrechtlichen*] Rechtsnorm [*sog. »Sachrüge« – dann selbst bloß globale Rüge der Verletzung materiellen Rechts möglich –*] angefochten wird. (²) Ersterenfalls müssen [*der bestimmte Verfahrensmangel und*] die den Mangel enthaltenden Tatsachen [*so genau*] angegeben werden [*, daß das Revisionsgericht prüfen kann, ob der behauptete Verfahrensfehler vorliegt, wenn die behaupteten Tatsachen bewiesen werden*].

§ 345 (Frist und Form der Revisionsanträge und Revisionsbegründung)

(I¹) Die Revisionsanträge und ihre Begründung [*können sogleich bei Einlegung angebracht werden. Sie*] sind [*auch als weitere Revisionsgründe*] spätestens binnen eines Monats [*§ 43*] nach Ablauf der [*in § 341 genannten*] Frist zur Einlegung des Rechtsmittels bei dem Gericht, dessen Urteil angefochten wird, anzubringen. (²) War zu dieser Zeit das Urteil noch nicht zugestellt, so beginnt die Frist mit der [*durch § 343 II vorgeschriebenen, ordnungsgemäßen, §§ 37, 40, 41, beachte auch § 273 IV*] Zustellung.

(II) Seitens des Angeklagten [*, seines gesetzlichen Vertreters, § 298, seiner Erziehungsberechtigten, § 67 III JGG, und der Einziehungsbeteiligten, §§ 433 I, 440 III*] kann dies nur in einer von dem [*Wahl- oder Pflicht-*]Verteidiger oder einem Rechtsanwalt [*– nicht: Beistand, § 149 – eigenhändig*] unterzeichneten [*und damit inhaltlich verantworteten*] Schrift oder [*/und zur Ergänzung von einem Verteidiger oder Rechtsanwalt unterzeichneten Schrift persönlich oder durch einen Bevollmächtigten vertreten*] zu Protokoll der Geschäftsstelle geschehen. [*Für die Revision der Staatsanwaltschaft genügt einfache Schriftform. Zur Revision des Privat- und Nebenklägers vgl. §§ 390 II, 397 I.*]

§ 346 (Tatrichterliche Verwerfung verspätet eingelegter und/oder formwidrig begründeter Revisionen)

(I) Ist die Revision [*nach § 341*] verspätet eingelegt oder sind die Revisionsanträge nicht [*gem. § 345 I*] rechtzeitig oder nicht in der in § 345 Abs. 2 vorgeschriebenen Form angebracht worden [*oder ist die Revisionsbegründung nicht fristgerecht gem. § 345 I erfolgt oder haben Privat- und Nebenkläger nicht die Formerfordernisse der §§ 390 II, 397 I beachtet*], so hat das Gericht, dessen Urteil angefochten wird, das [*unzulässige*] Rechtsmittel durch Beschluß als unzulässig zu verwerfen [*Kosten: § 473 I*].

(II[1]) Der Beschwerdeführer kann [*– vgl. zu § 319 II –*] binnen einer Woche nach Zustellung des Beschlusses auf die Entscheidung des Revisionsgerichts antragen. ([2]) In diesem Falle sind die Akten an das Revisionsgericht einzusenden; die Vollstreckung des Urteils wird jedoch hierdurch nicht gehemmt. ([3]) Die Vorschrift des § 35a gilt entsprechend.

§ 347 (Weiteres Verfahren bei frist- und formgerechter Revision)

(I[1]) Ist die Revision [*nach § 341*] rechtzeitig eingelegt und sind die Revisionsanträge [*nach § 345*] rechtzeitig und in der vorgeschriebenen Form angebracht, so ist die Revisionsschrift [*, also die Revisionsanträge und deren Begründung, vom Gericht*] dem Gegner des Beschwerdeführers [*im Hinblick auf dessen Gegenerklärungsrecht, § 347 I 2*] zuzustellen. ([2]) Diesem steht frei, binnen einer Woche eine schriftliche Gegenerklärung einzureichen. [*Für die Staatsanwaltschaft sieht Nr. 162 II, III RiStBV bei Verfahrensrügen eine Erklärung vor.*] ([3]) Der Angeklagte kann letztere auch zu Protokoll der Geschäftsstelle abgeben.

(II) Nach Eingang der Gegenerklärung oder nach Ablauf der [*Wochen-*]Frist sendet die Staatsanwaltschaft die Akten [*in der Regel einschließlich eines Revisionsübersendungsberichts, vgl. Nr. 164, 165 RiStBV*] an das Revisionsgericht. [*Mit dem Eingang der Akten wird das Verfahren beim Revisionsgericht anhängig; es wird daher z. B. für Entscheidungen nach §§ 138 II, 206a zuständig.*]

§ 348 (Unzuständigkeit des Gerichts)

(I) Findet das Gericht, an das die Akten gesandt sind, daß die Verhandlung und

Entscheidung über das Rechtsmittel zur [*sachlichen*] Zuständigkeit eines anderen Gerichts gehört [*vgl. § 135 GVG – BGH, § 121 GVG – OLGe –, § 9 EGGVG, Art. 22 Nr. 1 BayAGGVG – BayObLG –*], so hat es durch [*unanfechtbaren und bindenden, § 348 II*] Beschluß seine Unzuständigkeit auszusprechen. [*§ 269 ist unanwendbar.*]

(II) Dieser Beschluß, in dem das zuständige Revisionsgericht zu bezeichnen ist [*»Verweisungsbeschluß«*], unterliegt keiner Anfechtung und ist [*, um jeden Streit über die sachliche Zuständigkeit auszuschließen,*] für das in ihm bezeichnete Gericht bindend.

(III) Die Abgabe der Akten erfolgt durch die Staatsanwaltschaft.

§ 349 (Entscheidung durch Beschluß ohne Hauptverhandlung; Entscheidung durch Urteil nach Hauptverhandlung)

(I) Erachtet das Revisionsgericht die Vorschriften über die Einlegung der Revision [*§§ 296 ff, 341, 390, 401, 433 I, 440 III, § 67 III JGG*] oder die über die Anbringung der Revisionsanträge [*§§ 344, 345*] nicht für beobachtet, so kann es [*mit einfacher Stimmenmehrheit, § 196 I GVG, nach pflichtgemäßem Ermessen ohne vorherige Hauptverhandlung, z. B. mangels Beschwer*] das Rechtsmittel durch Beschluß als unzulässig verwerfen. [*Vgl. § 322 I 1.*]

(II) Das Revisionsgericht kann auf einen [*dem Beschwerdeführer nach § 349 III zur Gegenerklärung mitzuteilenden*] Antrag der Staatsanwaltschaft [*beim Revisionsgericht*], der [*sei es auch nur kurz*] zu begründen ist, auch dann [*nach pflichtgemäßem Ermessen ohne Hauptverhandlung*] durch Beschluß entscheiden [*und damit die Revision verwerfen*], wenn es die Revision [*irgendeines Beschwerdeführers, auch der Staatsanwaltschaft, str.*] einstimmig für [*– ohne langes Überlegen, str. und sehr zw. –*] offensichtlich unbegründet erachtet.

(III[1]) Die Staatsanwaltschaft teilt den Antrag nach Absatz 2 mit den Gründen [*gegen Nachweis*] dem Beschwerdeführer mit [*und sichert so dessen rechtliches Gehör*]. ([2]) Der Beschwerdeführer kann binnen zwei Wochen eine schriftliche Gegenerklärung beim Revisionsgericht einreichen [*; über dieses Recht ist er im Rahmen der Fürsorgepflicht zu belehren*].

(IV) Erachtet das Revisionsgericht die [*vom Angeklagten, seinem Verteidiger, gesetzlichen Vertreter, Erziehungsberechtigten oder der Staatsanwaltschaft, selbst nur wegen § 301, zw.*] zugunsten des Angeklagten eingelegte Revision einstimmig für begründet, so kann es das angefochtene Urteil [*nach pflichtgemäßem Ermessen ohne Hauptverhandlung*] durch Beschluß aufheben [*und nach § 354 entscheiden. Im Falle nichtbehebbarer Verfahrenshindernisse kann ohne Einstimmigkeitserfordernis nach § 206a eingestellt werden, str.*].

(V) Wendet das Revisionsgericht Absatz 1, 2 oder 4 nicht an [*und stellt es auch nicht nach § 206a ein*], so entscheidet es über das Rechtsmittel [*nach Hauptverhandlung, §§ 350 ff*] durch Urteil [*vgl. §§ 353 ff*].

§ 350 (Mitteilung von der Hauptverhandlung: Anwesenheitsrecht, Verteidiger)

[*Für die Hauptverhandlung vor dem Revisionsgericht gelten nicht die §§ 226 ff.*]

(I[1]) Dem Angeklagten [*, den Verfahrensbeteiligten*] und dem [*etwaigen*] Verteidiger sind [*formlos*] Ort und Zeit der [*mündlichen*] Hauptverhandlung mitzuteilen. [*Beachte § 350 III 2.*] ([2]) Ist die Mitteilung an den Angeklagten [*z. B. wegen seiner Flucht*] nicht ausführbar, so genügt die Benachrichtigung des Verteidigers. [*Unter den Voraussetzungen des § 145a I genügt die Zusendung der Mitteilung an den Verteidiger.*]

(II[1]) [*Weder der Angeklagte noch sein Wahl- oder tatinstanzlich bestellter Pflichtverteidiger müssen – unbeschadet standesrechtlicher Pflichten – in der revisionsgerichtlichen Hauptverhandlung anwesend sein.*] Der Angeklagte kann [*jedoch*] in der Hauptverhandlung erscheinen oder sich durch einen mit schriftlicher Vollmacht versehenen Verteidiger vertreten lassen. ([2]) Der Angeklagte, der nicht auf freiem Fuße ist, hat [*in bedenklicher Weise*] keinen Anspruch auf Anwesenheit.

(III[1]) [*Die vom Tatrichter verfügte Pflichtverteidigerbestellung bleibt auch in der Revisionsinstanz wirksam, nicht jedoch für die Hauptverhandlung vor dem Revisionsgericht, str. Das Revisionsgericht muß von Amts wegen nach § 140 II einen Pflichtverteidiger bestellen.*] Hat der Angeklagte, der nicht auf freiem Fuße ist, keinen Verteidiger gewählt, so wird ihm, falls er zu der Hauptverhandlung nicht vorgeführt wird, auf seinen Antrag vom Vorsitzenden ein Verteidiger für die Hauptverhandlung bestellt. ([2]) Der Antrag ist binnen einer Woche [*§ 43*] zu stellen, nachdem dem Angeklagten der Termin für die Hauptverhandlung unter Hinweis auf sein Recht, die Bestellung eines Verteidigers zu beantragen, mitgeteilt worden ist. [*Der gem. § 140 II oder § 350 III revisionsgerichtlich bestellte Pflichtverteidiger muß in der Hauptverhandlung anwesend sein, str.*]

§ 351 (Ablauf der Hauptverhandlung)

(I) Die [*in den Fällen des § 349 IV notwendige mündliche, öffentliche, § 169 S 1 GVG*] Hauptverhandlung beginnt mit dem [*alle entscheidungserhebliche Punkte in der erforderlichen Weise ansprechenden*] Vortrag eines Berichterstatters [*vgl. § 324 I 1*].

(II[1]) Hierauf werden die Staatsanwaltschaft sowie der Angeklagte und sein Verteidiger mit ihren Ausführungen und Anträgen, und zwar [*regelmäßig*] der Beschwerdeführer zuerst, gehört. [*Beweis wird im Wege des Freibeweisverfahrens nur erhoben zur Prüfung einer Verfahrensrüge, sofern sich das Vorliegen oder Nichtvorliegen des Verfahrensfehlers nicht schon aus dem Sitzungsprotokoll ergibt, § 273, 274.*] ([2]) Dem [*anwesenden*] Angeklagten gebührt [*stets*] das letzte Wort. [*Anschließend berät das Gericht über das Urteil, §§ 192ff GVG, und stimmt ab, § 263 I, str. – a. A.: § 196 GVG.*]

§ 352 (Prüfungsumfang)

(I) [*Zunächst prüft das Revisionsgericht die Zulässigkeit der Revision. Verfahrenshindernisse prüft das Revisionsgericht dann auch ohne spezielle Rüge von Amts wegen. Im übrigen überprüft das Revisionsgericht auch auf spezifizierte Sachrüge den gesamten Schuld- und Strafspruch nach. Ist im Wege der Verfahrensrüge ein spezieller Prozeßfehler gerügt, wird – bis auf übersehene Verfahrenshindernisse – nur der be-*]

stimmt gerügte Prozeßfehler geprüft. Denn:] Der Prüfung des Revisionsgerichts unterliegen nur die gestellten Revisionsanträge und, soweit die Revision auf Mängel des Verfahrens gestützt wird, nur die [*bestimmten*] Tatsachen, die bei Anbringung der Revisionsanträge bezeichnet worden sind. [*Der In-dubio-pro-reo-Satz gilt nach h. M. bei der Feststellung von Verfahrensfehlern nicht.*]

(II) Eine weitere Begründung der Revisionsanträge als die in § 344 Abs. 2 vorgeschriebene ist nicht erforderlich und, wenn sie unrichtig ist, unschädlich.

§ 353 (Aufhebendes Revisionsurteil)

(I) Soweit die [*zulässige*] Revision für [*unbegründet erachtet wird, verwirft das Revisionsgericht, wenn kein Verfahrenshindernis besteht, die Revision als unbegründet, vgl. § 349 II. Kosten: § 473 I, II. Soweit die zulässige Revision z. B. wegen Fehlens einer Verfahrensvoraussetzung oder erfolgreicher Rüge für*] begründet erachtet wird, ist das angefochtene Urteil aufzuheben. [*Der nicht aufgehobene Teil erwächst in Teilrechtskraft.*]

(II) Gleichzeitig sind [*, um dem neuen Tatrichter die Möglichkeit freier Beweiswürdigung, § 261, zu lassen,*] die dem Urteil zugrunde liegenden [*tatsächlichen*] Feststellungen aufzuheben, sofern [= *soweit*] sie [*ihre Abtrennbarkeit vorausgesetzt*] durch die Gesetzesverletzung betroffen werden, wegen deren das Urteil aufgehoben wird. [*Nicht aufgehoben werden die Feststellungen, die von der Gesetzesverletzung nicht berührt werden. An nicht aufgehobene Feststellungen, die den rechtskräftig gewordenen Urteilsteil tragen, ist der Tatrichter im Fortsetzungsprozeß gebunden.*]

§ 354 (Eigene Sachentscheidung; Zurückverweisung)

(I) [*Grundsätzlich verweist das Revisionsgericht an die Vorinstanz, beachte aber § 354 II, zu erneuter Verhandlung zurück, weil es keine Tatsacheninstanz ist.*] Erfolgt [*jedoch*] die Aufhebung des Urteils nur wegen [*Fehlens von Verfahrensvoraussetzungen oder wegen*] Gesetzesverletzung [*vgl. §§ 337 II, 344 II 1 1. Mögl.*] bei Anwendung des Gesetzes auf die dem Urteil zugrunde liegenden Feststellungen [*also wegen sachlich-rechtlicher Mängel*], so hat das Revisionsgericht [*ausnahmsweise*] in der Sache selbst zu entscheiden, sofern ohne weitere tatsächliche Erörterungen [*im Wege eines Rechtsfragenentscheides unter Zugrundelegung der verfahrensfehlerfreien tatrichterlichen Feststellungen*] nur auf Freisprechung [*z. B. wegen eines tatrichterlich zu Unrecht verneinten Rechtfertigungsgrundes*] oder auf Einstellung [*vgl. § 260 III*] oder auf eine absolut bestimmte Strafe [*z. B. § 211 StGB*] zu erkennen ist oder das Revisionsgericht in Übereinstimmung mit dem Antrag der Staatsanwaltschaft [*beim Revisionsgericht*] die gesetzlich niedrigste Strafe oder das Absehen von Strafe [*z. B. nach den §§ 83a, 84 IV, 84 V, 85 III, 87 III, 98 II 1, 99 III, 129 VI, 158, 311c II StGB*] für angemessen erachtet. [*Über den Wortlaut des § 354 I hinaus hält die h. M. das Revisionsgericht im Wege eines arg. a maiore ad minus aus prozeßökonomischen Gründen, vgl. § 358 I, für befugt, einen ganz oder teilweise fehlerhaften Schuldspruch ganz oder teilweise zu berichtigen, nötigenfalls den Strafausspruch aufzuheben und die Sache insoweit an das Untergericht zurückzuverweisen, i. e. sehr str.*]

(II[1]) In anderen Fällen [*d. h. grundsätzlich*] ist die Sache [*ohne eigene abschlie-*

ßende Entscheidung nach § 354 I] an eine andere [*erforderlichenfalls einzurichtende, nach h. M. nicht: anders besetzte, str.*] Abteilung oder Kammer des [*zuständigen, § 355 lex specialis,*] Gerichtes, dessen Urteil aufgehoben wird, oder [*nach pflichtgemäßem Ermessen*] an ein zu demselben Land gehörendes anderes Gericht gleicher Ordnung zurückzuverweisen. ([2]) In Verfahren, in denen ein Oberlandesgericht im ersten Rechtszug entschieden hat, ist die Sache an einen anderen Senat dieses Gerichts zurückzuverweisen. [*Ein Richter, der an dem früheren Verfahren mitgewirkt hat, ist nicht nach § 23 ausgeschlossen, str., kann aber im Einzelfall nach § 24 abgelehnt werden, str.*]

(III) Die Zurückverweisung kann [*statt an das zuständig gewesene und an sich bleibende Gericht nach pflichtgemäßem Ermessen auch*] an ein Gericht niederer Ordnung erfolgen, wenn die noch in Frage kommende strafbare Handlung zu dessen Zuständigkeit gehört. [*In der neuen Verhandlung ist der Tatrichter an die Rechtsaufhebungsansicht des Revisionsgerichts gebunden, § 358 I.*]

§ 354a (Sachentscheidung und Zurückverweisung bei Gesetzesänderung)

[*Gem. § 2 III StGB muß auch das Revisionsgericht bei Gesetzesverschiedenheit zwischen Tat und Entscheidung das mildere Gesetz anwenden; vgl. auch § 2 V, VI StGB, § 358 II.*] Das Revisionsgericht hat auch dann nach § 354 zu verfahren, wenn es das Urteil aufhebt, weil zur Zeit der Entscheidung des Revisionsgerichts [*materiellrechtlich*] ein anderes [*schuldspruch- oder rechtsfolgenrelevantes*] Gesetz gilt als zur Zeit des Erlasses der angefochtenen Entscheidung.

§ 355 (Verweisung an das zuständige Gericht)

Wird ein Urteil [*nach § 353 I auf zulässige und begründete Revision hin*] aufgehoben, weil [*ein Verfahrens- oder sachlich-rechtlicher Gesetzesverstoß gegeben ist oder weil*] das Gericht des vorangehenden Rechtszuges sich [*, ohne nach § 270 zu verweisen,*] mit Unrecht für zuständig erachtet hat, so verweist das Revisionsgericht gleichzeitig [*durch Urteil*] die Sache an das [*höhere, vgl. § 269, örtlich, sachlich oder besonders, vgl. zu § 338 Nr. 4*] zuständige Gericht. [*Beachte § 358 I.*]

§ 356 (Urteilsverkündung)

Die Verkündung des Urteils erfolgt nach Maßgabe des § 268. [*Beachte auch §§ 275 I 1, II 1 und 2, III, IV analog, 35 II 2 2. Halbsatz.*]

§ 357 (Revisionserstreckung auf Mitangeklagte trotz eingetretener horizontaler Teilrechtskraft)

Erfolgt zugunsten eines Angeklagten [*ganz oder teilweise*] die Aufhebung [*oder die Schuldspruchberichtigung, vgl. zu § 354 I*] des Urteils [*durch revisionsgerichtliches Urteil oder revisionsgerichtlichen Beschluß, § 349 IV und V*] wegen Gesetzesverletzung bei Anwendung des Strafgesetzes [*§§ 337 II, 344 II 1 2. Mögl., oder die revisionsgerichtliche Einstellung wegen eines Verfahrenshindernisses, §§ 206a, 260 III*] und erstreckt sich das[*selbe*] Urteil, soweit es aufgehoben wird [*vermöge eines inneren, durch die Beteiligung an einer Tat gestifteten Zusammenhanges*], noch auf andere

Angeklagte, die nicht [*oder nicht mehr, z. B. wegen Zurücknahme oder Verzicht, sei es statthafte, sei es unstatthafte, str.*] Revision eingelegt [*oder nicht frist- und formgerecht begründet oder nur Verfahrensrüge erhoben*] haben, so ist [*bei äußerem und innerem Zusammenhang und gleichartiger Rechtsverletzung ohne Rücksicht auf den Willen der Nichtrevidenten von Amts wegen*] zu erkennen, als ob sie gleichfalls eingelegt hätten. [*Beachte dann auch für das weitere Verfahren § 358 II.*]

§ 358 (Tatrichterliche Bindung; Verböserungsverbot)

(I) Das [*neu mit der Sache befaßte, erst- oder zweitinstanzliche Tat-*]Gericht, an das die Sache zur anderweitigen Verhandlung und Entscheidung verwiesen ist, hat die rechtliche Beurteilung, die der [*revisionsgerichtlichen*] Aufhebung des Urteils [*unmittelbar*] zugrunde gelegt ist [*, jedoch einschließlich der u. U. nur stillschweigend gegebenen Antwort auf notwendige rechtliche Vorfragen, str.*], [*bei gleichbleibender Sachlage*] auch seiner Entscheidung zugrunde zu legen. [*Beachte aber §§ 206b, 354a, Art. 103 II GG, Art. 7 EuMRK.*]

(II[1]) Das angefochtene Urteil darf [*vgl. i. e. zu § 331, vom neuen Tatrichter*] in Art und Höhe der Rechtsfolgen der Tat nicht zum Nachteil des Angeklagten geändert werden, wenn lediglich der Angeklagte, [*sei es auch i. E. wegen § 301,*] zu seinen Gunsten die Staatsanwaltschaft oder sein gesetzlicher Vertreter Revision eingelegt hat. ([2]) Diese Vorschrift steht der Anordnung der Unterbringung in einem psychiatrischen Krankenhaus oder einer Entziehungsanstalt nicht entgegen. [*§ 358 Abs. II Satz 2 gilt ab 1.1.1985 in folgender Fassung: Diese Vorschrift steht der Anordnung der Unterbringung in einem psychiatrischen Krankenhaus, einer Entziehungsanstalt oder einer sozialtherapeutischen Anstalt nach § 65 Abs. 3 des Strafgesetzbuches nicht entgegen.*]

Viertes Buch
Wiederaufnahme eines durch rechtskräftiges Urteil abgeschlossenen Verfahrens

[§§ 359–373a]

[Grundsätzlich hat die Unanfechtbarkeit eines Urteils durch Rechtsmittel nach Fristablauf oder erfolgloser Einlegung des Rechtsmittels zur Folge, daß es im Interesse des Rechtsfriedens und der Rechtssicherheit formell und materiell rechtskräftig, insbes.: vollstreckbar, wird. Nach h. M. lassen im Interesse der Gerechtigkeit die §§ 359, 369 aber in eng umgrenzten Fällen die Wiederaufnahme zu, namentlich um Urteile, deren Beweisgrundlagen in unerträglicher Weise erschüttert sind, zu korrigieren. Das Wiederaufnahmeverfahren ist zugunsten und zuungunsten des Verurteilten bzw. Angeklagten zulässig, §§ 359, 362. Es zerfällt in ein Zulässigkeits- und in ein Begründetheitsverfahren, §§ 368, 369, 370. Beachte ferner § 79 I BVerfGG, § 18 I 2, II 1 ZEG, §§ 47 ff StPO, Art. 25 ff EuMRK zu weiteren Durchbrechungen der Rechtskraft.]

§ 359 (Wiederaufnahme zugunsten des Verurteilten)

Die Wiederaufnahme eines durch [*i. d. R. voll-*]rechtskräftiges [*, von einem deut-*

schen ordentlichen Strafgericht der Bundesrepublik Deutschland einschließlich Berlin/West erlassenes] Urteil *[– zu Beschlüssen vgl. §§ 174 II, 211, § 7 III StrEG 1970 –]* abgeschlossenen Verfahrens zugunsten des Verurteilten ist *[im Rahmen der durch §§ 363, 364, 365, 368 gezogenen Grenzen nur]* zulässig,

1. wenn eine in der Hauptverhandlung *[mindestens möglicherweise effektiv]* zu seinen Ungunsten *[gutgläubig oder böswillig]* als echt vorgebrachte *[und zu Beweiszwecken verwandte]* Urkunde *[i. S. d. § 267 StGB, nicht i. S. d. § 249 StPO, str., nach materiellstrafrechtlicher Sinnbestimmung objektiv]* unecht oder verfälscht war;
2. wenn der Zeuge *[, Augenscheinsgehilfe, Dolmetscher, § 191 GVG]* oder Sachverständige sich bei einem zuungunsten des Verurteilten abgelegten *[= zuungunsten – vgl. zu Nr. 1 – bei der Beweiswürdigung berücksichtigten]* Zeugnis oder abgegebenen Gutachten einer vorsätzlichen oder fahrlässigen Verletzung der Eidespflicht oder einer vorsätzlichen falschen uneidlichen Aussage schuldig gemacht hat;
3. wenn bei dem Urteil *[genauer: der Urteilsberatung und -abstimmung]* ein Richter oder Schöffe mitgewirkt hat, der sich in Beziehung auf die Sache einer *[z. B. nach §§ 331, 332, 336 StGB, nicht: §§ 185 ff StGB]* strafbaren Verletzung seiner Amtspflichten schuldig gemacht hat, sofern die Verletzung nicht vom Verurteilten selbst *[z. B. durch Bestechung]* veranlaßt ist;
4. wenn ein zivilgerichtliches *[– wie in § 262 auszulegen –, vgl. § 396 AO, § 154d, Gestaltungs-]*Urteil, auf welches das Strafurteil gegründet ist, durch ein anderes rechtskräftig gewordenes Urteil *[z. B. nach §§ 578 ff ZPO]* aufgehoben ist;
5. wenn *[zweifelsfrei]* neue *[= dem erkennenden Gericht bei Urteilserlaß unbekannte oder nicht zur Kenntnis genommene]* Tatsachen *[– nach h. M. nicht ausreichend: bloße Änderung der Rechtslage oder Rechtsprechung, str. –]* oder *[förmliche, von dem erkennenden Gericht nicht benützte]* Beweismittel beigebracht sind, die allein oder in Verbindung mit den früher erhobenen Beweisen die *[– nicht: auch nur teilweise –]* Freisprechung des Angeklagten *[, sei es in Form eines Sachurteils, das die Schuldfrage verneint, sei es in Form einer Einstellung des Verfahrens wegen Fehlens von tatrelevanten Verfahrenshindernissen,]* oder in Anwendung eines milderen *[= eine geringere Strafdrohung als das der Verurteilung zugrunde liegende Strafgesetz aussprechenden]* Strafgesetzes *[– Beispiel: Versuch statt Vollendung, str. –]* eine geringere Bestrafung *[– beachte § 363 –]* oder eine wesentlich andere *[insbes. völlig wegfallende]* Entscheidung über eine Maßregel der Besserung und Sicherung *[i. S. d. § 61 StGB vom Standpunkt des früher erkennenden Gerichts aus, str.]* zu begründen geeignet sind *[; dies ist schon der Fall, wenn die neuen Tatsachen oder Beweismittel erhebliche Zweifel begründen, a. A. aber die h. M.]*.

§ 360 (Keine Hemmung der Vollstreckung)

(I) Durch den *[zulässigen oder unzulässigen]* Antrag auf Wiederaufnahme des Verfahrens *[und durch den nach § 368 II ergehenden Zulassungsbeschluß]* wird die Vollstreckung des Urteils nicht *[automatisch]* gehemmt.

(II) Das *[mit der Sache nach §§ 367, 372, § 140 a GVG befaßte]* Gericht kann jedoch *[nach seinem pflichtgemäßen Ermessen auf Antrag oder von Amts wegen bei zu-*

lässigem Wiederaufnahmeantrag] einen Aufschub [*der noch nicht eingeleiteten*] sowie eine Unterbrechung der [*bereits begonnenen Straf- und Maßregel-*]Vollstrekkung [*durch u. U. nach § 372 anfechtbaren Beschluß nach Anhörung der Staatsanwaltschaft, § 33 II*] anordnen.

§ 361 (Antrag auf Wiederaufnahme auch nach Strafvollstreckung oder Tod)

(I) [*Grundsätzlich setzt ein Antrag auf Wiederaufnahme gem. § 365 Beschwer voraus.*] Der Antrag auf Wiederaufnahme des Verfahrens wird [*jedoch im Interesse des sozialen Achtungsanspruchs des Verurteilten*] weder durch die [*ganz oder teilweise*] erfolgte [*getilgte, tilgungsreife oder nicht getilgte, §§ 43 ff BZRG*] Strafvollstreckung noch durch [*Vollstreckungsverjährung, § 79 StGB, Einzelbegnadigung, Amnestie durch Straffreiheitsgesetz noch durch*] den Tod des Verurteilten ausgeschlossen.

(II) Im Falle des Todes sind [*neben der Staatsanwaltschaft, § 365*] der [*verwitwete, nicht vom Toten geschiedene, u. U. aber wiederverheiratete*] Ehegatte, die Verwandten auf- und absteigender Linie [*Eltern, Großeltern, Kinder, Enkel . . .*] sowie die [*voll- oder halbbürtigen*] Geschwister des Verstorbenen zu dem Antrag befugt. [*Zum weiteren Verfahren beachte § 371.*]

§ 362 (Wiederaufnahme zuungunsten des Angeklagten)

[*Grundsätzlich gilt gem. Art. 103 III GG das Verbot mehrfacher Strafverfolgung.*] Die Wiederaufnahme eines durch rechtskräftiges [*freisprechendes Sach- oder auf Verurteilung lautendes*] Urteil abgeschlossenen Verfahrens zuungunsten des [*lebenden*] Angeklagten ist [*jedoch dann auf Antrag der Staatsanwaltschaft, des Privat- oder Nebenklägers*] zulässig,

1. wenn [*vgl. zu § 359 Nr. 1*] eine in der Hauptverhandlung zu seinen [*scil.: des Angeklagten*] Gunsten [*von ihm oder einem Dritten ohne seine Veranlassung*] als echt vorgebrachte Urkunde unecht oder verfälscht war;
2. wenn [*vgl. zu § 359 Nr. 2*] der Zeuge oder Sachverständige sich bei einem zugunsten des Angeklagten abgelegten Zeugnis oder abgegebenen Gutachten einer vorsätzlichen oder fahrlässigen Verletzung der Eidespflicht oder einer vorsätzlichen falschen uneidlichen Aussage schuldig gemacht hat;
3. wenn [*vgl. zu § 359 Nr. 3*] bei dem Urteil ein Richter oder Schöffe mitgewirkt hat, der sich in Beziehung auf die Sache einer strafbaren Verletzung seiner Amtspflichten schuldig gemacht hat;
4. wenn von dem Freigesprochenen [*nach seiner Freisprechung*] vor [*irgendeinem*] Gericht oder außergerichtlich ein glaubwürdiges Geständnis der Straftat [*im prozessualen Sinne, §§ 155, 264*] abgelegt wird. [*Andere neue Tatsachen oder Beweismittel können nicht zur Wiederaufnahme zuungunsten des Angeklagten führen.*]

§ 363 (Keine Wiederaufnahme zum Zwecke anderer Strafbemessung auf Grund desselben Strafgesetzes)

(I) Eine Wiederaufnahme des Verfahrens [*nach §§ 359, 362*] zu dem Zweck, eine andere [*mildere oder strengere*] Strafbemessung auf Grund desselben [*in dem Urteil angewandten*] Strafgesetzes [*z. B. wegen eines unbenannten minder oder besonders schweren Falles*] herbeizuführen, ist nicht zulässig. [*Ist ein Wiederaufnahmeantrag aber für zulässig und begründet erachtet worden, ist das Gericht in der erneuten Hauptverhandlung nicht an § 363, sondern nur an § 373 II gebunden.*]

(II) Eine Wiederaufnahme des Verfahrens zu dem Zweck, eine Milderung der Strafe wegen verminderter Schuldfähigkeit (§ 21 des Strafgesetzbuches) herbeizuführen, ist [*, obwohl § 21 StGB ein benannter Strafmilderungsgrund und damit ein »anderes« Gesetz ist,*] gleichfalls ausgeschlossen.

§ 364 (Erfordernis vorheriger rechtskräftiger Verurteilung bei Behauptung einer Straftat)

([1]) Ein Antrag auf Wiederaufnahme des Verfahrens, der [*gemäß den §§ 359 Nr. 1–3, 362 Nr. 1–3*] auf die Behauptung einer Straftat gegründet werden soll, ist [*grundsätzlich*] nur dann zulässig, wenn wegen dieser Tat eine rechtskräftige Verurteilung ergangen ist oder wenn die Einleitung oder Durchführung eines Strafverfahrens aus anderen Gründen als wegen Mangels an Beweis [*z. B. wegen Verfahrenshindernissen*] nicht erfolgen kann. ([2]) Dies gilt [*jedoch*] nicht im Falle des § 359 Nr. 5 [*, so daß eine Wiederaufnahme z. B. auch möglich ist, wenn neue Tatsachen oder Beweismittel die Unechtheit einer Urkunde oder die Unglaubwüridgkeit einer Zeugenaussage dartun, h. M., oder nahelegen, vgl. zu § 359 Nr. 5 a. E.*].

§ 364a (Bestellung eines Verteidigers für Durchführung des Wiederaufnahmeverfahrens)

Das für die Entscheidungen im Wiederaufnahmeverfahren [*gem. § 367, § 140a GVG*] zuständige Gericht [*und nicht der Vorsitzende wie nach § 141 IV*] bestellt [*durch Beschluß, § 367 II*] dem [*lebenden*] Verurteilten, der keinen Verteidiger hat, auf [*u. U. vom Gericht im Rahmen seiner Fürsorgepflicht veranlaßten*] Antrag [*des Verurteilten, seines gesetzlichen Vertreters, seiner Erziehungsberechtigten, § 67 III JGG, oder der Staatsanwaltschaft*] einen Verteidiger für das [*zu Gunsten des Verurteilten bereits beantragte oder, zw., beabsichtigte*] Wiederaufnahmeverfahren, wenn [*gerade*] wegen der Schwierigkeit der Sach- oder Rechtslage die Mitwirkung eines Verteidigers [*bei Erfolgsaussicht*] geboten erscheint. [*Die Bestellung dauert nur bis zur rechtskräftigen Entscheidung über den Wiederaufnahmeantrag, §§ 368 I, 370 I. Antragsablehnende Beschlüsse sind nach § 304, nicht: § 372 S 1, anfechtbar.*]

§ 364b (Bestellung eines Verteidigers für Vorbereitung des Wiederaufnahmeverfahrens)

(I[1]) Das für die Entscheidungen im Wiederaufnahmeverfahren zuständige Gericht bestellt dem Verurteilten, der keinen Verteidiger hat, auf Antrag [*vgl. zu § 364a*] einen Verteidiger [*beachte § 97 I 2, II 2 BRAGebO*] schon für die Vorbereitung des Wiederaufnahmeverfahrens, wenn

1. [*im Sinne eines umgekehrten »Anfangsverdachtes«, vgl. § 152 II*] hinreichende tatsächliche [*über bloße Vermutungen hinausgehende*] Anhaltspunkte dafür vorliegen, daß bestimmte Nachforschungen zu Tatsachen oder Beweismitteln führen,

welche die Zulässigkeit eines Antrags auf Wiederaufnahme des Verfahrens [*gem. § 359 Nr. 5*] begründen können,

2. wegen der Schwierigkeit der Sach- oder Rechtslage [*bezogen auf die Nachforschungen*] die Mitwirkung eines Verteidigers geboten erscheint und
3. der Verurteilte außerstande [*– beachte § 364b II –*] ist, ohne Beeinträchtigung des für ihn und seine Familie notwendigen Unterhalts auf eigene Kosten einen Verteidiger zu beauftragen.

(²) Ist dem Verurteilten bereits ein Verteidiger bestellt, so stellt das Gericht auf Antrag durch Beschluß fest, daß die Voraussetzungen der Nummern 1 bis 3 des Satzes 1 vorliegen [*; wichtig für Gebühren und Auslagen, § 97 II 2 BRAGebO*].

(II) Für den Nachweis der Voraussetzungen des Absatzes 1 Satz 1 Nr. 3 gilt § 118 Abs. 2 der Zivilprozeßordnung entsprechend.

§ 365 (Verweisung auf die allgemeinen Rechtsmittelvorschriften)

Die allgemeinen Vorschriften über die Rechtsmittel [*§§ 296–302 I 1 1. Mögl., I 2, II*] gelten auch für den Antrag auf Wiederaufnahme des Verfahrens. [*Entsprechend anwendbar sind ferner §§ 318, 327, 344 I, 352 I. Beachte ferner §§ 390, 397.*]

§ 366 (Inhalt und Form des Wiederaufnahmeantrags)

(I) In dem Antrag müssen [*das zu beseitigende Urteil, das Ziel und*] der gesetzliche Grund der Wiederaufnahme des Verfahrens [*§§ 359, 362, § 79 I BVerfGG, einschließlich der ihn ergebenden Tatsachen*] sowie die [*konkreten*] Beweismittel [*für die vorgetragenen Tatsachen*] angegeben werden.

(II) Von dem Angeklagten [*, seinem gesetzlichen Vertreter, § 298, oder seinem Erziehungsberechtigten, § 67 III JGG*] und den in § 361 Abs. 2 bezeichneten Personen kann der Antrag nur mittels einer von dem Verteidiger oder einem Rechtsanwalt unterzeichneten Schrift oder zu Protokoll der Geschäftsstelle [*bei dem in § 367 I 1 oder § 367 I 2 bezeichneten Gericht, beachte § 24 I Nr. 3 RPflG*] angebracht werden. [*Vgl. zu § 345 II.*]

§ 367 (Zuständiges Wiederaufnahmegericht, keine mündliche Verhandlung)

(I¹) Die Zuständigkeit des Gerichts für die Entscheidungen im Wiederaufnahmeverfahren und über den Antrag zur Vorbereitung eines Wiederaufnahmeverfahrens richtet sich nach den besonderen Vorschriften des Gerichtsverfassungsgesetzes. [*Gemäß § 140a GVG ist Wiederaufnahmegericht nicht das Gericht, dessen Urteil angefochten wird. Beachte daneben § 23 II 3.*]. (²) Der Verurteilte kann Anträge nach den §§ 364a, 364b oder einen Antrag auf Zulassung der Wiederaufnahme des Verfahrens auch bei dem Gericht einreichen, dessen Urteil angefochten wird; dieses leitet den Antrag dem [*nach § 367 I 1, § 140a GVG*] zuständigen Gericht zu.

(II) Die Entscheidungen über Anträge nach den §§ 364a, 364b und den Antrag auf Zulassung der Wiederaufnahme des Verfahrens ergehen ohne mündliche Verhandlung [*und daher ohne Schöffen. Beachte §§ 30 II, 76 I, 122 I GVG*].

§ 368 (Zulässigkeitsprüfung hinsichtlich Form und Schlüssigkeit des Wiederaufnahmeantrags: Additionsverfahren)

(I) Ist der Antrag nicht in der [*durch §§ 366 II, 365*] vorgeschriebenen Form angebracht oder ist darin kein gesetzlicher Grund der Wiederaufnahme geltend gemacht oder kein geeignetes Beweismittel angeführt [*, sind also z. B. im Falle des § 359 Nr. 5 etwa keine neuen Tatsachen oder keine neuen Beweismittel dargetan, die dem angefochtenen Urteil die Grundlage entziehen, h. M., oder doch wenigstens erhebliche Zweifel begründen*], so ist der Antrag [*u. U. nach einem der Fürsorgepflicht genügenden Hinweis durch zu begründenden, § 34, Beschluß nach Anhörung der Staatsanwaltschaft, § 33 II, auf Kosten des Antragstellers, § 473 V Nr. 1*] als unzulässig zu verwerfen.

(II) Andernfalls ist er [*durch Beschluß, vgl. zu § 368 I, zuzulassen. Zulassungsbeschluß und eine Abschrift des Wiederaufnahmeantrags sind, u. a. wegen der Möglichkeit sofortiger Beschwerde, aber auch wegen § 369*] dem Gegner des Antragstellers [– *vgl. zu § 303* –] unter Bestimmung einer [*dem § 311 II 1 entsprechenden*] Frist zur [*formlosen*] Erklärung zuzustellen.

§ 369 (Beweiserhebung über Begründetheit des Antrags: »Probationsverfahren«)

(I) Wird der Antrag für zulässig befunden [*und hat der Gegner seine Erklärung nach § 368 II abgegeben*], so beauftragt [*oder ersucht*] das Gericht [*, um über die Begründetheit des Antrags nach § 370 entscheiden zu können,*] mit der Aufnahme [– *keine bloße Glaubhaftmachung!* –] der angetretenen Beweise, soweit dies erforderlich ist, einen Richter [*vgl. zu § 253*].

(II) [*Das Gericht kann, um über die Begründetheit des Wiederaufnahmeantrags entscheiden zu können, Beweiserhebungen jeder Art durchführen.*] Dem [*pflichtgemäßen*] Ermessen des Gerichts bleibt es überlassen, ob die Zeugen und Sachverständigen eidlich vernommen werden sollen. [*Über die Vereidigung entscheidet das Gericht durch Beschluß.*]

(III[1]) Bei der Vernehmung eines Zeugen oder Sachverständigen und bei der Einnahme eines richterlichen Augenscheins ist der Staatsanwaltschaft [*, dem Privat- und Nebenkläger, §§ 388 I 1, 397*], dem Angeklagten [*, seinem Erziehungsberechtigten und gesetzlichen Vertreter, § 67 I, II JGG*] und dem Verteidiger [*sowie einem Antragsteller nach § 361 II*] die Anwesenheit zu gestatten. ([2]) § 168c Abs. 3 [*Ausschluß des Angeklagten*], § 224 Abs. 1 [*Benachrichtigung, Protokollvorlegung*] und § 225 [*kommissarischer Augenschein*] gelten entsprechend. ([3]) Befindet sich der Angeklagte nicht auf freiem Fuß, so hat er keinen Anspruch auf Anwesenheit, wenn der Termin nicht an der Gerichtsstelle des Ortes abgehalten wird, wo er sich in Haft befindet, und seine Mitwirkung der mit der Beweiserhebung bezweckten Klärung nicht dienlich ist.

(IV) Nach Schluß der Beweisaufnahme sind die Staatsanwaltschaft und der Angeklagte [*u. U. über seinen Verteidiger, § 145a I*] unter Bestimmung einer Frist zu weiterer Erklärung aufzufordern. [*Ggf. ist dann erneute Beweisaufnahme mit anschließender Erklärungsaufforderung nötig, ehe über die Begründetheit des Wiederaufnahmeantrags nach § 370 entschieden werden kann.*]

§ 370 (Entscheidung über das Begründetsein)

(I) Der [*grundsätzlich vorher für zulässig erklärte*] Antrag auf Wiederaufnahme des Verfahrens wird [*nach einer erforderlichenfalls durchgeführten Beweisaufnahme gem. § 369*] ohne mündliche Verhandlung als unbegründet verworfen, wenn die darin aufgestellten Behauptungen keine genügende [*die Urteilsgrundlage erschütternde, konkrete Zweifel an der Richtigkeit des Urteils begründende*] Bestätigung [*– strenger die h. M., die im Zweifel von der Richtigkeit des Urteils ausgeht –*] gefunden haben oder wenn in den Fällen des § 359 Nr. 1 und 2 oder des § 362 Nr. 1 und 2 nach Lage der Sache die [*widerlegbare gesetzliche*] Annahme ausgeschlossen ist, daß die in diesen Vorschriften bezeichnete Handlung auf die Entscheidung Einfluß gehabt hat.

(II) Andernfalls ordnet das Gericht [*durch mit sofortiger Beschwerde anfechtbaren Beschluß*] die Wiederaufnahme des Verfahrens und die Erneuerung der Hauptverhandlung [*in dem Stadium*] an [*, in dem sie sich befinden würde, wenn das Urteil nicht ergangen wäre. Die Rechtsfolgen, die mit dem rechtskräftigen Urteil verbunden waren, entfallen*].

§ 371 (Beschlußverfahren ohne neue Hauptverhandlung)

(I) Ist der Verurteilte [*– u. U. auch erst nach Erlaß eines Beschlusses nach § 370 II –*] bereits verstorben [*vgl. § 361*], so hat [*, wenn der Antrag für zulässig erklärt wird, in Abweichung von § 370 II*] ohne Erneuerung der Hauptverhandlung das Gericht [*durch mit der sofortigen Beschwerde anfechtbaren, § 372, Beschluß*] nach Aufnahme des etwa noch erforderlichen Beweises [*gem. § 369*] entweder [*sofort, sei es auch nur wegen ernstlicher Zweifel an der Täterschaft des Verstorbenen, str.*] auf Freisprechung zu erkennen oder den Antrag auf Wiederaufnahme abzulehnen. [*Ist der Wiederaufnahmeantrag nicht auf Freisprechung gerichtet, ist er abzulehnen. Die Einstellung wegen eines Verfahrenshindernisses steht der Freisprechung gleich.*]

(II) Auch in anderen Fällen kann [*nach Zulassungs- und Begründetheitsbeschluß, §§ 368, 370 II*] das Gericht, bei öffentlichen Klagen jedoch nur mit [*– sonst: § 373 –*] Zustimmung der Staatsanwaltschaft [*nach pflichtgemäßem Ermessen*], den Verurteilten sofort [*ohne Erneuerung der Hauptverhandlung durch mit sofortiger Beschwerde anfechtbaren, § 372, Beschluß*] freisprechen [*oder das Verfahren wegen Fehlens einer Verfahrensvoraussetzung einstellen*], wenn dazu [*, sei es auch nur für die Anwendung des In-dubio-pro-reo-Satzes,*] genügende Beweise bereits vorliegen.

(III[1]) Mit der Freisprechung ist die [*beschlußförmige, str.*] Aufhebung des früheren Urteils zu verbinden. ([2]) War lediglich auf eine Maßregel der Besserung und Sicherung erkannt, so tritt an die Stelle der Freisprechung die [*beschlußförmige, str.*] Aufhebung des früheren Urteils.

(IV) Die Aufhebung [*nach § 371 II 1*] ist auf [*form- und fristfreiem*] Verlangen des Antragstellers durch den Bundesanzeiger bekanntzumachen und kann nach dem Ermessen des Gerichts auch durch andere Blätter veröffentlicht werden.

§ 372 (Sofortige Beschwerde)

([1]) Alle Entscheidungen, die aus Anlaß [*, z. B. Beschlüsse nach §§ 360 II, 364,*

368 I, 370 I, 371, nicht: Entscheidungen nach §§ 364a, 364b,] eines Antrags auf Wiederaufnahme des Verfahrens von dem Gericht im ersten Rechtszug [= *dem Wiederaufnahmegericht*] erlassen werden, können mit sofortiger Beschwerde [*nach §§ 304, 311*] angefochten werden. [*Für vorbereitende Entscheidungen gilt § 305 analog.*] (2) Der Beschluß, durch den das Gericht die Wiederaufnahme des Verfahrens und die Erneuerung der Hauptverhandlung [*gem. § 370 II*] anordnet, kann von der Staatsanwaltschaft [*, dem Privat- und Nebenkläger*] nicht angefochten werden.

§ 373 (Urteil nach erneuter Hauptverhandlung; Verböserungsverbot)

(I) In der [*völlig*] erneuten Hauptverhandlung [*vor dem nach § 140a GVG zuständigen Gericht ohne die früheren Richter, § 23 II*] ist entweder [*das Verfahren wegen eines Prozeßhindernisses einzustellen, str., nach den §§ 153ff zu entscheiden, str., bei völlig gleicher neuerlicher Entscheidung*] das frühere Urteil aufrechtzuerhalten oder [*bei Abweichung vom früheren Urteil*] unter seiner Aufhebung anderweit in der Sache zu erkennen. [*Eine Entscheidung nach § 329 ist nach der Rspr. unzulässig. Das Urteil ist mit den üblichen Rechtsmitteln anfechtbar.*]

(II[1]) Das frühere Urteil darf [*vgl. zu §§ 331, 358 II*] in Art und Höhe der Rechtsfolgen der Tat nicht zum Nachteil des Verurteilten geändert werden, wenn lediglich der Verurteilte, zu seinen Gunsten die Staatsanwaltschaft oder sein gesetzlicher Vertreter die Wiederaufnahme des Verfahrens beantragt hat. (2) Diese Vorschrift steht der Anordnung der Unterbringung in einem psychiatrischen Krankenhaus oder einer Entziehungsanstalt nicht entgegen. [*§ 373 Abs. II Satz 2 gilt ab 1.1.1985 in folgender Fassung: Diese Vorschrift steht der Anordnung der Unterbringung in einem psychiatrischen Krankenhaus, einer Entziehungsanstalt oder einer sozialtherapeutischen Anstalt nach § 65 Abs. 3 des Strafgesetzbuches nicht entgegen.*]

§ 373a (Wiederaufnahme bei Strafbefehl)

Für die Wiederaufnahme eines durch rechtskräftigen Strafbefehl abgeschlossenen Verfahrens [*zugunsten und zuungunsten des Verurteilten*] gelten die Vorschriften der §§ 359 bis 373 entsprechend. [*Nach irriger – arg.: §§ 373a, 153a I 4, §§ 84 II, 85 III OWiG – Rechtsprechung ermöglicht ein neuer im Strafbefehl nicht berücksichtigter, straferhöhender rechtlicher Gesichtspunkt die Strafverfolgung zuungunsten des Verurteilten über § 373a hinaus.*]

Fünftes Buch
Beteiligung des Verletzten am Verfahren

[§§ 374–406d]

[Den Begriff des Verletzten gebraucht die StPO z. B. in den §§ 22, 61 Nr. 2, 111a III, 111a IV, 111 g I, 111 h I, 111 k I, 172 I, 374 I, 395 II, 403, 472a, ohne ihn einheitlich zu definieren; sie fordert daher, den Ausdruck »Verletzter« stets unter Beachtung des Sinns und des Zwecks der jeweiligen Vorschrift auszulegen.]

Erster Abschnitt
Privatklage
[§§ 374–394]

[Das Privatklageverfahren regeln die §§ 374–394. Theoretisch gibt die StPO dem durch eine in § 374 genannte Katalogtat Verletzten besondere Genugtuungsmöglichkeiten. In der Praxis sind erfolgreiche Privatklageverfahren äußerst selten. Aus diesem Grund und weil die moderne Strafzwecktheorie Strafe nur aus general- und spezialpräventiven, nicht jedoch aus Vergeltungsgründen heraus rechtfertigt, wird die Abschaffung bzw. Reform des geltenden Privatklagerechts gefordert. Gegen Jugendliche ist Privatklage nur in Form der Widerklage zulässig, § 80 JGG.]

§ 374 (Katalogtaten; Privatklageberechtigter)

(I) [*Da das Privatklageverfahren Strafverfahren ist, müssen alle allg. Verfahrensvoraussetzungen gegeben sein. Besondere Zulässigkeitsvoraussetzungen nennen die §§ 374, 375, 376 II, III, 380, 391 I, II, 392, 393, §§ 13 I, 22 III UWG.*] Im Wege der Privatklage können vom [*unmittelbar*] Verletzten verfolgt werden, ohne daß es einer vorgängigen Anrufung der Staatsanwaltschaft bedarf, [*nur Taten i. S. d. § 264, die allein, str., sind:*]

1. ein [*einfacher*] Hausfriedensbruch (§ 123 des Strafgesetzbuches) [*– Verletzter in der Regel Hausrechtsinhaber –*],
2. eine Beleidigung (§§ 185 bis 187a und 189 des Strafgesetzbuches), wenn sie nicht gegen eine der in § 194 Abs. 4 des Strafgesetzbuches genannten politischen Körperschaften gerichtet ist [*– Verletzter: der in seinem sozialen Achtungsanspruch Gekränkte –*],
3. eine Verletzung des Briefgeheimnisses (§ 202 des Strafgesetzbuches),
4. eine Körperverletzung (§§ 223, 223a und 230 des Strafgesetzbuches) [*– Verletzter: der in seinem körperlichen Integritätsinteresse Beeinträchtigte –*]
5. eine Bedrohung (§ 241 des Strafgesetzbuches) [*– Verletzter: Adressat der Drohung, str. –*],
6. eine Sachbeschädigung (§ 303 des Strafgesetzbuches) [*– Verletzter: regelmäßig Eigentümer oder nutzungsberechtigter Besitzer –*],
7. eine Straftat nach den §§ 4, 12, 15, 17, 18 und 20 des Gesetzes gegen den unlauteren Wettbewerb [*– Verletzter: Mitbewerber –*],
8. eine Straftat nach § 49 des Patentgesetzes, § 49 des Sortenschutzgesetzes, § 16 des Gebrauchsmustergesetzes, § 24 Abs. 3, § 25 Abs. 3, § 26 des Warenzeichengesetzes, § 14 des Geschmacksmustergesetzes, §§ 106 bis 108 des Urheberrechtsgesetzes und § 33 des Gesetzes betreffend das Urheberrecht an Werken der bildenden Künste und der Photographie [*– Verletzter: jeweiliger Rechtsschutzinhaber*].

(II[1]) Die Privatklage kann auch erheben, wer [*nach den §§ 194 III, 232 I, 77 II StGB, §§ 22 I, 13 I 1 UWG*] neben dem Verletzten oder an seiner Stelle berechtigt ist, Strafantrag zu stellen. ([2]) Die in § 77 Abs. 2 des Strafgesetzbuches genannten Personen [= *Angehörige des verstorbenen verletzten Antragsberechtigten*] können die Privatklage auch dann erheben, wenn der von ihnen Berechtigte [*noch keine Privatklage erhoben, sondern*] den Strafantrag gestellt hat.

(III) [*Beschränkt geschäftsfähige und geschäftsunfähige Privatklageberechtigte können die Privatklage nicht selbst betreiben, vgl. §§ 51, 52 ZPO.*] Hat der Verletzte [*jedoch*] einen gesetzlichen Vertreter, so wird die Befugnis zur Erhebung der Privatklage durch diesen und, wenn Körperschaften, Gesellschaften und andere Personenvereine, die als solche in bürgerlichen Rechtsstreitigkeiten klagen können, die Verletzten sind, durch dieselben Personen wahrgenommen, durch die sie in bürgerlichen Rechtsstreitigkeiten vertreten werden.

§ 375 (Mehrere Klageberechtigte)

(I) Sind wegen derselben Straftat [*im Sinne des § 264*] mehrere Personen [*unmittelbar verletzt, § 374 I, oder nach § 374 II*] zur Privatklage berechtigt, so ist bei Ausübung dieses Rechts ein jeder von dem anderen unabhängig.

(II) Hat jedoch [*nur*] einer der Berechtigten die [*zulässige*] Privatklage erhoben, so steht den übrigen [*an nachfolgenden Tagen*] nur der [*z. B. schriftlich, zu Protokoll der Geschäftsstelle, mündlich in der Hauptverhandlung, nicht: §§ 380, 381, str.*] Beitritt zu dem [*wegen dieser Tat*] eingeleiteten Verfahren, und zwar in der Lage zu, in der es sich zur Zeit der Beitrittserklärung befindet. [*Werden zwei zulässige Privatklagen am selben Tag erhoben, so werden sie zu einem Verfahren verbunden. Ist die erhobene Privatklage unzulässig, so ist der Beitritt als eigene Klage zu behandeln.*]

(III) [*Nur*] Jede [*rechtskräftige*] in der Sache selbst ergangene Entscheidung [*z. B. nach § 383 II*] äußert zugunsten des Beschuldigten ihre Wirkung auch gegenüber solchen Berechtigten, welche die Privatklage nicht erhoben haben.

§ 376 (Öffentliche Klage bei öffentlichem Interesse)

Die öffentliche Klage wird wegen der in § 374 bezeichneten Straftaten von der Staatsanwaltschaft nur dann erhoben, wenn dies [*z. B. wegen erheblicher Rechtsfriedensstörung oder wegen besonderer Tat- oder Tätergefährlichkeit, vgl. Nr. 86 II RiStBV*] im öffentlichen Interesse liegt. [*Verneint die Staatsanwaltschaft das öffentliche Interesse, stellt sie das Ermittlungsverfahren ein und verweist auf den Privatklageweg.*]

§ 377 (Fakultative staatsanwaltschaftliche Mitwirkung; Übernahme)

(I[1]) Im Privatklageverfahren ist der Staatsanwalt zu einer Mitwirkung nicht verpflichtet [*, sondern nur berechtigt. Der Staatsanwalt hat stets ein Akteneinsichtsrecht*]. ([2]) Das Gericht legt ihm [*jedoch von sich aus nur dann*] die Akten vor, wenn es die Übernahme der Verfolgung durch ihn für geboten hält [*oder das Verfahren wegen Verdachts eines Offizialdelikts nach verhandelter Sache einstellt, § 389 II*].

(II[1]) Auch kann die Staatsanwaltschaft in jeder Lage der Sache [*also nach Privatklageerhebung*] bis zum Eintritt der Rechtskraft des Urteils [*nicht jedoch zu dessen Wiederaufnahme, zw.*] durch eine ausdrückliche [*regelmäßig schriftliche, stets in der Einlegung eines Rechtsmittels, § 377 I, liegende, in der Hauptverhandlung auch mündliche, §§ 273, 274*] Erklärung die Verfolgung übernehmen [*, z. B. weil sie die Voraussetzungen des § 376 oder entgegen Privatkläger und Gericht ein Offizialdelikt bejaht*]. (²) In der Einlegung eines Rechtsmittels ist die Übernahme der Verfolgung enthalten.

(III) Übernimmt die Staatsanwaltschaft die Verfolgung, so [*wird das Privatklageverfahren in der Lage, in der es sich befindet, zum Offizialverfahren. Ferner*] erhält der Privatkläger [*ohne Anschlußerklärung, § 396 I*] die Stellung eines Nebenklägers. [*Eine nach § 379 geleistete Sicherheit wird frei. § 402 gilt analog.*]

§ 378 (Beistand und Vertreter des Privatklägers)

(¹) Der Privatkläger kann [*in der Hauptverhandlung*] im Beistand eines Rechtsanwalts [*nicht: § 138 analog, zw.*] erscheinen oder sich durch einen mit schriftlicher Vollmacht versehenen Rechtsanwalt [*– Ladung: §§ 218 I, 217 –*] vertreten lassen [*; der Rechtsanwalt kann sich durch einen Referendar vertreten lassen, §§ 387 II, 139*]. (²) Im letzteren Falle [*gemeint: bei Vertretung durch Rechtsanwalt*] können [*ohne besondere Vollmachtserstreckung auf Zustellungen, § 145a I analog*] die Zustellungen an den Privatkläger mit rechtlicher Wirkung [*auch*] an den Anwalt erfolgen.

§ 379 (Sicherheitsleistung; Prozeßkostenhilfe)

(I) Der Privatkläger hat für die dem Beschuldigten voraussichtlich erwachsenden Kosten unter denselben Voraussetzungen [*§§ 108–113 ZPO*] Sicherheit zu leisten, unter denen in bürgerlichen Rechtsstreitigkeiten der Kläger auf Verlangen des Beklagten [*§ 110 ZPO*] Sicherheit wegen der Prozeßkosten zu leisten hat.

(II) Die Sicherheitsleistung ist durch Hinterlegung in barem Geld oder in Wertpapieren zu bewirken.

(III) Für die Höhe der Sicherheit [*§ 112 ZPO*] und die Frist zu ihrer Leistung [*§ 113 ZPO*] sowie für die Prozeßkostenhilfe [*§ 114 ff ZPO*] gelten dieselben Vorschriften wie in bürgerlichen Rechtsstreitigkeiten. [*Gegen die Versagung der Prozeßkostenhilfe kann der Privatkläger Beschwerde einlegen.*]

§ 379a (Gerichtsgebührenvorschuß)

(I) Zur Zahlung des [*angemessenen Gerichts-*]Gebührenvorschusses [*§ 67 I GKG-n. F.*] nach § 113 Abs. 1 [*a. F.*] des Gerichtskostengesetzes soll, sofern nicht dem Privatkläger die Prozeßkostenhilfe bewilligt ist oder Gebührenfreiheit zusteht, vom Gericht[*-skollegium*] eine [*angemessene*] Frist bestimmt werden; hierbei soll auf die nach Absatz 3 eintretenden Folgen hingewiesen werden. [*Zum Auslagenvorschuß vgl. § 68 GKG.*]

(II) Vor Zahlung des Vorschusses soll keine gerichtliche Handlung vorgenommen werden, es sei denn, daß glaubhaft gemacht wird, daß die Verzögerung dem Privatkläger einen nicht oder nur schwer zu ersetzenden Nachteil bringen würde.

(III¹) Nach fruchtlosem Ablauf der nach Absatz 1 gestellten Frist [*durch schuldhafte oder schuldlose Nichtzahlung*] wird die Privatklage zurückgewiesen [*Wiedereinsetzung ist möglich, §§ 44, 45*]. (²) Der Beschluß kann mit sofortiger Beschwerde *[nach § 311]* angefochten werden. ([3]) Er ist von dem Gericht, das ihn erlassen hat, von Amts wegen aufzuheben, wenn sich herausstellt, daß die Zahlung innerhalb der gesetzten Frist eingegangen ist.

§ 380 (Sühneversuch)

(I[1]) Wegen *[einer Tat, die allein als]* Hausfriedensbruch *[§ 123 StGB]*, Beleidigung *[§§ 185–187a, 189 StGB]*, Verletzung des Briefgeheimnisses *[§ 202 StGB]*, Körperverletzung (§§ 223, 230 des Strafgesetzbuches), Bedrohung *[§ 241 StGB]* und Sachbeschädigung *[§ 303 StGB, zu werten ist,]* ist die Erhebung der *[Privat-]* Klage *[nicht: Widerklage, Beitritt nach § 375 II]* erst zulässig, nachdem von einer durch die Landesjustizverwaltung zu bezeichnenden Vergleichsbehörde *[§ 37 BadWüAGGVG, Art. 2 BayAGStPO, § 33 BerlSchiedsmannsG, § 2 BremAGStPO, § 1 HambVO 1946, §§ 33ff Hess/Nds/NW/Saarl/SchlH SchiedsmannsG/O, §§ 9ff RhPfSchiedsmannsO, in einem Sühnetermin vor einem Schiedsmann]* die Sühne erfolglos versucht worden ist. ([2]) Der Kläger hat die Bescheinigung hierüber mit der Klage einzureichen *[oder bei versehentlicher Nichteinreichung bis zur gerichtlichen Entscheidung nachzureichen. Ist die Klage trotz fehlenden Sühneversuchs zugelassen worden, so ist der Eröffnungsbeschluß gleichwohl wirksam, h. M.]*.

(II) Die Landesjustizverwaltung kann bestimmen, daß die Vergleichsbehörde ihre Tätigkeit von der Einzahlung eines angemessenen Kostenvorschusses abhängig machen darf.

(III) Die Vorschriften der Absätze 1 und 2 gelten nicht, wenn der amtliche Vorgesetzte nach § 194 Abs. 3 oder § 232 Abs. 2 des Strafgesetzbuches befugt ist, Strafantrag zu stellen. *[Nicht notwendig ist, daß der Vorgesetzte Strafantrag stellt oder Privatklage erhebt.]*

(IV) Wohnen die Parteien nicht in demselben Gemeindebezirk, so kann nach näherer Anordnung der Landesjustizverwaltung von einem Sühneversuch abgesehen werden.

§ 381 (Klageerhebung)

([1]) Die Erhebung der Klage *[beim örtlich zuständigen Amtsgericht, §§ 7ff]* geschieht zu Protokoll der Geschäftsstelle oder durch Einreichung einer Anklageschrift. ([2]) Die Klage muß den in § 200 Abs. 1 bezeichneten Erfordernissen entsprechen. ([3]) Mit der Anklageschrift sind zwei Abschriften einzureichen *[, von denen eine an den Beschuldigten geht, vgl. § 382]*.

§ 382 (Mitteilung der erhobenen Klage)

Ist die Klage *[nach den §§ 379–381]* vorschriftsmäßig erhoben, so teilt das Gericht *[, wenn es gegenüber dem Beschuldigten überhaupt Gerichtsbarkeit besitzt, § 18ff GVG, Art. 46 GG]* sie dem Beschuldigten *[oder unter den Voraussetzungen des § 145a I seinem Verteidiger]* unter Bestimmung einer *[angemessenen]* Frist zur Erklärung mit *[, um ihm Gelegenheit zu geben, vor der Beschlußfassung nach § 383 StGB Einwendungen geltend zu machen. Ist sie nicht vorschriftsmäßig erhoben, wird sie ohne vorherige Anhörung des Beschuldigten zurückgewiesen]*.

§ 383 (Beschluß über die Eröffnung des Hauptverfahrens; Zurückweisung; Einstellung bei geringer Schuld)

(I[1]) Nach Eingang der Erklärung des Beschuldigten oder Ablauf der Frist entscheidet das Gericht [*durch Beschluß*] darüber, ob [*– u. U. nach einzelnen Beweiserhebungen, § 202 I –*] das Hauptverfahren [*bei hinreichendem Tatverdacht, § 203*] zu eröffnen oder [*wegen Fehlens der allgemeinen Prozeß- und besonderen Privatklagevoraussetzungen nach Anhörung des Privatklägers, § 33 II*] die Klage [*kostenpflichtig, § 471 II*] zurückzuweisen ist, nach Maßgabe der [*in den §§ 199 ff enthaltenen*] Vorschriften, die bei einer von der Staatsanwaltschaft unmittelbar erhobenen Anklage anzuwenden sind. [*Zur Bekanntgabe der Entscheidung s. §§ 35, 145a, 378 S 2.*] ([2]) In dem Beschluß, durch den das Hauptverfahren eröffnet wird, bezeichnet das Gericht den Angeklagten und die Tat gemäß § 200 Abs. 1 Satz 1. [*Vgl. § 384 II. Gegen die Zurückweisung kann der Privatkläger sofortige Beschwerde einlegen, §§ 390 I 1, 210 II.*]

(II[1]) Ist die Schuld des Täters [*bei hypothetischer Durchführung des Verfahrens*] gering [*vgl. zu §§ 153 II, 153 I*], so kann [*nach vorheriger Anhörung des Privatklägers, § 385 I 1*] das Gericht das Verfahren [*durch mit sofortiger Beschwerde anfechtbaren, § 383 II, Beschluß*] einstellen. ([2]) Die Einstellung [*durch Beschluß*] ist auch noch in der Hauptverhandlung [*vor dem Erst-, Berufungs-, § 390 V, und Revisionsgericht*] zulässig. [*Kosten: §§ 471 III Nr. 2, 471 II.*] ([3]) Der Beschluß [*ist dem Privatkläger mit Rechtsmittelbelehrung, §§ 35 II, 35a, zuzustellen. Er*] kann [*vom Privatkläger, nicht dagegen vom Beschuldigten, str., sowie von der Staatsanwaltschaft, § 377 II 2*] mit sofortiger Beschwerde angefochten werden.

§ 384 (Weiteres Verfahren nach Eröffnung)

(I[1]) Das weitere Verfahren richtet sich [*nach Eröffnung, soweit sich nicht aus den §§ 384 ff etwas anderes ergibt,*] nach den Vorschriften, die [*wie z. B. die §§ 1–149, 206a, 213–275, 296 ff*] für das Verfahren auf erhobene öffentliche Klage gegeben sind. ([2]) Jedoch dürfen [*z. B. Unterbringung nach § 81 und Untersuchungshaft wegen Unverhältnismäßigkeit sowie*] Maßregeln der Besserung und Sicherung nicht angeordnet werden. [*Beachte z. B. auch § 62.*]

(II) § 243 ist mit der Maßgabe anzuwenden, daß der Vorsitzende den Beschluß über die Eröffnung des Hauptverfahrens verliest.

(III) Das Gericht bestimmt unbeschadet des § 244 Abs. 2 [*und Abs. VI, § 34*] den Umfang der Beweisaufnahme [*nach pflichtgemäßem Ermessen, ohne an die §§ 244 III, 245 gebunden zu sein*].

(IV) Die Vorschrift des § 265 Abs. 3 über das Recht, die Aussetzung der Hauptverhandlung zu verlangen, ist nicht anzuwenden.

(V) Vor dem Schwurgericht kann eine Privatklagesache nicht gleichzeitig mit einer auf öffentliche Klage anhängig gemachten Sache verhandelt werden.

§ 385 (Rechtsstellung des Privatklägers)

(I[1]) [*Der Privatkläger muß nicht wie ein Staatsanwalt objektiv sein, § 160 II. Er hat auch nicht die staatsanwaltschaftlichen Rechte nach §§ 161 ff.*] Soweit [*aber*] in dem Verfahren auf erhobene öffentliche Klage die Staatsanwaltschaft zuzuziehen und zu hören ist, wird in dem Verfahren auf erhobene Privatklage der Privatkläger zugezogen und gehört. (²) Alle Entscheidungen, die dort der Staatsanwaltschaft bekanntgemacht werden, sind hier dem Privatkläger [*nach §§ 35 II, 37 i. V. m. §§ 208 ff ZPO*] bekanntzugeben. [*Der Privatkläger hat z. B. auch die staatsanwaltschaftlichen Rechte nach § 240 II 1.*]

(II) [*Angeklagter und Privatkläger sind zu laden und haben die Rechte nach § 217 II.*] Zwischen der Zustellung der Ladung des Privatklägers zur Hauptverhandlung und dem Tag der letzteren muß eine Frist von mindestens einer Woche liegen [*vgl. § 217 I*].

(III) Das Recht der Akteneinsicht kann der Privatkläger nur durch einen Anwalt ausüben. [*§ 147 IV gilt analog.*]

(IV) In den Fällen der §§ 154 a und 430 ist deren Absatz 3 Satz 2 nicht anzuwenden.

(V¹) Im Revisionsverfahren ist ein Antrag des Privatklägers nach § 349 Abs. 2 nicht erforderlich. (²) § 349 Abs. 3 ist [*folgerichtig*] nicht anzuwenden.

§ 386 (Ladung der Beweispersonen)

(I) Der Vorsitzende des Gerichts [*, in der ersten Instanz der Strafrichter, § 25 GVG*] bestimmt [*nach pflichtgemäßem Ermessen, vgl. §§ 38 III, 244 II*], welche Personen als Zeugen oder Sachverständige zur Hauptverhandlung geladen werden sollen.

(II) Dem Privatkläger [*und seinem Rechtsanwalt, § 378*] wie dem Angeklagten [*und seinem Rechtsanwalt, § 387*] steht das Recht der unmittelbaren Ladung [*nach §§ 38, 220*] zu [*, ohne daß diese gem. § 245 in der Hauptverhandlung vernommen werden müssen, § 384 II. Beachte §§ 219 II, 222 II*].

§ 387 (Rechtsanwaltlicher Beistand oder Vertreter des Angeklagten in der Hauptverhandlung)

(I) In der Hauptverhandlung [*sind Privatkläger und Angeklagter zum Erscheinen grundsätzlich verpflichtet. Der Privatkläger kann sich bereits außerhalb der Hauptverhandlung durch einen Anwalt vertreten lassen, § 378. In der Hauptverhandlung*] kann [*neben dem Privatkläger*] auch der Angeklagte im Beistand eines Rechtsanwalts erscheinen oder sich auf Grund einer schriftlichen Vollmacht durch einen solchen vertreten lassen. [*Jedoch kann nach pflichtgemäßem Ermessen, §§ 384 III, 244 II, das persönliche Erscheinen angeordnet werden, § 387 III.*]

(II) Die Vorschrift des § 139 gilt für den Anwalt des Klägers und für den des Angeklagten [*, so daß der Rechtsanwalt sich durch einen Referendar vertreten lassen kann*].

(III) Das Gericht ist befugt, das persönliche Erscheinen des Klägers sowie des Angeklagten anzuordnen, auch den Angeklagten vorführen [*nicht jedoch verhaften*] zu lassen. [*Es gelten bei Ausbleiben die §§ 391 II, 391 III, 230–233, 329.*]

§ 388 (Widerklage)

(I) Hat der Verletzte die Privatklage [*zulässig*] erhoben [*und ist sie noch nicht endgültig erledigt*], so kann der [*prozeßfähige*] Beschuldigte [*auch gegen einen Jugendlichen, § 80 II JGG*] bis zur Beendigung des letzten Wortes (§ 258 Abs. 2 Halbsatz 2) im ersten Rechtszug [*, ohne daß es eines Sühneversuchs, einer Sicherheitsleistung oder eines Gebührenvorschusses bedürfte, §§ 379, 379a, 380; beachte aber § 68 II GKG*] mittels einer [*formgerechten, § 381*] Widerklage die Bestrafung des Klägers beantragen, wenn er von diesem gleichfalls durch eine Straftat verletzt worden ist, die [*nach § 374*] im Wege der Privatklage [*noch, bea. § 77c StGB*] verfolgt werden kann und mit der den Gegenstand der Klage bildenden Straftat in [*einem, wenn auch nur losen, – weiter als in §§ 77c, 199, 233 StGB –*] Zusammenhang steht [*, der eine gemeinsame Behandlung als zweckmäßig erscheinen läßt*].

(II[1]) Ist der Kläger nicht der Verletzte (§ 374 Abs. 2), so kann der Beschuldigte die Widerklage gegen den Verletzten erheben. ([2]) In diesem Falle bedarf es der Zustellung der Widerklage an den Verletzten und dessen Ladung zur Hauptverhandlung, sofern die Widerklage nicht in der Hauptverhandlung in Anwesenheit des Verletzten erhoben wird.

(III) Über die Klage und Widerklage ist [*solange*] gleichzeitig zu erkennen [*, wie Klage und Widerklage in derselben Instanz anhängig sind*].

(IV) Die Zurücknahme der Klage ist [*, weil sie und die Widerklage grundsätzlich unabhängig sind, str.*] auf das Verfahren über die Widerklage ohne Einfluß.

§ 389 (Einstellung durch Urteil bei Offizialdelikt)

(I) Findet das Gericht [*vor verhandelter Sache, daß kein Privatklagevergehen, § 374 I, gegeben ist, muß es die Privatklage nach § 383 I als unzulässig zurückweisen oder nach Eröffnungsbeschluß außerhalb der Hauptverhandlung nach §§ 206a, 384 I einstellen. Findet das Gericht*] nach [*soweit wie für eine Entscheidung nach § 389 erforderlich*] verhandelter Sache, daß die [*im Sinne eines hinreichenden Offizialtatverdachts*] für festgestellt zu erachtenden Tatsachen eine Straftat darstellen, auf die das in diesem Abschnitt vorgeschriebene Verfahren nicht anzuwenden ist, so [*legt es der Staatsanwaltschaft die Akten zur Übernahme gemäß § 377 I 2 vor. Lehnt die Staatsanwaltschaft die Übernahme ab*] hat es durch Urteil, das diese Tatsachen hervorheben muß, die Einstellung des Verfahrens auszusprechen. [*Die Staatsanwaltschaft ist an die Rechtsansicht des Gerichts nicht gebunden, str.*]

(II) Die Verhandlungen sind in diesem Falle der Staatsanwaltschaft mitzuteilen.

§ 390 (Rechtsmittel des Privatklägers)

(I[1]) Dem Privatkläger stehen [*in dieser Anklägereigenschaft, soweit er beschwert ist, str., nur zuungunsten des Angeklagten, str.*] die Rechtsmittel zu, die in dem Verfahren auf erhobene öffentliche Klage der Staatsanwaltschaft zustehen [*§ 210 II, 312, 333, gegen Berufungsurteil, §§ 335, 304 ff*]. ([2]) Dasselbe gilt von dem Antrag auf Wiederaufnahme des Verfahrens in den Fällen des § 362. ([3]) Die Vorschrift des § 301 [*nicht jedoch die des § 296 II*] ist auf das Rechtsmittel des Privatklägers anzuwenden.

(II) Revisionsanträge und Anträge auf Wiederaufnahme des durch ein rechtskräftiges Urteil abgeschlossenen Verfahrens kann der Privatkläger [*nicht gemäß §§ 345 II, 366 II zu Protokoll der Geschäftsstelle, sondern*] nur mittels einer von einem Rechtsanwalt unterzeichneten Schrift anbringen.

(III[1]) Die in den §§ 320, 321 und 347 angeordnete Vorlage und Einsendung der Akten erfolgt wie im Verfahren auf erhobene öffentliche Klage [*im Interesse der möglichen Übernahme nach § 377 II*] an und durch die Staatsanwaltschaft. ([2]) Die Zustellung der Berufungs- und Revisionsschriften an den Gegner des Beschwerdeführers wird [*wie üblich*] durch die Geschäftsstelle bewirkt.

(IV) Die Vorschrift des § 379a über die Zahlung des Gebührenvorschusses und die Folgen nicht rechtzeitiger Zahlung gilt [*im Hinblick auf die wegen seiner Klage eingelegten Rechtsmittel des Privat- oder Widerklägers*] entsprechend.

(V[1]) Die Vorschrift des § 383 Abs. 2 Satz 1 und 2 über die Einstellung wegen Geringfügigkeit gilt auch im [*landgerichtlichen*] Berufungsverfahren. ([2]) Der Beschluß ist nicht anfechtbar.

§ 391 (Klagerücknahme; Wiedereinsetzung)

(I[1]) Die Privatklage kann [*von der Klageerhebung ab*] in jeder Lage des Verfahrens [*bis zu dessen rechtskräftigem Abschluß durch bedingungsfeindliche, unanfechtbare und unwiderrufliche, bea. auch § 392, Prozeßhandlung*] zurückgenommen werden. [*Die Zurücknahme schließt regelmäßig auch die Zurücknahme des Strafantrages ein, § 77d StGB.*] ([2]) Nach Beginn der Vernehmung des Angeklagten zur Sache [*gem. § 243 IV 2*] in der Hauptverhandlung des ersten Rechtszuges bedarf die Zurücknahme [*der Privatklage, nicht jedoch die ein Verfahrenshindernis schaffende Antragszurücknahme, § 77d StGB*] der Zustimmung des Angeklagten. [*Das zugelassene Verfahren wird durch besonderen Beschluß eingestellt.*]

(II) [*Die Zurücknahme wird häufig in einem gerichtlichen Vergleich erklärt. Außergerichtliche Rücknahmen werden nur berücksichtigt, wenn sie in der Verhandlung vorgetragen werden.*] Als Zurücknahme gilt es im Verfahren des ersten Rechtszuges und, soweit der Angeklagte die Berufung eingelegt hat, im Verfahren des zweiten Rechtszuges, wenn der [*ordnungsgemäß geladene*] Privatkläger in der Hauptverhandlung weder erscheint noch durch einen Rechtsanwalt vertreten wird oder in der Hauptverhandlung oder einem anderen Termin ausbleibt, obwohl das Gericht sein persönliches Erscheinen angeordnet hatte, oder [*vorzeitig vor den Schlußvorträgen fortgeht, str., oder*] eine [*pflichtgemäß festgesetzte*] Frist nicht einhält, die ihm [*nach Eröffnung des Hauptverfahrens, str.*] unter Androhung der Einstellung des [*eröffneten*] Verfahrens gesetzt war. [*Die fingierte Zurücknahme führt wie eine nach § 391 I erklärte zum gerichtlichen Einstellungsbeschluß.*]

(III) Soweit der Privatkläger die Berufung [*gegen einen Freispruch*] eingelegt hat, ist sie im Falle der [*in § 391 II*] vorbezeichneten Versäumungen unbeschadet der Vorschrift des § 301 sofort [*also ohne sachliche Prüfung*] zu verwerfen.

(IV) Der Privatkläger kann [*, um eine Berufung durchführen zu können,*] binnen einer Woche nach der Versäumung die Wiedereinsetzung in den vorigen Stand unter den in den §§ 44 und 45 bezeichneten Voraussetzungen beanspruchen.

§ 392 (Wirkung der Klagerücknahme)

Die zurückgenommene [*zulässige*] Privatklage [*zieht den Einstellungsbeschluß sowie die Kosten- und Auslagenentscheidung nach § 471 II nach sich. Sie*] kann [*von demselben Klageberechtigten, vgl. § 375 I, auch in den Fällen des § 391 II, III*] nicht von neuem erhoben werden. [*Vgl. § 77d I 3 StGB für die Zurücknahme eines Strafantrages.*]

§ 393 (Tod des Privatklägers)

(I) [*Der Tod des Angeklagten beendet das Verfahren, ohne daß es eines Einstellungsbeschlusses bedürfte.*] Der Tod des Privatklägers hat [*zweckmäßigerweise erst nach Ablauf der in § 393 III genannten Frist*] die Einstellung des [*rechtsanhängigen*] Verfahrens [*durch konstitutiven, str., Beschluß*] zur Folge [*Kosten: § 471 II*].

(II) Die Privatklage kann jedoch nach dem Tode des Klägers von den nach § 374 Abs. 2 zur Erhebung der Privatklage Berechtigten fortgesetzt werden. [*Bei mehreren Fortsetzungsberechtigten gilt § 375 analog.*]

(III) Die Fortsetzung ist von dem Berechtigten bei [*völligem, also auch Wiedereinsetzung ausschließenden, zw.*] Verlust des Rechts binnen zwei Monaten, vom Tode des Privatklägers an gerechnet, bei Gericht zu erklären.

§ 394 (Bekanntmachung an den Beschuldigten)

Die Zurücknahme der Privatklage und der Tod des Privatklägers sowie die Fortsetzung der Privatklage sind dem Beschuldigten [*formlos*] bekanntzumachen.

Zweiter Abschnitt
Nebenklage
[§§ 395–402]

[Die §§ 395–402 regeln, wer sich als »Nebenkläger« wann, wie und mit welchen Rechten einer öffentlichen Klage anschließen kann, vgl. §§ 395, 396, 397, 401. Beachte ferner § 377 II, § 80 III JGG.]

§ 395 (Nebenklageberechtigter)

(I[1]) Wer [*prozeßfähig und*] nach Maßgabe der Vorschrift des § 374 [*jedoch ohne Rücksicht darauf, ob das Privatdelikt mit einem Offizialklagedelikt privatklageausschließend zusammentrifft, str.*] als Privatkläger aufzutreten berechtigt ist [*, namentlich bei Antragsdelikten den Strafantrag wirksam gestellt hat*], kann sich der [*bereits, vgl. aber § 396 I 2*] erhobenen öffentlichen Klage in jeder Lage des [*noch nicht rechtskräftig abgeschlossenen*] Verfahrens als Nebenkläger anschließen, in Verfahren bei Strafbefehlen jedoch erst dann, wenn Termin zur Hauptverhandlung anberaumt (§ 408 Abs. 2, § 411 Abs. 1) oder der Antrag auf Erlaß eines Strafbefehls abgelehnt worden ist. ([2]) Der Anschluß kann [*, solange die für die Staatsanwalt-*

schaft gültige Rechtsmittelfrist noch läuft, vgl. § 399 II, str.] zur Einlegung von Rechtsmitteln auch nach ergangenem Urteil geschehen.

(II) Die gleiche Befugnis steht zu

1. den Eltern, Kindern, Geschwistern und dem Ehegatten eines durch eine rechtswidrige Tat [*z. B. §§ 178 III, 211–222, 226, 229 II, 239 III, 239a II, 239b II, 251, 307 Nr. 1, 310b III, 311 III, 311a III StGB, auch § 323a StGB*] Getöteten;
2. dem Verletzten, der durch einen Antrag auf gerichtliche Entscheidung (§ 172) die Erhebung der öffentlichen Klage [*erfolgreich, zu Recht oder zu Unrecht*] herbeigeführt hat.

(III) Im Falle des § 90 des Strafgesetzbuches steht dem Bundespräsidenten und im Falle des § 90b des Strafgesetzbuches der betroffenen Person die Befugnis zu, sich der öffentlichen Klage als Nebenkläger anzuschließen.

§ 396 (Anschlußerklärung)

(I[1]) Die Anschlußerklärung ist bei dem Gericht schriftlich einzureichen [*oder zu Protokoll der Geschäftsstelle oder des Richters zu erklären; aus ihr muß bei fehlender Unterzeichnung hervorgehen, von wem sie herrührt*]. ([2]) Eine vor Erhebung der öffentlichen Klage bei der Staatsanwaltschaft oder dem Gericht eingegangene Anschlußerklärung wird mit Erhebung der öffentlichen Klage wirksam.

(II[1]) Das [*mit der Sache befaßte*] Gericht[*-skollegium*] hat über die [*formelle und materielle*] Berechtigung des Nebenklägers zum Anschluß nach Anhörung der Staatsanwaltschaft [*deklaratorisch, also widerrufs- und beschwerdefähig; beachte aber § 305*] zu entscheiden [*; an der Berechtigung fehlt es z. B., wenn der Nebenkläger nicht prozeßfähig ist, nicht zu dem in § 395 genannten Personenkreis gehört und die Verurteilung wegen einer Nebenklagestraftat nicht wenigstens rechtlich als möglich erscheint*]. ([2]) Erwägt das Gericht, das Verfahren nach § 153 Abs. 2 oder § 153a Abs. 2 einzustellen, so entscheidet es [*nach Anhörung des Nebenklägers, §§ 397 I, 33*] zunächst über die Berechtigung zum Anschluß.

(III) Zu einer Sicherheitsleistung ist der Nebenkläger nicht verpflichtet.

§ 397 (Rechte des Nebenklägers)

(I) Der Nebenkläger hat nach erfolgtem Anschluß [*nicht die Pflichten – § 384 III gilt z. B. nicht –, sondern nur*] die Rechte des Privatklägers [*insbes. nach §§ 385 I, 24 III, 240 II, 378*].

(II) Der Beschluß, der das Verfahren nach § 153 Abs. 2, § 153a Abs. 2 oder § 153b Abs. 2 einstellt, kann [*nicht vom Verletzten und auch*] vom Nebenkläger nicht angefochten werden.

(III[1]) Wird die Verfolgung nach § 154a beschränkt, so berührt dies [*wegen der Unabhängigkeit des Nebenklägers vom Staatsanwalt*] nicht das Recht, sich der erhobenen öffentlichen Klage als Nebenkläger anzuschließen. ([2]) Wird der Nebenkläger zum Verfahren zugelassen, so entfällt eine Beschränkung nach § 154a Abs. 1 oder 2, soweit sie die Nebenklage betrifft.

§ 398 (Ungestörter Fortgang des Verfahrens)

(I) Der Fortgang des Verfahrens wird durch den Anschluß nicht [*in unangebrachter Weise*] aufgehalten. [*Im Rahmen der Fürsorgepflicht ist aber auf die Belange des Nebenklägers Rücksicht zu nehmen.*]

(II) [*Der Nebenkläger ist nicht zur Anwesenheit in der Hauptverhandlung verpflichtet, wohl aber berechtigt.*] Die bereits anberaumte Hauptverhandlung sowie andere Termine finden [*jedoch*] an den bestimmten Tagen statt, auch wenn der Nebenkläger wegen der Kürze der Zeit nicht mehr geladen oder benachrichtigt werden konnte. [*Hätte der Nebenkläger geladen oder benachrichtigt werden können, begründet das rechtswidrige Unterlassen die Revision nach §§ 401, 337.*]

§ 399 (Bekanntmachung und Anfechtung früherer Entscheidungen)

(I) Entscheidungen, die schon vor dem [*Eingang der konstitutiv den Anschluß bewirkenden*] Anschluß[*-erklärung*] ergangen und der Staatsanwaltschaft bekannt gemacht waren, bedürfen außer in den Fällen des § 401 Abs. 1 Satz 2 keiner Bekanntmachung an den Nebenkläger. [*Entscheidungen, die nach Eingang der Anschlußerklärung ergehen, sind jedoch dem Nebenkläger bekanntzumachen.*]

(II) Die Anfechtung solcher [*vor Eingang der Anschlußerklärung ergangenen*] Entscheidungen steht [*trotz der eigenen Rechtsmittelbefugnis, § 401 I 1, mangels eigener Rechtsmittelfrist*] auch dem Nebenkläger nicht mehr zu, wenn für die Staatsanwaltschaft die Frist zur Anfechtung abgelaufen ist [*oder die Staatsanwaltschaft auf Rechtsmittel verzichtet hat, h. M., zw.*].

§ 400 (weggefallen)

§ 401 (Rechtsmittel des Nebenklägers)

(I[1]) Der [*einem Privatkläger nach § 390 zustehenden, zulässigen*] Rechtsmittel [*: einfache Beschwerde, sofortige Beschwerde, Berufung, Revision, Wiederaufnahme zuungunsten des Angeklagten*] kann sich der Nebenkläger [*nach seinem Anschluß grundsätzlich; beachte aber § 399 I, II*] unabhängig von der Staatsanwaltschaft [*im Falle einer eigenen, funktionsspezifisch zu bestimmenden Beschwer*] bedienen. ([2]) Geschieht der Anschluß nach ergangenem Urteil zur Einlegung eines Rechtsmittels, so ist dem [*noch nicht zugelassenen*] Nebenkläger das angefochtene Urteil [*ohne vorherigen deklaratorischen Zulassungsbeschluß, § 383 II*] sofort zuzustellen. ([3]) Die Frist zur Begründung des Rechtsmittels beginnt mit Ablauf der für die Staatsanwaltschaft laufenden Frist zur Einlegung des Rechtsmittels oder, wenn das Urteil dem Nebenkläger noch nicht zugestellt war, mit der Zustellung des Urteils an ihn auch dann, wenn eine Entscheidung über die Berechtigung des Nebenklägers zum Anschluß noch nicht ergangen ist.

(II[1]) War der [*bereits zugelassene*] Nebenkläger in der Hauptverhandlung anwesend oder durch einen Anwalt vertreten, so beginnt für ihn die Frist zur Einlegung des Rechtsmittels auch dann mit der Verkündung des Urteils, wenn er bei dieser nicht mehr zugegen oder vertreten war; er kann die Wiedereinsetzung in den vorigen Stand gegen die Versäumung der Frist nicht wegen fehlender Rechtsmittelbelehrung beanspruchen. (²) Ist der Nebenkläger in der Hauptverhandlung überhaupt nicht anwesend oder vertreten gewesen, so beginnt die Frist mit der Zustellung der Urteilsformel an ihn.

(III¹) Hat allein der Nebenkläger Berufung eingelegt, so ist diese, wenn bei Beginn einer Hauptverhandlung weder der Nebenkläger noch für ihn ein Rechtsanwalt erschienen [*und keine dem Angeklagten günstige Entscheidung zu erwarten*] ist, unbeschadet der Vorschrift des § 301 sofort zu verwerfen. (²) Der Nebenkläger kann binnen einer Woche nach der Versäumung unter den Voraussetzungen der §§ 44 und 45 die Wiedereinsetzung in den vorigen Stand beanspruchen.

(IV) Wird auf ein nur von dem Nebenkläger eingelegtes Rechtsmittel die angefochtene Entscheidung aufgehoben, so liegt der Betrieb der Sache wiederum der Staatsanwaltschaft ob.

§ 402 (Wegfall der Nebenklage bei Widerruf und Tod des Nebenklägers)

Die Anschlußerklärung verliert [*ex nunc*] durch [*bis zur rechtskräftigen Beendigung des Verfahrens formlos – str., a. A.: § 396 I analog – möglichen*] Widerruf sowie durch den Tod des Nebenklägers ihre Wirkung. [*§§ 397 I, 393 II, III sind nicht analog anwendbar, str.*]

Dritter Abschnitt
Entschädigung des Verletzten

[§§ 403–406 d]

[Die Entschädigung des Verletzten, genauer den sog. »Anschluß«-, »Anhangs«- oder »Adhäsionsprozeß« zur Klärung von aus einer Straftat erwachsenden vermögensrechtlichen Ansprüchen, regeln die §§ 403–406c. Beachte z.B. auch § 89 BRAO, § 9 III WiStG, § 110 S 1 UrhG, §§ 81, 109 JGG, Art. 22 BayFoStG.]

§ 403 (Voraussetzungen)

(I) Der [*prozeßfähige, § 52 ZPO, unmittelbar oder mittelbar, vgl. z. B. §§ 844 II, 845 BGB*] Verletzte oder sein [*prozeßfähiger*] Erbe [*nicht jedoch sein Einzelrechtsnachfolger*] kann gegen den [*nichtjugendlichen, § 81 JGG, strafprozessual verhandlungsfähigen, nicht notwendigerweise zivilprozeßfähigen, § 52 ZPO, str.*] Beschuldigten einen aus der Straftat erwachsenen vermögensrechtlichen [*, weit zu interpretieren, selbst auf Herausgabe oder Unterlassung, §§ 985, 1004 BGB, gerichteten*] Anspruch [*z. B. nach §§ 823 II, 249 ff, 847 BGB*], der zur Zuständigkeit der ordentlichen Gerichte gehört und noch nicht anderweit [*insbesondere zivilprozessual*] gerichtlich anhängig gemacht ist, im [*Privat- oder Offizial-*]Strafverfahren geltend machen [*– beachte aber § 405 –*], im Verfahren vor dem Amtsgericht jedoch nur insoweit, als der Anspruch zu dessen Zuständigkeit gehört [*§ 23 Nr. 1 GVG*].

(II) Der Verletzte oder sein Erbe soll [*, wenn nicht gem. § 405 wahrscheinlich verfahren wird, vgl. Nr. 173 RiStBV, str.*] von dem Strafverfahren möglichst frühzeitig Kenntnis erhalten; dabei soll er auf die Möglichkeit, seinen Anspruch auch im Strafverfahren geltend zu machen, hingewiesen werden.

§ 404 (Antrag des Verletzten oder Erben)

(I[1]) Der Antrag, durch den der Anspruch geltend gemacht wird, kann [*schon von Beginn des Ermittlungsverfahrens an, str. – a.A. erst ab erhobener Anklage –*] schriftlich oder mündlich zur Niederschrift des Urkundsbeamten, in der [*erst- oder, str., berufungsinstanzlichen, arg.: § 406b S 3*] Hauptverhandlung auch mündlich bis zum Beginn der Schlußvorträge [*beachte aber § 405*] gestellt werden. ([2]) Er muß den Gegenstand und Grund des Anspruchs [*hinreichend, vgl. § 404 II*] bestimmt bezeichnen und soll [*– beachte § 244 III! –*] die Beweismittel enthalten. ([3]) Ist der Antrag außerhalb der Hauptverhandlung gestellt, so wird er dem Beschuldigten zugestellt.

(II) [*Schon*] Die Antragstellung [*und nicht erst die Zustellung an den Beschuldigten, str.*] hat dieselben Wirkungen wie die Erhebung der Klage im bürgerlichen Rechtsstreit. [*Das Verfahren nach Antragstellung richtet sich nach der StPO.*]

(III[1]) Ist der Antrag vor Beginn der Hauptverhandlung gestellt, so wird der Antragsteller von Ort und Zeit der Hauptverhandlung benachrichtigt. ([2]) Der Antragsteller, sein gesetzlicher Vertreter und der Ehegatte des Antragsberechtigten können [*nicht: müssen*] an der [*ganzen, str.*] Hauptverhandlung teilnehmen.

(IV) Der Antrag kann [*ohne Zustimmung des Angeklagten*] bis zur Verkündung des Urteils zurückgenommen werden. [*§ 392 ist nicht analog anwendbar.*]

§ 405 (Absehen von einer Entscheidung)

([1]) Das Gericht [*kann den Antrag weder als unzulässig noch als unbegründet zurückweisen. Es*] sieht [*jedoch obligatorisch*] von einer Entscheidung über den Antrag im Urteil ab, wenn der Angeklagte einer Straftat nicht schuldig gesprochen und auch nicht eine Maßregel der Besserung und Sicherung gegen ihn angeordnet wird oder soweit der Antrag [*z. B. wegen Fehlens der Voraussetzungen nach § 403*] unbegründet erscheint. ([2]) Es sieht von der Entscheidung auch dann ab, wenn [*das Strafverfahren einzustellen ist, § 206a, oder*] sich der Antrag zur Erledigung im Strafverfahren nicht eignet, insbesondere wenn seine Prüfung das Verfahren verzögern würde oder wenn der Antrag unzulässig ist; dies kann in jeder Lage des Verfahrens [*, noch vom Revisionsgericht, durch Urteil aber*] auch durch Beschluß geschehen.

§ 406 (Entscheidung)

(I[1]) Soweit der Antrag nach dem Ergebnis der [*nach der StPO, also z. B. ohne eidliche Parteivernehmungen durchgeführten*] Hauptverhandlung begründet ist, gibt ihm das Gericht im [*End-*]Urteil statt [*Kosten: § 472a*]. ([2]) Die Entscheidung darf [*kein Teilurteil sein und darf*] sich [*auch*] nicht [*wie nach § 304 ZPO*] auf den Grund des geltend gemachten Anspruchs beschränken.

(II[1]) Das Gericht kann [*nach seinem pflichtgemäßen Ermessen*] die Entscheidung für vorläufig vollstreckbar erklären. [*Beachte § 406b.*] ([2]) Es kann die vorläufige Vollstreckung von einer Sicherheitsleistung abhängig machen; es kann auch dem Angeklagten gestatten, sie durch Sicherheitsleistung abzuwenden. ([3]) Diese Anordnungen können durch unanfechtbaren Beschluß auch nachträglich getroffen, geändert oder aufgehoben werden.

(III[1]) Die Entscheidung über den Antrag steht [*in der Wirkung*] einem im bürgerlichen Rechtsstreit ergangenen Endurteil gleich. ([2]) Soweit der Anspruch nicht zuerkannt ist, kann er anderweit geltend gemacht werden.

(IV) Der Antragsteller erhält eine Abschrift des Urteils mit Gründen oder einen Auszug daraus.

§ 406a (Rechtsmittel)

(I) Dem Antragsteller [*, der Staatsanwaltschaft, dem Privat- und Nebenkläger,*] steht, auch soweit das Gericht von einer Entscheidung [*über den vermögensrechtlichen Anspruch*] absieht, ein Rechtsmittel [*hiergegen*] nicht zu. [*Dem Antragsteller steht es frei, bei Absehen den zivilprozessualen Rechtsweg zu beschreiten.*]

(II[1]) Soweit das Gericht dem Antrag stattgibt, kann der Angeklagte [*das gesamte Urteil, nur die strafrechtliche Entscheidung oder*] die Entscheidung auch ohne den strafrechtlichen Teil des Urteils mit dem sonst zulässigen Rechtsmittel anfechten. ([2]) In diesem Falle kann über das Rechtsmittel durch Beschluß in nichtöffentlicher Sitzung entschieden werden.

(III) Wird auf ein Rechtsmittel unter Aufhebung der Verurteilung der Angeklagte einer Straftat [*, aus der der vermögensrechtliche Anspruch hergeleitet wurde,*] nicht schuldig gesprochen und auch nicht eine Maßregel der Besserung und Sicherung gegen ihn angeordnet, so ist zugleich die dem Antrag stattgebende Entscheidung aufzuheben, auch wenn das Urteil insoweit nicht angefochten ist.

§ 406b (Vollstreckung)

([1]) Die Vollstreckung richtet sich nach den Vorschriften, die für die Vollstreckung von Urteilen in bürgerlichen Rechtsstreitigkeiten gelten. [*Beachte insbes. §§ 724, 725 ZPO.*] ([2]) Für das Verfahren nach den §§ 731, 767, 768, 887 bis 890 der Zivilprozeßordnung ist das Gericht der bürgerlichen Rechtspflege zuständig, in dessen Bezirk das Strafgericht des ersten Rechtszuges seinen Sitz hat. ([3]) Einwendungen, die den Anspruch selbst betreffen [*und Vollstreckungsgegenklagen begründen können*], sind nur insoweit zulässig, als die Gründe, auf denen sie beruhen, nach Schluß der Hauptverhandlung des ersten Rechtszuges und, wenn das Berufungsgericht entschieden hat, nach Schluß der Hauptverhandlung im Berufungsrechtszug entstanden sind.

§ 406c (Wiederaufnahme des Verfahrens)

(I[1]) Den Antrag auf Wiederaufnahme des Verfahrens [*nach §§ 359 ff*] kann [*nur*] der Angeklagte darauf beschränken, eine wesentlich andere Entscheidung über den Anspruch herbeizuführen. ([2]) Das Gericht entscheidet dann ohne Erneuerung der Hauptverhandlung durch Beschluß [*, in dem im Erfolgsfall von einer Entscheidung nach § 405 abgesehen wird*].

(II) Richtet sich der Antrag auf Wiederaufnahme des Verfahrens nur gegen den strafrechtlichen Teil des Urteils, so gilt § 406a Abs. 3 entsprechend.

§ 406d (weggefallen)

Sechstes Buch
Besondere Arten des Verfahrens

[§§ 407–448]

[Als besondere Verfahren sind zu nennen das Verfahren bei Strafbefehlen, §§ 407–412, das Sicherungsverfahren, §§ 413–416, das Verfahren bei Einziehungen und Vermögensbeschlagnahmen, §§ 430–443, und das Verfahren bei Festsetzung von Geldbußen gegen juristische Personen und Personenvereinigungen, § 444.]

Erster Abschnitt
Verfahren bei Strafbefehlen

[§§ 407–412]

[Das Strafbefehlsverfahren ist ein summarisches Strafverfahren, um einfache Straffälle schnell ohne öffentliche mündliche Hauptverhandlung erledigen zu können. Der Beschuldigte kann aber Einspruch erheben und so den Übergang ins Regelverfahren bewirken, § 411.]

§ 407 (Zulässigkeit; Zuständigkeit; mögliche Rechtsfolgen)

(I) Im Verfahren vor dem Strafrichter [*§ 25 GVG*] und im Verfahren, das zur Zuständigkeit des Schöffengerichts [*§ 24 GVG*] gehört, kann bei Vergehen [*vgl. § 12 StGB*] die [*in § 407 II Nr. 1 genannte*] Strafe [*einschließlich der in § 407 II Nr. 2 genannten Maßregeln*] durch schriftlichen [*, inhaltlich dem § 409 genügenden*] Strafbefehl ohne Hauptverhandlung festgesetzt werden, wenn die Staatsanwaltschaft [*nach Durchführung des Ermittlungsverfahrens*] dies [*bei mindestens genügendem Anlaß, § 170 I, und Bedenkenfreiheit, vgl. § 408 I 2, II 1, Nr. 175 ff RiStBV*] schriftlich beantragt [*, es sei denn, daß der Beschuldigte i.S. des § 276 abwesend oder nach Jugendrecht zu behandeln ist, §§ 79 I, 109 II 1 JGG*].

(II) Durch Strafbefehl dürfen nur die folgenden Rechtsfolgen der Tat, allein oder [*, soweit dies materiellrechtlich zulässig ist,*] nebeneinander festgesetzt werden:

1. Geldstrafe [*§ 40 StGB*], Verwarnung mit Strafvorbehalt [*§§ 59–59 c StGB*], Fahrverbot (§ 44 StGB), Verfall [*§§ 73 ff StGB*], Einziehung [*§§ 74 ff StGB*], Vernichtung, Unbrauchbarmachung, Bekanntgabe der Verurteilung [*§§ 165, 200 StGB; § 23 I, III UWG, § 30 II WZG*] und Geldbuße gegen eine juristische Person oder Personenvereinigung [*§ 444, § 30 OWiG*] sowie
2. Entziehung der Fahrerlaubnis [*§§ 69 ff StGB*], bei der die Sperre nicht mehr als zwei Jahre beträgt.

(III) Der vorherigen Anhörung des [*spätestens bei Abschluß des Ermittlungsverfahrens nach § 163 a I 1 vernommenen*] Beschuldigten durch das Gericht (§ 33 Abs. 3) bedarf es nicht.

§ 408 (Antrag; Entscheidung)

(I[1]) Der Antrag ist [*inhaltlich analog § 200 I zu behandeln. Er ist ferner*] auf eine bestimmte Rechtsfolge zu richten. (²) Der Richter hat ihm zu entsprechen, wenn dem Erlaß des Strafbefehls [*nach Aktenlage*] keine [*rechtlichen oder tatsächlichen*] Bedenken [*z. B. Prozeßhindernisse oder mangelnder hinreichender Tatverdacht, § 204*] entgegenstehen [*, es sei denn, daß er nach §§ 153 II, 153a II einstellt*]. (³) Hält der Vorsitzende des Schöffengerichts [*entgegen der Staatsanwaltschaft*] die [*sachliche*] Zuständigkeit des Strafrichters [*gem. § 25 GVG*] für begründet, so gibt er die Sache durch Vermittlung der Staatsanwaltschaft an diesen ab; der Beschluß ist für den Strafrichter bindend, der Staatsanwaltschaft steht sofortige Beschwerde [*nach § 311*] zu. (⁴) Hält der Strafrichter [*entgegen der Staatsanwaltschaft*] die Zuständigkeit des Schöffengerichts [*nach § 24 GVG*] für begründet, so legt er die Akten durch Vermittlung der Staatsanwaltschaft dessen Vorsitzenden zur Entscheidung vor [*, der entweder seine Zuständigkeit bejaht und über den Strafbefehl nach §§ 407, 409 entscheidet oder die Sache nach § 408 I 3 an den seiner bindenden Ansicht nach zuständigen Strafrichter abgibt*].

(II¹) Der Richter hat Hauptverhandlung anzuberaumen, wenn er [*trotz hinreichendem Tatverdacht*] Bedenken trägt, ohne Hauptverhandlung zu entscheiden, oder wenn er [*bei hinreichendem Tatverdacht*] eine andere als die beantragte Rechtsfolge festsetzen will und die Staatsanwaltschaft bei ihrem Antrag beharrt. [*Für die Vorbereitung der Hauptverhandlung gelten die §§ 213 ff*]. (²) Mit der Ladung ist dem Angeklagten [*, weil ihm noch keine Anklageschrift nach § 201 mitgeteilt wurde,*] eine Abschrift des Strafbefehlsantrags ohne die beantragte Rechtsfolge mitzuteilen.

§ 409 (Inhalt des Strafbefehls; Einspruch)

(I¹) Der [*von der Staatsanwaltschaft beantragte, § 407*] Strafbefehl enthält [*vgl. § 66 OWiG, § 200*]

1. die [*identifizierungsnötigen*] Angaben zur Person des Beschuldigten [*vgl. § 111 OWiG*] und etwaiger Nebenbeteiligter,
2. den Namen des Verteidigers,
3. die Bezeichnung der Tat, die dem Beschuldigten zur Last gelegt wird, Zeit und Ort ihrer Begehung und die Bezeichnung der gesetzlichen Merkmale der Straftat,
4. die [*rechtliche Bezeichnung der Tat, vgl. § 200 I 2, sowie die hinsichtlich des Schuld- und Rechtsfolgenausspruchs, § 409 I Nr. 6*] angewendeten Vorschriften nach Paragraph, Absatz, Nummer, Buchstabe und mit der Bezeichnung des Gesetzes,
5. die Beweismittel [*, mit denen die Straftat in einer etwaigen Hauptverhandlung nachgewiesen werden kann*],
6. die Festsetzung der [*nach materiellem Recht und § 407 II zulässigen*] Rechtsfolgen [*und die Entscheidung über Kosten und Auslagen, §§ 464, 465, sowie*],
7. den Hinweis [*an den Beschuldigten*], daß der Strafbefehl [*nach § 410*] rechtskräftig und vollstreckbar wird, wenn der Beschuldigte nicht innerhalb einer Woche nach der Zustellung bei dem Amtsgericht schriftlich [*den Einspruchsführer hinreichend identifizierend*] oder zu Protokoll der Geschäftsstelle [*nicht zu begrün-*

denden] Einspruch einlegt. [*entsprechend hinzuweisen sind die Nebenbeteiligten auf ihre Einspruchsmöglichkeiten, §§ 433 I, 442 I, 442 II 1, 444 II 2 i. V. m. § 433 I. Fehlen die nötigen Hinweise an den Beschuldigten oder/und an die Nebenbeteiligten, ist der Strafbefehl nach h. M. nicht unwirksam, sondern nur Wiedereinsetzung nach §§ 35a, 44 S 2 gegeben.*]

(²) Wird der Beschuldigte mit Strafvorbehalt verwarnt oder wird gegen ihn ein Fahrverbot angeordnet, so ist er zugleich nach § 268a Abs. 3 oder § 268c Satz 1 zu belehren. [*Ist der Beschuldigte nicht nach § 268a III belehrt worden, ist nach § 453a zu belehren.*]

(II) Der [*mit Unterzeichnung erlassene und damit einspruchsfähige*] Strafbefehl wird [*dem Angeklagten bekanntgegeben, i. d. R. ihm, vgl. § 409 I 1 Nr. 7, seinem Verteidiger, § 145a I, oder seinem Zustellungsbevollmächtigten, §§ 116a, 132 I Nr. 2, auf Anordnung des Vorsitzenden, § 36 I, zugestellt und damit unwiderruflich. Er wird*] auch dem gesetzlichen Vertreter des Angeklagten [*formlos*] mitgeteilt.

(III) Die Vorschriften des § 267 Abs. 6 Satz 2, der §§ 297 bis 300 und des § 302 gelten [*für den Rechtsbehelf: »Einspruch«*] entsprechend.

§ 410 (Rechtskraft)

Ein Strafbefehl, [*auf dessen Einspruch wirksam verzichtet wurde, bei dem der Einspruch nach § 411 III zurückgenommen wurde, dessen Einspruch nach § 412 verworfen oder*] gegen den nicht rechtzeitig Einspruch erhoben worden ist, erlangt die Wirkung eines rechtskräftigen Urteils. [*In Analogie zu § 153a I 4 kann jedoch zuungunsten des Angeklagten eine Wiederaufnahme schon dann erfolgen, wenn neue Tatsachen oder Beweismittel die Verfolgung als Verbrechen ermöglichen, str.; noch weitergehend die Rechtsprechung, vgl. zu § 373a.*]

§ 411 (Hauptverhandlung nach Einspruch; kein Verböserungsverbot)

(I) [*Zweifelsfrei verfristete Einsprüche werden durch Beschluß als unzulässig verworfen, es sei denn, daß Wiedereinsetzung gewährt wird, § 44.*] Bei [*unbehebbar zweifelhaft verfristetem oder zweifelsfrei*] rechtzeitigem [*vgl. § 409 I 1 Nr. 7*] Einspruch wird Termin zur Hauptverhandlung [*nach den §§ 213ff*] anberaumt [*, es sei denn, daß das Verfahren nach §§ 206a, 153 II, 153a II eingestellt wird*].

(II) [*Für die Hauptverhandlung gelten grundsätzlich die §§ 226ff.*] Der Angeklagte kann sich [*aber über die §§ 232–234 hinausgehend*] in der Hauptverhandlung durch einen mit schriftlicher Vollmacht versehenen Verteidiger vertreten lassen. [*In der Berufungsinstanz schließt das Erscheinen eines solchen Verteidigers stets die Verwerfung nach § 329 aus.*]

(III¹) Die Klage und der Einspruch können [*bis zum Beginn der Hauptverhandlung, § 243 IV 1, ohne Zustimmung des Gegners und*] bis zur Verkündung des Urteils im ersten Rechtszug [*mit Zustimmung des Gegners, §§ 411 III 2, 303*] zurückgenommen werden. (²) § 303 gilt entsprechend.

(IV) Bei der Urteilsfällung ist das Gericht an den im Strafbefehl enthaltenen Ausspruch nicht gebunden. [*Die §§ 331, 358 II gelten auch nicht analog.*]

§ 412 (Ausbleiben des Angeklagten)

(¹) Ist bei Beginn einer [*nach rechtzeitigem Einspruch gem. § 411 I anberaumten*] Hauptverhandlung der Angeklagte [*trotz ordnungsgemäßer Ladung und Belehrung über die Folgen einer Säumnis*] weder erschienen [*vgl. zu § 329*] noch durch einen Verteidiger vertreten, und ist das Ausbleiben nicht genügend entschuldigt, so ist § 329 Abs. 1, 3 und 4 entsprechend anzuwenden. (²) Hat der gesetzliche Vertreter Einspruch eingelegt, so ist auch § 330 entsprechend anzuwenden. [*Das Verwerfungsurteil ist zu verkünden, §§ 35 I, 260 I 1, nach § 34 zu begründen und zuzustellen, §§ 35 II, 36 I, 145a. Berufung und Revision gegen das Verwerfungsurteil sind mit der Begründung möglich, die Voraussetzungen der Verwerfung seien nicht erfüllt gewesen.*]

Zweiter Abschnitt
Sicherungsverfahren

[§§ 413–429c]

[Um Maßregeln der Besserung und Sicherung, §§ 61, 71 StGB, selbständig nach einer rechtswidrigen Tat anordnen zu können, stellt die StPO in den §§ 413–416 ein besonderes sog. »Sicherungsverfahren« zur Verfügung. Subsidiär gelten für dieses Verfahren die Strafverfahrensvorschriften sinngemäß, § 414 I. Das Sicherungsverfahren wird auch dann durchgeführt, wenn landesrechtlich die Unterbringung angeordnet ist, arg.: Art. 31 GG, str.]

§ 413 (Antragsvoraussetzungen)

Führt die Staatsanwaltschaft das Strafverfahren [*allein*] wegen [*festgestellter oder nicht ausschließbarer, str.*] Schuldunfähigkeit [*zur Zeit der Tat, § 20 StGB, nicht: § 3 JGG*] oder [*wegen dauernder, – sonst: § 205 –, feststehender oder nicht ausschließbarer, str.*] Verhandlungsunfähigkeit des Täters nicht durch, so kann sie [*bei Fehlen anderer dauernder Verfahrenshindernisse, nach h. M. aber auch bei fehlendem Strafantrag, zw., vgl. § 76 II StGB, nach pflichtgemäßem Ermessen*] den Antrag [*beachte § 414 II*] stellen, Maßregeln der Besserung und Sicherung selbständig anzuordnen, wenn dies [*nach den §§ 71 ff StGB*] gesetzlich zulässig ist und die [*gerichtliche, § 414 II, § 71 StGB*] Anordnung nach dem Ergebnis der Ermittlungen [*auf Grund hinreichender Gründe, vgl. §§ 414 II 1, 170 I*] zu erwarten ist (Sicherungsverfahren).

§ 414 (Verfahren)

(I) Für das Sicherungsverfahren [*einschließlich der Kosten, §§ 464 ff*] gelten [*nur*] sinngemäß [*also z. B. die Nebenklage ausschließend*] die Vorschriften über das Strafverfahren, soweit [*durch die §§ 414 II–416*] nichts anderes bestimmt ist.

(II¹) Der Antrag [*nach § 413*] steht der öffentlichen Klage gleich. [*Beachte daher z. B. §§ 201, 141 I, 140 I Nr. 7.*] (²) An die Stelle der Anklageschrift tritt eine Antragsschrift, die den [*in § 200 genannten*] Erfordernissen der Anklageschrift entsprechen muß. (³) In der Antragsschrift ist die Maßregel der Besserung und Sicherung zu bezeichnen, deren [*gerichtliche*] Anordnung [*nach §§ 71 ff StGB*] die Staatsanwaltschaft beantragt. [*Über den Antrag ist vom Gericht wie über eine Anklage zu entscheiden, z. B. §§ 203, 204. Wird die Eröffnung des Hauptverfahrens beschlossen, ist sie nach den §§ 213 ff, 414 I vorzubereiten und nach den §§ 226 ff, 414 I durchzuführen; beachte § 415. Sind die Voraussetzungen erfüllt, ordnet das Gericht die beantragte, u. U. auch eine andere, § 265, Maßregel an.*] (⁴) Wird im Urteil eine Maßregel der Besserung und Sicherung nicht angeordnet, so ist auf Ablehnung des Antrags zu erkennen.

(III) Im Vorverfahren soll [*über § 80a hinaus*] einem Sachverständigen Gelegenheit zur Vorbereitung des in der Hauptverhandlung zu erstattenden Gutachtens gegeben werden.

§ 415 (Hauptverhandlung ohne den Betroffenen)

(I) [*Grundsätzlich ist auch im Sicherungsverfahren die Anwesenheit des Betroffenen, »Beschuldigten«, erforderlich, vgl. §§ 414 I, 230.*] Ist im Sicherungsverfahren das Erscheinen des Beschuldigten vor Gericht [*jedoch*] wegen seines Zustandes [*z. B. Transportunfähigkeit, Suizidgefahr*] unmöglich oder aus Gründen der öffentlichen Sicherheit oder Ordnung [*z. B. bei zu erwartenden Tätlichkeiten*] unangebracht, so kann das Gericht die [*ganze*] Hauptverhandlung durchführen, ohne daß der Beschuldigte zugegen ist. [*Der notwendige Verteidiger, § 140 I Nr. 7, muß aber in der Hauptverhandlung anwesend sein.*]

(II[1]) In diesem Falle ist der Beschuldigte vor der Hauptverhandlung durch einen beauftragten Richter [*der erkennenden Strafkammer, durch den Schöffengerichtsvorsitzenden oder durch den Strafrichter im Amtsgericht*] unter [*ununterbrochener*] Hinzuziehung eines Sachverständigen [*vgl. § 415 V*] zu vernehmen. [*Beachte dann § 415 IV 2.*] (²) Von dem Vernehmungstermin sind die Staatsanwaltschaft, der Beschuldigte, der Verteidiger und der gesetzliche Vertreter [*vgl. § 233 III*] zu benachrichtigen. (³) Der Anwesenheit des Staatsanwalts, des Verteidigers und des gesetzlichen Vertreters bei der Vernehmung bedarf es nicht.

(III) Fordert es die Rücksicht auf den Zustand des Beschuldigten oder ist [*z. B. bei dauernden Zwischenrufen*] eine ordnungsmäßige Durchführung der Hauptverhandlung sonst nicht möglich, so kann das Gericht im Sicherungsverfahren [*, auch ohne daß die Voraussetzungen des § 415 I erfüllt sind,*] nach der Vernehmung des Beschuldigten zur Sache [*gem. § 243 IV 2*] die Hauptverhandlung durchführen, auch wenn der Beschuldigte nicht oder nur zeitweise zugegen ist. [*Beachte daneben auch §§ 414 I, 247.*]

(IV[1]) Soweit eine Hauptverhandlung ohne den Beschuldigten stattfindet, können [*über § 254 hinaus*] seine früheren Erklärungen, die in einem richterlichen Protokoll enthalten sind, verlesen werden. (²) Das Protokoll über die Vorvernehmung nach Absatz 2 Satz 1 ist zu verlesen.

(V[1]) In der Hauptverhandlung ist [*über §§ 414 III, 246a hinaus*] ein Sachverständiger über den Zustand des Beschuldigten zu vernehmen. (²) Hat der Sachverständige den Beschuldigten nicht schon früher untersucht, so soll ihm dazu vor der Hauptverhandlung Gelegenheit gegeben werden.

§ 416 (Wechsel zum Strafverfahren durch konstitutiven Beschluß oder Hinweis)

(I[1]) [*Stellt die Staatsanwaltschaft Antrag nach § 413 und hält das Gericht schon bei der Entscheidung über die Eröffnung des Hauptverfahrens wohl hinreichenden Tatverdacht, jedoch auch Schuld- und Verhandlungsfähigkeit für gegeben, eröffnet es – unter Beachtung der §§ 209 ff – das Hauptverfahren als Strafverfahren, arg.: § 414 II 1.*] Ergibt sich im Sicherungsverfahren [*erst*] nach Eröffnung des Hauptverfahrens [*zweifelsfrei*] die Schuldfähigkeit des Beschuldigten und ist das Gericht für das Strafverfahren nicht [*sonst: § 416 II*] zuständig, so spricht es durch Beschluß seine Unzuständigkeit aus und verweist die Sache an das zuständige [*höhere, vgl. § 269*] Gericht. ([2]) § 270 Abs. 2 und 3 gilt entsprechend.

(II[1]) Ergibt sich im Sicherungsverfahren nach Eröffnung des Hauptverfahrens die Schuldfähigkeit des Beschuldigten und ist das Gericht auch für das Strafverfahren zuständig, so ist der Beschuldigte auf die veränderte Rechtslage hinzuweisen und ihm Gelegenheit zur Verteidigung zu geben. ([2]) Behauptet er, auf die Verteidigung nicht genügend vorbereitet zu sein, so ist auf seinen Antrag die Hauptverhandlung auszusetzen [*§ 228. Über die Antragsbefugnis ist der »Angeklagte« = Betroffene = »Beschuldigte« im Rahmen der Fürsorgepflicht zu belehren*]. ([3]) Ist auf Grund des § 415 in Abwesenheit des Beschuldigten verhandelt worden, so sind diejenigen Teile der Hauptverhandlung zu wiederholen, bei denen der Beschuldigte nicht zugegen war.

(III) Die Absätze 1 und 2 gelten entsprechend, wenn sich im Sicherungsverfahren nach Eröffnung des Hauptverfahrens ergibt, daß der Beschuldigte verhandlungsfähig ist und das Sicherungsverfahren wegen seiner Verhandlungsunfähigkeit durchgeführt wird.

§§ 417–429 c (weggefallen)

Dritter Abschnitt
Verfahren bei Einziehungen und Vermögensbeschlagnahmen

[§§ 430–443]

[Die Überschrift ist insofern irreführend, als sich § 442 auf das Verfahren der Einziehung, §§ 430–441 auf den Verfall, die Vernichtung, Unbrauchbarmachung und Beseitigung eines gesetzwidrigen Zustandes erstrecken; vgl. auch den Titel der § 73–76 a StGB: »Verfall und Einziehung«. Zweck der §§ 430 ff ist, solche nicht-beschuldigte Personen an einem gegen einen oder mehrere bestimmte Beschuldigte gerichteten »subjektiven« Strafverfahren zu beteiligen, in deren Interesse durch die Entscheidung über Verfall, Einziehung, Vernichtung, Unbrauchbarmachung und Vermögensbeschlagnahme eingegriffen wird. Die §§ 440, 441 regeln die Beteiligung im sog. »objektiven« Verfahren, das der selbständigen Anordnung der genannten Maßnahmen dient, vgl. § 76 a StGB.]

§ 430 (Herausnahme der Einziehung, des Verfalls, der Vernichtung, Unbrauchbarmachung oder Beseitigung eines gesetzwidrigen Zustandes)

(I) [*Gemäß § 154 a kann in bestimmten Fällen relativer Geringfügigkeit von der*

Strafverfolgung einzelner abtrennbarer Teile einer Tat i. S. des § 264 abgesehen werden.] Fällt die Einziehung [*eines Gegenstandes, §§ 74, 74a, 74d, 75 StGB, oder des Wertersatzes, §§ 74c, 76 StGB, oder eine der in § 442 genannten Nebenfolgen*] neben der zu erwartenden Strafe oder Maßregel der Besserung und Sicherung [*im Blick auf die Sanktionsbedürftigkeit der Tat, namentlich der Straf- und Maßregelzwecke, und der sonstigen Sanktionen*] nicht ins Gewicht oder würde das Verfahren, soweit es die Einziehung betrifft, einen unangemessenen [*Zeit- und Kosten-*]Aufwand erfordern oder die Herbeiführung der Entscheidung über die anderen Rechtsfolgen der Tat unangemessen erschweren [*insbes. verzögern*], so kann [*unabhängig davon, ob die Einziehung oder die in § 442 genannten Nebenfolgen materiellrechtlich verhängt werden können oder müssen,*] das [*jeweils mit der Sache befaßte*] Gericht mit Zustimmung der Staatsanwaltschaft [*, nicht erforderlich: des Nebenklägers,*] in jeder Lage des Verfahrens [*also auch noch in der Rechtsmittelinstanz*] die Verfolgung der Tat auf die anderen Rechtsfolgen [*nach Gewährung rechtlichen Gehörs, § 33, durch regelmäßig, § 305, unanfechtbaren, widerruflichen, § 430 III 1, Beschluß*] beschränken [*vgl. §§ 154a, 154 II*].

(II[1]) Im vorbereitenden Verfahren kann die Staatsanwaltschaft die Beschränkung vornehmen. ([2]) Die [*widerrufliche, vgl. § 430 III 2*] Beschränkung ist aktenkundig zu machen.

(III[1]) Das Gericht kann die Beschränkung in jeder Lage des Verfahrens wieder aufheben. ([2]) Einem darauf gerichteten Antrag der Staatsanwaltschaft ist zu entsprechen. ([3]) Wird die Beschränkung wieder aufgehoben, so gilt § 265 entsprechend.

§ 431 (Beteiligungsanordnung; Anfechtbarkeit; Beteiligungsverzicht)

(I[1]) Ist [*obligatorisch oder bei Ermessensreduzierung auf Null*] im Strafverfahren [*nach Anklageerhebung und bis zu dem in § 431 IV genannten Zeitpunkt*] über [*eine der in § 442 I genannten Nebenfolgen, beachte § 442 II 1, oder über*] die Einziehung eines Gegenstandes [*nicht: des Wertersatzes, § 74c StGB*] zu entscheiden und erscheint [*, nicht: ist, auf Grund von Tatsachen wahrscheinlich*] glaubhaft, daß

1. der Gegenstand einem anderen als dem Angeschuldigten [*vgl. § 157*] gehört oder zusteht oder
2. ein anderer an dem Gegenstand ein sonstiges [*beschränktes dingliches*] Recht hat, dessen Erlöschen im Falle der Einziehung angeordnet werden könnte (§ 74e Abs. 2 Satz 2, 3 des Strafgesetzbuches),

so ordnet das Gericht [*von Amts wegen, auf Anregung oder auf Antrag durch konstitutiv wirkenden Beschluß*] an, daß der andere an dem Verfahren [*mit der Folge von Verteidigungsbefugnissen, § 433*] beteiligt wird, soweit es die Einziehung betrifft (Einziehungsbeteiligter). ([2]) Das Gericht kann von der Anordnung absehen, wenn infolge bestimmter Tatsachen anzunehmen ist, daß die Beteiligung nicht [*innerhalb angemessener Zeit*] ausführbar ist. ([3]) Das Gericht kann von der Anordnung auch dann absehen, wenn eine Partei, Vereinigung oder Einrichtung [*mit Organisationsteilen*] außerhalb des räumlichen Geltungsbereichs dieses Gesetzes zu beteiligen wäre, die Bestrebungen gegen den Bestand oder die Sicherheit der Bundesrepublik

Deutschland oder gegen einen der in § 92 Abs. 2 des Strafgesetzbuches bezeichneten Verfassungsgrundsätze verfolgt, und wenn den Umständen nach anzunehmen ist, daß diese Partei, Vereinigung oder Einrichtung oder einer ihrer Mittelsmänner den Gegenstand zur Förderung ihrer Bestrebungen zur Verfügung gestellt hat; in diesem Falle genügt es, vor der Entscheidung über die Einziehung des Gegenstandes den Besitzer der Sache oder den zur Verfügung über das Recht Befugten zu hören, wenn dies ausführbar ist.

(II) Das Gericht kann anordnen, daß sich die Beteiligung nicht auf die Frage der Schuld des Angeschuldigten erstreckt, wenn

1. die Einziehung im Falle des Absatzes 1 Nr. 1 nur unter der Voraussetzung in Betracht kommt, daß der Gegenstand dem Angeschuldigten gehört oder zusteht [*§§ 74 I, 74 II Nr. 1 StGB*], oder
2. der Gegenstand nach den Umständen, welche die Einziehung begründen können, dem Einziehungsbeteiligten auch auf Grund von Rechtsvorschriften außerhalb des Strafrechts ohne Entschädigung dauernd entzogen werden könnte [*vgl. § 74f II Nr. 2 StGB*].

(III) Ist über die Einziehung des Wertersatzes gegen eine juristische Person oder eine Personenvereinigung zu entscheiden (§ 75 in Verbindung mit § 74c des Strafgesetzbuches), so ordnet das Gericht deren Beteiligung an.

(IV) Die Verfahrensbeteiligung kann [*von der Erhebung der öffentlichen Klage an*] bis zum Ausspruch der Einziehung und, wenn [*von der Staatsanwaltschaft, vom Nebenkläger oder vom Angeklagten*] eine zulässige Berufung eingelegt ist, bis zur Beendigung der Schlußvorträge im Berufungsverfahren angeordnet werden.

(V[1]) Der Beschluß, durch den die Verfahrensbeteiligung angeordnet wird, kann [*bei Fehlen seiner prozessualen Voraussetzungen zurückgenommen, jedoch mangels Rechtseingriff*] nicht angefochten werden. ([2]) Wird die Verfahrensbeteiligung abgelehnt oder eine Anordnung nach Absatz 2 getroffen, so ist [*in Abweichung von § 305 S 1*] sofortige Beschwerde zulässig.

(VI) Erklärt jemand bei Gericht oder bei einer anderen Behörde schriftlich, daß er gegen die Einziehung des Gegenstandes keine Einwendungen vorbringen wolle, so wird seine Verfahrensbeteiligung nicht angeordnet oder die Anordnung wieder aufgehoben. [*Beachte dann § 439 II Nr. 2.*]

(VII) Durch die Verfahrensbeteiligung wird [*unter Beachtung des rechtlichen Gehörs, Art. 103 I GG*] der Fortgang des Verfahrens nicht aufgehalten. [*Vgl. zu § 398 I.*]

§ 432 (Anhörung des Einziehungsinteressenten im Ermittlungsverfahren)

(I[1]) [*Bereits im Ermittlungsverfahren sind auch die Umstände zu klären, die für die Anordnung der Einziehung und des Verfalls relevant sind, §§ 160 III, 442 I.*] Ergeben sich im vorbereitenden Verfahren Anhaltspunkte dafür, daß jemand als [*nicht-beschuldigter*] Einziehungsbeteiligter [*nach Anklageerhebung*] in Betracht kommt, so ist er [*als »Einziehungsinteressent« bereits vor der seine Stellung begründenden, erst nach Anklageerhebung möglichen gerichtlichen Anordnung der Einziehungsbeteili-*

gung, § 431] zu hören, wenn dies ausführbar erscheint. (2) § 431 Abs. 1 Satz 2 gilt entsprechend.

(II) Erklärt derjenige, der als Einziehungsbeteiligter in Betracht kommt, daß er [*keine Einwendungen vorbringen wolle, § 431 VI, so kann er als Zeuge vernommen werden. Erklärt er dagegen, daß er*] gegen die Einziehung Einwendungen vorbringen wolle, und erscheint glaubhaft [*vgl. zu § 431 I 1*], daß er ein Recht an dem Gegenstand hat, so gelten, falls er vernommen wird, [*wegen seines Eigeninteresses*] die Vorschriften über die Vernehmung des Beschuldigten insoweit entsprechend, als seine Verfahrensbeteiligung in Betracht kommt. [*Soweit diese Verfahrensbeteiligung nicht in Betracht kommt, kann er als Zeuge vernommen werden.*]

§ 433 (Befugnisse und Pflichten des Einziehungsbeteiligten im Hauptverfahren)

(I1) Von der Eröffnung des Hauptverfahrens [*gem. § 207, und der Anordnung seiner Einziehungsbeteiligung, § 431 I 1*] an hat der Einziehungsbeteiligte, soweit dieses Gesetz [*z. B. in den §§ 436 II, 437 I*] nichts anderes bestimmt, [*grundsätzlich*] die Befugnisse, die einem Angeklagten zustehen [*z. B. §§ 220, 243 IV, 296, ohne rechtlich Angeklagter zu sein. Für die Wahrnehmung der Befugnisse reicht seine strafprozessuale Verhandlungsfähigkeit aus, zw., a. M.: zivilrechtliche Geschäftsfähigkeit erforderlich*]. (2) Im beschleunigten Verfahren [*§ 212*] gilt dies [*scil.: die Erlangung der Angeklagtenbefugnisse*] vom Beginn der Hauptverhandlung, im Strafbefehlsverfahren vom Erlaß des Strafbefehls an [*§§ 407 ff*].

(II1) Das Gericht kann zur Aufklärung des Sachverhalts das persönliche Erscheinen des Einziehungsbeteiligten anordnen [*vgl. § 236*]. (2) Bleibt der Einziehungsbeteiligte, dessen persönliches Erscheinen angeordnet ist, ohne genügende Entschuldigung aus, so kann das Gericht [*nach pflichtgemäßem Ermessen*] seine Vorführung anordnen, wenn er unter Hinweis auf diese Möglichkeit durch Zustellung geladen worden ist [*vgl. §§ 230 II, 236, 329 IV, 387 III*].

§ 434 (Vertretung durch Rechtsanwalt oder verteidigerfähige Person)

(I1) Der [*mögliche, § 432 I, oder tatsächliche, § 431 I 1*] Einziehungsbeteiligte kann sich in jeder Lage des Verfahrens [*also auch schon im vorbereitenden Verfahren*] auf Grund einer schriftlichen Vollmacht durch einen Rechtsanwalt oder eine andere Person, die als Verteidiger gewählt werden kann, vertreten lassen. (2) Die für die Verteidigung geltenden Vorschriften der §§ 137 bis 139, 145a bis 149 und 218 sind entsprechend anzuwenden.

(II) Das Gericht kann [*, sobald es mit der Sache durch die Erhebung der Anklage befaßt ist, str.*] dem Einziehungsbeteiligten einen Rechtsanwalt [*– beachte § 48 I Nr. 1 BRAO, §§ 95, 97, 100, 102 BRAGebO –*] oder eine andere Person, die als Verteidiger bestellt werden darf, [*von Amts wegen, auf Anregung oder Antrag nach pflichtgemäßem Ermessen durch Beschluß*] beiordnen, wenn die Sach- oder Rechtslage [*der Verfahrensbeteiligung*] schwierig ist oder wenn der Einziehungsbeteiligte seine Rechte nicht selbst wahrnehmen kann. [*Der Beschluß, der die Beiordnung anordnet, ist zurücknehmbar, wenn die Voraussetzungen der Bestellung entfallen, jedoch nicht anfechtbar.*]

§ 435 (Terminsnachricht; Mitteilung der Anklageschrift; Hinweis auf Säumnisfolgen)

(I) [*Der Einziehungsbeteiligte wird nicht wie der Angeklagte, § 216, geladen, da er grundsätzlich nicht zum Erscheinen verpflichtet ist; beachte aber § 433 II.*] Dem Einziehungsbeteiligten [*und seinem Vertreter, §§ 434 I 2, 218, 145a III analog*] wird [*jedoch*] der Termin zur Hauptverhandlung durch [*förmliche, § 37*] Zustellung bekanntgemacht; § 40 gilt entsprechend [*nicht dagegen § 217, arg.: § 431 VII*].

(II) Mit der Terminsnachricht wird ihm, soweit er an dem Verfahren beteiligt ist [– *vgl. zum nicht obligatorischen Charakter der Soweit-Klausel, § 436 IV 2* –], die Anklageschrift und in den Fällen des § 207 Abs. 2 der Eröffnungsbeschluß mitgeteilt. [*Zum Strafbefehl vgl. § 438 I.*]

(III) Zugleich wird der Einziehungsbeteiligte darauf hingewiesen, daß

1. [*gem. § 436 I*] auch ohne ihn verhandelt werden kann und
2. über die Einziehung [*gem. § 74e I, II 2 und 3 StGB*] auch ihm gegenüber entschieden wird.

§ 436 (Ausbleiben des Einziehungsbeteiligten in der Hauptverhandlung; Beweisanträge; negative und positive Entschädigungsentscheidung; Urteilszustellung)

(I[1]) Bleibt der [*grundsätzlich nicht zum Erscheinen verpflichtete, beachte aber § 433 II, und nicht vertretene*] Einziehungsbeteiligte [*bei Beginn*] in der Hauptverhandlung trotz ordnungsgemäßer Terminsnachricht [*nach § 435*] aus [*oder entfernt er sich später*], so kann ohne ihn verhandelt werden. ([2]) § 235 [*, der Wiedereinsetzung in den vorigen Stand bei Ausbleiben des Angeklagten erlaubt,*] ist [*wegen § 431 VII ohne Rücksicht auf Verschulden*] nicht anzuwenden.

(II) Auf [*im Rahmen seiner Beteiligung, § 431 II, zulässige*] Beweisanträge des Einziehungsbeteiligten zur Frage der Schuld des Angeklagten ist § 244 Abs. 3 Satz 2, Abs. 4 bis 6 nicht anzuwenden. [*Über sie ist nach pflichtgemäßem Ermessen, unbeschadet des § 244 II, zu entscheiden.*]

(III[1]) [*Grundsätzlich entscheiden die Zivilgerichte über die Entschädigung des von einer rechtskräftigen Einziehungsentscheidung Betroffenen, § 74f StGB.*] Ordnet das Gericht [*jedoch*] die Einziehung auf Grund von Umständen an, die einer Entschädigung des Einziehungsbeteiligten entgegenstehen, so spricht es [*von Amts wegen*] zugleich aus, daß dem Einziehungsbeteiligten eine Entschädigung nicht zusteht. ([2]) Dies gilt nicht, wenn das Gericht [*unmittelbar auf Grund der ihm strafprozessual bekannt gewordenen Umstände, vgl. § 431 VII*] eine Entschädigung des Einziehungsbeteiligten für geboten hält, weil es eine unbillige Härte wäre, sie zu versagen; in diesem Fall entscheidet es zugleich über dic Höhe der Entschädigung (§ 74f Abs. 3 des Strafgesetzbuches). ([3]) Das Gericht weist den Einziehungsbeteiligten zuvor [*, u. U. sogar schon mit der Terminsnachricht, § 435*] auf die Möglichkeit einer solchen Entscheidung hin und gibt ihm Gelegenheit, sich zu äußern.

(IV[1]) War der Einziehungsbeteiligte bei der Verkündung des Urteils nicht zugegen und auch nicht vertreten, so ist ihm [*wegen seiner Rechtsmittel- und Nachver-*

fahrensrechte, vgl. §§ 437, 439, oder seinem zustellungsbevollmächtigten Anwalt, § 145 a analog] das Urteil [*, u. U. öffentlich, §§ 435 I 2. Halbs., 40 II*] zuzustellen. [*Mit der Zustellung beginnt die Rechtsmittelfrist zu laufen. War der Einziehungsbeteiligte oder sein Vertreter bei der Urteilsverkündung zugegen, läuft die Rechtsmittelfrist ab Verkündung, §§ 433 I 1, 314 II, 341 II.*] ([2]) Das Gericht kann anordnen, daß Teile des Urteils, welche die Einziehung nicht betreffen, ausgeschieden werden.

§ 437 (Nachprüfung des Schuldspruchs im Rechtsmittelverfahren; Form der Entscheidung)

(I[1]) [*Nach §§ 433 I 1, 296 hat der beschwerte Einziehungsbeteiligte, § 431 I 1, eine selbständige Rechtsmittelbefugnis, die u. U. durch § 431 II auf den Rechtsfolgenausspruch beschränkt ist. Der Einziehungsbeteiligte soll aber nicht aus vermögensrechtlichen Interessen zu einer unangemessenen Schuldspruchüberprüfung nötigen können.*] Im Rechtsmittelverfahren erstreckt sich [*daher*] die Prüfung, ob die Einziehung dem Einziehungsbeteiligten gegenüber gerechtfertigt ist [*, soweit sie nicht schon nach § 431 II ausgeschlossen ist*], auf den Schuldspruch des angefochtenen Urteils nur, wenn der Einziehungsbeteiligte insoweit Einwendungen vorbringt und im vorausgegangenen Verfahren ohne sein Verschulden zum Schuldspruch nicht gehört worden ist. ([2]) Erstreckt sich hiernach die Prüfung auch auf den Schuldspruch, so legt [*auch*] das [*Berufungs-*]Gericht die zur Schuld getroffenen Feststellungen zugrunde, soweit nicht das [*zulässige*] Vorbringen des Einziehungsbeteiligten eine erneute Prüfung erfordert.

(II) Im Berufungsverfahren gilt Absatz 1 [*mit seinen Beschränkungen*] nicht, wenn zugleich auf ein Rechtsmittel eines anderen Beteiligten über den Schuldspruch zu entscheiden ist.

(III) Im Revisionsverfahren sind die [*Rechts-*]Einwendungen gegen den Schuldspruch innerhalb der Begründungsfrist vorzubringen.

(IV[1]) Wird nur die Entscheidung über die Höhe der Entschädigung angefochten, so kann über das Rechtsmittel [*Berufung oder Revision*] durch [*irrevisiblen, § 333*] Beschluß entschieden werden, wenn die Beteiligten [*ohne Ausnahme*] nicht [*formlos*] widersprechen. ([2]) Das Gericht weist sie zuvor auf die Möglichkeit eines solchen Verfahrens und des Widerspruchs hin und gibt ihnen Gelegenheit, sich [*formlos*] zu äußern.

§ 438 (Einziehungsanordnung durch Strafbefehl)

(I[1]) [*Die Beteiligungs-, §§ 431 I 1, II, 442 I, II 1, und die Einziehungs- bzw. Verfallsanordnung kann auch durch Strafbefehl erfolgen, wenn die Staatsanwaltschaft dies beantragt.*] Wird [*nach oder bei Anordnung der Einziehungsbeteiligung*] die Einziehung [*oder eine der in § 442 genannten Nebenfolgen, nicht jedoch die Entschädigungsentscheidung nach § 436 III,*] durch Strafbefehl angeordnet, so wird der Strafbefehl [*nicht nur dem Beschuldigten, sondern*] auch dem Einziehungsbeteiligten [*u. U. an seinen Vertreter, §§ 434 I 2, 145 a analog, mit Einspruchsbelehrung, vgl. zu § 409 I Nr. 7*] zugestellt. ([2]) [*Legt der Beschuldigte Einspruch ein, ist dem Beteiligten Nachricht zu geben, § 435 I, III Nr. 1. Auch*] § 435 Abs. 3 Nr. 2 gilt entsprechend. [*Das weitere Ver-*

fahren bemißt sich grundsätzlich nach den allgemeinen Vorschriften. Das Ausbleiben in der Hauptverhandlung regelt jedoch nicht § 412, sondern § 436 I.]

(II) Ist [*z. B. nach Einspruchsrücknahme durch den Beschuldigten*] nur über den Einspruch des Einziehungsbeteiligten [*aus eigenem Recht, §§ 433 I, 409 I Nr. 7*] zu entscheiden, so gelten [*bei Nichtanwendung des § 430 im Interesse der Verfahrensvereinfachung und weil nur noch vermögensrechtliche Streitfragen zu entscheiden sind,*] § 439 Abs. 3 Satz 1 und § 441 Abs. 2, 3 entsprechend.

§ 439 (Nachverfahren)

(I[1]) [*Gemäß § 77f StGB haben Dritte, die wegen § 74e StGB Rechtsverluste durch ein Strafverfahren erleiden, an dem sie nicht beteiligt waren, Entschädigungsansprüche. Daneben ermöglicht § 439 auch die nachträgliche Beseitigung des Rechtsverlustes.*] Ist die Einziehung eines Gegenstandes [*– nicht: des Wertersatzes, §§ 74c, 76 StGB – oder eine der in § 442 I genannten Nebenfolgen für alle Beteiligten formell*] rechtskräftig angeordnet worden, und macht jemand [*vgl. §§ 26, 45*] glaubhaft, daß er [*als ein vom Verurteilten verschiedener Dritter, mag er auch u. U. bereits am subjektiven Strafverfahren nach § 431 I 1 beteiligt gewesen sein,*]

1. zur Zeit der Rechtskraft der Entscheidung ein [*dingliches*] Recht an dem Gegenstand gehabt hat, das infolge der Entscheidung [*durch Maßnahmen i. S. v. § 74b StGB*] beeinträchtigt ist oder [*z. B. nach §§ 74b II 2 und 3, 74e StGB*] nicht mehr [*zu seinen Gunsten*] besteht und
2. ohne sein Verschulden weder im Verfahren des ersten Rechtszuges noch im Berufungsverfahren die Rechte des Einziehungsbeteiligten hat wahrnehmen können,

so kann er in einem Nachverfahren [*durch einen auf die Einleitung eines solchen Nachverfahrens gerichteten Antrag, § 439 II*] geltend machen, daß die Einziehung ihm gegenüber nicht gerechtfertigt sei. (2) § 360 gilt entsprechend.

(II[1]) Das Nachverfahren ist binnen eines Monats [*§§ 43, 44*] nach Ablauf des Tages zu beantragen, an dem der Antragsteller von der rechtskräftigen Entscheidung Kenntnis erlangt hat. (2) Der Antrag ist [*ohne Rücksicht auf Kenntnis oder Nichtkenntnis und ohne die Möglichkeit einer Wiedereinsetzung stets als*] unzulässig [*zu verwerfen*], wenn seit Eintritt der Rechtskraft zwei Jahre verstrichen sind und die Vollstreckung beendet ist.

(III[1]) Das [*in § 441 I bestimmte*] Gericht prüft [*bei zulässigem Antrag*] den Schuldspruch nicht nach, wenn nach den Umständen, welche die Einziehung begründet haben, im Strafverfahren eine Anordnung nach § 431 Abs. 2 zulässig gewesen wäre. (2) Im übrigen gilt § 437 Abs. 1 entsprechend.

(IV) Wird das vom Antragsteller [*nach § 411 I Nr. 1*] behauptete Recht nicht erwiesen, so ist der [*zulässige*] Antrag [*als*] unbegründet [*zu verwerfen, Kosten: § 473 I, V Nr. 2. Ist das Recht erwiesen, ist zu prüfen, ob die Einziehung und die Erlöschensanordnung, § 74e II, dem Antragsteller gegenüber gerechtfertigt ist, vgl. § 439 I 1 a. E. Ist sie gerechtfertigt, wird der Antrag als unbegründet verworfen. Ist sie dem Antragsteller gegenüber ungerechtfertigt, wird sie insoweit aufgehoben, als sie den Antragsteller betrifft*].

(V) Vor der Entscheidung kann das Gericht mit Zustimmung der Staatsanwaltschaft die Anordnung der Einziehung aufheben, wenn das Nachverfahren einen unangemessenen Aufwand erfordern würde [*vgl. § 430*].

(VI) Eine Wiederaufnahme des Verfahrens nach § 359 Nr. 5 zu dem Zweck, die Einwendungen nach Absatz 1 geltend zu machen, ist ausgeschlossen. [*Möglich ist jedoch Wiederaufnahme nach § 359 I Nr. 1–4.*]

§ 440 (Selbständiges objektives Einziehungs-, Verfalls- oder Unbrauchbarmachungsverfahren)

(I) Die Staatsanwaltschaft [*, das Finanzamt, § 401 AO*] und der Privatkläger [*Privatklageberechtigte, nicht: Nebenklageberechtigte,*] können [*nach ihrem Ermessen*] den Antrag [*vgl. § 440 II*] stellen, die Einziehung [*eines Gegenstandes oder des Wertersatzes oder eine der in § 442 I genannten Nebenfolgen außerhalb eines gegen einen bestimmten Beschuldigten gerichteten Strafverfahrens in einem*] selbständig[*-en Einziehungs- etc. Verfahren, beachte § 441*] anzuordnen, wenn dies [*materiellrechtlich, insbes. gem. § 76a StGB*] gesetzlich zulässig und die Anordnung nach dem Ergebnis der Ermittlungen zu erwarten ist [*vgl. § 170 I*].

(II[1]) [*Der Antrag steht der Anklage gleich.*] In dem Antrag ist der Gegenstand zu bezeichnen. ([2]) Ferner ist anzugeben, welche Tatsachen die Zulässigkeit der selbständigen Einziehung begründen. ([3]) Im übrigen gilt § 200 entsprechend.

(III) Die §§ 431 bis 436 und 439 gelten entsprechend. [*Beachte § 441.*]

§ 441 (Gemeinsame Vorschriften für Nachverfahren und objektives Einziehungsverfahren)

(I[1]) Die Entscheidung über die Einziehung im Nachverfahren (§ 439) trifft das [*sachlich und örtlich zuständige*] Gericht des ersten Rechtszuges, die Entscheidung über die selbständige Einziehung (§ 440) das Gericht, das im Falle der Strafverfolgung einer bestimmten Person [*sachlich und örtlich*] zuständig wäre. ([2]) Für die Entscheidung über die selbständige Einziehung ist [*neben dem nach den §§ 7 ff bestimmten Gericht*] örtlich zuständig auch das Gericht, in dessen Bezirk der Gegenstand sichergestellt worden ist.

(II) Das Gericht entscheidet [*grundsätzlich, beachte aber § 441 III, nach schriftlichem, den Regeln des Freibeweises folgendem Verfahren*] durch Beschluß, gegen den sofortige Beschwerde [*§ 411*] zulässig ist. [*Beachte § 304 IV 2 Nr. 5.*]

(III[1]) Über einen zulässigen Antrag wird jedoch auf Grund mündlicher Verhandlung durch Urteil entschieden, wenn die Staatsanwaltschaft oder sonst ein Beteiligter es [*form- und fristfrei spätestens vor Beschlußerlaß*] beantragt oder das Gericht es [*von sich aus*] anordnet; die Vorschriften über die Hauptverhandlung [*§§ 213 ff, 226 ff*] gelten [*, soweit sich nicht z. B. aus den §§ 431 II, 436 II, 439 III etwas anderes ergibt,*] entsprechend. ([2]) Wer gegen das Urteil eine zulässige Berufung eingelegt hat, kann gegen das Berufungsurteil nicht mehr Revision einlegen.

(IV) Ist [*nach zulässigem Antrag auf Grund mündlicher Verhandlung*] durch Urteil [*§§ 260, 267*] entschieden, so gilt § 437 Abs. 4 entsprechend.

§ 442 (Rechtsfolgen, die der Einziehung gleichstehen)

(I) Verfall [*§§ 73–73d StGB*], Vernichtung [*§ 74d I 2 StGB*], Unbrauchbarmachung [*§ 74d StGB*] und Beseitigung eines gesetzwidrigen Zustandes [*vgl. z. B. § 30 WZG*] stehen im Sinne der §§ 430 bis 441 der Einziehung gleich.

(II [1]) Richtet sich der Verfall nach § 73 Abs. 3 oder § 73a des Strafgesetzbuches gegen einen anderen als den Angeschuldigten, so ordnet das Gericht an, daß der andere an dem Verfahren beteiligt wird. ([2]) Er kann seine Einwendungen gegen die Anordnung des Verfalls im Nachverfahren geltend machen, wenn er ohne sein Verschulden weder im Verfahren des ersten Rechtszuges noch im Berufungsverfahren imstande war, die Rechte des Verfahrensbeteiligten wahrzunehmen. ([3]) Wird unter diesen Voraussetzungen ein Nachverfahren beantragt, so sollen bis zu dessen Abschluß Vollstreckungsmaßnahmen gegen den Antragsteller unterbleiben.

§ 443 (Vermögensbeschlagnahme)

(I [1]) [*Gem. § 290 kann das Vermögen eines Abwesenden beschlagnahmt werden, um die Gestellung zu erzwingen.*] Das im Geltungsbereich dieses Gesetzes befindliche Vermögen eines Beschuldigten, gegen den wegen eines Verbrechens nach den §§ 81 bis 83 Abs. 1, §§ 94, 94 Abs. 1, §§ 97a oder 100 des Strafgesetzbuches die öffentliche Klage erhoben oder Haftbefehl erlassen worden ist, kann [*, um weitere einschlägige Straftaten durch den Beschuldigten oder durch andere Personen zu verhindern, unter Berücksichtigung des Verhältnismäßigkeitsprinzips*] mit Beschlag belegt werden. ([2]) Die Beschlagnahme umfaßt auch das Vermögen, das dem Beschuldigten später zufällt. ([3]) Sie wirkt, wenn sie nicht vorher aufgehoben wird, bis zur rechtskräftigen Beendigung des Verfahrens.

(II [1]) Die Beschlagnahme wird durch den [*jeweils mit der Sache befaßten*] Richter [*nach pflichtgemäßem Ermessen durch anfechtbaren, § 304, Beschluß*] angeordnet. ([2]) Bei Gefahr im Verzug kann die Staatsanwaltschaft [*nicht: ihre Hilfsbeamten, § 152 GVG*] die Beschlagnahme vorläufig anordnen [*, wenn die in § 443 I genannten Voraussetzungen gegeben sind*]; die vorläufige Anordnung tritt außer Kraft, wenn sie nicht binnen drei Tagen vom Richter bestätigt wird.

(III) Die Vorschriften der §§ 291 bis 293 gelten entsprechend.

Vierter Abschnitt
Verfahren bei Festsetzung von Geldbuße gegen juristische Personen und Personenvereinigungen

[§§ 444–448]

[Auch juristischen Personen und Personenvereinigungen steht als Nebenbeteiligten das Recht auf rechtliches Gehör zu. Im Strafverfahren regelt, in Ergänzung der §§ 30, 88 OWiG, § 444 die Gewährung des Gehörs.]

§ 444 (Beteiligung juristischer Personen und Personenvereinigungen)

(I[1]) Ist im Strafverfahren [*wegen einer Straftat, die ein vertretungsberechtigtes Organ der juristischen Person unter Verletzung der Pflichten der juristischen Person oder zu deren Bereicherung nach Anklagevorwurf begangen hat,*] als Nebenfolge der Tat des Angeschuldigten über die Festsetzung einer Geldbuße gegen eine juristische Person oder eine Personenvereinigung [*z. B. ein nichtrechtsfähiger Verein, § 54 BGB, eine OHG, §§ 105ff HGB, oder KG, §§ 161ff HGB*] zu entscheiden (§ 30 des Gesetzes über Ordnungswidrigkeiten), so ordnet das Gericht [*vom Eingang der Anklage bis zu dem in §§ 444 I 2, 431 IV bezeichneten Zeitpunkt*] deren Beteiligung an dem Verfahren [*konstitutiv*] an, soweit es die Tat betrifft [*vgl. § 431 I 1*]. ([2]) § 431 Abs. 4, 5 gilt entsprechend.

(II[1]) Die juristische Person oder die Personenvereinigung wird zur Hauptverhandlung geladen; bleibt ihr Vertreter [*oder bleiben ihre nur gemeinsam vertretungsberechtigten Organmitglieder*] ohne genügende Entschuldigung aus, so kann ohne sie verhandelt werden. ([2]) Für ihre Verfahrensbeteiligung gelten im übrigen die §§ 432 bis 434, 435 Abs. 2, 3 Nr. 1, § 436 Abs. 2, 4, § 437 Abs. 1 bis 3, § 438 Abs. 1 und, soweit nur über ihren Einspruch zu entscheiden ist, § 441 Abs. 2, 3 sinngemäß [*Kosten: § 472b*].

(III[1]) Für das selbständige Verfahren gelten die §§ 440, 441 Abs. 1 bis 3 sinngemäß. ([2]) Örtlich zuständig ist auch das Gericht, in dessen Bezirk die juristische Person oder die Personenvereinigung ihren Sitz oder eine Zweigniederlassung hat. [*Beachte auch §§ 401, 406 II AO.*]

§§ 445–448 (weggefallen)

Siebentes Buch
Strafvollstreckung und Kosten des Verfahrens

[§§ 449–473]

Erster Abschnitt
Strafvollstreckung

[§§ 449–463d]

[Ist ein Urteil oder anderes Straferkenntnis, z. B. Strafbefehl, rechtskräftig geworden, ist es vollstreckbar, § 449. Unter Strafvollstreckung versteht die StPO alle Maßnahmen, welche auf die Durchsetzung des Urteilsspruchs bzw. der Straferkenntnis gerichtet sind, also auch auf den Vollzug von Strafen, von Maßregeln der Besserung und Sicherung und sonstiger Anordnungen, z. B. der Einziehung. Die Beitreibung von Geldstrafen gehört zu dieser Strafvollstreckung, während der spezielle Vollzug von Freiheitsstrafe und freiheitsentziehenden Maßregeln der Besserung und Sicherung im StVollzG geregelt ist. Die §§ 440ff werden ferner ergänzt durch die StVollstrO, die JBeitrO und die EBAO. Beachte ferner §§ 82ff JGG, § 5 BWVollzO, Art. 5 II EGWStG, § 91 OWiG, §§ 1ff DAG.]

§ 449 (Vollstreckbarkeit)

Strafurteile [*oder solchen gleichstehende Erkenntnisse, z. B. nach §§ 407 ff, 460, 462*] sind [*, soweit sie vollstreckungsbedürftig sind,*] nicht vollstreckbar, bevor [*und insoweit*] sie [*gegenüber allen Verfahrensbeteiligten wegen Rechtsmittelverlust, z. B. nach Ablauf der Einlegungsfrist formell*] rechtskräftig geworden sind. [*Sie sind, wenn nicht Vollstreckungshindernisse, z. B. §§ 79–79b StGB, § 455 I, II, bestehen oder Ermessen, §§ 455 III, 456, 456a, 456c II, 459a, eingeräumt ist, zu vollstrecken. Beachte ferner § 56 JGG, § 406 II.*]

§ 450 (Anrechnung inländischer freiheits- und führerscheinsentziehender Maßnahmen, insbes. von Untersuchungshaft)

(I) [*Gemäß § 51 I StGB ist grundsätzlich eine vor rechtskräftigem Urteil erlittene Freiheitsentziehung auf die Strafe anzurechnen, weil die Einlegung von rechtskrafthinausschiebenden Rechtsmitteln nicht zum Nachteil des Verurteilten ausschlagen soll.*] Auf die zu vollstreckende Freiheitsstrafe ist [*, wenn und soweit nach § 51 I 2 StGB keine Nichtanrechnungsanordnung ergangen ist,*] unverkürzt die Untersuchungshaft [*oder ein anderer Freiheitsentzug, vgl. § 38b StVollstrO, str.*] anzurechnen [*nach §§ 37 ff StVollstrO*], die der Angeklagte erlitten hat, seit er [*oder sein Verteidiger, gesetzlicher Vertreter oder Erziehungsberechtigte, §§ 297, 298, § 67 III JGG*] auf Einlegung eines Rechtsmittels verzichtet oder das eingelegte Rechtsmittel zurückgenommen hat [*§ 302*], oder seitdem die Einlegungsfrist abgelaufen ist, ohne daß er eine Erklärung abgegeben hat.

(II) Hat nach dem Urteil eine Verwahrung, Sicherstellung oder Beschlagnahme des Führerscheins auf Grund des § 111a Abs. 5 Satz 2 fortgedauert, so ist diese Zeit unverkürzt auf das Fahrverbot (§ 44 des Strafgesetzbuches) anzurechnen. [*Vgl. §§ 69a V, VI StGB, § 463b, §§ 59a, 87 IIa StVollstrO.*]

§ 450a (Anrechnung ausländischer Auslieferungshaft)

(I[1]) [*Gemäß § 51 I, III 2 StGB ist eine Freiheitsentziehung, die der Verurteilte vor rechtskräftigem Urteil aus Anlaß der den Verfahrensgegenstand bildenden Tat im Ausland erlitten hat, anzurechnen.*] Auf die zu vollstreckende Freiheitsstrafe ist [*, wenn keine gerichtliche Nichtanrechnungsanordnung ergeht, § 450a III*] auch die im Ausland erlittene Freiheitsentziehung anzurechnen, die der Verurteilte in einem Auslieferungsverfahren zum Zwecke der Strafvollstreckung erlitten hat. ([2]) Dies gilt auch dann, wenn der Verurteilte zugleich zum Zwecke der Strafverfolgung ausgeliefert worden ist.

(II) Bei Auslieferung zum Zwecke der Vollstreckung mehrerer Strafen ist die im Ausland erlittene Freiheitsentziehung auf die höchste Strafe, bei Strafen gleicher Höhe auf die Strafe anzurechnen, die nach der Einlieferung des Verurteilten zuerst vollstreckt wird.

(III[1]) Das [*nach §§ 462, 462a I, II zuständige Vollstreckungs-*]Gericht kann auf [*den u. U. von einer nichtstaatsanwaltschaftlichen Vollstreckungsbehörde, vgl. zu § 451, nach § 39a II StVollstrO angeregten*] Antrag der Staatsanwaltschaft [*als Strafverfolgungsbehörde*] anordnen, daß die Anrechnung ganz oder zum Teil unterbleibt, wenn sie im Hinblick auf das Verhalten des Verurteilten nach dem Erlaß des Urteils, in dem die dem Urteil zugrundeliegenden tatsächlichen Feststellungen letztmalig geprüft werden konnten [*z. B. wegen eines gewalttätigen Ausbruchs aus der Justizvollzugsanstalt*], nicht gerechtfertigt ist. (²) Trifft das Gericht eine solche Anordnung, so wird die im Ausland erlittene Freiheitsentziehung, soweit ihre Dauer die Strafe nicht überschreitet, auch in einem anderen Verfahren auf die Strafe nicht angerechnet.

§ 451 (Vollstreckungsbehörden)

(I) [*Den Gerichten ist die Rechtsprechung anvertraut, § 4 DRiG, Art. 92 GG, der Staatsanwaltschaft die Vollstreckung, vgl. § 36 II 1.*] Die Strafvollstreckung erfolgt [*daher gegenüber Erwachsenen und Heranwachsenden, die nicht nach materiellem Jugendstrafrecht behandelt werden, grundsätzlich, Ausnahmen: z. B. § 456c, §§ 82 ff, 110 JGG*] durch die Staatsanwaltschaft [*bei den Kollegialgerichten, arg.: § 451 II*] als Vollstreckungsbehörde [*i. d. R. durch den Rechtspfleger, § 31 II RPflG*] auf Grund einer von dem Urkundsbeamten der Geschäftsstelle [*des Gerichts, §§ 13, 14 StVollstrO, selbständig als Organ des Gerichts bei Vollstreckbarkeit, §§ 449, 346 II 2*] zu erteilenden, mit der Bescheinigung der Vollstreckbarkeit versehenen, beglaubigten Abschrift der Urteilsformel [*, § 268 II, des Strafbefehls und urteilsvertretender, Nebenfolgen betreffender Beschlüsse, §§ 437 IV, 438 II, 441 II, 442, 444 II, III*].

(II) Den Amtsanwälten steht die Strafvollstreckung [*in Sachen, deren Aburteilung zur sachlichen Zuständigkeit der Amtsgerichte gehört,*] nur insoweit zu, als die Landesjustizverwaltung sie ihnen übertragen hat [*; ist in Bayern erfolgt*].

(III¹) Die Staatsanwaltschaft, die Vollstreckungsbehörde ist, nimmt auch gegenüber der Strafvollstreckungskammer [*§ 462a I*] bei einem anderen Landgericht die staatsanwaltschaftlichen Aufgaben wahr. (²) Sie kann ihre Aufgaben der für dieses Gericht zuständigen Staatsanwaltschaft [*ausnahmsweise*] übertragen, wenn dies im Interesse des Verurteilten geboten erscheint und die Staatsanwaltschaft am Ort der Strafvollstreckungskammer zustimmt.

§ 452 (Begnadigungsrecht)

(¹) [*Nur*] In Sachen, in denen im ersten Rechtszug in Ausübung von Gerichtsbarkeit des Bundes [*von den Oberlandesgerichten gem. § 120 I, II GVG*] entschieden worden ist, steht das Begnadigungsrecht dem Bund [*genauer: dem Bundespräsidenten oder einer von ihm bestimmten Behörde, Art. 60 II, III GG*] zu. (²) In allen anderen Sachen steht es den Ländern zu. [*Nach h. M. ist nur der Widerruf eines Gnadenerweises, nicht jedoch seine Gewährung oder Ablehnung gerichtlich nach §§ 40 ff VwGO bzw. §§ 23 ff EGGVG nachprüfbar, sehr str.*]

§ 453 (Nachträgliche Entscheidungen über Strafaussetzung zur Bewährung oder Verwarnung mit Strafvorbehalt)

(I¹) [*Gem. § 268a werden die Entscheidungen zu einer im Urteil, § 260 IV 4, angeordneten Strafaussetzung zur Bewährung, § 56 StGB, und Verwarnung mit Strafvorbehalt, § 59 StGB, z. B. hinsichtlich der Bewährungszeit, § 56a StGB, durch Beschluß getroffen, der mit dem Urteil zu verkünden ist.*] Die nachträglichen Entscheidungen, die sich auf eine Strafaussetzung zur Bewährung oder eine Verwarnung mit Strafvorbehalt beziehen (§§ 56a bis 56g, 58, 59a, 59b des Strafgesetzbuches), trifft das Gericht [*nach Anhörung, vgl. § 453 I 2, i.d.R. erst nach Rechtskraft des Urteils, ausnahmsweise auch schon vorher, §§ 56e, 59a II StGB*] ohne mündliche Verhandlung durch [*begründungspflichtigen, § 34*] Beschluß. [*§ 453 I 1 ist analog anwendbar, wenn der Beschluß nach § 268a berufungsgerichtlich unterblieben ist.*] (²) Die Staatsanwaltschaft [*als Strafverfolgungsorgan*] und der Angeklagte [*= Verurteilter, Verwarnter*] sind zu hören. [*Beachte § 53 I 2 JGG.*]

(II¹) Gegen die Entscheidungen nach Absatz 1 ist [*die einfache, durch § 453 II 2 eingeschränkte*] Beschwerde zulässig [*, § 304, soweit nicht § 453 I 3 die sofortige Beschwerde anordnet*]. (²) Sie kann nur darauf gestützt werden, daß eine getroffene Anordnung [*z.B. wegen Unverhältnismäßigkeit*] gesetzwidrig ist oder daß die Bewährungszeit nachträglich verlängert worden ist. (³) Der Widerruf der Aussetzung [*§ 56f StGB*], der Erlaß der Strafe [*§ 56g I StGB*], der Widerruf des Erlasses [*§ 56g II StGB*], die Verurteilung zu der vorbehaltenen Strafe [*§ 59B I StGB*] und die Feststellung [*§ 59b II StGB*], daß es bei der Verwarnung sein Bewenden hat (§§ 56f, 56g, 59b des Strafgesetzbuches), können mit sofortiger Beschwerde [*§ 311*] angefochten werden.

§ 453a (Nachgeholte Belehrung bei Strafaussetzung zur Bewährung oder Verwarnung mit Strafvorbehalt)

(I¹) Ist der Angeklagte nicht nach § 268a Abs. 3 belehrt worden, so wird die Belehrung durch das [*gem. § 462a*] für die Entscheidungen nach § 453 zuständige Gericht erteilt. (²) Der Vorsitzende kann mit der Belehrung einen beauftragten oder ersuchten Richter betrauen.

(II) Die Belehrung soll außer in Fällen von geringer Bedeutung mündlich erteilt werden. [*Erscheint der Angeklagte nicht, ist er schriftlich zu belehren.*]

(III¹) Der Angeklagte soll [*im Rahmen der Fürsorgepflicht*] auch über die nachträglichen Entscheidungen belehrt werden. (²) Absatz 1 gilt entsprechend.

§ 453b (Überwachung des Verurteilten während der Bewährungszeit)

(I) Das [*gem. § 462a II zuständige*] Gericht überwacht während der Bewährungszeit [*nach Aussetzung der ganzen Strafe, auch Strafrestes, der Vollstreckung freiheitsentziehender Maßregeln der Besserung und Sicherung, §§ 67b, 67c, 67e StGB, oder eines Berufsverbotes, § 70a StGB ohne Anordnung der Führungsaufsicht, sonst: § 68g I StGB,*] die Lebensführung des Verurteilten, namentlich die Erfüllung von Auflagen und Weisungen sowie von Anerbieten und Zusagen.

(II) Die Überwachung obliegt dem für die Entscheidungen nach § 453 zuständigen Gericht. [*Beachte § 56d III StGB.*]

§ 453c (Vorläufige Maßnahmen bei zu erwartendem Widerruf)

(I) Sind [*u.U. nach Heranziehung der Gerichtshilfe, § 463d*] hinreichende Gründe für die [*hohe Wahrscheinlichkeits-*]Annahme vorhanden, daß die Aussetzung [*der Freiheitsstrafe oder freiheitsentziehenden Maßregel der Besserung und Sicherung, § 463*] widerrufen wird, so kann das [*für die Überwachung der Lebensführung nach § 453b zuständige, str.*] Gericht bis zur Rechtskraft des Widerrufsbeschlusses, um sich der Person des Verurteilten zu versichern, [*unter Beachtung des Verhältnismäßigkeitsprinzips*] vorläufige Maßnahmen [*z. B. Fahndungsmaßnahmen*] treffen, [*und schließlich*] notfalls, unter den Voraussetzungen des § 112 Abs. 2 Nr. 1 oder 2 oder wenn bestimmte Tatsachen die [*konkrete*] Gefahr begründen, daß der Verurteilte erhebliche Straftaten begehen werde, einen [*Sicherungs-*]Haftbefehl erlassen.

(II[1]) [*Mit Rechtskraft des mit der sofortigen Beschwerde, § 453 II 3, anfechtbaren Widerrufsbeschlusses verliert der mit einfacher Beschwerde anfechtbare Sicherungshaftbefehl seine Bedeutung.*] Die auf Grund eines [*beschwerdefähigen, § 304*] Haftbefehls nach Absatz 1 erlittene Haft wird auf die zu vollstreckende Freiheitsstrafe angerechnet. ([2]) § 33 Abs. 4 Satz 1, §§ 114 bis 115a, § 119 gelten entsprechend.

§ 454 (Aussetzung des Restes einer zeitigen Freiheitsstrafe, Verfahren, Rechtsmittel)

(I[1]) Die [*bejahende oder verneinende*] Entscheidung, ob die Vollstreckung des Restes einer zeitigen Freiheitsstrafe zur Bewährung ausgesetzt werden soll (§§ 57, 58 des Strafgesetzbuches), sowie die Entscheidung, daß vor Ablauf einer [*nach § 57 V StGB*] bestimmten Frist ein solcher Antrag des Verurteilten unzulässig ist, trifft das [*gem. § 462a zuständige*] Gericht [*auf Antrag oder von Amts wegen stets, str.*] ohne mündliche Verhandlung [*, u. U. aber nach mündlicher Anhörung*] durch Beschluß. ([2]) Die Staatsanwaltschaft, der Verurteilte und die Vollzugsanstalt sind [*schriftlich oder mündlich, beachte aber § 454 I 3 und 4, vom Gericht*] zu hören. ([3]) Der Verurteilte ist [*vom Gericht oder, sehr str., von nur einem beauftragten Mitglied der mit 3 Richtern besetzten Strafvollstreckungskammer oder einem ersuchten Richter, sehr zw.*] mündlich zu hören [*; die Angaben des Verurteilten sind aktenkundig zu machen*]. ([4]) Von der mündlichen Anhörung des Verurteilten kann [*wegen ihrer naheliegenden Bedeutungslosigkeit für die Entscheidung*] abgesehen werden, wenn

1. die Staatsanwaltschaft und die Vollzugsanstalt die Aussetzung befürworten und das Gericht die Aussetzung beabsichtigt [*und beschließt*],
2. der Verurteilte im Zeitpunkt der beantragten Aussetzung noch nicht die Hälfte der Strafe oder weniger als zwei Monate verbüßt hat [*vgl. § 57 II StGB*], oder
3. der Antrag unzulässig ist (§ 57 Abs. 5 des Strafgesetzbuches).

(II[1]) Gegen die [*zu begründenden, § 34, beschlußförmigen, Aussetzung gewährenden oder versagenden*] Entscheidungen nach Absatz 1 ist sofortige Beschwerde [*§ 311*] zulässig. [*Nebenentscheidungen, die sich auf die Aussetzung beziehen, sind gem. §§ 454 III 1, 453 II 1 analog mit der einfachen, beschränkten, § 453 II 2 analog, anfechtbar*]. ([2]) Die Beschwerde der Staatsanwaltschaft gegen den Beschluß, der die Aussetzung des Strafrestes anordnet, hat aufschiebende Wirkung.

(III[1]) Im übrigen gelten die Vorschriften der §§ 453, 453a Abs. 1, 3 sowie der §§ 453b, 453c und 268a Abs. 3 entsprechend. ([2]) Die Belehrung über die Aussetzung des Strafrestes wird [*vom Gericht i. d. R. nach der Entscheidung, der die mündliche Anhörung vorausging,*] mündlich erteilt; die Belehrung kann [*, insbesondere wenn die Entscheidung nicht unmittelbar der mündlichen Anhörung folgte, nach pflichtgemäßem Ermessen*] auch der Vollzugsanstalt übertragen werden.

§ 455 (Aufschub der Vollstreckung einer Freiheitsstrafe bei Vollzugsuntauglichkeit)

(I) Die Vollstreckung einer Freiheitsstrafe [*oder freiheitsentziehenden Maßregel, § 463*] ist [*vor Beginn ihres Vollzugs von der Staatsanwaltschaft als Vollstreckungsbehörde, §§ 455a, 451, nicht: vom Rechtspfleger, u. U. vom Gericht, § 458 III, in anfechtbarer Weise, § 458 II, 462 III*] aufzuschieben, wenn der Verurteilte in Geisteskrankheit verfällt. [*Beachte § 463 IV.*]

(II) Dasselbe gilt bei anderen Krankheiten, wenn von der Vollstreckung eine nahe Lebensgefahr für den Verurteilten zu besorgen ist. [*Beachte § 65 StVollzG.*]

(II) Die Strafvollstreckung kann auch dann aufgeschoben werden, wenn sich der Verurteilte in einem körperlichen Zustand befindet, bei dem eine sofortige Vollstreckung mit der Einrichtung der Strafanstalt unverträglich ist. [*Zur Unterbrechung nach Vollzugsbeginn bei Vollzugsuntauglichkeit vgl. §§ 45, 46 StVollstrO.*]

§ 455a (Aufschub und Unterbrechung einer Freiheitsstrafe oder freiheitsentziehenden Maßregel aus Gründen der Vollzugsorganisation)

(I) Die Vollstreckungsbehörde [*vgl. zu § 455 I*] kann die Vollstreckung einer Freiheitsstrafe oder einer freiheitsentziehenden Maßregel der Besserung und Sicherung [*ohne Einwilligung des Verurteilten vor Beginn des Vollzuges*] aufschieben oder [*nach begonnenem Vollzug*] ohne Einwilligung des Gefangenen unterbrechen, wenn dies aus [*nicht in der Person des Verurteilten liegenden*] Gründen der Vollzugsorganisation [*z. B.*] erforderlich ist [*, um eine Überbelegung, § 146 StVollzG, zu vermeiden, beachte § 8 I Nr. 2 StVollzG*] und überwiegende Gründe der öffentlichen Sicherheit nicht entgegenstehen. [*Aufschub- und Unterbrechungsdauer werden auf die Strafzeiten nicht angerechnet.*]

(II) Kann die Entscheidung der Vollstreckungsbehörde nicht rechtzeitig eingeholt werden, so kann der Anstaltsleiter die Vollstreckung unter den Voraussetzungen des Absatzes 1 ohne Einwilligung des Gefangenen vorläufig unterbrechen. [*Die Bestätigung der Staatsanwaltschaft, nicht des Rechtspflegers, als Vollstreckungsbehörde ist erforderlich und einzuholen.*]

§ 456 (Befristeter Aufschub der Vollstreckung)

(I) Auf [*vor Beginn des Vollzugs gestellten*] Antrag des Verurteilten kann [*von der Vollstreckungsbehörde, § 451, nach deren pflichtgemäßem Ermessen*] die Vollstreckung [*aller vollstreckungsbedürftigen Strafen mit Ausnahme der Ersatzfreiheitsstrafe, § 459f, und vollstreckungsbedürftiger Maßregeln der Besserung und Sicherung mit Ausnahme der Sicherungsverwahrung, § 463 I, IV 3*] aufgeschoben werden, sofern durch die sofortige Vollstreckung dem Verurteilten oder seiner Familie erhebliche, außerhalb des Straf[*-vollstreckungs-*]zwecks [*also der Verwirklichung aller durch Urteil oder urteilsgleiche Erkenntnis festgesetzten Rechtsfolgen der Tat*] liegende Nachteile erwachsen. [*Für Geldstrafe beachte daneben aber §§ 459a, 459d; für Berufsverbot statt § 456 beachte § 456c II, III.*]

(II) Der Strafaufschub darf [*vom Strafantrittstag an*] den Zeitraum von vier Monaten nicht übersteigen.

(III) Die Bewilligung kann an eine Sicherheitsleistung [*§§ 116 I Nr. 4, 116a, 123, 124 analog, § 462a II*] oder andere Bedingungen geknüpft werden.

§ 456a (Absehen von Vollstreckung bei Auslieferung und Ausweisung)

(I) [*Gem. § 154b II, III kann die Staatsanwaltschaft von der Erhebung der öffentlichen Klage absehen, wenn der Beschuldigte wegen einer anderen Tat einer ausländischen Regierung ausgeliefert oder aus dem Geltungsbereich der StPO ausgewiesen wird.*] Die [*Staatsanwaltschaft als*] Vollstreckungsbehörde kann von der Vollstreckung einer Freiheitsstrafe oder einer Maßregel der Besserung und Sicherung [*vorläufig, vgl. § 456a II*] absehen, wenn der Verurteilte wegen einer anderen Tat einer ausländischen Regierung ausgeliefert oder wenn er aus dem Geltungsbereich dieses Bundesgesetzes [*z. B. in die DDR*] ausgewiesen wird. [*Beachte § 17 StVollstrO.*]

(II[1]) Kehrt der Ausgewiesene oder der Ausgelieferte zurück, so kann die Vollstreckung nachgeholt werden [*, sofern sie noch nicht verjährt ist; beachte § 79a StGB*]. ([2]) Für die Nachholung einer Maßregel der Besserung und Sicherung gilt § 67c Abs. 2 des Strafgesetzbuches entsprechend. [*Gegen die Nachholungsanordnung sind Einwendungen nach § 458 II möglich. Die Ablehnung eines Antrags auf Absehen von Vollstreckung nach § 456a I ist gem. §§ 23ff EGGVG anfechtbar.*]

§ 456b (weggefallen)

§ 456c (Aufschub und Aussetzung eines Berufsverbotes)

(I[1]) [*Ein Berufsverbot wird grundsätzlich erst mit rechtskräftigem Urteil ohne Vollstreckungshandlungen wirksam, § 70 IV 1 StGB, es sei denn, daß ein vorläufiges Berufsverbot gem. § 132a angeordnet worden ist.*] Das Gericht kann [*jedoch schon*] bei Erlaß des Urteils auf Antrag oder mit Einwilligung des Verurteilten das Wirksamwerden des Berufsverbots durch [*mit sofortiger Beschwerde, §§ 456c I 3, 462 III, 311, anfechtbaren*] Beschluß [*für maximal sechs Monate, § 456c III 2*] aufschieben, wenn das sofortige Wirksamwerden des Verbots für den Verurteilten oder seine Angehörigen [*§ 11 I Nr. 1 StGB*] eine erhebliche, außerhalb seines Zwecks liegende, durch späteres Wirksamwerden vermeidbare Härte bedeuten würde. ([2]) Hat der Verurteilte einen gesetzlichen Vertreter, so ist dessen Einwilligung erforderlich. ([3]) § 462 Abs. 3 gilt entsprechend. [*Auch die antragsablehnende Entscheidung ist mit sofortiger Beschwerde vom Staatsanwalt oder Verurteilten anfechtbar.*]

(II) Die [*Staatsanwaltschaft, § 451, als*] Vollstreckungsbehörde kann unter denselben Voraussetzungen das Berufsverbot aussetzen [*, wenn das Berufsverbot mit rechtskräftigem Urteil oder nach Ablauf der Aufschubszeit wirksam geworden ist, nach Maßgabe des § 55 II StVollstrO insgesamt max. für sechs Monate, § 456c III 2. Gegen die Entscheidung der Vollstreckungsbehörde sind Einwendungen nach § 458 II möglich*].

(III[1]) Der Aufschub und die Aussetzung können an die Leistung einer Sicherheit oder an andere Bedingungen [, *die geeignet sind, die von der Berufsausübung drohende Gefahr abzuwenden,*] geknüpft werden. ([2]) Aufschub und Aussetzung dürfen den Zeitraum von sechs Monaten nicht übersteigen.

(IV) Die Zeit des Aufschubs und der Aussetzung wird auf die für das Berufsverbot festgesetzte Frist nicht angerechnet.

§ 457 (Vorführungs- oder Haftbefehl; Steckbrief)

(I[1]) Die Vollstreckungsbehörde [*genauer: der Rechtspfleger, vgl. zu § 451*] ist [*gem. § 457, §§ 33, 34 StVollstrO*] befugt, zur Vollstreckung einer Freiheitsstrafe [*nach ihrer pflichtgemäßen Wahl*] einen Vorführungs- oder Haftbefehl zu erlassen, wenn der Verurteilte auf die an ihn ergangene Ladung zum Antritt der Strafe sich nicht gestellt hat oder der Flucht verdächtig ist. ([2]) Sie kann einen Vorführungs- oder Haftbefehl [*schon bei der Ladung für den Fall erlassen, daß der Verurteilte sich nicht auf die Ladung hin stellen wird, und*] auch [*dann*] erlassen, wenn ein Strafgefangener [*unerlaubt aus dem Gewahrsam der Vollzugsanstalt*] entweicht oder sich sonst [*unerlaubt*] dem Vollzug entzieht. [*Beachte daneben § 87 StVollzG.*]

(II) Auch kann von der Vollstreckungsbehörde [*,ohne daß ein Haftbefehl vorliegen müßte,*] zu demselben Zweck ein Steckbrief [*vgl. § 131*] erlassen werden, wenn der Verurteilte flüchtig ist oder sich verborgen hält. [*Gegen die Anordnung nach § 457 ist der Rechtsweg nach §§ 23 ff EGGVG gegeben.*]

§ 458 (Gerichtliche Entscheidung bei Zweifeln und Einwendungen)

(I) Wenn über die Auslegung eines Strafurteils oder über die Berechnung der erkannten Strafe [*oder Maßregel, § 463, oder über die Berechnung der Abschiebehaft nach § 16 AuslG*] Zweifel entstehen, oder wenn [*von demjenigen, gegen den vollstreckt wird oder vollstreckt werden soll, gegenüber der Vollstreckungsbehörde*] Einwendungen [*nicht bloß gegen das »Wie« der Strafvollstreckung, sondern*] gegen die Zulässigkeit der [*Maßregel-, § 463, oder*] Strafvollstreckung [*selbst wegen Gegebenseins eines Vollstreckungshindernisses, z. B. Verjährung,*] erhoben werden, so ist [*von der Vollstreckungsbehörde*] die [*mit sofortiger Beschwerde vom Einwendungsberechtigten und der Staatsanwaltschaft anfechtbare, § 462 III*] Entscheidung des [*nach §§ 462, 462a zuständigen*] Gerichts herbeizuführen.

(II) Das [*nach §§ 462, 462a zuständige*] Gericht entscheidet ferner, wenn in den Fällen der §§ 455, 456 und 456c Abs. 2 [*bei Übertragung der Vollstreckungsgeschäfte nach § 456 an den Rechtspfleger nach Einholung der Entscheidung der Staatsanwaltschaft, § 31 VI RPflG*] Einwendungen gegen die Entscheidung der [*Staatsanwaltschaft als*] Vollstreckungsbehörde erhoben werden oder wenn die Vollstreckungsbehörde anordnet, daß an einem Ausgelieferten oder Ausgewiesenen die Vollstreckung einer Strafe oder einer Maßregel der Besserung und Sicherung nachgeholt werden soll, und Einwendungen gegen diese Anordnung erhoben werden.

(III[1]) [*§§ 109 ff StVollzG, § 459 h sind leges speciales gegenüber § 458; § 458 schließt, soweit anwendbar, die §§ 23 ff EGGVG aus.*] Der Fortgang der Vollstreckung wird hierdurch [*scil.: durch Einwendungen oder Zweifel*] nicht gehemmt; das Gericht kann jedoch einen Aufschub oder eine Unterbrechung der Vollstreckung anordnen. ([2]) In den Fällen des § 456c Abs. 2 kann das Gericht eine einstweilige Anordnung treffen.

§ 459 (Vollstreckung der Geldstrafe)

Für die Vollstreckung der Geldstrafe [*, die nicht schon durch Anrechnung einer Freiheitsentziehung als vollstreckt gilt, § 51 I 1 StGB, § 39 StVollstrO, von Nebenfolgen, die zu einer Geldzahlung verpflichten, § 459g II, und gerichtlicher Bußgeldentscheide, § 91 OWiG*] gelten [*subsidiär*] die Vorschriften der Justizbeitreibungsordnung [*= JBeitrO, der StVollstrO und der EBAO*], soweit dieses Gesetz nichts anderes bestimmt [*§§ 459a ff*].

§ 459a (Zahlungserleichterungen, vgl. § 93 OWiG)

(I) Nach Rechtskraft des Urteils entscheidet [*von Amts wegen*] über die Bewilligung von Zahlungserleichterungen bei Geldstrafen (§ 42 des Strafgesetzbuches) die Vollstreckungsbehörde [*genauer: i. d. R. der Rechtspfleger, § 31 II RPflG, § 1 I Nr. 1 BegrenzungsVO*].

(II[1]) Die Vollstreckungsbehörde kann [*nach pflichtgemäßem Ermessen*] eine Entscheidung über Zahlungserleichterungen nach Absatz 1 oder nach § 42 des Strafgesetzbuches nachträglich [*u. U. mehrmals*] ändern oder aufheben. ([2]) Dabei darf sie [*nach pflichtgemäßem Ermessen*] von einer vorausgegangenen Entscheidung zum Nachteil des Verurteilten nur auf Grund neuer Tatsachen oder Beweismittel [*vgl. §§ 211, 359 Nr. 5*] abweichen.

(III[1]) Entfällt die Vergünstigung nach § 42 Satz 2 des Strafgesetzbuches, die Geldstrafe in bestimmten Teilbeträgen zu zahlen, so wird dies in den Akten vermerkt. ([2]) Die Vollstreckungsbehörde kann erneut eine Zahlungserleichterung bewilligen.

(IV[1]) Die Entscheidung über Zahlungserleichterungen erstreckt sich auch auf die Kosten des Verfahrens. ([2]) Sie kann [*nach pflichtgemäßem Ermessen*] auch allein hinsichtlich der Kosten getroffen werden. [*Gegen die Maßnahmen des Rechtspflegers ist erst die staatsanwaltschaftliche Entscheidung zu suchen, § 31 VI RPflG. Dagegen sind Einwendungen möglich, §§ 459h, 462 I 1, 462a II.*]

§ 459b (Verrechnung von Teilbeträgen, vgl. § 94 OWiG)

[*Freiwillig entrichtete*] Teilbeträge werden, wenn der Verurteilte [*vor oder*] bei der Zahlung keine Bestimmung trifft, zunächst auf die Geldstrafe, dann auf die angeordneten Nebenfolgen, die zu einer Geldzahlung verpflichten, und zuletzt auf die Kosten des Verfahrens angerechnet. [*§ 459b gilt analog bei zwangsweiser Beitreibung oder Mehrheit von Schuldtiteln.*]

§ 459c (Beitreibung der Geldstrafe, vgl. § 95 OWiG)

(I) Die Geldstrafe oder [*, falls gem. § 459a Ratenzahlung gewährt wurde,*] der

Teilbetrag der Geldstrafe [*oder die zu einer Geldzahlung verpflichtende Nebenfolge, § 459g II*] wird vor Ablauf von zwei Wochen nach Eintritt der Fälligkeit nur beigetrieben, wenn auf Grund bestimmter [= *konkreter*] Tatsachen [*z. B. Schaffung des Vermögens in das Ausland*] erkennbar ist, daß sich der Verurteilte der Zahlung entziehen will.

(II) Die Vollstreckung kann unterbleiben, wenn zu erwarten ist, daß sie in absehbarer Zeit zu keinem Erfolg führen wird.

(III) In den Nachlaß des Verurteilten darf die [*höchstpersönliche*] Geldstrafe nicht [*, wohl aber die zu einer Geldzahlung verpflichtende Nebenfolge, vgl. § 459g II*] vollstreckt werden [*vgl. § 101 OWiG*].

§ 459d (Unterbleiben der Vollstreckung einer mit Freiheitsstrafe zusammentreffenden Geldstrafe)

(I) Das [*nach §§ 462 I, 462a zuständige*] Gericht kann [*nach pflichtgemäßem Ermessen, beachte Art. 3 I GG*] anordnen, daß die Vollstreckung der Geldstrafe [*oder einer Nebenfolge, die zu Geldzahlung verpflichtet, § 459g II*] ganz oder zum Teil unterbleibt, wenn

1. in demselben Verfahren Freiheitsstrafe [*ganz*] vollstreckt oder [*teilweise vollstreckt und der Rest gnadenweise oder nach § 57 StGB zur Bewährung ausgesetzt wurde oder ganz*] zur Bewährung ausgesetzt worden ist [*vgl. § 41 StGB*] oder
2. in einem anderen Verfahren Freiheitsstrafe verhängt ist und die Voraussetzungen des § 55 des Strafgesetzbuches [*für eine nachträgliche Gesamtstrafenbildung*] nicht vorliegen

und die Vollstreckung der Geldstrafe die Wiedereingliederung des Verurteilten erschweren kann.

(II) Das [*nach §§ 462 I, 462a zuständige*] Gericht kann [*nach pflichtgemäßem Ermessen*] eine Entscheidung nach Absatz 1 auch hinsichtlich der Kosten des Verfahrens treffen.

§ 459e (Vollstreckung der Ersatzfreiheitsstrafe)

(I) [*Gem. § 43 StGB tritt an die Stelle einer untauglichen Geldstrafe je für einen Tagessatz ein Tag Ersatzfreiheitsstrafe.*] Die Ersatzfreiheitsstrafe wird auf Anordnung der Vollstreckungsbehörde [*§ 451, §§ 49ff StVollstrO*] vollstreckt. [*Über Einwendungen entscheidet das Gericht, § 459h.*]

(II) Die Anordnung setzt voraus, daß die Geldstrafe [*nach angemessenen Versuchen*] nicht eingebracht werden kann oder die Vollstreckung nach § 459c Abs. 2 unterbleibt.

(III) Wegen eines Teilbetrages, der keinem vollen Tag Freiheitsstrafe entspricht, darf die Vollstreckung der Ersatzfreiheitsstrafe nicht angeordnet werden. [*Vgl. § 43 S 2 StGB, beachte aber § 50 II StVollstrO.*]

(IV[1]) Die Ersatzfreiheitsstrafe wird nicht vollstreckt, soweit die Geldstrafe entrichtet oder beigetrieben wird oder die Vollstreckung nach § 459d unterbleibt. ([2]) Absatz 3 gilt entsprechend.

§ 459f (Keine Vollstreckung der Ersatzfreiheitsstrafe bei unbilliger Härte)

Das [*nach §§ 462, 462a zuständige*] Gericht ordnet [*von Amts wegen, auf Antrag des Verurteilten oder auf Anregung der Strafvollstreckungsbehörde, §§ 451, 462 II 1*] an, daß die Vollstreckung der Ersatzfreiheitsstrafe unterbleibt, wenn [*und solange*] die Vollstreckung für den Verurteilten [*wegen seiner persönlichen Verhältnisse*] eine unbillige Härte [*vgl. § 73c I, 74f II StGB*] wäre. [*Ist die Vollstreckung keine unbillige Härte mehr, kann die Anordnung nach § 459f widerrufen werden.*]

§ 459g (Vollstreckung von Nebenfolgen)

(I[1]) Ist der Verfall [*§ 73d StGB*], die Einziehung [*§ 74e I StGB*] oder die Unbrauchbarmachung [*§§ 74b, 74d StGB, oder die Vernichtung, z. B. § 30 WZG*] einer Sache [*rechtskräftig*] angeordnet worden, so [*geht das Eigentum auf den Fiskus über. Einer Vollstreckung bedarf es nur, wenn die Sache noch nicht im Besitz des Fiskus ist. Daher*] wird die Anordnung [*von der Vollstreckungsbehörde in einwendungsfähiger, § 459h, Weise nur*] dadurch vollstreckt, daß die [*nicht schon im amtlichen Gewahrsam befindliche*] Sache dem Verurteilten oder dem Verfalls- oder Einziehungsbeteiligten [*, die die Sache nicht freiwillig herausgeben,*] weggenommen wird [*vgl. i.e. §§ 6 I Nr. 1, III JBeitrO*]. ([2]) Für die Vollstreckung gelten die Vorschriften der Justizbeitreibungsordnung.

(II) Für die Vollstreckung von Nebenfolgen, die zu einer Geldzahlung verpflichten [*vgl. z. B. §§ 73a, 74c StGB, § 111d, § 57 StVollstrO, § 1 I Nr. 1 EBAO*], gelten die §§ 459, 459a, 459c Abs. 1, 2 und § 459d entsprechend. [*Beachte auch § 459h.*]

§ 459h (Einwendungen als spezieller Rechtsbehelf)

Über Einwendungen [*desjenigen, der durch eine Vollstreckungsmaßnahme beschwert ist,*] gegen [*Maßnahmen des Rechtspflegers entscheidet zunächst die Staatsanwaltschaft als Vollstreckungsbehörde, § 31 VI RPflG. Gegen*] die Entscheidungen der [*Staatsanwaltschaft, § 451, als*] Vollstreckungsbehörde [*ist grundsätzlich der Rechtsweg zu den Oberlandesgerichten nach den §§ 23ff EGGVG gegeben, es sei denn, daß § 458 anwendbar ist. Über Einwendungen gegen staatsanwaltschaftliche Entscheidungen*] nach den §§ 459a [*I–II, III 2, u. U. § 459b – § 459h analog*], 459c, 459e und 459g entscheidet [*in Abweichung von § 458, §§ 23ff EGGVG jedoch*] das [*gem. §§ 462a II, 462a I 1 I. V. m. § 462 zuständige*] Gericht. [*Gegen die Entscheidung des Gerichts ist sofortige Beschwerde möglich, § 462 III.*]

§ 460 (Nachträgliche Gesamtstrafenbildung durch Beschluß)

[*Gem. §§ 53, 54 StGB wird für mehrere, materiellrechtlich real konkurrierende Taten eine Gesamtstrafe gebildet, wenn sie gleichzeitig in einem Verfahren abgeurteilt werden. Gem. § 55 StGB ist eine Gesamtstrafe auch zu bilden, wenn, bevor eine verhängte Strafe vollstreckt, verjährt oder erlassen ist, die Verurteilung wegen einer Straftat erfolgt, die vor der früheren Verurteilung begangen wurde.*] Ist jemand durch verschiedene rechtskräftige Urteile zu Strafen verurteilt worden, und sind dabei die Vorschriften über die Zuerkennung einer Gesamtstrafe (§ 55 des Strafgesetzbuches) [*nicht bloß nach Prüfung irrig verneint oder falsch angewandt, sondern völlig*] außer

Betracht geblieben, so sind die erkannten Strafen [*i. d. R. nach Antrag der Staatsanwaltschaft als Vollstreckungsbehörde*] durch eine nachträgliche gerichtliche [*beschlußförmige, § 462*] Entscheidung auf eine Gesamtstrafe zurückzuführen. [*Dies gilt auch dann, wenn eine der erkannten Strafen bereits vollstreckt wurde. Der Beschluß ist mit sofortiger Beschwerde anfechtbar, § 462 III.*]

§ 461 (Anrechnung von Krankenhausaufenthalt)

(I) Ist der Verurteilte nach Beginn der Strafvollstreckung wegen Krankheit in [*ein Anstaltskrankenhaus, § 65 I StVollzG, mit oder gegen seinen Willen gebracht worden, so unterbricht dies den Strafvollzug nicht; die in ihm verbrachte Zeit ist auf die Strafzeit anzurechnen. Ist der Verurteilte nach Beginn der Strafvollstreckung wegen Krankheit in*] eine von der Strafanstalt getrennte Krankenanstalt [*, die nicht dem Vollzug dient, vgl. § 65 II StVollzG*] gebracht worden, so [*wird der Strafvollzug faktisch unterbrochen. Gleichwohl*] ist die Dauer des Aufenthalts in der Krankenanstalt in die Strafzeit einzurechnen, wenn nicht der Verurteilte mit der Absicht, die Strafvollstreckung zu unterbrechen, die Krankheit herbeigeführt [*oder simuliert*] hat.

(II) Die Staatsanwaltschaft hat im letzteren Falle eine Entscheidung des [*nach § 462a zuständigen*] Gerichts herbeizuführen.

§ 462 (Verfahren bei gerichtlichen Entscheidungen; sofortige Beschwerde)

(I[1]) Die nach § 450a Abs. 3 Satz 1, §§ 458 bis 461 notwendig werdenden gerichtlichen Entscheidungen trifft das Gericht [*im Vollstreckungsverfahren nach Gewährung des rechtlichen Gehörs, § 462 II*] ohne mündliche Verhandlung durch [*mit sofortiger Beschwerde anfechtbaren, § 462 III*] Beschluß [*vgl. §§ 453 I 1, 454 I 1*]. ([2]) Dies gilt auch für die [*nach rechtskräftigem Urteil zu treffenden Entscheidungen über*] Wiederverleihung verlorener Fähigkeiten und Rechte (§ 45b des Strafgesetzbuches), die Aufhebung des Vorbehalts der Einziehung und die nachträgliche Anordnung der Einziehung eines Gegenstandes (§ 74b Abs. 2 Satz 3 des Strafgesetzbuches), die nachträgliche Anordnung von Verfall oder Einziehung des Wertersatzes (§ 76 des Strafgesetzbuches) sowie für die Verlängerung der Verjährungsfrist (§ 79b des Strafgesetzbuches).

(II[1]) Vor der Entscheidung sind [*grundsätzlich*] die Staatsanwaltschaft und der Verurteilte [*letzterer u. U. nach pflichtgemäßem Ermessen sogar mündlich*] zu hören. [*Beachte zur Gerichtshilfe § 463d.*] ([2]) Das Gericht kann [*jedoch durch Beschluß*] von der Anhörung des Verurteilten in den Fällen einer Entscheidung nach § 79b des Strafgesetzbuches absehen, wenn infolge bestimmter Tatsachen anzunehmen ist, daß die Anhörung nicht ausführbar ist. [*Beachte aber § 33a.*]

(III) Der Beschluß ist mit sofortiger Beschwerde [*nach § 311*] anfechtbar.

§ 462a (Funktionell und örtlich zuständige Strafvollstreckungskammer; gerichtliche Zuständigkeiten)

(I) [*Um Nachtragsentscheidungen einem besonders erfahrenen Gericht zuzuweisen, werden gem. § 78a GVG u. a. bei den Landgerichten, in deren Bezirk für Erwachsene Anstalten unterhalten werden, in denen Freiheitsstrafen oder freiheitsentziehende*

Maßregeln der Besserung und Sicherung vollzogen werden, Strafvollstreckungskammern gebildet.] Wird gegen den Verurteilten eine [*Erwachsenen-*]Freiheitsstrafe [*oder Strafarrest, § 14a WStG, nicht: Jugendstrafe, § 82 I 2 JGG, tatsächlich*] vollstreckt [*d. h. vollzogen*], so ist [*funktionell*] für die nach den §§ 453, 454 und 462 [*in demselben Strafverfahren, sonst: § 462a IV,*] zu treffenden Entscheidungen die Strafvollstreckungskammer [*örtlich*] zuständig, in deren Bezirk die Strafanstalt liegt, in die der Verurteilte zu dem Zeitpunkt, in dem das Gericht [*von Amts wegen oder auf einen beim zuständigen oder möglicherweise zuständigen Gericht eingegangenen Antrag hin*] mit der Sache befaßt wird, [*auf Grund eines auf gesetzlicher Grundlage, § 152 StVollzG, beruhenden Vollstreckungsplanes auf einige Dauer, str.*] aufgenommen ist. ([2]) Diese [*funktionell und örtlich zuständige*] Strafvollstreckungskammer bleibt [*grundsätzlich bis zur abschließenden Sachentscheidung zuständig, i. e. str. Sie bleibt darüberhinaus*] auch zuständig für Entscheidungen, die zu treffen sind, nachdem die Vollstreckung einer Freiheitsstrafe [*z. B. gem. § 455a*] unterbrochen oder die Vollstreckung des Restes der Freiheitsstrafe zur Bewährung ausgesetzt wurde [*also z. B. für Entscheidungen nach § 57 III StGB*]. ([3]) Die Strafvollstreckungskammer kann [*nur*] einzelne Entscheidungen nach § 462 in Verbindung mit § 458 Abs. 1 an das Gericht des ersten Rechtszuges abgeben; die Abgabe ist bindend. [*Vgl. § 462a II 2. Halbsatz.*]

(II[1]) In anderen als den in Absatz 1 [*und Abs. IV*] bezeichneten Fällen ist [*über die in § 462a I 3, III, IV 2 und 3, V 1 genannten Fälle hinaus*] das Gericht des ersten Rechtszuges zuständig. ([2]) Das Gericht kann [*nicht die Entscheidung über die Strafaussetzung selbst, wohl aber*] die nach § 453 zu treffenden Entscheidungen ganz oder zum Teil an das Amtsgericht abgeben, in dessen Bezirk der Verurteilte seinen Wohnsitz oder in Ermangelung eines Wohnsitzes seinen gewöhnlichen Aufenthaltsort hat; die Abgabe ist [*nur für das Gericht, an das abgegeben wurde,*] bindend [*und nicht beschwerdefähig*].

(III[1]) In den Fällen des § 460 entscheidet [*über die nachträgliche Gesamtstrafenbildung*] das Gericht des ersten Rechtszuges. ([2]) Waren die verschiedenen Urteile von verschiedenen Gerichten erlassen, so steht die Entscheidung dem Gericht zu, das auf die schwerste Strafart oder bei Strafen gleicher Art auf die höchste Strafe erkannt hat, und falls hiernach mehrere Gerichte zuständig sein würden, dem Gericht, dessen Urteil zuletzt ergangen ist. ([3]) War das hiernach maßgebende Urteil von einem Gericht eines höheren Rechtszuges erlassen, so setzt das Gericht des ersten Rechtszuges die Gesamtstrafe fest; war eines der Urteile von einem Oberlandesgericht im ersten Rechtszug erlassen, so setzt das Oberlandesgericht die Gesamtstrafe fest. ([4]) Wäre ein Amtsgericht zur Bildung der Gesamtstrafe zuständig und reicht seine Strafgewalt [*nach §§ 24, 25 GVG*] nicht aus, so entscheidet die Strafkammer des ihm übergeordneten Landgerichts.

(IV[1]) Haben [*in mehreren, bei verschiedenen Gerichten getrennt geführten Strafverfahren die*] verschiedene[*n*] Gerichte den Verurteilten in anderen als den in § 460 bezeichneten Fällen [*der nachträglichen Gesamtstrafenbildung*] rechtskräftig zu Strafe verurteilt oder unter Strafvorbehalt verwarnt, so ist [*im Interesse der Zuständigkeitskonzentration*] nur eines von ihnen für die nach den §§ 453, 454 und 462 zu treffenden Entscheidungen zuständig. ([2]) Absatz 3 Satz 2 und 3 gilt [*für die*

Bestimmung des sachlich zuständigen Gerichts] entsprechend. (³) In den Fällen des Absatzes 1 entscheidet die Strafvollstreckungskammer; Absatz 1 Satz 3 bleibt unberührt.

(V¹) An Stelle der [*nach § 462a I, IV 3 zuständigen*] Strafvollstreckungskammer entscheidet [*grundsätzlich*] das Gericht des ersten Rechtszuges, wenn das Urteil von einem Oberlandesgericht im ersten Rechtszuge [*gem. § 120 GVG*] erlassen ist. (²) Das Oberlandesgericht kann [*jedoch*] die nach den Absätzen 1 und 3 zu treffenden Entscheidungen ganz oder zum Teil an die [*nach allgemeinen Regeln an sich zuständige*] Strafvollstreckungskammer abgeben [*und so dessen Zuständigkeit begründen*]. (³) Die Abgabe ist [*für die Strafvollstreckungskammer*] bindend; sie kann jedoch vom Oberlandesgericht widerrufen werden.

(VI) Gericht des ersten Rechtszuges ist in den Fällen des § 354 Abs. 2 und des § 355 das Gericht, an das die Sache zurückverwiesen worden ist, und in den Fällen, in denen im Wiederaufnahmeverfahren eine Entscheidung nach § 373 ergangen ist, das Gericht, das diese Entscheidung getroffen hat.

§ 463 (Vollstreckung von Maßregeln der Besserung und Sicherung)

(I) Die [*§§ 453c, 456a, 456c, 458 II, III, 456c II gelten unmittelbar für Maßregeln der Besserung und Sicherung. Die in den §§ 449–462a sonst enthaltenen*] Vorschriften über die Strafvollstreckung gelten für die Vollstreckung von Maßregeln der Besserung und Sicherung [*§ 61 StGB*] sinngemäß, soweit [*in § 463 II–VI, §§ 82 I, 110 I JGG, §§ 44, 44a, 53 ff StVollstrO oder in anderen Rechtsvorschriften, namentlich auch des materiellen Rechts*] nichts anderes bestimmt ist.

(II) § 453 gilt auch für die nach den §§ 68a bis 68d des Strafgesetzbuches zu treffenden [*nachträglichen*] Entscheidungen [*, wenn Führungsaufsicht gerichtlich angeordnet wurde oder von Gesetzes wegen eintrat*].

(III¹) § 454 gilt auch für die nach § 67c Abs. 1, § 67d Abs. 2, § 67e Abs. 3, den §§ 68e, 68f Abs. 2 und § 72 Abs. 3 des Strafgesetzbuches zu treffenden Entscheidungen [*, die der Aussetzung eines Strafrestes entsprechen*]. (²) In den Fällen des § 68e des Strafgesetzbuches bedarf es [*jedoch*] einer mündlichen Anhörung des Verurteilten nicht.

(IV¹) § 455 Abs. 1 [*Aufschub der Vollstreckung bei Geisteskrankheit*] ist nicht anzuwenden, wenn die Unterbringung in einem psychiatrischen Krankenhaus angeordnet ist. (²) Ist die Unterbringung in einer Entziehungsanstalt oder in der Sicherungsverwahrung angeordnet worden und verfällt der Verurteilte in Geisteskrankheit, so kann die Vollstreckung der Maßregel aufgeschoben werden. [*§ 463 Abs. IV Satz 2 gilt ab 1. 1. 1985 in folgender Fassung: Ist die Unterbringung in einer Entziehungsanstalt, einer sozialtherapeutischen Anstalt oder in der Sicherungsverwahrung angeordnet worden und verfällt der Verurteilte in Geisteskrankheit, so kann die Vollstreckung der Maßregel aufgeschoben werden.*] (³) § 456 [*vorübergehender Aufschub bei strafzweckfremder Vollstreckung*] ist nicht anzuwenden, wenn die Unterbringung des Verurteilten in der Sicherungsverwahrung angeordnet ist.

(V) [*Das in*] § 462 [*geregelte Beschlußverfahren*] gilt auch für die nach § 67

Abs. 3, Abs. 5 Satz 2, den §§ 67a, 67c Abs. 2, den §§ 67g, 69a Abs. 7, den §§ 70a und 70b des Strafgesetzbuches zu treffenden Entscheidungen.

(VI) Für die Anwendung des § 462a [*stehen in Fällen nachträglicher Entscheidungen die freiheitsentziehenden Maßregeln der Besserung und Sicherung der Freiheitsstrafe gleich, § 463 I. Für die Anwendung des § 462a*] Abs. 1 steht die [*nicht freiheitsentziehende*] Führungsaufsicht in den Fällen des 67c Abs. 1, des § 67d Abs. 2, 4 und des § 68f des Strafgesetzbuches der Aussetzung des Strafrestes gleich.

§ 463a (Befugnisse der Führungsaufsichtsstellen; örtliche Zuständigkeit)

(I) [*Gem. §§ 68a, b StGB haben die zur jeweiligen Landesjustizverwaltung gehörenden Aufsichtsstellen die Aufgabe, den Verurteilten zu betreuen und zu überwachen; sie koordinieren die Tätigkeit der verschiedenen staatlichen Stellen, die mit der Strafvollstreckung i. w. S. und der Resozialisation des Verurteilten befaßt sind, vgl. Art. 295 EGStGB.*] Die Aufsichtsstellen (§ 68a des Strafgesetzbuches) können [*daher*] zur Überwachung des Verhaltens des Verurteilten und der Erfüllung von Weisungen von allen öffentlichen Behörden [*zumutbare*] Auskunft verlangen [*vgl. zu § 161*] und Ermittlungen jeder Art, mit Ausschluß eidlicher Vernehmungen, entweder selbst [*formlos oder förmlich*] vornehmen oder durch andere Behörden im Rahmen ihrer Zuständigkeit [*Aufgaben und Befugnisse*] vornehmen lassen. [*Die öffentlichen Behörden sind damit über Art. 35 GG hinaus zur zumutbaren Amtshilfe verpflichtet.*]

(II[1]) Örtlich zuständig ist die Aufsichtsstelle, in deren Bereich der Verurteilte seinen Wohnsitz hat. ([2]) Hat der Verurteilte keinen Wohnsitz im Geltungsbereich dieses Gesetzes, so ist die Aufsichtsstelle örtlich zuständig, in deren Bezirk er seinen gewöhnlichen Aufenthaltsort hat und, wenn ein solcher nicht bekannt ist, seinen letzten Wohnsitz oder gewöhnlichen Aufenthaltsort hatte [*vgl. zu § 8*].

§ 463b (Beschlagnahme von Führerscheinen und ausländischen Fahrausweisen; eidesstattliche Versicherung)

(I) Ist [*nach rechtskräftiger Anordnung eines Fahrverbots*] ein [*von einer deutschen Behörde erteilter*] Führerschein [*für die Dauer des Verbots*] nach § 44 Abs. 3 Satz 2 des Strafgesetzbuches amtlich zu verwahren [*vgl. § 59a StVollstrO*] und wird er [*trotz vorheriger Aufforderung*] nicht freiwillig herausgegeben, so ist er [*durch die Vollstreckungsbehörde, § 451*] zu beschlagnahmen. [*Die Beschlagnahmeanordnung beinhaltet nach h. M. stillschweigend die Anordnung, § 105 I, die Wohnung des Führerscheininhabers, falls erforderlich, zu durchsuchen, zw. Die Vollstreckung der Einziehung eines deutschen Führerscheins nach Entziehung der Fahrerlaubnis, § 69 III 2 StGB, bemißt sich nach § 459g I, § 56 StVollstrO.*]

(II) [*Wird gegen den Inhaber eines ausländischen Fahrausweises ein Fahrverbot verhängt, § 44 StGB, oder die Fahrerlaubnis entzogen, §§ 69, 69b StGB, so ist das Fahrverbot bzw. die Entziehung der Fahrerlaubnis und die Sperre im Fahrausweis zu vermerken, §§ 44 III 3, 69b II StGB.*] Ausländische Fahrausweise können zur Eintragung eines Vermerks über das Fahrverbot oder über die Entziehung der Fahrerlaubnis und die Sperre (§ 44 Abs. 3 Satz 3, § 69b Abs. 2 des Strafgesetzbuches) [*vorübergehend*] beschlagnahmt werden. [*Beachte §§ 56 II, 59a IV StVollstrO. Vgl. auch § 111a VI.*]

(III[1]) Der Verurteilte hat, wenn der Führerschein oder der Fahrausweis bei ihm nicht vorgefunden wird, auf [*nach erfolgloser Durchsuchung zulässigen*] Antrag der Vollstreckungsbehörde [*§ 451*] bei dem Amtsgericht eine eidesstattliche Versicherung über den Verbleib abzugeben. ([2]) § 883 Abs. 2 bis 4, die §§ 899, 900 Abs. 1, 3, 5, die §§ 901, 902, 904 bis 910 und 913 der Zivilprozeßordnung gelten entsprechend.

§ 463c (Vollstreckung der öffentlichen Urteilsbekanntmachung)

(I) Ist [*nach den §§ 103 II, 165, 200 StGB, § 23 I UWG, § 30 II WZG, § 111 UrhG, § 49 III PatentG*] die öffentliche Bekanntmachung der Verurteilung [*im Urteil oder im Strafbefehl, § 407 II Nr. 1, rechtskräftig*] angeordnet worden, so wird die Entscheidung dem Berechtigten [*, auf dessen Antrag oder Verlangen die öffentliche Bekanntmachung angeordnet wurde, förmlich, § 37*] zugestellt [*, beachte § 59 StVollstrO, um die in § 463c II genannte Frist in Gang zu setzen*].

(II) Die Anordnung nach Absatz 1 wird nur vollzogen, wenn der Antragsteller oder ein an seiner Stelle Antragsberechtigter [*§§ 77 II, III, 165 I 2 und 3 StGB*] es innerhalb eines Monats [*§§ 43, 44*] nach Zustellung der rechtskräftigen Entscheidung verlangt.

(III[1]) Kommt der Verleger [*, der die Druckschrift veröffentlicht und für ihre Vervielfältigung und Verbreitung sorgt,*] oder der [*für die Aufnahme des Beitrags und die Gestaltung des periodischen Druckwerkes*] verantwortliche Redakteur einer periodischen Druckschrift [*vgl. zu § 53*] seiner Verpflichtung nicht nach, eine solche Bekanntmachung in das Druckwerk aufzunehmen, so hält ihn das Gericht auf Antrag der Vollstreckungsbehörde durch Festsetzung eines Zwangsgeldes bis zu fünfzigtausend Deutsche Mark oder von Zwangshaft [*vgl. Art. 6ff EGStGB*] bis zu sechs Wochen dazu an. ([2]) Zwangsgeld kann wiederholt festgesetzt werden. ([3]) § 462 gilt entsprechend.

(IV) Für die Bekanntmachung im Rundfunk gilt Absatz 3 entsprechend, wenn der für die Programmgestaltung Verantwortliche [*= verantwortliche Redakteur*] seiner Verpflichtung nicht nachkommt.

§ 463d (Gerichtshilfe)

Zur Vorbereitung der nach den §§ 453 bis 461 zu treffenden Entscheidungen kann sich das [*gem. §§ 462, 462a für die Entscheidung zuständige*] Gericht oder die Vollstreckungsbehörde [*§ 451*] der Gerichtshilfe [*insoweit nach pflichtgemäßem Ermessen*] bedienen [*, als der Auftragsgegenstand zu ihrem Aufgabenbereich gehört. Beachte Art. 294 EGStGB; vgl. zu § 160 III 2*].

Zweiter Abschnitt
Kosten des Verfahrens
[§§ 464–474]

[Die §§ 464–473 regeln vornehmlich die Kosten, die dem Staat aus den einzelnen Strafverfahren erwachsen. Kosten im engeren Sinne sind nach der Legaldefinition des § 464a I 1 nur die Gebühren und Auslagen der Staatskasse. Kosten im weiteren Sinne sind auch die Auslagen eines Beteiligten, für die besondere Regelungen bestehen, vgl. §§ 464a II, 467, 467a, 469–473. Die §§ 464–464b regeln das Verfahren der Kostenentscheidung, die §§ 465ff regeln die Kostentragungspflicht. Zur Sicherung des staatlichen Kostenanspruchs ist nach Erlaß eines auf Strafe ergehenden Urteils dinglicher Arrest möglich, §§ 111d, 111e. Beachte auch §§ 127a, 132.]

§ 464 (Entscheidung über Kosten und notwendige Auslagen dem Grunde nach; sofortige Beschwerde)

(I) Jedes [*rechtskraftfähige und bei möglicher Rechtskraft verfahrensabschließende*] Urteil [*nicht: nach §§ 328 II, III, 354 II, 355*], jeder Strafbefehl und jede eine Untersuchung einstellende [*, d. h. u. U. nur teil-verfahrensabschließende, vgl. § 464 II, Prozeß- oder Sach-*]Entscheidung [*z. B. nach §§ 153 II, 153a II, 153b II, 204, 206a, 383 II, z. B. nicht: § 153a II, 205*] muß darüber [*eine mit sofortiger Beschwerde anfechtbare, § 464 II*] Bestimmung treffen, von wem die Kosten des Verfahrens zu tragen sind. [*Ist kein Kostentragungspflichtiger vorhanden, fallen sie dem Fiskus zur Last. Die Höhe der Kosten wird nach § 464b, § 46 KG gesondert festgesetzt.*]

(II) [*Grundsätzlich trägt jeder Verfahrensbeteiligte seine Auslagen selber. U. a. die §§ 465 II 3, 467 I, III, IV, 467a, 469–471, 472a, 472b, 473 II–V sehen jedoch die Erstattungspflicht des Fiskus oder eines anderen Verfahrensbeteiligten vor.*] Die Entscheidung darüber, wer [*hiernach dem Grunde nach*] die notwendigen Auslagen trägt, trifft [*konstitutiv, str.*] das Gericht in dem Urteil oder in dem Beschluß, der das Verfahren abschließt.

(III[1]) Gegen die Entscheidung über die Kosten und die notwendigen Auslagen [*als solche*] ist [*für den Beschwerten nicht der gegen die Hauptentscheidung zulässige Rechtsbehelf, sondern die*] sofortige Beschwerde [*nach §§ 311, 296ff, 304ff*] zulässig. [*Jedoch erstreckt sich wegen des Zusammenhangs von Sach- und Kostenentscheidung der unbeschränkt eingelegte Rechtsbehelf gegen die Hauptentscheidung auch auf die Kostenentscheidung.*](2) Das Beschwerdegericht ist [*, um eine Prüfung der Hauptentscheidungsgrundlagen zu vermeiden,*] an die [*für die Kosten- und Auslagenentscheidung erforderlichen und vorhandenen*] tatsächlichen Feststellungen, auf denen die Entscheidung beruht, gebunden. (3) Wird gegen das Urteil, soweit es die Entscheidung über die Kosten und die notwendigen Auslagen betrifft, sofortige Beschwerde und im übrigen Berufung oder Revision eingelegt, so ist [*wegen des Zusammenhangs von Haupt- und Kostenentscheidung*] das Berufungs- oder Revisionsgericht, solange es mit der Berufung oder Revision [*sachlich*] befaßt ist, auch für die Entscheidung über die sofortige Beschwerde zuständig.

§ 464a (Definition der Kosten und notwendigen Auslagen)

(I[1]) Kosten des Verfahrens sind [*vgl. § 1 GKG*] die [*im Strafverfahren wegen der untersuchten Tat entstandenen*] Gebühren und Auslagen der Staatskasse [*einschließlich der Vergütung des Pflichtverteidigers, § 97 BRAGebO*]. ([2]) Zu den Kosten gehören auch die durch die Vorbereitung der öffentlichen Klage [*zur Ermittlung und Ergreifung des Täters*] entstandenen sowie die Kosten der Vollstreckung einer [*rechtskräftig angeordneten, §§ 449 ff*] Rechtsfolge der Tat. ([3]) Zu den Kosten eines Antrags auf Wiederaufnahme des durch ein rechtskräftiges Urteil abgeschlossenen Verfahrens gehören auch die zur Vorbereitung eines Wiederaufnahmeverfahrens (§§ 364a und 364b) entstandenen Kosten, soweit [*– Soweit-Satz ist bedeutungslos –*] sie durch einen Antrag des Verurteilten entstanden sind. [*Zu den Strafvollzugskosten beachte §§ 50, 199 II Nr. 3 StVollzG, § 10 II JVKostO.*]

(II) Zu den [*für die Wahrnehmung eines berechtigten Schutzinteresses bei vollständiger Beurteilung ex ante*] notwendigen Auslagen eines Beteiligten gehören [*beispielsweise kraft gesetzlicher Fiktion*] auch

1. die Entschädigung für eine notwendige Zeitversäumnis [*, wobei nur die Höhe, str.*] nach den Vorschriften [*zu berechnen ist*], die für die Entschädigung von Zeugen gelten, und
2. die [*gesetzlichen*] Gebühren und Auslagen eines Rechtsanwalts, soweit sie nach § 91 Abs. 2 der Zivilprozeßordnung zu erstatten sind. [*Beachte auch § 408 AO.*]

§ 464b (Festsetzung der Höhe von Kosten und Auslagen)

([1]) Die [*ziffernmäßige*] Höhe der Kosten und Auslagen, die ein [*durch die Kosten- und Auslagenentscheidung dem Grunde nach als Berechtigter ausgewiesener*] Beteiligter [*auf Grund einer gerichtlichen Kosten- und Auslagenentscheidung, i. d. R. nach § 464 II, u. U. aber auch nach §§ 51, 70, 77, 81c VI, 138C VI, 145 IV, 161a II, 177, 469, 470, 472b, § 56 GVG*] einem anderen Beteiligten zu erstatten hat, wird [*außerhalb des Strafverfahrens in einem selbständigen Kosten- und Auslagenfestsetzungsverfahren*] auf Antrag eines Beteiligten durch den Urkundsbeamten der Geschäftsstelle festgesetzt. ([2]) Auf Antrag ist auszusprechen, daß die festgesetzten Kosten und Auslagen von der Anbringung des Festsetzungsantrags an mit vier vom Hundert zu verzinsen sind. ([3]) Auf das Verfahren und auf die Vollstreckung der Entscheidung sind die Vorschriften der Zivilprozeßordnung [*§§ 103ff, 794 I Nr. 2, 795 ZPO*] entsprechend anzuwenden. [*Gegen den Kostenfestsetzungsbeschluß ist innerhalb von zwei Wochen Erinnerung zulässig, § 464b S 3, § 104 III 2 ZPO, § 21 II RPflG, § 35a. Hilft der Richter der Erinnerung nicht ab, gilt sie als sofortige Beschwerde gegen den Kostenfestsetzungsbeschluß des Rechtspflegers, § 464b S 3, § 104 III 5 ZPO, §§ 21 II 4, 11 II 4 und 5 RPflG, über die das Landgericht beschwerdeunfähig entscheidet.*]

§ 465 (Kosten- und Auslagentragungspflicht bei Verurteilung)

(I[1]) Die Kosten des Verfahrens hat [*grundsätzlich*] der Angeklagte [*, sieht man von § 467 II ab, nur*] insoweit zu tragen, als sie [*keinem Dritten, z. B. gem. §§ 51, 70, 77, 81c VI, 145 IV, § 56 GVG, auferlegt sind, kein Fall des § 8 GKG gegeben ist und die Ver-*]

fahrenskosten] durch das Verfahren wegen einer Tat [*i. S. von § 264*] entstanden sind, wegen deren er verurteilt [*, d. h. schuldig gesprochen wurde und Unrechtsfolgen zu tragen hat,*] oder eine Maßregel der Besserung und Sicherung [*§ 61 StGB*] gegen ihn angeordnet wird. (²) Eine Verurteilung im Sinne dieser Vorschrift liegt auch dann vor, wenn der [*schuldig gesprochene, § 260 IV 4*] Angeklagte mit Strafvorbehalt verwarnt wird [*§ 59 StGB*] oder das Gericht von Strafe absieht. [*Dolmetscherkosten hat er gem. Art. 6 III e EUMRK jedoch nicht zu tragen.*]

(II¹) Sind durch Untersuchungen zur Aufklärung bestimmter belastender oder entlastender Umstände [*z. B. der Fahruntüchtigkeit durch Entnahme einer Blutprobe, § 81 a I 2, oder durch Einholung von Sachverständigengutachten*] besondere Auslagen [*der Staatskasse*] entstanden und sind diese Untersuchungen zugunsten des Angeklagten ausgegangen, so hat das Gericht die entstandenen Auslagen teilweise oder auch ganz der Staatskasse aufzuerlegen, wenn es unbillig wäre, den Angeklagten damit zu belasten. (²) Dies gilt namentlich dann, wenn der [*wegen einer fortgesetzten Tat*] Angeklagte wegen einzelner abtrennbarer Teile einer Tat oder wegen einzelner von mehreren Gesetzesverletzungen nicht verurteilt wird. (³) Die Sätze 1 und 2 gelten entsprechend für die notwendigen Auslagen des Angeklagten.

(III) [*Gem. § 63 II GKG sind mit Rechtskraft die dem Verurteilten auferlegten Kosten und Auslagen fällig.*] Stirbt ein Verurteilter vor eingetretener Rechtskraft des Urteils, so haftet sein Nachlaß nicht für die Kosten.

§ 466 (Haftung Mitverurteilter)

(¹) Mitangeklagte, gegen die [*als Tatbeteiligte, Begünstiger, Strafvereiteler oder Hehler, vgl. § 60 Nr. 2, im gleichen oder in einem getrennten Urteil*] in bezug auf dieselbe Tat [*i. S. des § 264*] auf Strafe erkannt oder eine Maßregel der Besserung und Sicherung angeordnet wird, haften für die [*erstinstanzlichen, arg.: § 473*] Auslagen [*der Staatskasse, § 464 a*] als Gesamtschuldner. (²) Dies gilt nicht für die durch die Tätigkeit eines [*oder mehrerer, § 146, gem. § 140*] bestellten Verteidigers [*§§ 97, 99 BRAGebO*] oder eines Dolmetschers [*beachte Art. 6 II e EuMRK*] und die durch die Vollstreckung, die einstweilige Unterbringung [*gem. § 126 a*] oder die Untersuchungshaft [*§§ 112 ff*] entstandenen Kosten sowie für Auslagen, die durch Untersuchungshandlungen, die ausschließlich gegen einen Mitangeklagten gerichtet waren, entstanden sind.

§ 467 (Kosten- und Auslagentragungspflicht bei Nichtverurteilung)

(I) Wird der Angeschuldigte [*§ 157, ohne Rechtsfolgenausspruch*] freigesprochen [*§ 267 V, oder wird eine Maßregel der Besserung und Sicherung im Sicherungsverfahren nach § 414 II 3 abgelehnt*] oder [*wird*] die Eröffnung des Hauptverfahrens gegen ihn [*gem. § 204*] abgelehnt oder [*wird*] das Verfahren gegen ihn [*– endgültig gemeint –*] eingestellt, so fallen die Kosten des Verfahrens [*§ 464 a I*] und die notwendigen Auslagen des Angeschuldigten [*§ 464 a II, grundsätzlich, beachte aber § 467 II–V*] der Staatskasse [*des Landes*] zu Last [*, dem das erstinstanzlich tätig gewordene Gericht angehört*].

(II¹) [*Grundsätzlich hat nur ein Verurteilter oder ein Gemaßregelter die Kosten zu tragen, § 465.*] Die Kosten des Verfahrens, die [*jedoch*] der [*unverurteilte und ungemaßregelte*] Angeschuldigte durch eine [*rechtswidrige und*] schuldhafte Säumnis [*z. B. durch vorwerfbare Versäumung eines Termins oder Nichtmitteilung eines Entschuldigungsgrundes*] verursacht hat, werden ihm auferlegt. ([2]) Die ihm insoweit [*z. B. durch Ladung von Zeugen zu einem von ihm schuldhaft versäumten Termin*] entstandenen Auslagen werden der Staatskasse nicht auferlegt.

(III[1]) Die notwendigen Auslagen des Angeschuldigten werden der Staatskasse nicht auferlegt, wenn der Angeschuldigte die Erhebung der öffentlichen Klage dadurch [*objektiv*] veranlaßt hat, daß er in einer Selbstanzeige [*im untechnischen Sinne, nicht erforderlich: durch eine Anzeige nach § 158, bewußt wahrheitswidrig*] vorgetäuscht hat, die ihm zur Last gelegte Tat begangen zu haben. ([2]) Das Gericht kann [*nach pflichtgemäßem Ermessen unter Berücksichtigung der Motivation des Angeschuldigten zu seinem kostenintensiven Verhalten*] davon absehen, die notwendigen Auslagen des Angeschuldigten der Staatskasse aufzuerlegen, wenn er

1. die Erhebung der öffentlichen Klage [*bei vorhandenen Verdachtsgründen objektiv*] dadurch [*mit-*]veranlaßt hat, daß er sich selbst in wesentlichen Punkten [*objektiv, str.*] wahrheitswidrig oder im Widerspruch zu seinen späteren Erklärungen belastet oder wesentliche entlastende Umstände [*zumindest bedingt vorsätzlich*] verschwiegen hat, obwohl er sich zur Beschuldigung geäußert hat, oder
2. [*trotz höchstwahrscheinlich, ohne konkrete Zweifel zutreffenden Anklagevorwurf*] wegen einer Straftat nur deshalb nicht verurteilt wird, weil ein Verfahrenshindernis [*z. B. Verjährung*] besteht.

(IV) Stellt das Gericht das Verfahren nach einer Vorschrift ein, die dies nach seinem Ermessen zuläßt [*z. B. §§ 153 II, 153b II, 153e II*], so kann es [*nach pflichtgemäßem Ermessen*] davon absehen, die notwendigen Auslagen des Angeschuldigten der Staatskasse aufzuerlegen.

(V) [*Der Beschluß, durch den das Verfahren vorläufig nach § 153a II eingestellt wird, enthält keine Kosten- und Auslagenentscheidung, sondern erst der endgültig einstellende Beschluß.*] Die notwendigen Auslagen des Angeschuldigten werden der Staatskasse nicht auferlegt, wenn das Verfahren nach vorangegangener vorläufiger Einstellung (§ 153 a) endgültig eingestellt wird. [*Die Kosten- und Auslagenentscheidung ist unanfechtbar, str.*]

§ 467a (Auslagentragungspflicht bei staatsanwaltschaftlicher Klagerücknahme und Einstellung)

(I[1]) Nimmt die Staatsanwaltschaft die [*erhobene*] öffentliche Klage [*i. d. R. schon vor Eröffnung des Hauptverfahrens, § 156, beachte aber §§ 153c III, 153d II, 411 III 1, in den Fällen der §§ 212ff bis zur Vernehmung des Angeklagten zur Sache, §§ 212a, 243 IV 1*] zurück und stellt sie das Verfahren [*endgültig*] ein, so hat das Gericht, bei dem die öffentliche Klage [*richtig*] erhoben war, auf [*frist- und formlosen*] Antrag der Staatsanwaltschaft oder des Angeschuldigten [*oder seines gesetzlichen Vertreters oder Erziehungsberechtigten, § 67 I JGG*] die diesem erwachsenen notwendigen Auslagen der Staatskasse aufzuerlegen. ([2]) § 467 Abs. 2 bis 5 gilt sinngemäß.

(II) Die einem Nebenbeteiligten (§ 431 Abs. 1 Satz 1, §§ 442, 444 Abs. 1 Satz

1) [*oder § 431 III*] erwachsenen notwendigen Auslagen kann das Gericht in den Fällen des Absatzes 1 Satz 1 [*und auch dann, wenn die Staatsanwaltschaft oder der Privatkläger, § 467a II analog, den Antrag auf selbständige Anordnung der Einziehung etc., §§ 440, 442, zurücknimmt und von weiteren Maßnahmen absieht, die auf die Einziehung etc. gerichtet sind,*] auf Antrag der Staatsanwaltschaft [*, des Privatklägers, § 467a II analog,*] oder des Nebenbeteiligten der Staatskasse oder einem anderen Beteiligten auferlegen.

(III) Gegen die Entscheidung nach den Absätzen 1 und 2 ist die sofortige Beschwerde [*des ganz oder teilweise erfolglosen Antragstellers oder des sonst Beschwerten nach § 311*] zulässig.

§ 468 (Straffreierklärung)

Bei wechselseitigen Beleidigungen oder Körperverletzungen wird die Verurteilung eines oder beider [*angeklagter*] Teile in die Kosten [*ganz oder teilweise*] dadurch nicht ausgeschlossen, daß einer oder beide [*trotz rechtswidriger und schuldhafter Tat gem. §§ 199, 233 StGB*] für straffrei erklärt werden. [*In Abweichung von §§ 465 I 2, 465 I 1 kann das Gericht jedoch auch den für straffrei Erklärten keine Kostentragung auferlegen.*]

§ 469 (Kostentragungspflicht des Anzeigenden)

(I[1]) Ist ein, wenn auch nur außergerichtliches Verfahren durch eine vorsätzlich oder leichtfertig [*= grob fahrlässig*] erstattete [*in ihrer Tatsachenbehauptung*] unwahre Anzeige [*im untechnischen Sinne, nicht notwendig: Anzeige i. S. von § 158, str.*] veranlaßt [*oder fortgesetzt*] worden, so hat das Gericht [*beachte § 469 II, durch mit sofortiger Beschwerde anfechtbaren, § 469 III, Beschluß*] dem Anzeigenden, nachdem er gehört worden ist, die Kosten des Verfahrens und die dem Beschuldigten erwachsenen notwendigen Auslagen aufzuerlegen. ([2]) Die einem Nebenbeteiligten (§ 431 Abs. 1 Satz 1, §§ 442, 444 Abs. 1 Satz 1) erwachsenen notwendigen Auslagen kann das Gericht [*nach pflichtgemäßem Ermessen ganz oder zum Teil*] dem Anzeigenden auferlegen. [*Kommt es zu einem gerichtlichen Verfahren, gilt bei einer falschen Selbstbezichtigung § 467 I, III 1.*]

(II) War noch kein Gericht [*durch Anklageerhebung oder Antrag auf Strafbefehl, str.*] mit der Sache befaßt, so ergeht die Entscheidung auf Antrag der Staatsanwaltschaft durch das Gericht, das für die Eröffnung des Hauptverfahrens zuständig gewesen wäre.

(III) Gegen die Entscheidung findet sofortige Beschwerde [*§§ 311, 404 II*] statt.

§ 470 (Kostentragungspflicht des Strafantragstellers)

([1]) Wird das [*Ermittlungs- oder Gerichts-*]Verfahren wegen [*wirksamer*] Zurücknahme des [*wirksam gestellten*] Antrags [*im technischen Sinne der §§ 77, 77d StGB, nicht: § 77e StGB*], durch den es [*zur Gänze*] bedingt war, eingestellt, so hat der Antragsteller die Kosten [*§ 464a I*] sowie die dem Beschuldigten [*§§ 157, 464a II*] und einem Nebenbeteiligten (§ 431 Abs. 1 Satz 1, §§ 442, 444 Abs. 1 Satz 1) erwachsenen notwendigen Auslagen zu tragen. ([2]) Sie können [*bei Ausübung pflichtgemä-*

ßen Ermessens nach Eröffnung des Hauptverfahrens und Gewährung rechtlichen Gehörs, Art. 103 I GG] dem Angeklagten [*§ 157*] oder einem Nebenbeteiligten [*in der Hauptverhandlung mit dem einstellenden Urteil, § 260 III, oder außerhalb der Hauptverhandlung mit dem Einstellungsbeschluß, § 206a*] auferlegt werden, soweit er sich zur Übernahme bereit erklärt, der Staatskasse, soweit es [*ausnahmsweise*] unbillig wäre, die Beteiligten damit zu belasten.

§ 471 (Kosten und Auslagen im Privatklageverfahren)

(I) [*Grundsätzlich gelten, soweit § 471 nichts Abweichendes bestimmt, die §§ 464ff, an die Stelle des Staatsanwalts und der Staatskasse treten jedoch der Privatkläger und dessen Vermögen.*] In einem Verfahren auf erhobene Privatklage hat der Verurteilte [*grundsätzlich, beachte aber § 471 III, nach gerichtlichem Beschluß, § 464 II,*] auch die dem Privatkläger [*u. U. schon vor Privatklageerhebung*] erwachsenen [*für angemessene Rechtswahrung*] notwendigen Auslagen [*§ 464a II*] zu erstatten.

(II) Wird die Klage gegen den Beschuldigten zurückgewiesen [*§ 383 I*] oder wird dieser freigesprochen oder wird das Verfahren eingestellt [*beachte aber § 471 III Nr. 2*], so fallen [*nach gerichtlichem Beschluß, § 464 II*] dem Privatkläger die Kosten des Verfahrens sowie die dem Beschuldigten erwachsenen notwendigen Auslagen zur Last. [*Eine gerichtliche Bindung an eine Kostenvereinbarung zwischen Privatkläger und Beklagten besteht nicht, sehr str.*]

(III) Das Gericht kann [*nach seinem pflichtgemäßem Ermessen in allen Rechtszügen durch Beschluß*] die Kosten des Verfahrens und die notwendigen Auslagen der Beteiligten angemessen verteilen oder nach pflichtgemäßem Ermessen einem der Beteiligten auferlegen, wenn

1. es den [*im Eröffnungsbeschluß zugelassenen*] Anträgen des Privatklägers nur zum Teil entsprochen hat;
2. es das Verfahren nach § 383 Abs. 2 (§ 390 Abs. 5) wegen Geringfügigkeit eingestellt hat;
3. Widerklage [*§ 388*] erhoben worden ist.

(IV[1]) Mehrere Privatkläger haften [*bei gemeinsamer Kostentragungspflicht nach § 471 II, III*] als Gesamtschuldner. ([2]) Das gleiche gilt hinsichtlich der Haftung mehrerer Beschuldigter für die dem Privatkläger erwachsenen notwendigen Auslagen.

§ 472 (weggefallen)

§ 472a (Kosten- und Auslagentragungspflicht bei Adhäsionsverfahren)

(I) [*Grundsätzlich sind die Kosten des Adhäsionsverfahrens Kosten des Strafverfahrens, für die die §§ 464ff gelten, soweit § 472a nichts anderes bestimmt.*] Soweit dem Antrag auf Zuerkennung eines aus der Straftat erwachsenen Anspruchs stattgegeben wird [*§ 403*], hat der Angeklagte [*nach gerichtlichem Beschluß, § 464 II*] auch die dadurch entstandenen besonderen Kosten und die notwendigen Auslagen des Verletzten zu tragen.

(II[1]) Sieht das Gericht von der Entscheidung über den Antrag ab [*§ 405*], wird ein Teil des Anspruchs dem Verletzten nicht zuerkannt [*vgl. § 406 III 2*] oder nimmt der Verletzte den Antrag zurück [*§ 404 IV*], so entscheidet das Gericht nach pflichtgemäßem Ermessen, wer [*wieweit*] die insoweit entstandenen gerichtlichen Auslagen und die insoweit den Beteiligten erwachsenen notwendigen Auslagen [*– beachte § 89 BRAGebO –*] trägt. ([2]) Die gerichtlichen Auslagen können der Staatskasse auferlegt werden, soweit es unbillig wäre, die Beteiligten damit zu belasten.

§ 472b (Kosten- und Auslagentragungspflicht bei Nebenbeteiligung)

(I[1]) [*Grundsätzlich hat die durch eine Nebenbeteiligung, §§ 440, 442, erwachsenen Kosten derjenige zu tragen, dem die Kosten des Verfahrens zur Last fallen.*] Wird der Verfall [*§§ 73 ff StGB*], die Einziehung [*§§ 74 ff StGB*], der Vorbehalt der Einziehung [*§§ 74b II, 74d V StGB*], die Vernichtung, Unbrauchbarmachung oder Beseitigung eines gesetzwidrigen Zustandes [*vgl. zu §§ 440, 442*] angeordnet oder eine Geldbuße gegen eine juristische Person oder eine Personenvereinigung festgesetzt [*vgl. zu § 44*], so können [*jedoch nach pflichtgemäßem Ermessen*] dem Nebenbeteiligten die durch seine Beteiligung [*z. B. durch unbegründete Einwendungen*] erwachsenen besonderen Kosten auferlegt werden. [*Grundsätzlich muß jeder Nebenbeteiligte, wenn keine besondere Anordnung ergeht, seine Auslagen selbst tragen.*] ([2]) Die dem Nebenbeteiligten erwachsenen notwendigen Auslagen können [*jedoch*], soweit es der Billigkeit entspricht, dem Angeklagten, im selbständigen Verfahren auch einem anderen Nebenbeteiligten auferlegt werden.

(II) Wird [*gleich aus welchen Gründen*] von der Anordnung oder Festsetzung einer der in Absatz 1 Satz 1 bezeichneten Nebenfolgen abgesehen, so können die dem Nebenbeteiligten erwachsenen notwendigen Auslagen der Staatskasse oder einem anderen [*Neben-*]Beteiligten [*oder dem Privat- oder Nebenkläger oder dem Angeklagten*] auferlegt werden.

§ 473 (Kosten- und Auslagentragungspflicht bei ordentlichen und außerordentlichen Rechtsbehelfen)

(I) [*Ist ein unbeschränktes Rechtsmittel völlig erfolgreich, bemißt sich die Kosten- und Auslagenentscheidung des Rechtsmittelgerichts nach den §§ 464, 465, 467, 473 II 2.*] Die [*Gerichts-*]Kosten [*i. S. des § 464a I*] eines [*wirksam vollständig*] zurückgenommenen [*§ 302*] oder [*völlig*] erfolglos eingelegten Rechtsmittels [*Berufung, Revision, Beschwerde*] treffen den, der [*bzw. für den der bevollmächtigte Verteidiger*] es eingelegt hat.

(II[1]) Hatte im Falle des Absatzes 1 die Staatsanwaltschaft das Rechtsmittel [*in vollem Umfang*] zuungunsten des Beschuldigten oder eines Nebenbeteiligten (§ 431 Abs. 1 Satz 1, §§ 442, 444 Abs. 1 Satz 1) eingelegt, so sind die ihm [*in der Rechtsmittelinstanz*] erwachsenen notwendigen Auslagen der Staatskasse aufzuerlegen. ([2]) Dasselbe gilt, wenn das von der Staatsanwaltschaft zugunsten des Beschuldigten [*§ 296 II*] oder eines Nebenbeteiligten eingelegte Rechtsmittel [*sein Ziel erreicht und daher vollen*] Erfolg hat.

(III) Hat der Beschuldigte oder ein anderer [*anfechtungsberechtigter*] Beteiligter [*außer der Staatsanwaltschaft*] das Rechtsmittel [*von Anfang an zulässig, vgl.*

§§ 318 S 2, 344 I] auf bestimmte Beschwerdepunkte [*hinsichtlich des Spruches wegen einer Tat i. S. des § 264*] beschränkt und hat ein solches Rechtsmittel [*vollen*] Erfolg, so [*gelten für die Kostentragungspflicht §§ 465 I, 467 I, II. Im übrigen*] sind die notwendigen Auslagen des Beteiligten der Staatskasse aufzuerlegen. [*Hat ein nachträglich beschränktes Rechtsmittel vollen Erfolg, ist § 473 III mit der Maßgabe anwendbar, daß der Beschuldigte die notwendigen Auslagen tragen muß, die bei einer von vorneherein zulässig beschränkten Rechtsmitteleinlegung vermieden worden wären.*]

(IV[1]) Hat das [*unbeschränkt oder beschränkt eingelegte*] Rechtsmittel [*hinsichtlich einer Tat i. S. von § 264*] teilweise Erfolg, so hat das Gericht die Gebühr [*regelmäßig durch Quotelung*] zu ermäßigen und die entstandenen Auslagen teilweise oder auch ganz der Staatskasse aufzuerlegen, soweit es unbillig wäre, die Beteiligten damit zu belasten. ([2]) Dies gilt entsprechend für die notwendigen Auslagen der Beteiligten.

(V) Die Absätze 1 bis 4 gelten entsprechend für die Kosten und die notwendigen Auslagen, die durch einen Antrag

1. auf Wiederaufnahme des durch ein rechtskräftiges Urteil [*oder durch einen rechtskräftigen Strafbefehl*] abgeschlossenen Verfahrens [*§§ 359 ff, 373 a*] oder
2. auf ein Nachverfahren (§ 439)

verursacht worden sind.

(VI) Die Kosten [*wegen §§ 1, 40 ff GKG: Auslagen anläßlich*] der Wiedereinsetzung in den vorigen Stand fallen dem Antragsteller zur Last, soweit sie nicht durch einen unbegründeten Widerspruch des Gegners entstanden sind.

§ 474 (weggefallen)

Einführungsgesetz zur Strafprozeßordnung (EGStPO)

[Vom 1. Februar 1877, RGBl. S. 346, in der Fassung des Gesetzes zur Wiederherstellung der Rechtseinheit vom 12. September 1950, BGBl. S. 455, 629, und späterer Änderungen]

§ 1 (Zeitpunkt des Inkrafttretens; räumlicher Geltungsbereich)

Die Strafprozeßordnung tritt im ganzen Umfang des Reiches gleichzeitig [*am 1.10.1879*] mit dem Gerichtsverfassungsgesetz in Kraft. [*Sie gilt heute gem. Art. 6 des Grundlagenvertrages zwischen der DDR und der Bundesrepublik Deutschland nur für diese.*]

§ 2 (gegenstandslose Überleitungsvorschrift)

§ 3 (Sachlicher Geltungsbereich)

(I) Die Strafprozeßordnung findet auf alle [*Verfahren, die auf die Verhängung von Rechtsfolgen zielen, die das materielle Strafrecht vorsieht, also*] Strafsachen Anwendung, welche vor die ordentlichen Gerichte [*vgl. §§ 12ff GVG*] gehören.

(II) Insoweit die Gerichtsbarkeit in Strafsachen, für welche besondere Gerichte zugelassen sind, durch die Landesgesetzgebung den ordentlichen Gerichten übertragen wird, kann diese ein abweichendes Verfahren gestatten. [*Vgl. § 3 I EGGVG.*]

(III) Die Landesgesetze können anordnen, daß Forst- und Feldrügesachen durch die Amtsgerichte in einem besonderen Verfahren, sowie ohne Zuziehung von Schöffen verhandelt und entschieden werden. [*Vgl. z.B. Art. 20, 23, 23a BayFoStG.*]

§ 4 (gegenstandslos)

§ 5 (Verhältnis zu den Reichsgesetzen)

Die prozeßrechtlichen Vorschriften der [*vor Inkrafttreten der RStPO in Kraft befindlichen*] Reichsgesetze [*, die das Verfahren in Strafsachen betreffen,*] werden durch die Strafprozeßordnung nicht berührt. [*Spätere Gesetze gehen der RStPO nach dem Grundsatz »lex posterior derogat leges priori« vor.*]

§ 6 (Landesrechtliche Prozeßvorschriften)

(I[1]) Die prozeßrechtlichen Vorschriften der Landesgesetze [*vgl. jetzt Art. 72, 74 Nr. 1 GG*] treten für alle Strafsachen, über die gemäß § 3 nach den Vorschriften der Strafprozeßordnung zu entscheiden ist, außer Kraft, soweit nicht in der Strafprozeßordnung auf sie verwiesen ist [*vgl. auch §§ 3 II, III, 6 II EGStPO, § 11 II EGGVG, § 17a GVG*]. ([2]) Außer Kraft treten insbesondere die Vorschriften über die Befugnis zum Erlaß polizeilicher Strafverfügungen.

(II) Unberührt bleiben landesgesetzliche Vorschriften:

1. über die Voraussetzungen, unter denen gegen Mitglieder eines Organs der Gesetzgebung eine Strafverfolgung eingeleitet oder fortgesetzt werden kann [*Art. 46, 49 GG, beachte § 152a StPO*];
2. über das Verfahren bei Zuwiderhandlungen gegen die Vorschriften über die Erhebung öffentlicher Abgaben und Gefälle, soweit sie auf die Abgabenordnung verweisen [*§§ 385 ff AO*].

§ 7 (Gesetzesbegriff)

Gesetz im Sinne der Strafprozeßordnung und dieses Gesetzes ist jede [*geschriebene und ungeschriebene, beachte auch Art. 25 GG*] Rechtsnorm [*vgl. § 337 II StPO, § 25 DRiG, Art. 20 II GG*].

§§ 8–12 (gegenstandslose Übergangsvorschriften)

Sachverzeichnis

(Die Ziffern bezeichnen die Paragraphen)